中等职业教育国家规划教材
全国中等职业教育教材审定委员会审定

电工基础及测量

（第三版）

电厂及变电站电气运行专业

主　　编　王世才

责任主审　宗　伟

审　　稿　田璧元

中国电力出版社
CHINA ELECTRIC POWER PRESS

内 容 提 要

本书为中等职业教育国家规划教材。

本书内容包括电磁学基本知识、电路基本理论、电工测量三部分。全书共分十六单元,具体内容有电场、电路的基本概念和基本定律、直流电路、电容器、磁场和电磁感应、单相正弦交流电路、三相正弦交流电路、非正弦周期电流电路、电路的过渡过程、磁路与交流铁芯线圈、电工测量的基本知识、直流电流和电压的测量、电阻的测量、交流电压和电流的测量、功率的测量和电能的测量。

本书可作为中等职业学校电气类专业教材或教学参考书,也可作为电力培训教材,同时还可供相关工程技术人员参考。

图书在版编目 (CIP) 数据

电工基础及测量/王世才主编 . —3 版 . —北京:中国电力出版社,2010.4 (2021.8重印)

中等职业教育国家规划教材

ISBN 978 - 7 - 5123 - 0078 - 1

Ⅰ.①电… ,Ⅱ.①王… Ⅲ.①电工学-专业学校-教材②电气测量-专业学校-教材 Ⅳ.①TM1②TM93

中国版本图书馆 CIP 数据核字 (2010) 第 017714 号

中国电力出版社出版、发行

(北京市东城区北京站西街 19 号   100005   http://www.cepp.sgcc.com.cn)

三河市百盛印装有限公司印刷

各地新华书店经售

*

2002 年 1 月第一版

2010 年 4 月第三版   2021 年 8 月北京第二十四次印刷

787 毫米×1092 毫米   16 开本   17.25 印张   414 千字

定价 33.00 元

电力中等职业教育国家规划教材

编 委 会

中等职业教育国家规划教材

出 版 说 明

为了贯彻《中共中央国务院关于深化教育改革全面推进素质教育的决定》精神,落实《面向 21 世纪教育振兴行动计划》中提出的职业教育课程改革和教材建设规划,根据教育部关于《中等职业教育国家规划教材申报、立项及管理意见》(教职成〔2001〕1 号)的精神,我们组织力量对实现中等职业教育培养目标和保证基本教学规格起保障作用的德育课程、文化基础课程、专业技术基础课程和 80 个重点建设专业主干课程的教材进行了规划和编写,从 2001 年秋季开学起,国家规划教材将陆续提供给各类中等职业学校选用。

国家规划教材是根据教育部最新颁布的德育课程、文化基础课程、专业技术基础课程和 80 个重点建设专业主干课程的教学大纲(课程教学基本要求)编写,并经全国中等职业教育教材审定委员会审定。新教材全面贯彻素质教育思想,从社会发展对高素质劳动者和中初级专门人才需要的实际出发,注重对学生的创新精神和实践能力的培养。新教材在理论体系、组织结构和阐述方法等方面均作了一些新的尝试。新教材实行一纲多本,努力为教材选用提供比较和选择,满足不同学制、不同专业和不同办学条件的教学需要。

希望各地、各部门积极推广和选用国家规划教材,并在使用过程中,注意总结经验,及时提出修改意见和建议,使之不断完善和提高。

教育部职业教育与成人教育司

二〇〇一年十月

前　言

　　《电工基础及测量》是教育部80个重点建设专业主干课程之一，是根据教育部最新颁布的中等职业学校电厂及变电站电气运行专业"电工基础及测量"课程教学大纲编写的。

　　本书以培养学生的创新精神和实践能力为重点，以培养在生产、服务、技术和管理第一线工作的高素质劳动者和中初级专门人才为目标。教材的内容适应劳动就业、教育发展和构建人才成长"立交桥"的需要，使学生通过学习具有综合职业能力、继续学习的能力和适应职业变化的能力。

　　在编写过程中，我们力求贯彻以全面素质为基础，以能力为本位的职业教育思想，紧密结合中等职业学校学生的知识、能力结构的特点，力图突出中等职业教育的特色。在内容的选择上，以电力生产岗位所需要的综合职业能力为依据，以够用为度、实用为本；在内容的处理上，注重于把握深度，尽量减少数学推导和理论论证，突出基本概念和基本方法。

　　本书由安徽电气工程职业技术学院王世才主编，其中第一、四、五、六、七、八、九、十、十一、十二、十四单元由王世才编写；第二、三、十三、十五、十六单元由武汉电力职业技术学院程隆贵编写；全书由兰州电力学校刘庆恒主审。

　　本书可作为中等职业学校（普通中专、成人中专、技工学校、职业高中）教材，也可作为职工培训用书或供电厂及变电站电气运行人员参考。

　　限于编者的学识水平，书中疏漏之处恐在所难免，敬请读者批评指正。

编　者
2009 年 8 月

目　录

电 场

课题一 库 仑 定 律

我们知道，自然界中存在两种电荷，一种是正电荷，另一种是负电荷。电荷与电荷之间存在着相互作用力。一般来说，影响两个带电体间相互作用力的因素是复杂的，它不仅与带电体所带的电量、带电体之间的距离有关，而且还与带电体的形状、大小、电荷在带电体上的分布及带电体周围的电介质有关。1785 年，法国物理学家库仑从实验结果中总结出点电荷间相互作用的规律，这一规律称为库仑定律。所谓点电荷，从理论上讲，就是集中了一定量电荷的几何点。点电荷是带电体的理想化模型。定义表明，点电荷具有一定的电量、确定的位置，但不占有空间尺寸。在自然界里，符合几何意义的点物体是不存在的；在实际问题中，当带电体的线度（物体上最远两个点之间的距离）比起带电体间的距离小得多，以致带电体的形状、大小及电荷在其上的分布对带电体间的相互作用力的影响可以忽略不计时，就可以把它看作是点电荷。

库仑定律表述如下：

在真空中，两个静止的点电荷之间的相互作用力 F 的大小与它们的电量 Q_1 和 Q_2 的乘积成正比，与它们之间的距离 r 的平方成反比；作用力的方向沿着它们的连线，同号电荷相斥，异号电荷相吸。

库仑定律可用下列数学式表达

$$F = \frac{1}{4\pi\varepsilon_0} \frac{Q_1 Q_2}{r^2} \qquad (1-1)$$

本书采用国际单位制。式中：Q_1 和 Q_2 的单位为库仑（C）；r 的单位为米（m）；F 的单位为牛顿（N）；ε_0 称为真空介电常数。

ε_0 是物理学中一个基本物理常数，其值由实验测定，已测得的 ε_0 值为

$$\varepsilon_0 = 8.85 \times 10^{-12} \quad C^2/(N \cdot m^2)$$

当式（1-1）中 Q_1 和 Q_2 同号时，F 为正，表明两电荷之间的作用力为排斥力［见图 1-1（a）］；当 Q_1 和 Q_2 异号时，F 为负，表明两电荷之间的作用力为吸引力［见图 1-1（b）］。电荷之间的这种作用力称为静电力，又称为库仑力。

实验证明，在真空中，如有多个点电荷，则某一点电荷所受到的作用力等于其他各个点电荷单独存在时作用于该点电荷的库仑力的向量和。

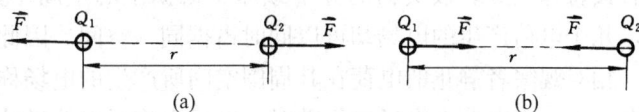

图 1-1　两个点电荷之间的作用力
(a) Q_1、Q_2 同号时；(b) Q_1、Q_2 异号时

在无限大均匀介质中，两个点电荷 Q_1 和 Q_2 之间的相互作用力可表示为

$$F = \frac{1}{4\pi\varepsilon} \frac{Q_1 Q_2}{r^2} \qquad (1-2)$$

式（1-2）中，ε 称为电介质（即绝缘体）的介电常数，它的单位与真空介电常数的单位相

同，它与真空介电常数的关系为

$$\varepsilon = \varepsilon_r \varepsilon_0 \tag{1-3}$$

式（1-3）中，ε_r 称为电介质的相对介电常数，它是一个没有单位的纯数。介电常数 ε 和相对介电常数 ε_r 是表征电介质本身特性的物理量，它们的量值与电介质的性质有关。

【例 1-1】 在氢原子中，电子与原子核之间的平均距离为 5.29×10^{-11} m，电子和原子核所带的电量相等，均为 1.60×10^{-19} C，试计算氢原子中电子和原子核之间的静电力。

解 原子核和电子的半径的数量级为 10^{-15} m，电子和原子核的大小比起它们之间的距离小得多。因此，可以把电子和原子核看成是点电荷。

已知：$Q_1 = -1.60\times10^{-19}$ C，$Q_2 = 1.60\times10^{-19}$ C，$r = 5.29\times10^{-11}$ m

由式（1-1）可知，电子和原子核之间的静电力为

$$F = \frac{1}{4\pi\varepsilon_0}\frac{Q_1 Q_2}{r^2} = \frac{(-1.60\times10^{-19})\times1.60\times10^{-19}}{4\pi\times8.85\times10^{-12}\times(5.29\times10^{-11})^2} = -8.23\times10^{-8}\ (\text{N})$$

式中负号表明，电子和原子核之间的作用力为引力。

课题二 电场和电场强度

一、电场

由力学可知，力是物体对物体的作用，力是不能离开施力和受力物体而独立存在的。但是，在真空中，相隔一定距离的两个带电体之间存在着相互作用力，而它们之间并没有任何由分子、原子等组成的物质。那么，这种作用力是怎样传递的呢？大量实验表明，电荷周围存在着一种看不见、摸不着的物质，它能够对置于其中的电荷施以作用力。人们把电荷周围存在着的，能够对其他电荷施以作用力的这种特殊形态的物质称为电场。近代物理学告诉我们：任何电荷都要在自己周围的空间产生电场；电场对处于其中的任何其他电荷都有作用力。当物体 A 带电时，A 上的电荷就在其周围空间产生电场，当另一带电体 B 位于 A 附近时，A 的电场便对 B 施以作用力。同样，B 上的电荷也要在自己周围的空间产生电场，处于 B 的电场中的带电体 A，也要受到 B 的电场施加给它的作用力。可见，电荷与电荷之间是通过电场发生相互作用的。

实践证明，电场具有自己的运动规律，它和由分子、原子组成的实物一样具有能量、动量等属性，所以说，电场是物质的一种形态。但是，和由分子、原子组成的实物相比，电场也有其特殊之处。被实物的分子或原子占据了的空间不能被其他分子、原子同时占据。但是，几个电荷产生的电场却可以同时占据同一空间。因此，我们称电场为特殊形态的物质。

相对观察者静止的电荷在其周围空间所产生的电场称为静电场。电场对电荷的作用力称为电场力。当电荷在电场中运动时，电场力将对电荷做功。理论可以证明，静电场力所做的功与路径无关。具体地说，检验电荷❶在任何静电场中运动时，电场力所做的功，只与该检验电荷电量的大小及其起点、终点的位置有关，而与运动的路径无关。

二、电场强度

由上面的分析可知，电场的一个重要性质是它能够对位于其中的电荷施加作用力，我

---

❶ 检验电荷指的是带电量和几何尺寸均足够小的电荷。把它引入电场时不会对原有电场产生显著的影响。

们可以利用这个性质来定量地描述电场。设某一带电体 A 在其周围空间建立起一个电场，为了研究该电场的性质，我们将检验电荷 q 放在电场中的不同地点，观测它在各点所受到的电场力。实验结果表明，q 在电场中不同点所受电场力 $\vec{F}$ 的大小和方向一般是不同的（参看图 1-2，这里设带电体 A 带有正电荷，q 为正电荷），但在电场中每一固定点，q 所受到的电场力 $\vec{F}$ 的大小和方向都是一定的。在电场中某一给定点，如果我们改变检验电荷 q 的

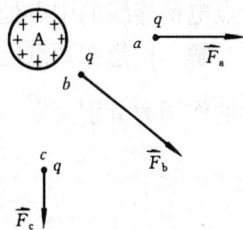

图 1-2 检验电荷 q 在电场中受力的情况

量值和符号，观测它所受电场力 $\vec{F}$ 的变化，将会发现，当 q 的量值改变时，q 所受电场力 $\vec{F}$ 的大小也将随之而改变，但其方向仍然不变，且 F 与 q 的比值 F/q 保持不变；当我们变换 q 的符号（换为异号电荷）时，q 所受电场力 $\vec{F}$ 的方向将反转。由此可知，对于电场中每一固定点来说，$\vec{F}$ 与 q 的比值 $\vec{F}/q$，无论其大小或方向都与检验电荷的电量 q 无关。比值 $\vec{F}/q$ 完全由检验电荷所在处的电场性质决定，它反映了电场本身的客观性质。它的大小表示电场的强弱，它的方向代表着电场的方向。我们把它定义为电场强度，简称场强，用 $\vec{E}$ 来表示，即

$$\vec{E} = \frac{\vec{F}}{q} \tag{1-4}$$

此式表明，电场中某点电场强度的大小等于单位电荷在该点所受电场力的大小，其方向与正电荷在该点所受电场力的方向一致。

在国际单位制中，电场强度的单位是牛顿/库仑（N/C），也可以写成伏特/米（V/m）。

一般说来，电场中不同点的场强的大小和方向都可能是不同的。如果电场中各点场强的大小和方向都相同，这种电场称为均匀电场。

【例 1-2】 试求电量为 Q 的点电荷所产生的电场中各点的电场强度。

解 设点电荷 Q 所在处为 O 点，在点电荷 Q 周围空间任取一点 P，设 $OP=r$，设想把一个正检验电荷 q 放在 P 点，根据库仑定律，可求得 q 所受电场力的大小

$$F = \frac{Qq}{4\pi\varepsilon_0 r^2}$$

根据电场强度的定义式（1-4），求得 P 点电场强度的大小

$$E = \frac{F}{q} = \frac{Q}{4\pi\varepsilon_0 r^2} \tag{1-5}$$

若要确定电场强度的方向，必须指明 Q 的正负。若 Q 为正，电场强度的方向是沿连线 OP 指离点电荷 Q，如图 1-3（a）所示；若 Q 为负，电场强度的方向是沿连线 OP 指向点电荷 Q，如图 1-3（b）所示。

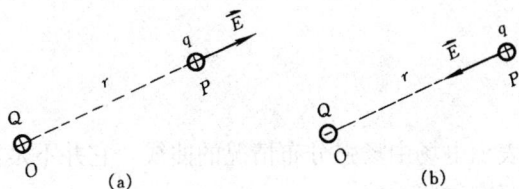

图 1-3 ［例 1-2］图

【例 1-3】 在真空中有两个点电荷 Q_1 和 Q_2，$Q_1 = 8.0 \times 10^{-6}$ C，$Q_2 = 16.0 \times 10^{-6}$ C，它们之间的距离 $r=20$cm。求这两

个点电荷连线的中点处的电场强度。

解 设想在两点电荷连线的中点处放置一个正检验电荷 q，q 受到 Q_1 和 Q_2 的电场所施加的作用力分别为 $\vec{F}_1$ 和 $\vec{F}_2$，根据库仑定律，求得

$$F_1 = \frac{Q_1 q}{4\pi\varepsilon_0 \left(\frac{r}{2}\right)^2}, \quad F_2 = \frac{Q_2 q}{4\pi\varepsilon_0 \left(\frac{r}{2}\right)^2}$$

由于 $\vec{F}_1$ 和 $\vec{F}_2$ 的方向相反，故 q 所受合力的大小为

$$F = F_2 - F_1 = \frac{q(Q_2 - Q_1)}{4\pi\varepsilon_0 \left(\frac{r}{2}\right)^2}$$

根据电场强度的定义，求得 P 点电场强度的大小

$$E = \frac{F}{q} = \frac{Q_2 - Q_1}{4\pi\varepsilon_0 \left(\frac{r}{2}\right)^2} = \frac{16 \times 10^{-6} - 8 \times 10^{-6}}{4\pi \times 8.85 \times 10^{-12} \times 0.1^2} = 7.20 \times 10^6 (\text{N/C})$$

P 点电场强度的方向是沿两点电荷的连线指向 Q_1 的。

三、电力线

为了形象地描绘电场的分布，在电场中作出一系列曲线，对曲线的画法作如下规定：曲线上每一点的切线方向与该点电场强度方向一致；在电场中任一点，通过垂直于电场强度方向的单位面积的曲线数目与该点的电场强度大小成正比。按照这样的规定作出来的曲线称为电力线。

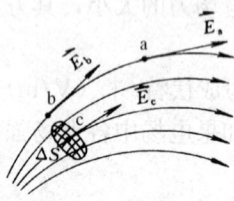

图 1-4 电力线

图 1-4 所示的是某一电场中的一个局部区域的电力线。图中通过 a、b 两点的电力线在 a、b 两点的切线的方向正是 a、b 两点的电场强度 $\vec{E}_a$ 和 $\vec{E}_b$ 的方向。在电场中的 c 点，取一个与该点电场强度方向垂直的、非常小的平面 ΔS，设穿过 ΔS 的电力线为 ΔN 根，则比值 $\Delta N/\Delta S$ 就是通过垂直于电场强度的单位面积的电力线根数，也就是该点处电力线的密度，它与该点电场强度 $\vec{E}_c$ 的大小成正比。这就是说，我们用电力线的疏密程度来反映电场中各点电场强度的大小。电力线稠密的地方，电场强度大；电力线稀疏的地方，电场强度小。

图 1-5 画出了几种常见电场的电力线图。从这些电力线图可以看出，电力线具有下列性质：

（1）电力线起自于正电荷（或来自无穷远处），止于负电荷（或伸向无穷远处），不会在没有电荷的地方中断。

（2）若带电体系中正、负电荷一样多，则由正电荷出发的全部电力线都将集中到负电荷上去。

（3）任何两条电力线不会相交。

（4）静电场中的电力线不形成闭合回线。

要特别指出，电力线只是人们用来形象地表示电场中场强分布情况的曲线，它并不是客观存在的力线，也就是说，电场中并不是真的存在这些力线。

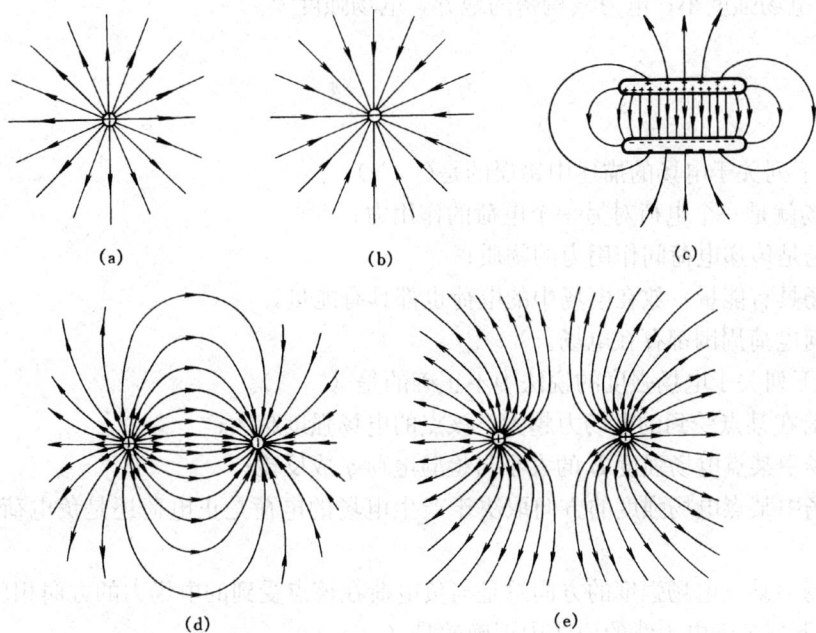

图 1-5 几种常见电场的电力线

(a) 正电荷的电力线；(b) 负电荷的电力线；(c) 一对带等量异号电荷的平行板的电力线；
(d) 两个等量异号电荷的电力线；(e) 两个等量正电荷的电力线

单 元 小 结

1. 库仑定律是静电场的基本规律，库仑定律揭示的是真空中两个点电荷之间的相互作用的规律。库仑定律的数学表达式为

$$F = \frac{1}{4\pi\varepsilon_0} \frac{Q_1 Q_2}{r^2}$$

库仑定律可以推广应用于无限大均匀介质中两个点电荷之间的相互作用，这种情况下，库仑定律的数学表达式为

$$F = \frac{1}{4\pi\varepsilon} \frac{Q_1 Q_2}{r^2}$$

2. 电场是电荷周围空间中存在着的一种特殊物质。它的重要特征是能对位于其中的其他电荷施以作用力。它具有实物的一些基本属性，它的特殊之处是，几个电场可以同时占据同一空间。

3. 电场强度是描述电场中某一给定点的客观性质的一个物理量。它的定义式为

$$\vec{E} = \frac{\vec{F}}{q}$$

电场强度是一个矢量，它的大小等于单位电荷在该点处所受到的电场力的大小，它的方向与正电荷在该点所受电场力的方向一致。

4. 电力线是用以形象化地表示电场中电场强度分布情况的一系列曲线。电力线上每一点的切线方向代表该点电场强度的方向；电力线的疏密程度表示电场强度的大小。电力线稀

疏的地方，电场强度小；电力线稠密的地方，电场强度大。

习　　题

1-1　下列关于电场的描述中错误的是（　　）。

A. 电场就是一个电荷对另一个电荷的作用力；

B. 电场是传递电荷间作用力的物质；

C. 电场具有能量，放在电场中的电荷也都具有能量；

D. 任何电荷周围都存在电场。

1-2　下列关于电场强度的说法中不正确的是（　　）。

A. 电荷在某点受到的电场力越大，该点的电场强度越大；

B. 电场中某点电场强度 E 的大小与检验电荷 q 成反比；

C. 电场中某点电场强度的方向取决于产生电场的电荷是正电荷还是负电荷，与检验电荷无关；

D. 电场中某点电场强度的方向总是与负电荷在该点受到的电场力的方向相反。

1-3　下列关于电力线的说法中正确的是（　　）。

A. 电场中的电力线是客观存在的力线；

B. 正电荷在电场力的作用下一定会沿着电力线运动；

C. 若负电荷沿着电力线运动，且运动方向与电力线方向一致，则电场力做负功；

D. 电场中电力线越密集的地方，电场强度越大；

E. 电力线上某点的切线方向就是正电荷在该点所受电场力和所得加速度的方向。

1-4　氦核中的两个质子相距约 10^{-15} m，每个质子带电量 $e=1.60\times10^{-19}$ C，试求两质子之间的库仑力。

1-5　在真空中有两个点电荷，它们之间的相互作用力 F 在下列情况下将如何变化？

(1) 一个电荷的电量减少到原来的 $\frac{1}{2}$。

(2) 两个电荷的电量均增大到原来的 2 倍。

(3) 两电荷间的距离减小到原来的 $\frac{1}{2}$。

1-6　真空中三个点电荷 Q_1、Q_2、Q_3 位于同一条直线上，Q_2 和 Q_3 在 Q_1 的同一侧，Q_2 与 Q_1 间的距离 $r_{21}=0.1$m，Q_3 与 Q_1 间的距离 $r_{31}=0.3$m，它们的电量分别为 $Q_1=-6.0\times10^{-6}$ C，$Q_2=8.0\times10^{-6}$ C，$Q_3=-6.0\times10^{-6}$ C，试求 Q_3 所受到的静电力的大小和方向。

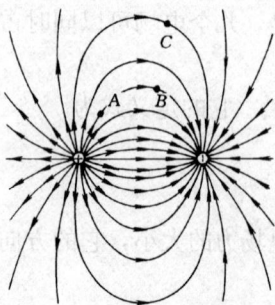

图 1-6　习题 1-8 图

1-7　两个点电荷在真空中相距的距离为 r，它们之间的相互作用力等于 F。若把这两个点电荷放在某种电介质里，并使它们之间距离保持不变，这时它们之间的相互作用力等于 $F/4$。试求这种电介质的相对介电常数和介电常数。

1-8　图 1-6 是两个等量异号电荷的电力线图，A、B、C 是电场中的三个点。

（1）A、B、C 三点中哪一点的电场强度最大？哪一点电场强度最小？

（2）一个正电荷从 A 点移到 C 点，电场力对它所做的功是正还是负？

（3）画出各点电场强度的方向。

1-9 在真空中有一点电荷 Q，它的电量 $Q=-6.6\times10^{-9}C$，求距离它 20cm 处的某一点的电场强度的大小。

1-10 在真空中有两个异号点电荷 A 和 B，它们的电量均为 $4.0\times10^{-6}C$，它们之间相距 10cm，试求距离 A 和 B 都是 10cm 的一点的电场强度的大小，并指明该点电场强度的方向。

电路的基本概念和基本定律

课题一 电路和电路模型

一、电路的组成和作用

电路是由若干个电气设备或器件按一定的方式连接起来而构成的电流通路。

电路的类型是多种多样的，不同的电路其作用也是各不相同的。但就其基本功能而言，可分为两大类：一类是电能的产生、传输与转换电路；另一类是电信号的产生、传递和处理电路。

电力系统是产生、传输与转换电能的最典型的例子，图 2-1 展示了一个简单电力系统的结构概貌。

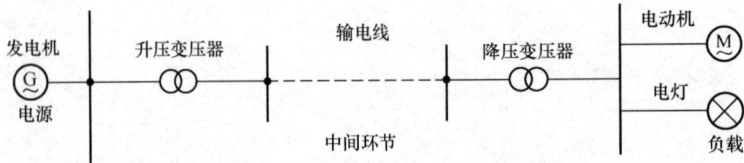

图 2-1 简单电力系统示意图

系统中的发电机是电源。电源是产生电能的装置，它把其他形式的能转换为电能。发电厂中的发电机都是将机械能转换为电能。各类电池是小型电源，它将化学能转换为电能。

电动机、电灯等是负载。负载是消耗电能的装置，它将电能转换为其他形式的能。电动机将电能转换为机械能，电灯将电能转换为光能。

变压器、输电线等是中间环节。中间环节是用来传输、分配和控制电能的设备。

以扩音机为例说明电信号的产生、传递和处理。图 2-2 是扩音机的框图。话筒是信号源，它把语言和音乐（也可称为信息）转换为电信号。线路、放大器等是中间环节，对电信号进行传递、控制和处理。喇叭是负载，它将电信号转换成语言和音乐。常见的例子如电视机、微机、手机等。

图 2-2 扩音机框图

无论是简单电路还是复杂电路（又称网络）都是由电源（信号源）、负载和中间环节三部分组成。

二、电路模型

应该指出，本书所讲的电路都是指电路模型，而不是指实际电路。实际电路是由实际的电路器件和实际的连接线组成的。而实际的器件，即使是那些最简单的器件，其物理过程也是十分复杂的，很难用一个简单的数学表达式来表达它的性能。例如，大家知道，电阻元件的特性是符合欧姆定律的。但是一个实际的电阻器件，其性质并不完全是由欧姆定律决定的，它的端钮电压、电流关系还与其电感效应有关，甚至与其电容效应有关。此外，其端钮电压、电流关系还与温度有关等。因此，很难用一个简单的数学表达式来表达。为了简化分析，我们必须抓住其主要性质，忽略其次要性质，使之能用一个尽可能简单的数学式来表达。在电路分析中，一个电阻器件，其性质常常就只用欧姆定律来表征。这样，经过简化的元件称为理想元件或元件模型。本书所涉及的理想元件有六种，即电阻元件、电压源、电流源、电容元件、电感元件和耦合电感元件，每种元件都将有自己的数学形式的定义。实际的连接线也是很复杂的，它不但有电阻，也有电感和电容效应，但在多数情况下可以看成一个既无电感、电容，又无电阻的导线，即理想导线。由理想元件和理想导线组成的电路称为实际电路的电路模型，简称电路。电路分析中，各种理想元件采用统一的图形符号来表示。

图 2-3（a）、（b）、（c）分别为电路的三种基本元件，即电阻、电感和电容的图形符号。

电能的传输和转换，或者信号的传递和处理，都要通过电流、电压和电功率来实现，因此，要对电路进行分析和计算，应先讨论电路的这几个基本物理量。

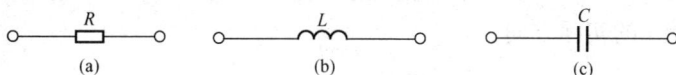

图 2-3　基本元件

课题二　电路的物理量

电路的主要物理量有电流、电压和电功率。

一、电流及其参考方向

电流是电荷的定向移动形成的。

它是电路分析中的一个重要物理量，其大小用电流强度表示，电流强度的定义是单位时间内通过导体横截面的电荷量。或者说，电流 i 的大小就是电荷量 q 对时间 t 的变化率，即

$$i = \frac{\Delta q}{\Delta t} \tag{2-1}$$

当电流 $i =$ 常数（大小和方向均不随时间变化的电流），称为恒定电流，简称直流电流，常用 I 表示。式（2-1）可写为

$$I = \frac{q}{t} \tag{2-2}$$

大写字母 I 表示直流电流；小写字母 i 既可表示直流电流，也可表示随时间 t 变化的交流电流，是表示电流的一般符号。

在国际单位制中，电流的单位为安培（A）。1A 的电流就是每秒（s）通过导体横截面的电荷量为 1 库仑（C）。此外，电流单位还常用 kA（千安）、mA（毫安）和 μA（微安）等表示。它们之间的关系是

$$1kA = 10^3 A, \quad 1A = 10^3 mA, \quad 1\mu A = 10^{-6} A$$

电流在电路中流动是有方向的，习惯上规定正电荷移动的方向为电流的方向，并称为电流的实际方向。

往往在计算稍为复杂的电路时，电流的方向就很难断定。因此，在分析计算电路时，常可任意选定电流流向的正方向，称为参考方向，用箭头表示。如图 2-4（a）所示，二端元件中电流 i 的流向为 a 到 b，是 i 的参考方向。而电流 i 的实际流向，即实际方向是否也为 a 到 b，在图 2-4（a）中是看不出来的。

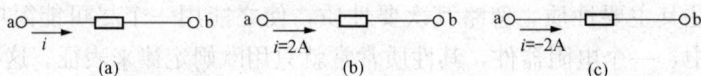

图 2-4　电流方向

当电流 i 的实际方向与参考方向相同，i 为正值；当电流 i 的实际方向与参考方向相反，i 为负值。由此可知，图 2-4（b）中电流 i 的实际方向（真实流向）为 a 到 b，图 2-4（c）中电流 i 的实际方向为 b 到 a，图 2-4（a）中电流 i 的实际方向无法得知。

应当指出，在电路分析计算中，没有规定参考方向的电流数值的含义是不完整、不正确的。为了确切地表示电流，必须标明其参考方向。在电路中能看到的电流方向是 i 的参考方向，而 i 的实际方向应由 i 的参考方向和 i 的数值是正还是负来判断。

【例 2-1】　已知图 2-5（a）中电流 i 的方向为 a 到 b，试标明它的参考方向，并说明图 2-5（b）中电流 i 的实际方向。

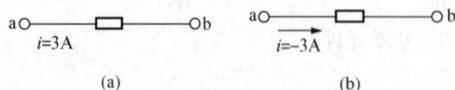

图 2-5　[例 2-1] 电路图　　　　　图 2-6　[例 2-1] 电路图

解　（1）图 2-5（a）中电流 i 的参考方向由 a 指向 b，如图 2-6 所示。

（2）图 2-5（b）中电流 i 的实际方向为由 b 流向 a。

二、电压、电位、电动势及其参考极性

1. 电压及其参考极性

电压是电路分析中又一个重要物理量。

电路中 A、B 两点间的电压就是在电场力的作用下单位正电荷由 A 点移动到 B 点所减少的电能。简而言之，电压就是电场力做功，即

$$U_{AB} = \frac{\Delta W_{AB}}{\Delta q} \qquad (2-3)$$

式中：Δq 为由 A 点移动到 B 点的电荷量，正电荷的电荷量为正值，负电荷的电荷量为负值；ΔW_{AB} 为移动过程中电荷所减少的电能，减少的电能为正值，增加的电能为负值。

在国际单位制中，电压的单位是 V（伏特），1V 就是 1C 的电荷量释放了 1J 的能量。工程上电压的单位也常用 kV（千伏）、mV（毫伏）和 μV（微伏）。

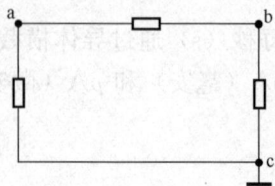

图 2-7　[例 2-2] 电路图

【例 2-2】　已知电路如图 2-7 所示，4C 正电荷由 a 点均匀移动至 b 点电场力做功 8J，由 b 点移动到 c 点电场力做功为 -12J，试求电压 U_{ab}、U_{bc}。

解　由式（2-3）得

$$U_{ab} = \frac{\Delta W_{ab}}{\Delta q} = \frac{8}{4} = 2(\text{V})$$

$$U_{bc} = \frac{\Delta W_{bc}}{\Delta q} = \frac{-12}{4} = -6(V)$$

由［例 2-2］可知，正电荷由 a 点移至 b 点时电场力做正功（电能量释放），则 a 点为高电位点，b 点为低电位点。正电荷由 b 点移至 c 点时电场力做负功（说明外力做功，获得电能量），则 a 点为低电位点，b 点为高电位点。习惯上规定：由高电位点指向低电位点的方向为电压的实际方向。电压亦可称之为电压降或电位降。

在电路的分析计算中，必须选取电压的方向。任意选取的电压方向称为电压的参考方向，电压的参考方向可以用实线箭头表示，如图 2-8（a）所示，也可以用正（＋）、负（一）极性表示，如图 2-8（b）所示。电压的参考极

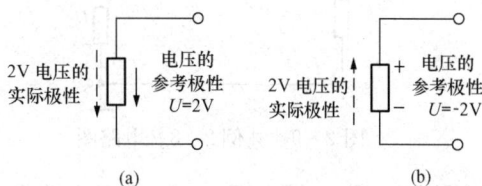

图 2-8　电压的极性

性（方向）可任意选取（标明），同电流一样，电压的实际极性（方向）应由电压的参考极性（方向）和电压数值的正、负断定。当电压的实际极性（方向）与参考极性（方向）一致时，电压为正值，如图 2-8（a）虚线所示；反之，电压为负值，如图 2-8（b）所示。

电压的参考极性（方向）还可以用双下标来表示，U_{ab} 表示电压的参考极性（方向）由 a 点指向 b 点，U_{ba} 表示电压的参考极性（方向）由 b 点指向 a 点。若 $U_{ab}=2V$，则 $U_{ba}=-2V$。可见

$$U_{ab} = -U_{ba} \tag{2-4}$$

电路中元件或支路的电压 u 和电流 i 采用相同的参考方向称之为关联参考方向；反之，称为非关联参考方向。必须说明，电阻元件上的电流和电压的参考方向，常取关联参考方向，当只标了电阻元件的电流参考方向，没标电压的参考方向时，可认为电压与电流为关联参考方向；反之亦然。

郑重声明，没有标明电流、电压参考方向的电路分析计算将变得毫无意义。

2. 电位

电位是指单位正电荷 q 从电路中一点移至参考点（$\varphi=0$ 或 $V=0$）时电场力做功的大小。

电路中各点的电位就是各点对一选定的公共参考点（零电位点，以接地符号表示）之间的电压。若取电路中的 o 点为参考点，则 a 点的电位 $V_a = U_{ao}$。b 点的电位 $V_b = U_{bo}$。电路中任意两点间的电压等于这两点之间的电位差，即

$$U_{ab} = V_a - V_b \tag{2-5}$$

式中　V_a——a 点的电位；

　　　V_b——b 点的电位。

电路中电位参考点可任意选择，以接地符号"⊥"标明；参考点一经选定，电路中各点的电位值就是唯一的；当选择不同的电位参考点时，电路中各点电位值将改变，但任意两点间电压保持不变。

【例 2-3】　电路如图 2-9 所示，若 $U_{ac}=8V$，$U_{bc}=-5V$；试求电路中各点电位及 U_{ab}。

解　由图中所示电压的参考极性可知

$$V_c = 0V$$
$$V_a = U_1 = 8V$$
$$V_b = U_2 = -5V$$
$$U_{ab} = V_a - V_b = 8 - (-5) = 13(V)$$

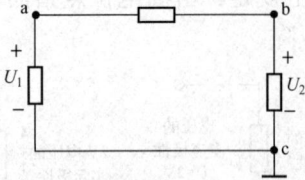

图 2 - 9　［例 2 - 3］电路图　　　　　　图 2 - 10　［例 2 - 4］电路图

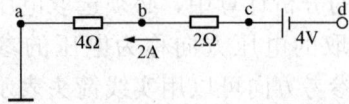

【例 2 - 4】　试求图 2 - 10 所示电路中 a、b、c、d 四点的电位。

解
$$V_a = 0V$$
$$V_b = 2 \times 4 = 8(V)$$
$$V_c = V_a + V_b + 2 \times 2 = 0 + 8 + 4 = 12(V)$$
$$V_d = V_c - 4 = 12 - 4 = 8(V)$$

3. 电动势

如上所述，电场力总是将正电荷从高电位端（正极）推向低电位端（负极），形成电流。一个电路要维持电流的连续性，其中应有能把其他形式的能量转换为电能的电源。电压是电场力做功，将电能转换成其他形式的能。电源是电源力做功，电源力把正电荷从电源的低电位端经电源的内部移到高电位端，将其他形式的能转换成电能。这样一来就维持了一个电路电流的连续性。用电动势来衡量电源力对电荷做功的能力，用 e 或 E 表示。e 在数值上等于电源力把单位正电荷从电源的低电位端经电源的内部移到高电位端所做的功。因此，电动势的实际方向是电源的低电位端指向高电位端的方向，即电位升的方向。显然，在国际单位制中电动势的单位也是 V（伏特）。

同样可以任意指定电动势的参考方向（或参考极性），由其数值的正、负来确定实际方向。电动势 e 与其端电压 u 的关系为：参考极性（或方向）相反时，$u = e$；参考极性（方向）相同时 $u = -e$。

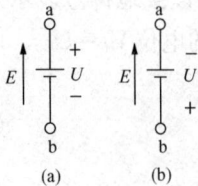

图 2 - 11　［例 2 - 5］电路图

【例 2 - 5】　图 2 - 11 所示理想的干电池，用电压表测得 a、b 端电压为 1.5V，试求图 2 - 11（a）、（b）所示的电压和电动势的数值。

解　理想干电池的图形符号"╪"，给出了端电压的实际极性，长线为正，短线为负。

图 2 - 11（a）$U = 1.5V$，$E = U = 1.5V$；

图 2 - 11（b）$U = -1.5V$，$E = -U = 1.5V$。

三、电功率和电能

电功率简称功率，是电路分析计算中一个基本物理量。一个二端元件的功率情况，有吸收功率和发出功率之分。它所吸收或发出的功率定义为单位时间内二端元件吸收或发出的电能量。用 p 或 P 表示。大写字母 P 表示不随时间变化的功率，如直流电路的功率，小写字母 p 即可表示不随时间变化，又可表示随时间变化的功率。

即
$$p = \frac{\Delta W}{\Delta t} \qquad (2-6)$$

在国际单位制中，ΔW 的单位是 J，Δt 的单位是 s，p 的单位是 W（瓦特）。常用功率的单位有 kW（千瓦）、MW（兆瓦）和 mW（毫瓦），$1MW=10^3 kW=10^6 W$，$1mW=10^{-3}W$。

功率 p 的计算，不常用式（2-6）计算，而是通过其端钮的电压和电流来求出。

当设如图 2-12（a）所示，u 与 i 为关联参考方向时

图 2-12 功率计算

$$p = ui \qquad (2-7)$$

当设如图 2-12（b）所示 u 与 i 为非关联参考方向时
$$p = -ui \qquad (2-8)$$

一个二端元件是吸收功率还是发出功率，就看由式（2-7）和式（2-8）计算所得 p 的值是正还是负。若 $p>0$ 则二端元件吸收功率，为负载；若 $p<0$ 则二端元件发出功率，为电源。对于一个完整的电路而言，发出功率的和与吸收功率的和总是相等的，叫做电路的功率平衡。

【例 2-6】 求图 2-13 所示各二端元件的功率，并说明其性质。

解 图（a）$P=ui=3\times1=3$（W）　　（吸收功率，属负载）

图（b）$P=-ui=-3\times2=-6$（W）　　（发出功率，属电源）

图（c）$P=-ui=-(-3)\times2=6$（W）　　（吸收功率，负载）

图（d）$P=ui=-3\times(-2)=6$（W）　　（吸收功率，负载）

图（e）$P=-ui=-(-3)\times(-2)=-6$（W）　　（发出功率，电流）

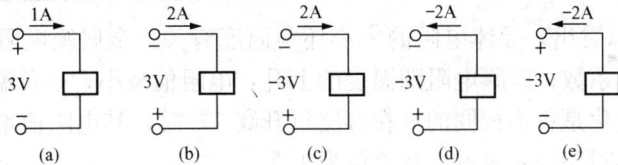

图 2-13 ［例 2-6］电路图

能量也是电路分析中一个重要的物理量。若一个电路元件吸收的功率 P，则该元件在时间 t 内吸收的电能量为
$$W = Pt \qquad (2-9)$$
由 $P=UI$ 得
$$W = UIt \qquad (2-10)$$

电能的单位是 J，$1J=1W\times1s$ 也就是功率为 1W 的用电器在 1s 内消耗（吸收）1J 的电能。在电力电路中，常用 $1kW\cdot h$（千瓦·时）作为电能的单位。表示 1kW 的用电设备使用 1h 所消耗的电能。

课题三 电 阻 元 件

一、导体电阻

导体在传导电流时对电流呈现的阻碍作用称为电阻。不同材料做成的导体的电阻的大小

是不同的，衡量材料导电性能好坏的物理量称电阻率。电阻率小的材料称导体，如金、银、铜、铝、铁等；电阻率很大的材料称绝缘体，如塑料、橡胶、陶瓷等；电阻率居中的材料称半导体，如硅、锗等。常温下任何物体都有电阻。

导体电阻的大小与导体的材料、长度、截面及温度有关。通过大量实验总结得出在一定的温度下其计算公式为

$$R = \rho \frac{l}{S} \tag{2-11}$$

式中　ρ——导体材料的电阻率，$\Omega \cdot m$；

　　　l——导体的长度，m；

　　　S——导体的横截面积，m^2；

　　　R——导体的电阻，Ω。

表 2-1 给出了在温度为 20℃时常用导体的电阻率和温度系数。

表 2-1　　　　　　　　在温度为 20℃时常用导体的电阻率和电阻温度系数

材料	20℃时的电阻率 ρ（$\Omega \cdot m$）	电阻温度系数 α(1/℃)	材料	20℃时的电阻率 ρ（$\Omega \cdot m$）	电阻温度系数 α(1/℃)
银	1.6×10^{-8}	3.6×10^{-3}	铂	1.05×10^{-7}	4.0×10^{-3}
铜	1.7×10^{-8}	4.0×10^{-3}	锰	4.4×10^{-7}	0.6×10^{-5}
铝	2.8×10^{-8}	4.2×10^{-3}	康铜	4.8×10^{-7}	0.5×10^{-5}
钨	5.5×10^{-8}	4.4×10^{-3}	镍铬丝	1.2×10^{-6}	15×10^{-5}
镍	7.3×10^{-8}	6.2×10^{-8}	碳	1.0×10^{-5}	-0.5×10^{-3}
铁	9.8×10^{-8}	6.2×10^{-3}	—		

从表 2-1 中可以看出，导体电阻的大小还与温度有关。金属膜电阻随温度的上升，电阻值增大，是正温度系数；碳膜电阻随温度的上升，电阻值减小，是负温度系数。各种材料的电阻值随温度的变化是各不相同的。在温度每升高 1℃时，其电阻值增加的相对值，称为电阻温度系数，用小写字母 α 表示，其单位为 1/℃。

大量实验表明，各种材料做成的电阻在 0～100℃的范围内，电阻的温度系数近似为常数，从而得出电阻随温度变化的计算公式为

$$R_2 = R_1[1 + \alpha(t_2 - t_1)] \tag{2-12}$$

式中　t_1——温度变化前的导体温度值；

　　　t_2——温度变化后的导体温度值；

　　　R_1——温度变化前的导体电阻值；

　　　R_2——温度变化前的导体电阻值；

　　　α——电阻的温度系数。

【例 2-7】　在 25℃时测得一铜导体的电阻为 0.62Ω，试问 75℃时该电阻的阻值为多少？

解　查表 2-1，铜的电阻温度系数为 4.0×10^{-3}1/℃，由式（2-12）得

$R_{75℃} = R_{25℃}[1 + \alpha(t_2 - t_1)] = 0.62 \times [1 + 4.0 \times 10^{-3} \times (75 - 25)] = 0.74(\Omega)$

二、电阻元件与欧姆定律

电阻元件是一种最重要的电路元件，表征的是实际电路原件或电气设备消耗电能的特

性，主要讨论其端电压与电流之间的关系，即电阻元件中的电流与电压成正比。这就是电学中的欧姆定律。其数学表达式为

$$i = \frac{u}{R} \tag{2-13}$$

式中　i——通过电阻元件的电流，A；

　　　u——电阻元件两端的电压，V；

　　　R——电阻元件的电阻，Ω。

式（2-13）只有在电压与电流为关联参考方向下才成立。当 u 与 i 为非关联参考方向时，则 $u = -Ri$。如果电阻上仅标了电流参考方向，则认为电压为关联的参考方向；反之，如果电阻上仅标了电压参考方向，则认为电流为关联的参考方向。

若以电压 u 为纵坐标，电流 i 为横坐标，绘出电阻元件上电压与电流的关系曲线，是一条经过原点的直线，如图 2-14 所示，这条曲线称为电阻元件的伏安特性曲线。直线上任意一点电压与电流的比值等于电阻的阻值。

电阻元件的伏安特性曲线是一条经过原点的直线，即 $R = \frac{u}{i} =$ 常数，称为线性电阻元件。欧姆定律中的电阻就是线性电阻。如果 $R \neq$ 常数，则伏安特性曲线不是一条直线，称为非线性电阻元件。线性电路中的电阻元件，均为线性电阻元件。

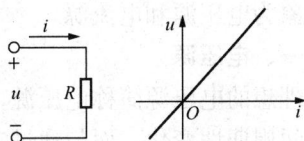

图 2-14　电阻元件的伏安特性曲线

【例 2-8】　一个 5Ω 的电阻元件，两端加 18V 电压，求通过电阻的电流。

解　根据式（2-13），$I = U/R = 18/5 = 3.6$（A）

与导体电阻含义相反的是，导体对电流的导通作用称为电导，用 G 表示。电导与电阻之间的关系是

$$G = \frac{1}{R} \tag{2-14}$$

式中：R 的单位 Ω；G 的单位 S（西门子）。

当取 u 与 i 关联参考方向时，式（2-13）可写成

$$i = Gu \tag{2-15}$$

若 u 与 i 非关联参考方向，则 $i = -Gu$。

三、线性电阻元件的功率

我们对一个电路元件的认识，首先要知道它的伏安关系，接着是了解它的功率情况。

由功率与电压、电流的关系式（2-7）和电阻元件的伏安关系式（2-13）和式（2-14）可得，如图 2-14 所示电阻元件 R 所吸收的功率为

$$P = ui = Ri^2 = Gu^2 \tag{2-16}$$

由式（2-16）看出，只要电阻元件中有电流或电压存在，它所吸收的功率总是大于零，即总是消耗功率的，而永远不会产生功率。电阻元件吸收的功率通常是变成热能，所以电阻元件是一个耗能元件。电阻元件吸收的功率越大，产生的热量就越多。一个实际电阻器的体积和散热条件都是一定的，当产生的热量不能及时散出，而使其温度升高到某一极限值时，电阻就会失效。一个实际的电路元件在电路中运行时，对其允许通过的电流、施加的电压及消耗的功率，都有一个最大值的限制，以保证其正常工作。这个最大值就称为该元件的额定

电流、额定电压和额定功率。

通常在电工设备的铭牌上标称的值有电流额定值 I_N、电压额定值 U_N 和功率额定值 P_N。

【例2-9】　一个电阻器的阻值为 968Ω，额定功率为 $50W$，问此电阻器两端最大可以加多大电压？

解　因为 $P=\dfrac{u^2}{R}$

所以　$u=\sqrt{PR}=\sqrt{50\times968}=220$（V）

此电阻器两端最大可加 $220V$ 电压。

课题四　电压源和电流源

电路中只有电阻是不会有电流的。要想让电路中有电流还必须要有电源。干电池、蓄电池、光电池、直流发电机、交流发电机都属于电源。根据这些电源的作用，在电路分析中常可抽象为电压源和电流源。

一、电压源

理想的电压源简称电压源，是实际电压源的一种抽象。它的端钮电压总能保持恒定值或随时间周期性变化，而与通过它的电流无关。或者说，电压源两端电压总是一定的，而电流可以是任何值，其大小不取决于电压源本身，而取决于外电路的情况。提供恒定电压的电压源称为直流电压源。提供随时间周期性变化的电压源称为交流电压源。如正弦电压源、方波电压源等。电压源的电路符号如图 2-15 所示。其中图 2-15（a）为电池的符号，专门表示直流电压源；图 2-15（b）表示一般电压源，它既可以表示随时间变化的电压源，也可表示直流电压源。在电路分析中，恒定的量常用大写字母表示，随时间变化的量常用小写字母表示。小写字母可以

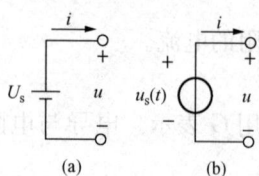
图 2-15　电压源

表示恒定量，但大写字母不能表示随时间变化的量。电压源端钮的伏安关系可写为

$$u=U_s，i\text{为任意值}\tag{2-17}$$
$$u=u_s(t)，i\text{为任意值}\tag{2-18}$$

由式（2-17）、式（2-18）可知，电压源端钮的伏安关系在 u、i 构成的直角坐标系中，是一条与 i 轴平行的直线，如图 2-16 所示。

【例2-10】　分别求出图 2-17 中开关 S 在位置 A 和 B 时的电流 I。

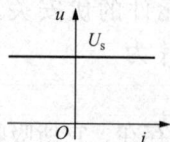
图 2-16　电压源的伏安关系曲线

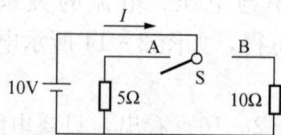
图 2-17　［例2-10］电路

解　（1）开关在位置 A 时，根据欧姆定律可得　$I=\dfrac{10}{5}=2$（A）

（2）开关在位置 B 时，同理可得　$I=\dfrac{10}{10}=1$（A）

由此例可看出，电压源两端电压总是 10V，而其中电流取决于外电路的情况。

二、电流源

理想的电流源简称电流源，是实际电流源的一种抽象。其端钮总能供出一个恒定的或随时间周期性变化的电流，而与它两端的电压无关。或者说，电流源的电流总是一定的，而它两端的电压可以是任何值，其具体大小不取决于电流源本身，而是取决于外电路的情况。提供恒定电流的电流源称为直流电流源，提供随时间周期性变化的电流源称为交流电流源，如正弦电流源，方波电流源等。电流源的电路符号如图 2-18 所示。若为直流电流源用大写字母 I_s 表示。若为交流电流源用小写字母 i_s 表示。小写字母 i_s 是表示电流源的一般形式，既可表示直流电流源，也可表示交流电流源。电流源端钮的伏安关系是

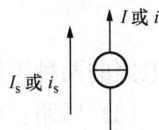

$$I = I_s, U \text{ 为任意值}$$

或

$$i = i_s, u \text{ 为任意值} \tag{2-19}$$

图 2-18　电流源

由式（2-19）可知，电流源端钮的伏安关系在 u、i 构成的直角坐标系中，是一条与 u 轴平行的直线。如图 2-19 所示。

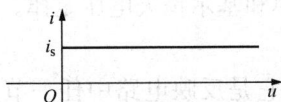

图 2-19　电流源伏安关系

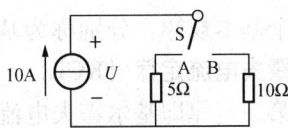

图 2-20　[例 2-11] 电路图

【例 2-11】 分别求出图 2-20 中开关 S 在位置 A 和 B 时的电压 U。

解 （1）开关在 A 时，根据欧姆定律，得 $U = 5 \times 10 = 50$（V）

（2）开关在位置 B 时，同样道理，得 $U = 10 \times 10 = 100$（V）

由此例看到，电流源的电流总是 10A，其端电压取决于外电路的情况。

电路中的电源只是直流电压源、直流电流源的电路称为直流电路；电路中除了电压源、电流源外只含有电阻元件的电路称为电阻电路。

课题五　基尔霍夫定律

一、有关电路的几个名词

在电路分析中，为了说理简明，常用一些电路的专用名词或称术语。现以图 2-21 为例，介绍几个与电路的连接状况有关的名词。

（1）支路：每个二端元件称为一条支路。图 2-21（a）中有 5 个元件，所以有 5 条支路。

（2）节（结）点：元件的连接点称为结点，即两条或两条以上支路的交点称为结点。图 2-21（a）中有 3 个结点，即结点①、结点②和结点③。

应该指出，为方便起见，也可把流有同一个电流的部分称为一条支路。这样，三个或三个以上支路的交点称为节点。在这样定义下，图 2-21 所示电路有 4 条支路，即由元件 1，2，3 及 4，5 形成的支路和两个节点，即节点①和②。由于电路中的连接线都是理想的。所以图 2-21（a）的上面部分和下面部分分别为一个节点。图 2-21（b）和图 2-21（a）是同

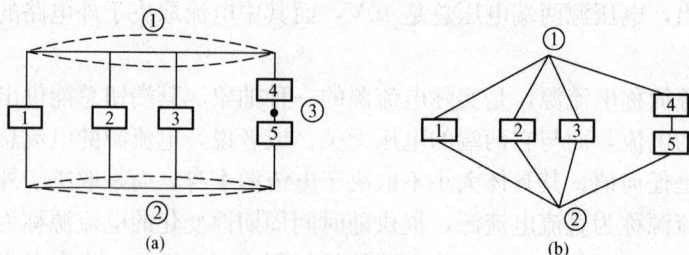

图 2-21　电路名词

一电路的两种不同的画法。

（3）回路：电路中由支路组成的闭合路径称为回路。图 2-21 中有 6 个回路。

（4）网孔：网孔是平面网络中一种特殊的回路，是一种其内部不含有支路的回路。应该指出，只有平面网络中才有网孔这一概念。图 2-21 中有 3 个网孔。所谓平面网络是指可以画在一个平面而不出现支路在非节点处相交叉情况的电路。

基尔霍夫定律是电路的基本定律之一，是德国科学家基尔霍夫在 1845 年提出的。它指出了电路的两个基本规律，分别称为基尔霍夫电流定律和基尔霍夫电压定律。

二、基尔霍夫电流定律（KCL）

基尔霍夫第一定律即基尔霍夫电流定律（KCL），它是反映电路中任一节点的各支路电流的基本规律。

（1）基尔霍夫电流定律的内容。在集中参数电路中，任何时刻，流出（或流入）任意一个节点的所有支路电流的代数和恒等于零。

（2）基尔霍夫电流定律的数学表达式为

$$\sum i = 0 \qquad\qquad (2-20)$$

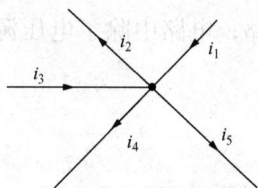

图 2-22　节点电流

式（2-20）可由图 2-22 来解释：取流入节点电流为正，流出节点电流为负，即 $i_1 - i_2 + i_3 - i_4 - i_5 = 0$；也可取流出节点电流为正，流入节点电流为负即 $-i_1 + i_2 - i_3 + i_4 + i_5 = 0$。将此节点电流方程移项可得 $i_1 + i_3 = i_2 + i_4 + i_5$，写成一般形式为 $\sum i_\text{入} = \sum i_\text{出}$。

（3）基尔霍夫电流定律的应用。利用 KCL 求解有分支电路是分析计算复杂电路的基本方法，现举例说明。

【例 2-12】　在图 2-23 中，已知 $i_1 = 3\text{A}$、$i_2 = 2\text{A}$、$i_3 = 1\text{A}$、$i_5 = -5\text{A}$、$i_6 = 2\text{A}$，试求 i_4 和 i_7。

解　对左边节点列出 KCL 方程为

$$i_1 + i_2 - i_3 - i_4 = 0$$
$$i_4 = i_1 + i_2 - i_3 = 3 + 2 - 1 = 4(\text{A})$$

对右边节点列出 KCL 方程为

$$i_4 + i_5 + i_6 - i_7 = 0$$
$$i_7 = i_4 + i_5 + i_6 = 4 - 5 + 2 = 1(\text{A})$$

若〔例 2-12〕中不求 i_4，只求 i_7，则可将图 2-23 中左右两节点做一假设的闭合面，如图 2-24 所示，这个闭合面称为广义节点，可列写 KCL 方程为

$$i_1 + i_2 - i_3 + i_5 + i_6 - i_7 = 0$$
$$i_7 = i_1 + i_2 - i_3 + i_5 + i_6 = 3 + 2 - 1 - 5 + 2 = 1(A)$$

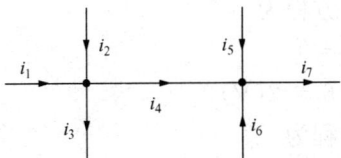

图 2 - 23　[例 2 - 12] 图　　　　　图 2 - 24　广义节点

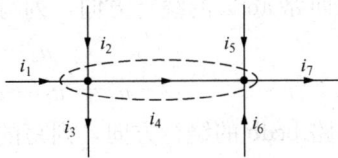

可见 KCL 仍然成立。表明 KCL 可推广应用于电路中包围多个结点的任一闭合面——广义节点。

KCL 体现了电路的一个重要的规则：电流具有连续性。

三、基尔霍夫电压定律 (KVL)

基尔霍夫第二定律又称为基尔霍夫电压定律（KVL），它反映了电路中所有支路电压必须遵循的基本规律，KCL 和 KVL 是分析集中参数电路的基本定律。

（1）基尔霍夫电压定律的内容。在集中参数电路中，任何时刻，沿任意一个闭合路径绕行一周，各支路电压降（升）的代数和等于零。

（2）基尔霍夫电压定律的数学表达式为

$$\sum u = 0 \tag{2-21}$$

式（2-21）可由图 2-25 来解释：图 2-25 所示为电路中的任意一个回路，选取从 A 点出发，沿 A—B—C—D—A 绕行一周的绕行方向，若电压 u_1、u_2 属电压降取正，则电压 u_3、u_4 属电压升取负，这样由 $\sum u = 0$ 列写的 KVL 方程为

$$u_1 + u_2 - u_3 - u_4 = 0$$

也可写成

$$u_1 + u_2 = u_3 + u_4$$

即

$$\sum u_降 = \sum u_升$$

（3）基尔霍夫电压定律的应用。利用 KVL 求解电路中任一元件的端电压是分析计算复杂电路的又一基本方法，现举例说明。

【例 2 - 13】　在图 2 - 25 中，已知 $u_1 = 1V$，$u_2 = -5V$，$u_3 = -6V$，试求 u_4。

解　KVL 方程

$$u_1 + u_2 - u_3 - u_4 = 0$$
$$u_4 = u_1 + u_2 - u_3 = 1 - 5 - (-6) = 2(V)$$

应该指出，列写 $\sum u = 0$ 的 KVL 方程时，电压是加还是减，视元件端电压的参考方向而定，不必考虑元件端电压的实际方向。

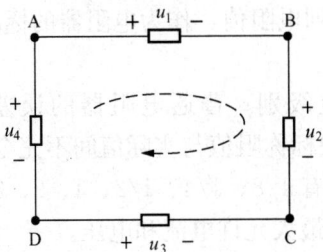

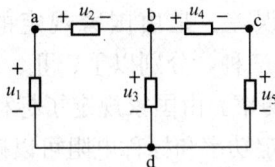

图 2 - 25　回路电压　　　　　图 2 - 26　[例 2 - 14] 图

【例 2 - 14】　已知图 2 - 26 所示的电路中，$u_1 = 8V$，$u_2 = 6V$，$u_4 = -4V$，试求 u_3 和 u_5。

解　选取回路 abda 的绕行方向，列写的 KVL 方程为

$$u_2 + u_3 - u_1 = 0$$

$$u_3 = u_1 - u_2 = 8 - 6 = 2(V)$$

再选取回路 bcdb 的绕行方向，列写的 KVL 方程为

$$u_4 + u_5 - u_3 = 0$$

$$u_5 = u_3 - u_4 = -1V$$

若题中仅求 u_5，则可直接对回路 abcdba 列写 KVL 方程来求出 u_5。由此可见，KVL 体现了电路的另一个重要规则：电路中任意两点间电压与所取路径无关。

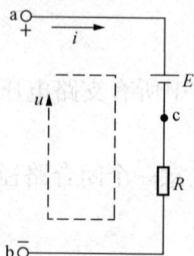

【例 2 - 15】　在图 2 - 27 所示电路中，试求端口电压 u 与端口电流 i 的伏安关系。

解　选取假想回路 acba 的绕行方向，列写的 KVL 方程为

$$u = E + Ri$$

或

$$i = \frac{u - E}{R} \qquad\qquad (2 - 22)$$

图 2 - 27　[例 2 - 15] 图

式 (2 - 22) 称为含源支路欧姆定律。

阅读材料

电阻器及干电池

一、电阻器

电阻器是消耗电能的器件，种类很多，就其图形符号可分为一般电阻器 "○—▭—○"，可变电阻器 "○—╱▭—○" 和滑动触点电位器 "○—▭—○"。

电子电路中常见到的各种小功率电阻器有如下几种：

(1) 碳膜电阻。它由瓷棒上的一层碳膜构成，体积较小，碳膜上刻槽以控制阻值，外表常漆成灰色。

(2) 金属膜电阻。它由陶瓷架上被覆一层金属薄膜构成，常漆成红色。

(3) 绕线电阻。它由电阻丝绕在瓷管上构成，电阻丝为铬镍合金及康铜丝制成。绕线电阻分固定和可变的两种。

小功率电阻上标有三个技术指标。

(1) 标称（名义）阻值。是由国家规定的一系列电阻值，作为电阻器的标准，以便按标称系列生产。

(2) 容许误差。是由国家规定的电阻值误差级别。普通电阻器的误差分为 ±5%、±10%、±20% 三种，分别以 I、II、III 表示，反映标称阻值与实际值间不完全相符的程度。

(3) 额定功率。由国家规定了标称值。常用的有 1/8、1/4、1/2、1、2、3、4、5、10、25W 等。由额定功率和标称电阻可以确定电阻器的最大允许电流和电压。

二、干电池

用两种不同的金属（铜和锌）浸在电解液中，就会发生氧化还原反应，金属中的电子会通过电解液发生转移，结果在两金属间产生电压（铜正、锌负），这就是意大利科学家伏特发明的伏打电池。由于使用的电解液是液体，所以称为"湿电池"。为了提高实用性，后来将电解液做成糊状，并与活性物质二氧化锰一起装进一个锌筒（作为负极），中间插入一根碳棒（作为正极），再加以密封，就成了干电池。

现今使用的碱性锌锰电池的容量和放电特性均优于锌锰电池，成为"高容量"电池。其使用于小型收音机时的寿命为锌锰电池的两倍，若用在闪光放电管时约为 4 倍。可见，越在大电流场合越能发挥碱性电池的威力。

镉镍电池是可以充电的，一般在外壳上均标有它的容量。如型号为 $500mA \cdot h$ 的电池，意味着以 $500mA$ 电流放电，能使用 1h。只要正确使用，充电次数可大于 500 次，是很经济的。但是，比镉镍电池性能更好的是镍氢电池和锂电池，在相同体积相同放电流的情况下，使用时间锂电池是它们的 3～5 倍。新产或长期放置的充电电池必须充电后再使用，当电池电压降低至终止放电电压时，应最好停止使用，否则会因过量放电而难以恢复原充电功能。按所标的电流和时间进行充电，有利于提高电池的寿命。

干电池使用完毕不应随便抛弃，因为一般电池中含有汞，汞进入土壤，有可能经"食物链"或"生物链"进入人体，使人体受感染而中毒，轻者出现知觉障碍、手足麻痹，重者造成神经失控或危及生命。在一些发达国家，要求各类垃圾要分类放置，电池作为特殊垃圾应设有专门的投弃处，这不仅有利于防治环境污染，也有利于物质的回收处理。专家学者对废电池的利用研究工作已取得突破性进展。

三、安全电压

原国家电力部颁发的《电业安全工作规程》规定，对地电压 250V 及以下的电压为低电压，但这个低电压在发生人身触电时并不是安全电压。一般人体电阻按 1000Ω 考虑，而通过人体的危险电流为 50mA，则人承受的电压不应超过 $0.05 \times 1000 = 50$（V）。根据我国的具体条件和环境，规定安全电压额定值的等级有 42、36、24、12V 和 6V 五种。安全电压的选用，要看生产场地的情况而定。

（1）有触电危险的场所使用的手提式电动工具，电压不高于 42V。

（2）隧道、有导电粉尘或高度低于 2.5m 等场所的照明电压及机床局部照明电压，不高于 36V。

（3）潮湿和易触及带电体场所使用的移动式灯，电压不高于 24V。

（4）在特别潮湿场所、导电良好的地面、矿井、锅炉内或金属容器内作业的照明电压，不高于 12V。

此外，安全电压必须由独立电源（化学电池或与高压无关的柴油发电机）或安全隔离变压器（行灯变压器）供电。安全电压回路应相对独立，与其他电气系统实行电气上的隔离。

实验一　学习万用表的使用方法

一、实验目的

（1）了解电工实验室操作规范。

（2）学习直流稳压电源的使用方法。

（3）学习用万用表测量交、直流电压和电阻。

二、实验仪器和设备

（1）直流稳压电源（双路）　　　1台

（2）电阻箱　　　　　　　　　　1台

（3）滑线电阻器　　　　　　　　1台

（4）万用表　　　　　　　　　　1只

（5）直流电压表　　　　　　　　1只

三、实验内容

（1）由指导教师讲解电工实验室操作规范及安全注意事项。

（2）了解实验桌的配电板上的电源的配置情况，用万用表的交流档测量各端钮（接线柱）和插座上的电压，并记录。

（3）学习直流稳压电源的使用方法，用万用表的直流电压档测量稳压电源输出电压范围（稳压电源上的表计仅作监视用），并记录。

（4）分别用指针式万用表和数字式万用表的电阻档测量已知电阻。

四、预习要求

设计实验内容（2）、（3）的记录表格。

单 元 小 结

1. 电路由电源、负载和中间环节三部分组成。电路的作用是电能的传输、分配和转换，或信号的传递、放大和处理。由理想导线、理想元件组成的电路是实际电路的电路模型。

2. 电路的主要物理量是电流、电压和电功率，其定义式分别为

$$i = \Delta q/\Delta t, u = \Delta W/\Delta q, p = ui$$

电流、电压的参考方向（极性），是电路中标明的方向（极性）。其实际方向（极性）应由参考方向（极性）和数值的正负判断得知。

电功率的计算：u 与 i 为关联参考方向时，$p = ui$；u 与 i 为非关联参考方向时，$p = -ui$；电功率的性质，$p>0$ 时为元件吸收功率，$p<0$ 时为元件发出功率。

3. 导体的电阻 $R = \rho \dfrac{l}{S}$，随温度变化的阻值计算公式为 $R_2 = R_1 [1+\alpha (t_2-t_1)]$。欧姆定律表明了线性电阻元件上的伏安关系，当 u 与 i 为关联参考方向时 $u = Ri$。电阻的倒数为电导 $G = 1/R$。电阻消耗的功率 $P = I^2R = U^2/R = GU^2$。

4. 电压源：$u = u_s$，i 为任意值。电流源：$i = i_s$，u 为任意值。

5. 基尔霍夫定律的数学表达式，KCL：$\sum i = 0$，KVL：$\sum u = 0$。

习　　题

2-1　已知电路中 a、b 两点的电位分别为 $V_a = 3V$，$V_b = 6V$，求 U_{ba} 和 U_{ab}。

2-2　电路中有 a、b、c、d 四点，已知 $V_a = 2V$，$V_b = -3V$，$U_{ac} = -5V$，$U_{dc} = -3V$。

求 V_c、V_d 和 U_{ad}。

2-3 试求图 2-28 所示各元件的功率，并说明元件功率的性质。

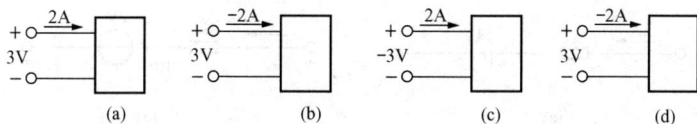

图 2-28 习题 2-3 图

2-4 试求图 2-29 所示各元件吸收或发出的功率，并说明元件是电源还是负载。

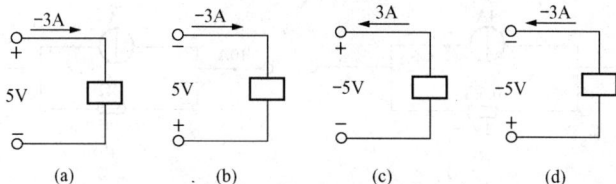

图 2-29 习题 2-4 图

2-5 一根铝导线，截面积为 2cm²，长度为 5km。试求其在 20℃和 75℃时的电阻值。

2-6 一电阻元件的铭牌上标有："500Ω、0.5W"，试求其允许通过的最大工作电流和端电压。

2-7 试求图 2-30（a）、（b）所示两电路的电流 I。

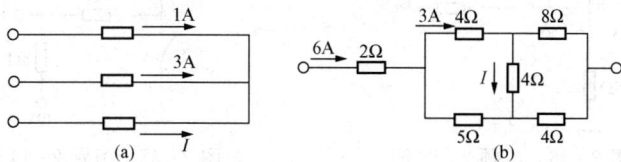

图 2-30 习题 2-7 图

2-8 试求图 2-31（a）、（b）、（c）所示电路的电压 U_{AB}、U_{BC}、U_{AC}。

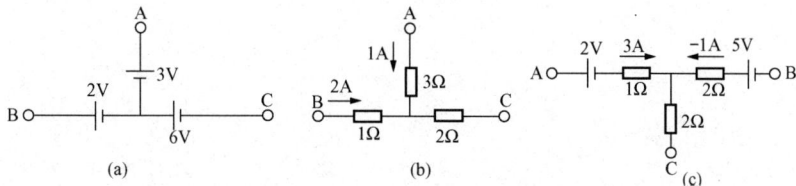

图 2-31 习题 2-8 图

2-9 求图 2-32 所示（a）、（b）两电路中端电压的大小和极性，其中：图 2-32（a）元件 A 发出的功率 20W；图 2-32（b）元件 B 吸收功率 30W。

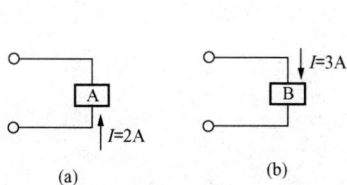

图 2-32 习题 2-9 图

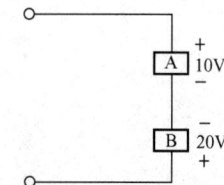

图 2-33 习题 2-10 图

2-10 图 2-33 所示电路中的元件 A 发出功率 20W。试求，元件 B 是吸收功率还是发出功率，功率为多少？

2-11 分别求图 2-34 所示电路的电压 u 和电流 i。

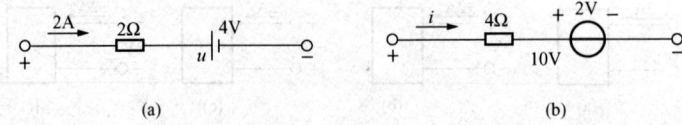

图 2-34 习题 2-11 图

2-12 分别求图 2-35 所示电路中电流 i 和电压 u。

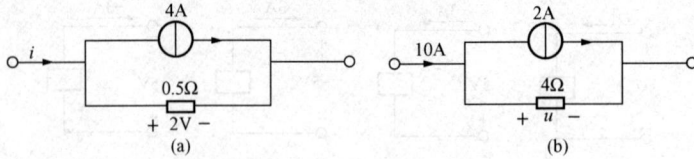

图 2-35 习题 2-12 图

2-13 求图 2-36 所示电路中 a、b 两点的电位。

2-14 求图 2-37 所示电路中，在开关 S 打开和合上两种情况下 a 点电位。

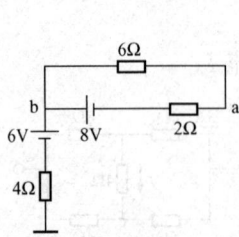

图 2-36 习题 2-13 图   图 2-37 习题 2-14 图

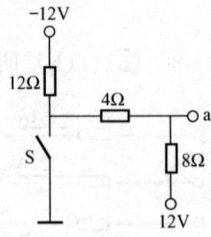

直 流 电 路

课题一　电阻的串联、并联和混联

一、电阻的串联

把几个电阻元件的端钮依次连成一串、中间没有分支，这些电阻的连接叫做串联，图 3-1（a）表示三个电阻的串联。电阻串联时，在任意瞬间，各电阻流过的电流相等、总电压等于各电阻的电压之和，这是电阻串联（也是所有二端元件串联）的两个基本特点。以图 3-1（a）为例，说明以下几个关系。

1. 等效电阻与各串联电阻之间的关系

根据欧姆定律，各电阻的电压

$$u_1 = R_1 i, \quad u_2 = R_2 i, \quad u_3 = R_3 i$$

根据 KVL 有

$$u_1 + u_2 + u_3 = (R_1 + R_2 + R_3)i = Ri$$

式中 $R = (R_1 + R_2 + R_3)$ 称为串联电阻的等效电阻或总电阻，它等于各串联电阻之和。当 n 个电阻串联时，其等效电阻与各串联电阻之间的关系为

$$R = \sum_{k=1}^{n} R_k \qquad (3-1)$$

根据 $u = Ri$，可画出图 3-1（b）

图 3-1　电阻的串联及其等效电路
(a) 电阻串联电路；(b) 等效电路

所示的电路。比较两个电路可知，它们的端口电压 u 和电流 i 都相等，即等效电阻 R 与电阻 R_1、R_2、R_3 串联起来的作用是相同的，所以图 3-1（a）可以用图 3-1（b）等效替代。

2. 功率关系

将式 $u = u_1 + u_2 + u_3$ 两边同乘以电流 i，得

$$p = ui = u_1 i + u_2 i + u_3 i$$
$$= R_1 i^2 + R_2 i^2 + R_3 i^2 = Ri^2$$

上式表明，各串联电阻吸收的总功率等于它们的等效电阻所吸收的功率。

3. 分压关系

由欧姆定律可知，各串联电阻的电压与其电阻值成正比，且每个电阻上的电压只是总电压的一部分，所以串联电阻具有分压作用。各电阻的电压为

$$u_1 = R_1 i = u \frac{R_1}{R_1 + R_2 + R_3}$$

$$u_2 = R_2 i = u \frac{R_2}{R_1 + R_2 + R_3}$$

$$u_3 = R_3 i = u \frac{R_3}{R_1 + R_2 + R_3}$$

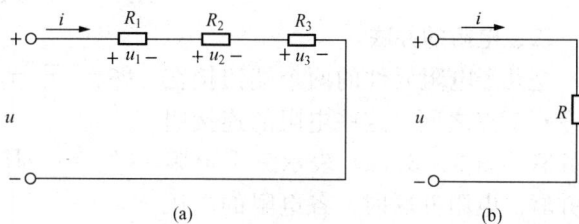

当 n 个电阻串联时，任一电阻 R_j 上的电压为

$$u_j = u \frac{R_j}{R} \qquad\qquad (3-2)$$

综上所述：电阻串联时，电阻值大的电压大，吸收的功率也大；电阻值小的电压小，吸收的功率也小。当串联使用不同阻值、不同瓦数的电阻时，必须注意这一特点。

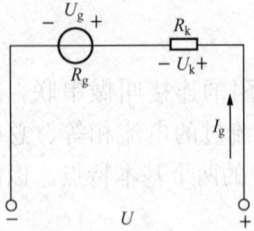

【例 3 - 1】 用满偏电流为 $50\mu A$、电阻 $R_g = 3.5k\Omega$ 的表头，串联附加电阻 R_k，制成量程为 10V 的电压表，如图 3 - 2 所示，问 R_k 应为多少？

解 满刻度时表头的电压为

$$U_g = I_g R_g = 50 \times 10^{-6} \times 3.5 \times 10^3 = 0.175(\text{V})$$

附加电阻的电压为

$$U_k = 10 - 0.175 = 9.825(\text{V})$$

图 3 - 2 ［例 3 - 1］图

代入式（3 - 2），得

$$9.825 = \frac{R_k}{R_k + 3.5} \times 10$$

解之得

$$R_k = 196.5 k\Omega$$

二、电阻的并联

把几个电阻元件的两个端钮接在同一对节点之间，这些电阻的连接叫做并联。图 3 - 3（a）表示三个电阻的并联。电阻并联时，各电阻的电压为同一电压、总电流等于各电阻的电流之和，这是电阻并联（也是所有二端元件并联）的两个基本特点。以图 3 - 3（a）所示并联电阻为例，说明以下几个关系。

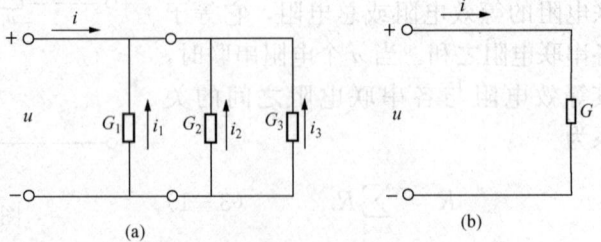

图 3 - 3 电阻的并联及其等效电路

(a) 电阻并联电路；(b) 等效电路

1. 等效电阻与各并联电阻之间的关系

根据欧姆定律和 $G = \dfrac{1}{R}$，各电阻的电流

$$i_1 = \frac{u}{R_1} = G_1 u, \quad i_2 = \frac{u}{R_2} = G_2 u, \quad i_3 = \frac{u}{R_3} = G_3 u$$

根据 KCL 有

$$i = i_1 + i_2 + i_3 = (G_1 + G_2 + G_3)u = Gu$$

式中：$G = G_1 + G_2 + G_3$ 称为并联电导的等效电导或总电导，它等于各并联电导之和。

若用电阻表示电导，则有

$$\frac{1}{R} = \frac{1}{R_1} + \frac{1}{R_2} + \frac{1}{R_3}$$

式中：R 称为并联电阻的等效电阻或总电阻，它的倒数等于各并联电阻的倒数之和。

当 n 个电阻并联时，其等效电导或等效电阻为

$$G = \sum_{k=1}^{n} G_k \tag{3-3}$$

$$\frac{1}{R} = \sum_{k=1}^{n} \frac{1}{R_k} \tag{3-4}$$

根据 $i=Gu$，可画出图3-3（b）所示电路。图3-3（a）和（b）两个电路的端口电压 u 和电流 i 都相等，因此它们是等效的。

2. 功率关系

将式 $i=i_1+i_2+i_3$ 两边同乘以电压 u，得

$$p = ui = ui_1 + ui_2 + ui_3 = G_1 u^2 + G_2 u^2 + G_3 u^2$$

上式表明：各并联电阻吸收的总功率等于它们的等效电阻所吸收的功率。

3. 分流关系

由 $i_1=G_1 u$、$i_2=G_2 u$、$i_3=G_3 u$ 可知，流过各并联电阻的电流与其电导成正比（与它的电阻成反比），且流过每个并联电阻的电流只是总电流的一部分，所以并联电阻具有分流作用，其分流公式为

$$i_1 = G_1 u = G_1 \frac{i}{G} = i \frac{G_1}{G_1 + G_2 + G_3}$$

$$i_2 = G_2 u = G_2 \frac{i}{G} = i \frac{G_2}{G_1 + G_2 + G_3}$$

$$i_3 = G_3 u = G_3 \frac{i}{G} = i \frac{G_3}{G_1 + G_2 + G_3}$$

n 个电阻并联时，流过任一电阻 R_j 上的电流为

$$i_j = i \frac{G_j}{G}$$

在实际电路中，两个电阻并联是经常遇到的，它们的等效电阻及分流公式为

$$R = \frac{R_1 R_2}{R_1 + R_2} \tag{3-5}$$

$$\left. \begin{array}{l} i_1 = i \dfrac{G_1}{G_1 + G_2} = i \dfrac{R_2}{R_1 + R_2} \\[3mm] i_2 = i \dfrac{G_2}{G_1 + G_2} = i \dfrac{R_1}{R_1 + R_2} \end{array} \right\} \tag{3-6}$$

从式（3-6）得出：n 个电阻并联时，电阻值大的电流小，吸收的功率也小；电阻值小的电流大，吸收的功率也大。当不同电阻值，不同瓦数的电阻并联时，必须注意这一特点。

【例3-2】 已知 $R_1=3\Omega$、$R_2=6\Omega$，试求其串、并联时的等效电阻 R。

解　（1）串联时根据式（3-1）得

$$R = R_1 + R_2 = 3 + 6 = 9(\Omega)$$

（2）并联时根据式（3-5）得（为了书写方便，用符号"//"表示并联）

$$R = R_1 // R_2 = \frac{R_1 R_2}{R_1 + R_2} = \frac{3 \times 6}{3 + 6} = 2(\Omega)$$

【例3-3】 一个表头的满偏电流 $I_g=200\mu A$，内阻 $R_g=500\Omega$。用此表头装配成量程100mA 的毫安表，如图3-4所示电路，试计算其分流电阻。

解　根据并联电阻的分流原理，与表头并联电阻 R_s 可以扩大电流量程，且 R_s 越小，电

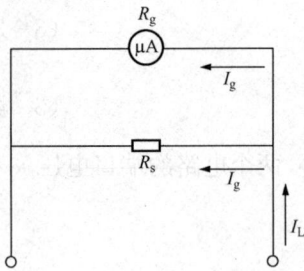

图 3 - 4　　[例 3 - 3] 图

流的量程越大。根据分流公式

$$I_g = I \frac{R_s}{R_g + R_s}$$

解得

$$R_s = \frac{I_g R_g}{I - I_g} = \frac{R_g}{\dfrac{I}{I_g} - 1}$$

代入数据得

$$R_s = \frac{500}{\dfrac{100 \times 10^{-3}}{200 \times 10^{-6}} - 1} = \frac{500}{500 - 1} \approx 1.002(\Omega)$$

三、电阻的混联

混联电路是指既有电阻的串联又有电阻并联的电路。混联电路可用以上介绍的串、并联电路的等效变换方法，最后简化为一个等效电阻。下面，通过例题来说明混联电路的分析方法。

【例 3 - 4】　试求图 3 - 5 所示电路中，ab 和 cd 两端的等效电阻。

解　（1）求 ab 两端的等效电阻时，c、d 端钮应视为断开，即把给定的电路看作以 ab 为端口的二端网络。根据串并联的特点可以看出：图中最右边的两个 2Ω 电阻并联后与 2Ω 和 3Ω 的电阻串联，再与 3Ω 电阻并联与 8Ω 电阻串联（按先并后串、先括号内后括号外的顺序运算）。于是得

$$R_{ab} = [(2 /\!/ 2 + 2 + 3) /\!/ 3] + 8 = 10(\Omega)$$

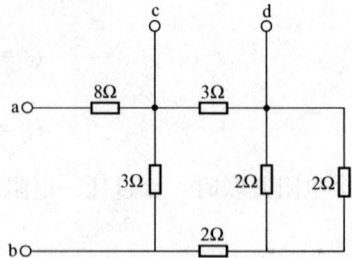

图 3 - 5　　[例 3 - 4] 图

（2）求 cd 两端的等效电阻时，a、b 端钮应视为断开，8Ω 电阻没有构成回路，因此它不起作用。于是得

$$R_{cd} = (2 /\!/ 2 + 2 + 3) /\!/ 3 = \frac{6 \times 3}{6 + 3} = 2(\Omega)$$

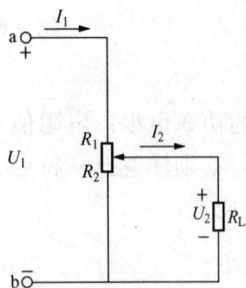

图 3 - 6　　[例 3 - 5] 图

【例 3 - 5】　进行电工实验时，常用滑线变阻器接成分压器电路来调节负载电阻的电压。图 3 - 6 所示电路中 R_1 和 R_2 是滑线变阻器两部分的电阻，R_L 是负载电阻。已知滑线变阻器的额定值为 100Ω、3A，$U_1 = 220V$，$R_L = 50\Omega$。试问：

（1）当 $R_2 = 50\Omega$ 时，输出电压 U_2 是多少？

（2）当 $R_2 = 75\Omega$ 时，输出电压 U_2 是多少？滑线变阻器能否安全工作？

解　（1）当 $R_2 = 50\Omega$ 时，端钮 a、b 间的等效电阻 R_{ab} 为 R_2 和 R_L 并联后与 R_1 串联而成，故

$$R_{ab} = R_1 + \frac{R_2 R_L}{R_2 + R_L} = 50 + \frac{50 \times 50}{50 + 50} = 75(\Omega)$$

总电流即流过滑线变阻器 R_1 段的电流

$$I_1 = \frac{U_1}{R_{ab}} = \frac{220}{75} \approx 2.93(A)$$

根据分流公式可得

$$I_2 = \frac{R_2}{R_2 + R_L}I_1 = \frac{50}{50 + 50} \times 2.93 \approx 1.47(\text{A})$$

$$U_2 \doteq I_2 R_L = 50 \times 1.47 = 73.50(\text{V})$$

（2）当 $R_2 = 75\Omega$ 时，计算方法同（1），可得

$$R_{ab} = R_1 + \frac{R_2 R_L}{R_2 + R_L} = 25 + \frac{75 \times 50}{75 + 50} = 55(\Omega)$$

$$I_1 = \frac{U_1}{R_{ab}} = \frac{220}{55} = 4(\text{A})$$

$$I_2 = \frac{R_2}{R_2 + R_L}I_1 = \frac{75}{75 + 50} \times 4 = 2.4(\text{A})$$

$$U_2 = I_2 R_L = 50 \times 2.4 = 120(\text{V})$$

$I_1 = 4\text{A}$，大于滑线变阻器额定电流 3A，R_1 段电阻有被烧坏的危险。

【例 3 - 6】 求图 3 - 7（a）所示电路中 a、b 两点间的等效电阻 R_{ab}。

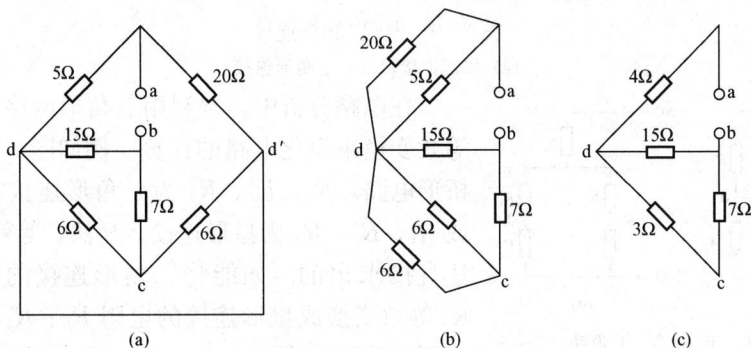

图 3 - 7 ［例 3 - 6］图

解 （1）先将无电阻导线 d、d′缩成一点用 d 表示，则得图 3 - 7（b）所示电路。

（2）并联化简，将 3 - 7（b）变为图 2.7（c）。

（3）由图 3 - 7（c），求得 a、b 两点间等效电阻为

$$R_{ab} = 4 + \frac{15 \times (3 + 7)}{15 + 3 + 7} = 4 + 6 = 10(\Omega)$$

【例 3 - 7】 计算图 3 - 8 所示各支路电流和各元件的电压。

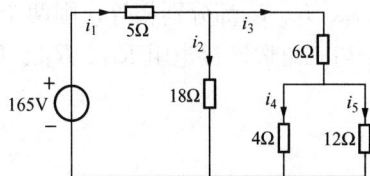

图 3 - 8 ［例 3 - 7］图

解

$$i_1 = \frac{165}{11} = 15(\text{A})$$

$$i_2 = \frac{9}{18 + 9} \times 15 = 5(\text{A})$$

$i_3 = 15 - 5 = 10$ （A） $\qquad$ $i_4 = \frac{12}{4 + 12} \times 10 = 7.5$ （A）

$i_5 = 10 - 7.5 = 2.5$ （A） $\qquad$ $u_1 = 5i_1 = 5 \times 15 = 75$ （V）

$u_2 = 18i_2 = 18 \times 5 = 90$ （V） $\qquad$ $u_3 = 6i_3 = 6 \times 10 = 60$ （V）

$u_4 = 4i_4 = 4 \times 7.5 = 30$ （V） $\qquad$ $u_5 = 12i_5 = 12 \times 2.5 = 30$ （V）

课题二　电阻星形连接与三角形连接的等效变换

一、电阻的Y和△连接

在实际电路中，电阻还有另外两种连接方式：一种是星形连接，如图 3-9（a）所示；另一种是三角形连接，如图 3-9（b）所示。它们各有三个端钮与外电路相连接，属于三端网络，因而不同于串联或并联。

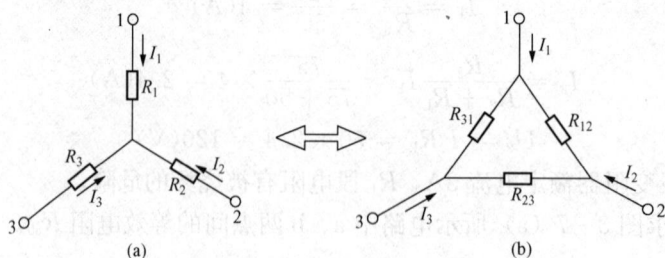

图 3-9　电阻Y和△连接
（a）星形连接；（b）三角形连接

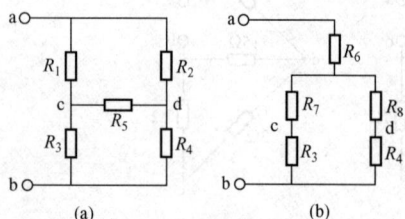

图 3-10　电阻△-Y变换

在电路分析中，常利用三角形网络与星形网络的等效变换来简化电路的计算。例如图 3-10（a）所示桥形电路，R_1、R_2、R_5 为三角形连接，R_2、R_4、R_5 或 R_1、R_3、R_5 为星形连接。显然，等效电阻 R_{ab} 是无法直接求出的。如能将三角形连接的电阻 R_1、R_2、R_5 等效变换成星形连接的电阻 R_6、R_7、R_8，就可以将原电路化简成图 3-10（b）所示的电路。图 3-10（b）属于电阻串、并联电路，可按串、并联方法进行化简和计算等效电阻 R_{ab}。

根据等效的定义，在图 3-9 所示的三角形网络与星形网络中，若电压 u_{12}、u_{23}、u_{31} 和电流 i_1、i_2、i_3 都分别相等，则两个网络对外是等效的。据此，可导出星形连接电阻 R_1、R_2、R_3 与三角形连接电阻 R_{12}、R_{23}、R_{31} 之间的等效关系。

$$\triangle \rightarrow Y: \qquad \left. \begin{array}{l} R_1 = \dfrac{R_{12}R_{31}}{R_{12}+R_{23}+R_{31}} \\[3mm] R_2 = \dfrac{R_{23}R_{12}}{R_{12}+R_{23}+R_{31}} \\[3mm] R_3 = \dfrac{R_{31}R_{23}}{R_{12}+R_{23}+R_{31}} \end{array} \right\} \qquad (3-7)$$

$$Y \rightarrow \triangle: \qquad \left. \begin{array}{l} R_{12} = R_1 + R_2 + \dfrac{R_1 R_2}{R_3} \\[3mm] R_{23} = R_2 + R_3 + \dfrac{R_2 R_3}{R_1} \\[3mm] R_{31} = R_3 + R_1 + \dfrac{R_3 R_1}{R_2} \end{array} \right\} \qquad (3-8)$$

二、电桥电阻

作为星形连接与三角形连接的特例，讨论具有特殊结构的电阻网络。当图 3-10（a）所示电阻网络满足条件 $R_1/R_3 = R_2/R_4$ 时，在 a、b 端加上电压，网络中横向支路（cd 支路）上不会有电流。这是因为 c、d 是网络的等电位点，即 $V_c = V_d$。既然 cd 支路无电流，就可以将该支路去掉，如图 3-11（a）所示，也可以短接（$U_{cd} = V_c - V_d = 0$），如图 3-11（b）所示。

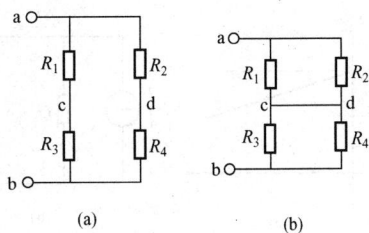

由此可见，在这种特殊情况下，应用网络的等电位点比 △—Y 等效变换来得简便。

图 3-11 桥电阻

判断网络等电位点是关键，通常应用在 5 个电阻连成如图 3-10（a）所示的电桥电阻中，R_1、R_2、R_3 和 R_4 四个电阻称"桥臂"。若 $R_1/R_3 = R_2/R_4$ 或 $R_1R_4 = R_2R_3$，则电桥平衡，c、d 两点为等电位点。"桥电阻" R_5 中电流为零，即 R_5 可去掉，也可短路，等效电阻 $R_{ab} = (R_1 + R_3) // (R_2 + R_4)$ 或 $R_{ab} = (R_1 // R_2) + (R_3 // R_4)$。

课题三 两种电源模型的等效变换

一、实际电压源的电路模型

理想电压源是对实际电压源，如干电池、蓄电池、直流发电机等的一种近似。这在不少场合是允许的。但在有些问题中，需要准确程度高一些的电路模型。

实际电压源实测的端口伏安关系并不是像前面讨论的那样，输出电压 u 为一条与 i 轴平行的直线，而是一条稍微向下倾斜的直线，如图 3-12（a）所示。

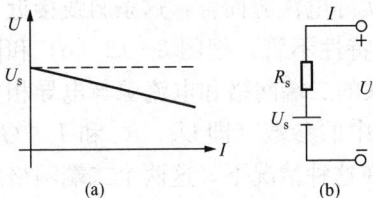

图 3-12（a）所示曲线给出实际电压源的端口伏安关系为

$$U = U_s - R_s I \qquad (3-9)$$

由等效电路的定义可知，具有式（3-9）所示的伏安关系的二端网络就可以作为上述实际电压源的电路模型。图 3-12（b）所示的二端网络就具有式（3-9）所示的端钮的伏安关系。这是一个由理想电压源 U_s 和电阻 R_s 串联成的二端网络。U_s 表示实际电压源空载（即 $I = 0$）时或开路时的端电压，R_s 是与接负载时（即具有某一电流 I 时）该电压源端电压下降的程度有关的参数。R_s 越小越接近理想情况。这个 R_s 称为实际电压源的内阻。在理想情况下，$R_s = 0$。

图 3-12 实际电压源

【例 3-8】 一实际电压源空载时的端电压为 24V，其内阻为 0.5Ω，求负载电流为 0.5A 和 5A 时，其端电压是多少？

解 由于已知式（3-9）中的 $U_s = 24V$，$R_s = 0.5Ω$，所以：

当 $I = 0.5A$ 时 $U = U_s - R_s I = 23.75$（V）

当 $I = 5A$ 时 $U = U_s - R_s I = 21.5$（V）

二、实际电流源的电路模型

实际电流源端口的伏安关系也不是前面介绍的理想电流源那样，输出电流 i 是一条与 u 轴平行的直线，而是一条稍微向下倾斜的直线，如图 3-13（a）所示。

由图 3-13（a）看出其端口伏安关系为

$$I = I_s - G_s U \qquad (3-10)$$

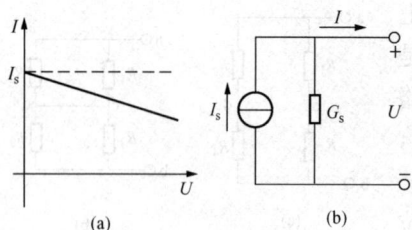

图 3-13　实际电流源

显然，图 3-13（b）所示的二端网络具有式（3-10）所示的端口的伏安关系。因此，图 3-13（b）所示的二端网络可作为该实际电流源的电路模型。这是一个由理想电流源 I_s 和一个电导 G_s 并联组成的二端网络，I_s 等于端口短路时输出的电流，G_s 是与接负载时输出电流下降的程度有关的参数，G_s 越小，越接近于理想情况，G_s 称为此实际电流源的内电导。应该注意到，理想情况下 $G_s=0$，即内电导等于零，或说内电阻为无穷大。

【例 3-9】　一实际电流源的短路电流为 24A，接负载后，当端口电压为 10V 时，输出电流为 23A，求此电流源的内电导。

解　由式（3-10）知：短路时 $U=0$　$I_s=I=24$A

当 $U=10$V 时，$I=23$A 即 $23=I_s-G_s\times10$

所以　　　$G_s=0.1$S

三、实际电压源模型与实际电流源模型的等效变换

我们引入实际电压源和实际电流源的模型，在分析含这些电源的电路时是有实际意义的。

我们来仔细观察一下图 3-12（a）、（b）和图 3-13（a）、（b），会发现图 3-12（a）和图 3-13（a）所示的两种实际电源网络的端口伏安关系都是在 U、I 平面上的一条斜线。当然，对实际电压源而言，这条斜线接近与电流轴平行；对实际电流源而言，这条斜线接近与电压轴平行。但是，如果我们抛开这两个实际元件内部的特性不管，把图 3-12（b）和图 3-13（b）所示的电路只看作是一般的电压源与电阻相串联的二端网络和电流源与电导相并联的二端网络，那么，就其端口外部而言，当这两个电路中的参数（即 U_s、R_s 和 I_s、G_s）满足一定关系的时候，其两条伏安关系斜线可能重合。即在这种情况下，这两个二端网络就变成了等效网络。因此，在对电路进行简化处理的过程中，这两个电路就可以相互等效替换。可见在简化电路中是非常有用的。

为了找到上面两个电路的等效条件，我们把式（3-10）改写为

$$U=\frac{I_s}{G_s}-\frac{I}{G_s} \tag{3-11}$$

比较式（3-11）与式（3-9）可知，图 3-12（b）和图 3-13（b）所示两电路的等效条件是

$$U_s=\frac{I_s}{G_s}, \quad R_s=\frac{1}{G_s} \tag{3-12}$$

或

$$I_s=\frac{U_s}{R_s}, \quad G_s=\frac{1}{R_s} \tag{3-13}$$

为了应用的方便，我们可以在实际电流源的电路模型图 3-13（b）中其内阻用 R'_s 代替 G_s，这样，这两个电路的等效条件可以变为

$$I_s=\frac{U_s}{R_s}, \quad R'_s=R_s \tag{3-14}$$

或

$$U_s=I_sR'_s, \quad R_s=R'_s \tag{3-15}$$

利用式（3-14）可以把一个电压源与电阻串联的二端网络变为一个等效的电流源与电

阻并联的二端网络,如图 3-14 所示。利用式(3-15)可以作相反的变换,如图 3-15 所示。

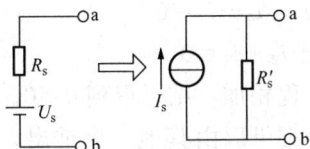

图 3-14 电压源等效电流源   图 3-15 电流源等效电压源

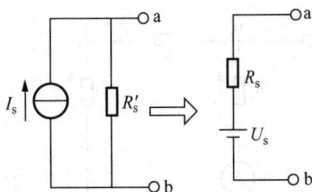

【例 3-10】 试用两种电源等效变换的方法,求图 3-16(a)所示电路中 7Ω 电阻中电流 I。

解 按照图 3-16 所示,逐次变换,可得

$$I = 10 \text{ A}$$

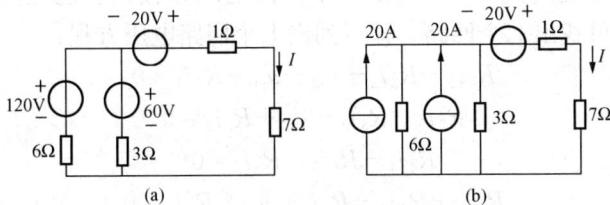

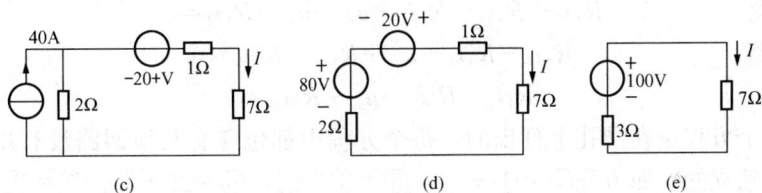

图 3-16 [例 3-10] 图

课题四 支 路 电 流 法

支路电流法是求解电路的一般分析方法,也就是说任意一个电路都可以用此方法求解,是 KCL、KVL 和欧姆定律的综合应用。

一、支路电流法

以电路中的各支路电流为未知量(对于理想电流源则以其电压为未知变量),应用 KCL 与 KVL 建立与未知量数目相等的独立方程,解方程组求出各支路电流,并进一步求支路其他物理量的方法,称为支路电流法,简称支路法。

二、关于方程的独立性问题

支路电流法的关键在于列出与支路电流数目相等的独立方程。对于一个具有 b 条支路、n 个节点的电路,应用 KCL 和 KVL 各能列出多少个方程呢?怎样保证所列出的方程是独立的呢?下面,以图 3-17 所示电路为例讨论这个问题。

图 3-17 是具有六条支路、四个节点、三个网孔的电路。以支路电流 i_1、i_2、i_3、i_4、i_5、i_6 为未知量,参考方向见图示。需列六个独立方程。

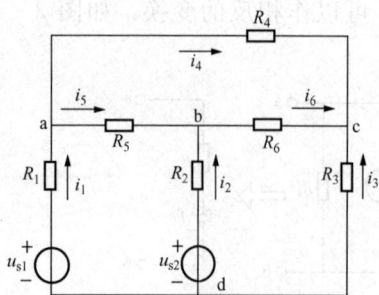

图 3 - 17　支路法示例

应用 KCL 可列四个结点电流方程：

节点 a　　$-i_1+i_4+i_5=0$

节点 b　　$-i_2-i_5+i_6=0$

节点 c　　$-i_3-i_4-i_6=0$

节点 d　　$i_1+i_2+i_3=0$

将以上四个方程相加，结果得到 $0=0$。这表明，四个方程中的任一个都可以由其他三个推出，这是因为每个支路都与两个节点相连，每个支路电流必然指向其中一个节点、背离另一节点，而且这个电流与其他节点不发生联系。在上述四个方程中，每个支路电流都出现两次，一次为正，一次为负，所以，四个方程相加必然得到 $0=0$ 的结果。即四个方程中只有三个是独立的。

为了求出图 3 - 17 所示电路的六个支路电流，还需三个独立方程，它们可由 KVL 得到。对电路的每一个回路都能应用 KVL 列出一个回路电压方程，但这些方程中并不都是独立的。例如上述电路中可找出七个回路，即可列出七个回路电压方程：

abda 回路　　　　　　$R_5i_5-R_2i_2+u_{s2}-u_{s1}+R_1i_1=0$　　　　　　①

bcdb 回路　　　　　　$R_6i_6-R_3i_3-u_{s2}+R_2i_2=0$　　　　　　②

acba 回路　　　　　　$R_4i_4-R_6i_6-R_5i_5=0$　　　　　　③

abcda 回路　　　　　$R_5i_5+R_6i_6-R_3i_3-u_{s1}+R_1i_1=0$　　　　　④

acbda 回路　　　　　$R_4i_4-R_6i_6-R_2i_2+u_{s2}-u_{s1}+R_1i_1=0$　　　　⑤

acdba 回路　　　　　$R_4i_4-R_3i_3-u_{s2}+R_2i_2-R_5i_5=0$　　　　　⑥

acda 回路　　　　　　$R_4i_4-R_3i_3-u_{s1}+R_1i_1=0$　　　　　　⑦

其中前三个方程是在网孔上列出的，每个方程中都包含有其他回路没有用过的新支路，所以方程就是独立的。而方程④＝①＋②，⑤＝①＋③，⑥＝②＋③，⑦＝①＋②＋③，即后四个方程都可以由前边的方程推出，所以都是不独立的。这是因为这些方程没有涉及新支路，即该电路可以列三个独立的电压方程。

本例六个未知量，六个独立方程，即可解出各支路电流。

上述情况可推广到一般网络：对具有 b 条支路、n 个节点的网络，应用 KCL 可以列出 $n-1$ 个独立的节点电流方程；应用 KVL 可以列出 $[b-(n-1)]$ 个独立的节点电压方程。则独立方程数等于未知电流数，方程组有唯一解。我们可以任选其中 $n-1$ 个节点，列出电流方程即是独立电流方程；选取电路中的网孔列出电压方程即是独立电压方程。

三、支路法解题步骤

（1）任意选定各支路电流的参考方向，并标示于图中。

（2）应用 KCL 列出 $n-1$ 个独立的节点电流方程。

（3）应用 KVL 列出 $b-(n-1)$ 个独立的回路电压方程。

（4）解方程组求出各支路电流，若有需要再进一步求其他量。

【例 3 - 11】　图 3 - 18 所示电路中，已知 $u_{s1}=130\text{V}$、$u_{s2}=117\text{V}$、$R_1=1\Omega$、$R_2=0.6\Omega$、$R_3=24\Omega$。应用支路法求各支路电流。

解　各支路电流的参考方向如图 3 - 18 所示。

电路只有两个节点，应用 KCL 可得一个独立方程

$$i_1 - i_2 - i_3 = 0$$

还需两个方程。选取网孔为独立回路，回路绕行方向为顺时针，应用 KVL 可得

$$R_1 i_1 + R_3 i_3 - u_{s1} = 0$$

$$R_2 i_2 - R_3 i_3 + u_{s2} = 0$$

对上列联立方程组求解得

$$i_1 = 10\text{A}$$

$$i_2 = 5\text{A}$$

$$i_3 = 5\text{A}$$

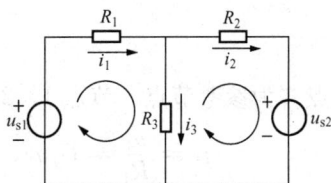

图 3-18 ［例 3-11］图

课题五 节点电压法

用支路电流法分析电路，只需用 KCL、KVL 建立网络方程，所用原理清楚，掌握容易，但此方法有一个弊端，即电路的支路数越多，所需的方程数就越多，在不借助计算机的情况下解起来较麻烦。本课题介绍的节点电压法，以节点电压为电路的未知变量，自动满足 KVL，只需列写 KCL 方程，因此可以减少方程数目。同时，这种方法也比较适宜计算机辅助分析，因而得到普遍应用。

一、节点电压及节点电压法的要点

一个具有 n 个节点的电路，若选择其中一个节点为参考节点（接地点），则其余的 $n-1$ 个节点为独立节点。独立节点对参考节点之间的电压，称为节点电压，则有 $n-1$ 个节点电压，记为 u_1，u_2，$\cdots$，u_{n-1}。

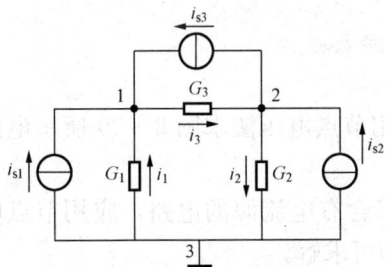

节点电压法是以节点电压为未知变量来建立网络方程的，由于各节点电压对 KVL 独立无关，因此只需要根据 KCL 列出的节点电流方程，故可以减少联立方程的数目。

图 3-19 所示的电路有六条支路、三个节点。若选择节点 3 为参考节点，则有两个独立的节点电压 u_1，u_2。对具有 n 个节点的电路，则有 $n-1$ 个独立的节点电压，它们是独立无关的，不能相互推出，所以以节点电压是一组独立变量；又因为每一条支路都接在两个节点之间，所以各支路电压（或电流）都可以用节点电压来表示，即

图 3-19 节点法示例

$$u_{13} = u_1, u_{23} = u_2$$

因此，节点电压又是一组完备的电路变量。

节点法要点：以节点电压为未知量，用 KCL 列出与未知量数目相等的独立方程，并根据各节点电压与各支路电压之间的关系求解电路。

二、节点电压法

1. 节点电压方程

图 3-19 所示电路只含有电流源，独立节点数为 $n-1=2$。选取各支路电流的参考方向如图 3-19 中所示，对节点 1、2 分别由 KCL 列出节点电流方程得

$$i_1 + i_3 - i_{s1} - i_{s3} = 0$$
$$i_2 - i_3 - i_{s2} + i_{s3} = 0$$

节点 3 为参考节点，节点 1、2 的节点电压分别为 u_1，u_2。将支路电流用节点电压表示为

$$i_1 = \frac{u_1}{R_1} = G_1 u_1, \quad i_2 = \frac{u_2}{R_2} = G_2 u_2, \quad i_3 = \frac{u_1 - u_2}{R_3} = G_3 u_1 - G_3 u_2$$

代入两个节点电流方程中，经移项整理后得

$$(G_1 + G_3) u_1 - G_3 u_2 = i_{s1} + i_{s3}$$
$$-G_3 u_1 + (G_2 + G_3) u_2 = i_{s2} - i_{s3}$$

写成一般式为

$$G_{11} u_1 + G_{12} u_2 = i_{s11}$$
$$G_{21} u_1 + G_{22} u_2 = i_{s22}$$

其中：$G_{11} = G_1 + G_3$，$G_{22} = G_2 + G_3$，分别是两个节点所连的电导之和，称为各节点的自电导，其值为正；$G_{12} = G_{21} = -G_3$，是节点 1 与节点 2 之间的公共支路的电导（之和），称为互电导，其值为负。$i_{s11} = i_{s1} + i_{s3}$，$i_{s22} = i_{s2} - i_{s3}$，分别是汇集于各节点的电流源的电流的代数和，称为节点电源电流。凡参考方向为流入节点的电源电流，取正值，反之为负值。

应当注意的是：若理想电流源支路有串联电阻，在列写节点电压方程时，该串联电阻应代以短路。

上述关系可推广到一般电路．对具有 n 个节点的电路，它有 $N = n-1$ 个独立节点，其节点电压方程的一般形式为

$$G_{11} u_1 + G_{12} u_2 + \cdots + G_{1N} u_N = i_{s11}$$
$$G_{21} u_1 + G_{22} u_2 + \cdots + G_{2N} u_N = i_{s22}$$
$$\vdots$$
$$G_{N1} u_1 + G_{N2} u_2 + \cdots + G_{NN} u_N = i_{sNN}$$

今后可直接按照上式列写节点电压方程并求解。

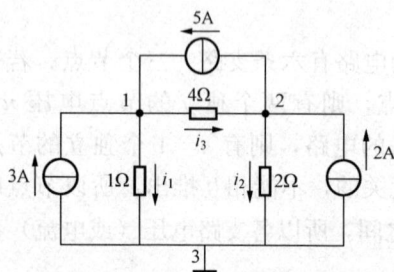

【例 3 - 12】 用节点电压法求图 3 - 20 所示电路的各支路电流。

解 这是一个只含有电流源的电路，应用节点电压方程的一般形式即可求解。

选节点 3 为参考节点，其余节点为独立节点，节点电压为 u_1，u_2。

$$G_{11} = 1 + \frac{1}{4}, \quad G_{22} = \frac{1}{2} + \frac{1}{4},$$

$$G_{12} = G_{21} = -\frac{1}{4}, \quad i_{s11} = 3 + 5, \quad i_{s22} = 2 - 5$$

图 3 - 20　[例 3 - 12] 图

代入一般式，有

$$\frac{5}{4} u_1 - \frac{1}{4} u_2 = 8$$

$$-\frac{1}{4} u_1 + \frac{3}{4} u_2 = -3$$

解方程，得

$$u_1 = 6\text{V}, u_2 = -2\text{V}$$

据各支路的参考方向，求各支路电流

$$i_1 = \frac{u_1}{R_1} = \frac{6}{1} = 6(\text{A}), \quad i_2 = \frac{u_2}{R_2} = \frac{-2}{2} = -1(\text{A}),$$

$$i_3 = \frac{u_1 - u_2}{R_3} = \frac{6 - (-2)}{4} = 2(\text{A})$$

2. 仅有两个节点的电路——弥尔曼定理

在实际工程中常常遇到只有两个节点、多条支路的电路。这种电路用节点电压法求解时，一个节点为参考点，另一个节点电压为未知量，只需要列写一个方程。以图 3 - 21 所示电路为例。

$$\left(\frac{1}{R_1} + \frac{1}{R_2} + \frac{1}{R_3} + \frac{1}{R_4}\right)u_1 = \frac{u_{s1}}{R_1} + \frac{u_{s2}}{R_2} - \frac{u_{s3}}{R_3}, \text{即 } u_1 = \frac{u_{s1}G_1 + u_{s2}G_2 - u_{s3}G_3}{G_1 + G_2 + G_3 + G_4}$$

推广到一般形式 $u_1 = u_{12} = \dfrac{\sum(Gu_s)}{\sum G}$，其中电压源的

参考方向与 u_{12} 一致的取正，相反的，取负。分母上为所有支路电导之和，恒为正。

若电路中为电流源，该式也可写成 $u_1 = u_{12} = \dfrac{\sum i_s}{\sum G}$，其中电流源的电流参考方向流入节点 1 的，取正；反之，取负。

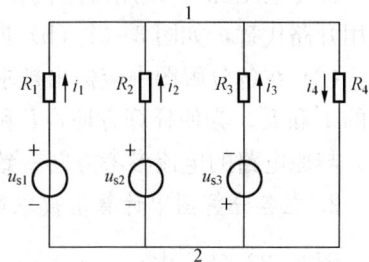

图 3 - 21　仅有两个节点的电路

将以上两式合写成一式为 $u_1 = u_{12} = \dfrac{\sum(Gu_s + i_s)}{\sum G}$，这就是弥尔曼定理。

【例 3 - 13】　应用弥尔曼定理重解［例 3 - 11］各支路电流。

解　据弥尔曼定理，有

$$u_{12} = \frac{130 + \dfrac{117}{0.6}}{1 + \dfrac{1}{0.6} + \dfrac{1}{24}} = 120(\text{V})$$

设各支路电流的参考方向如图示，根据 KVL 得

$$i_1 = \frac{u_{s1} - u_{12}}{1} = 10\text{A}, i_3 = \frac{u_{12}}{24} = 5\text{A}, i_2 = i_1 - i_3 = 5\text{A}$$

课题六　叠 加 定 理

叠加定理是分析线性电路的一个具有普遍意义的重要原理。在线性电路中，当只有一个独立源作用时，任一支路的响应与激励源的激励成正比，这一关系称为齐性原理。当线性电路中有多个独立电源共同作用时，任一支路的响应等于各独立源单独作用时，分别在该支路所产生的响应的代数和，这一关系称为叠加定理。

叠加定理的使用条件是：叠加定理只适用于线性电路中电流和电压的分析计算，不适用于线性电路中功率的分析计算。因为功率与电压或电流之间不是线性关系。例如，某支路电流 $I = I' + I''$，但是 $I^2 \neq I'^2 + I''^2$，而功率是 I^2 的关系。

下面以图 3 - 22（a）所示的电路为例来说明应用叠加定理解题的步骤：

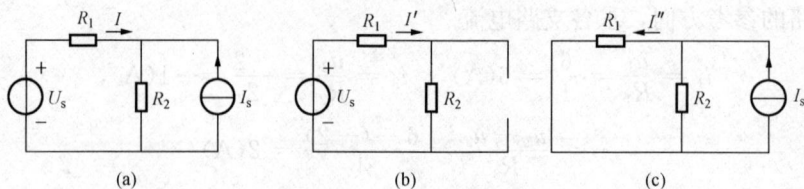

图 3 - 22　叠加定理

图示电路中电压源电压 U_s 和电流源电流 I_s 以及电阻 R_1、R_2 和 R_3 均为已知，求电流 I。

1. 画出单个电源作用的电路分解图。作图时应注意两点

（1）各电源分别单独作用时，其他不作用的电源应置为零。这就是说，对不作用的电压源（即零电压源），须用短路代替，如图 3 - 22（c）所示；对不作用的电流源（即零电流源）须用开路代替，如图 3 - 22（b）所示。

（2）在各分解图中应标出被求电流（电压）分量的参考方向，如图 3 - 22（b）、（c）所示的 I' 和 I''。为使计算方便，I' 和 I'' 的方向可以与 I 相同，也可以与 I 相反。但叠加时应注意，与原电路的电流参考方向一致的，取正号（即相加），相反的，取负号（即相减）。

2. 在各分解图中计算出被求电流（电压）分量

图 3 - 22（b）中

$$I' = \frac{U_s}{R_1 + R_2}$$

图 3 - 22（c）中

$$I'' = \frac{R_2}{R_1 + R_2} I_s$$

3. 将算出的电流（电压）分量进行叠加，得出被求量

$$I = I' - I''$$

式中负号表示分量参考方向与原被求量相反。

【例 3 - 14】　应用叠加定理计算例 3 - 11 电路中的各支路电流。

解　重画电路于图 3 - 23（a）。先求 12V 电压源单独作用时各支路的电流，此时的电路分解图，如图 3 - 23（b）所示。由欧姆定律可知

$$I'_1 = \frac{12}{2 + \frac{6 \times 3}{6 + 3}} = 3 \, (\text{A})$$

由分流公式　$I'_2 = -\frac{6}{3 + 6} I'_1 = -2 \, (\text{A})$

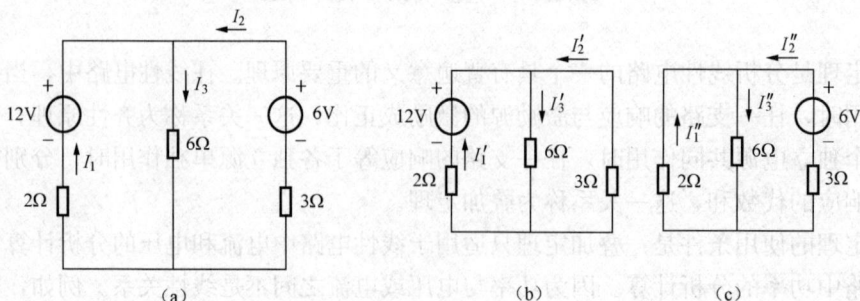

图 3 - 23　[例 3 - 14] 图

$$I'_3 = I'_1 + I'_2 = 1(\text{A})$$

由图 3-23（c）计算 6V 电压源单独作用时各支路的电流为

$$I''_2 = \frac{6}{3 + \dfrac{2 \times 6}{2 + 6}} = \frac{4}{3}(\text{A})$$

$$I''_3 = \frac{2}{2+6} I''_2 = \frac{1}{3}(\text{A}), \quad I''_1 = -1(\text{A})$$

将各支路电流叠加

$$I_1 = I'_1 + I''_1 = 3 + (-1) = 2(\text{A})$$

$$I_2 = I'_2 + I''_2 = -2 + \frac{4}{3} = -\frac{2}{3}(\text{A})$$

$$I_3 = I'_3 + I''_3 = 1 + \frac{1}{3} = \frac{4}{3}(\text{A})$$

所得结果与例 3-11 用支路法计算的结果相同。

【例 3-15】　应用叠加定理求图 3-24（a）所示电路中的电流 I 和电压 U。

解　画出 5V 电压源和 10A 电流源分别单独作用时的电路图，如图 3-24（b）和（c）所示，并标出电流和电压分量的参考方向。

在图 3-24（b）中

$$I' = \frac{5}{2+3} = 1 \ (\text{A})$$

$$U' = \frac{3}{2+3} \times 5 = 3 \ (\text{V})$$

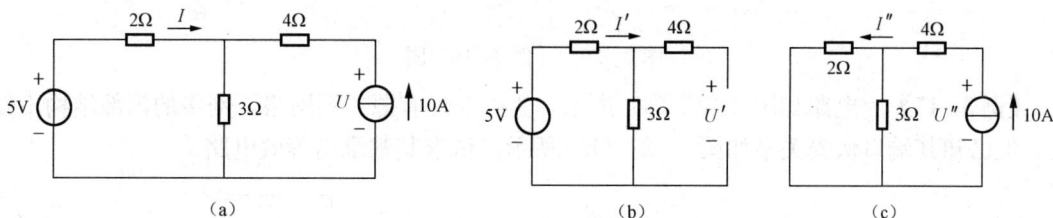

图 3-24　［例 3-15］图

在图 3-24（c）中

$$I'' = \frac{3}{2+3} \times 10 = 6(\text{A})$$

$$U'' = 4 \times 10 + 2I'' = 52(\text{V})$$

叠加

$$I = I' - I'' = 1 - 6 = -5(\text{A})$$

$$U = U' + U'' = 3 + 52 = 55(\text{V})$$

应用叠加定理分析计算电路，就是将一个较复杂的问题分解为几个较简单的问题，从而简化电路的分析计算。

课题七　戴 维 南 定 理

一、戴维南定理介绍

戴维南定理的内容：任何一个线性有源二端网络，对其外部电路而言，都可用一个理想

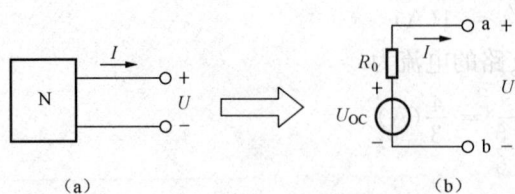

图 3-25 戴维南等效电路

电压源 U_{OC} 与一个电阻 R_0 的串联组合等效替代，该理想电压源的电压 U_{OC} 等于原有源二端网络的端口开路电压，其串联电阻 R_0 等于把原有源二端网络中所有独立源均为零（即将理想电压源代之以短路，理想电流源代之以开路）时的入端等效电阻。

戴维南定理的内容可由图 3-25 所示电路来解释，图 3-25（b）称为图 3-25（a）的戴维南等效电路。图 3-25（a）的方框有两个端钮也称一个端口，方框内部是由线性元件（独立电源和电阻）组成的电路，称之为线性有源二端网络 N。

【例 3-16】 求图 3-26（a）所示电路的戴维南等效电路。

解 画出戴维南等效电路，如图 3-26（c）。

在图 3-26（a）中求 ab 两端电压 U_{OC}

$$U_{OC} = 6 \times 2 + 6 = 18(\text{V})$$

在图 3-26（a）中将电源置零，如图 3-26（b），则 ab 两端等效电阻

$$R_0 = 2 + 6 = 8(\Omega)$$

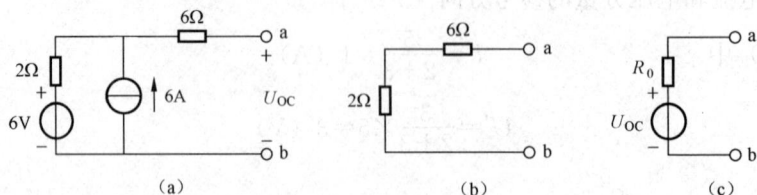

图 3-26 ［例 3-16］图

【例 3-17】 电路如图 3-27（a）所示，为一线性有源二端网络，网络的内部结构不知道。但已知其端口伏安关系如图 3-27（b）所示。试求其戴维南等效电路。

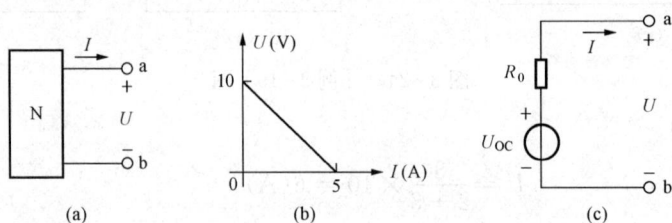

图 3-27 ［例 3-17］图

解 画出戴维南等效电路，如图 3-27（c）。

在图 3-27（c）中，端口开路时，$I=0$，$U=U_{OC}$

在图 3-27（b）中，$I=0$，$U=10\text{V}$

则 $U_{OC}=10\text{V}$

在图 3-27（c）中，端口短路时，$U=0$，$I=\dfrac{U_{OC}}{R_0}$

在图 3-27（b）中，$U=0$，$I=5\text{A}$

则 $R_0 = \dfrac{U_{OC}}{I} = 2\Omega$

二、戴维南定理的应用

戴维南定理的应用有两个方面：一是求解电路中某支路电流（电压）；二是使负载获得最大功率的计算。这里通过举例予以介绍。

【例 3-18】 应用戴维南定理计算图 3-28（a）所示电路中的电流 I_3。

解 先将待求电流 I_3 的支路断开，电路其余部分为一有源二端网络，如图 3-28（b）所示，其两端电压即为开路电压，由弥尔曼定理求得

$$U_{OC}=\frac{\frac{10}{2}+\frac{8}{2}}{\frac{1}{2}+\frac{1}{2}}=9\ (\text{V})$$

再将此网络中的电源置零，如图 3-28（c）所示，入端电阻为

$$R_0=\frac{2\times2}{2+2}=1\ (\Omega)$$

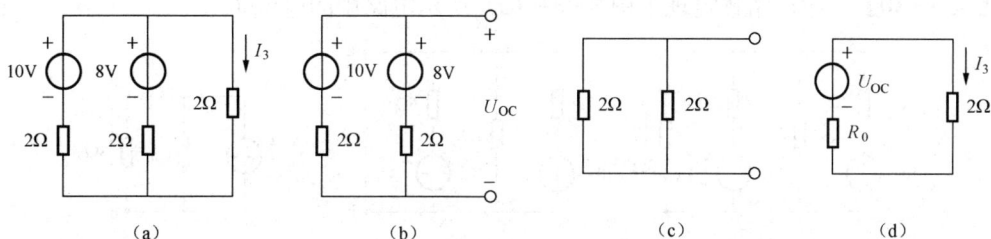

图 3-28　[例 3-18] 图

以戴维南等效电路图 3-28（d）替代图 3-28（a）电路求得 I_3 为

$$I_3=\frac{U_{OC}}{R_0+2}=\frac{9}{1+2}=3\ (\text{A})$$

【例 3-19】 图 3-29（a）所示的电路中，R_L 为何值时它可获最大功率，最大功率为多少？

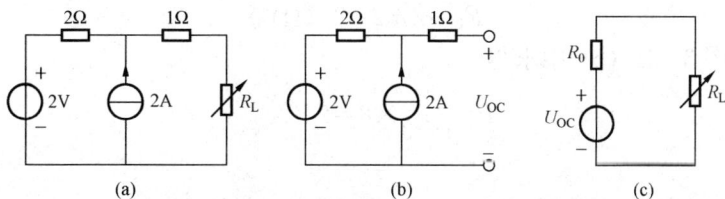

图 3-29　[例 3-19] 图

解 负载获最大功率的条件是：负载电阻 R_L＝电源内阻 R_0，称负载匹配。

画出图 3-29（a）所示电路的戴维南等效电路图如图 3-29（c），在图 3-29（b）所示电路中计算

$$U_{OC}=2+2\times2=6(\text{V})$$
$$R_0=1+2=3(\Omega)$$

在图 3-29（c）中 $R_L=R_0=3\Omega$ 时获最大功率

$$P_{Lmax}=I^2R_L=\left(\frac{6}{3+3}\right)^2\times3=3(\text{W})$$

三、诺顿定理

由于电压源和电流源模型可以等效互换，因而，有源二端网络也可以用电流源和电阻的

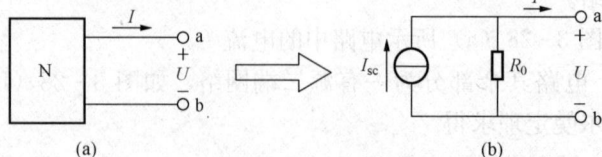

图 3-30 诺顿等效电路

并联电路来等效代替，如图 3-30 所示，由此得到诺顿定理如下：

任一线性电阻性有源二端网络，就其对外电路的作用而言，都可以用一个电流源 I_{sc} 和电阻 R_0 的并联电路等效代替，这个电流源的电流 I_{sc} 等

于有源二端网络的端口短路电流，电阻 R_0 等于把原有源二端网络中所有电源都置零后，由端口看入的等效电阻。

图 3-30（b）称为图 3-30（a）的诺顿等效电路。戴维南定理和诺顿定理，合称等效电源定理。

【例 3-20】 应用诺顿定理求图 3-31（a）所示电路中的电流 I。

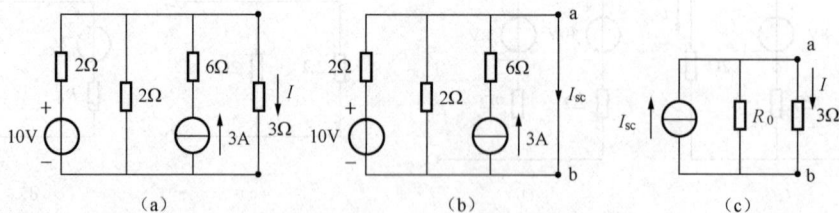

图 3-31 ［例 3-20］图

解 先取下待求电流 I 的支路，并将此有源二端网络两端短路，如图 3-31（b）所示，求出短路电流

$$I_{sc}=\frac{10}{2}+3=8\ (A)$$

将图 3-31（b）中电源置零

$$R_0=2//2=1\ (\Omega)$$

在诺顿等效电路图 3-31（c）中求得

$$I=\frac{1}{1+3}\times 8=2\ (A)$$

实验二 实际电源的外特性

一、实验目的

（1）了解实际电源的端口电压与端口电流的关系。
（2）熟悉直流稳压电源、电流表、电压表和变阻箱的使用方法。

二、实验仪器和设备

（1）直流稳压电源　　　一台
（2）电阻　　　　　　　一只
（3）变阻箱　　　　　　一只
（4）直流电流表　　　　一块

（5）直流电压表　　　　　　　一块

三、实验内容

（1）将直流稳压电源、电阻、变阻箱、电流表串成一个回路。使直流稳压电源恒压输出改变变阻箱的阻值，测出不同阻值下的直流稳压电源的端口电压值和电流值。

（2）串联回路不动，将直流稳压电源改成恒流输出，改变变阻箱的阻值，测出不同阻值下的直流稳压电源的端口电压值和电流值。

四、预习要求

（1）根据实验内容画出原理接线图或测量值的记录表格。

（2）根据实验设备的规格确定实验电源和电阻数值的大小，并考虑电压、电流测量时的正负极性和方向的判断。

实验三　电阻性电路故障检查

一、实验目的

（1）掌握测量电路中各点电位的方法。

（2）通过电位与电压的关系（判断电路中各点之间工作正常还是处于故障状态）找出电路中的故障点，并给予排除。

二、实验仪器和设备

（1）直流稳压电源（双路）　　　一台

（2）直流电压表　　　　　　　　一块

（3）直流毫安表　　　　　　　　一块

（4）电阻器　　　　　　　　　　三只

（5）开关　　　　　　　　　　　三只

三、实验内容

（1）根据实验电路选择接地参考点，测出电路正常时各点电位。

（2）人为制造故障（将电路中开关断开或将电阻短接，注意电阻短接时不应损坏设备），测出电路各点电位，找出故障点，并将故障排除。开路、短路至少各做一次。

四、预习要求

（1）设计一个三条支路，两个节点，并接入开关的实验电路。

（2）根据设备的规格，确定电路在你设置故障时，都不会损坏设备的电路参数，即两个电压源和三个电阻值的大小。

单 元 小 结

1. 电阻串联越串越大，其等效电阻等于各串联电阻之和；串联电流处处相等；串联正比分压。

2. 电阻并联越并越小，其等效电阻的倒数（电导）等于各并联电阻倒数（电导）之和；并联电压处处相等；并联反比分流。

3. 三角形网络—星形网络可进行等效变换，等效时，若三个电阻相等，则 $R_Y = \dfrac{R_\triangle}{3}$ 或

$R_\triangle = 3R_Y$。作为特例，当电桥电阻平衡时，桥电阻可去掉也可短接。

4. 实际电压源模型是电压源 U_s 串联电阻 R_s，实际电流源模型是电流源 I_s 并联电阻 R'_s；这两种实际电源等效互换的条件是

$$I_s = \frac{U_s}{R_s} \text{ 或 } U_s = I_sR_s, R'_s = R_s$$

5. 支路电流法是解题时 KCL 和 KVL 的综合应用。节点电压法是解题时 KCL 和含源支路欧姆定律的综合应用。较常用的是弥尔曼定理为

$$U_{ab} = \frac{\sum\left(\frac{U_s}{R} + I_s\right)}{\sum \frac{1}{R}}$$

6. 叠加定理适用于线性电路中，多个电源单独作用，分别求解，最后叠加的电流和电压的计算，不适用于功率的计算。

7. 戴维南定理阐明，任何有源二端网络可用一个电压源 U_{OC} 串联电阻 R_0 的简单支路等效代替。U_{OC} 等于有源二端网络的端口开路电压，电阻 R_0 等于有源二端网络内所有电源均置零的由端口看入的等效电阻。

习　题

3-1　两电阻 R_1 和 R_2 串联，已知 $R_1 = 20\Omega$，$U_2 = 100V$，总功率为 3000W，求 R_2 和 U_1。

3-2　额定电压 $U_N = 6V$，额定功率 $P_N = 6W$ 的白炽灯，需串多大电阻才能接到 24V 电源上。

3-3　有一块磁电式表头，其满刻度电流 $I_0 = 1mA$，内阻 $r = 45\Omega$，若将其做成量限为 $I = 1000mA$ 的直流毫安表，如图 3-32 所示，求分流电阻 R。

3-4　试求图 3-33 所示电路中电流 I。

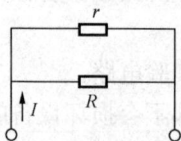

图 3-32　习题 3-3 图　　　图 3-33　习题 3-4 图

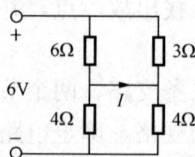

3-5　求图 3-34 所示（a）、（b）两电路的等效电阻 R_{ab}。

3-6　求图 3-35 所示（a）（b）两电路的等效电阻 R_{ab}。

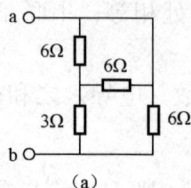

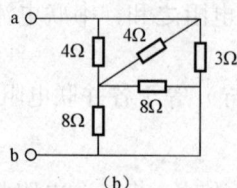

图 3-34　习题 3-5 图　　　图 3-35　习题 3-6 图

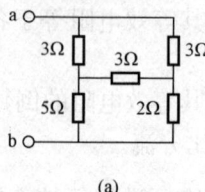

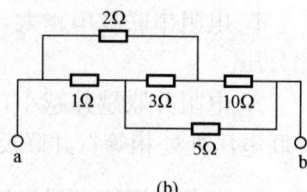

3-7　应用△—丫等效变换，求图3-36所示电路中的电流 I。

3-8　将图3-37所示各电路等效变换为电流源模型。

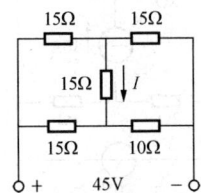

图3-36　习题3-7图　　　　　图3-37　习题3-8图

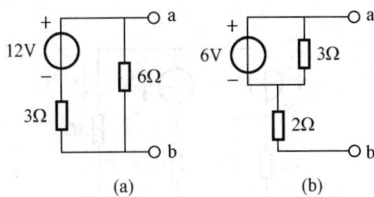

3-9　将图3-38所示各电路等效变换为电压源模型。

3-10　试用两种电源等效变换的方法求图3-39所示电中 6Ω 电阻中电流 I。

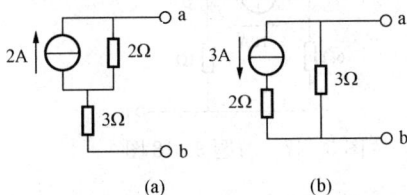

图3-38　习题3-9图　　　　图3-39　习题3-10图

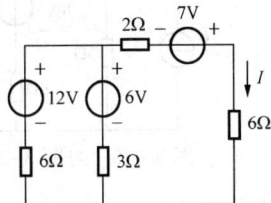

3-11　试用支路电流法求图3-40所示电路中各支路电流。

3-12　应用弥尔曼定理求图3-41所示电路的电流 I。

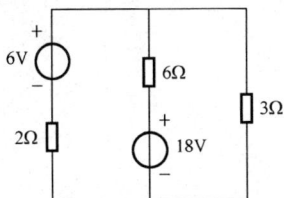

图3-40　习题3-11图　　　　图3-41　习题3-12图

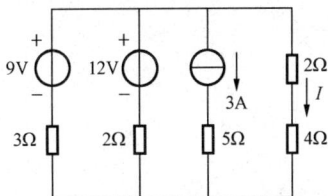

3-13　应用节点电压法求图3-42所示电路的电流 I_1、I_2 和 I_3。

3-14　应用叠加定理求图3-43所示电路中各支路的电流。

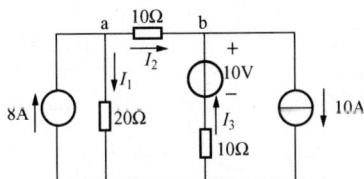

图3-42　习题3-13图　　　　图3-43　习题3-14图

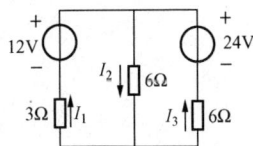

3-15　应用叠加定理求图3-44所示电路中的电流 I。

3-16　应用叠加定理求图3-45所示电路中电流源的端电压 U。

3-17　应用戴维南定理求图3-46所示电路中 18Ω 电阻的电流。

3-18　求图3-47所示电路的戴维南等效电路和诺顿等效电路。

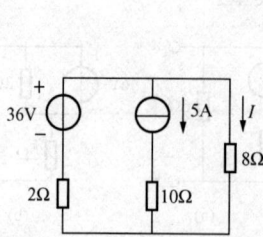

图 3-44　习题 3-15 图

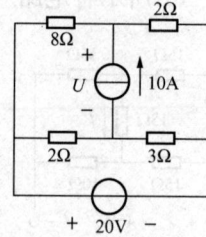

图 3-45　习题 3-16 图

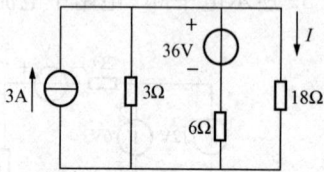

图 3-46　习题 3-17 图

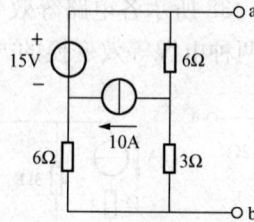

图 3-47　习题 3-18 图

电 容 器

课题一 电容器与电容元件

一、电容器

1. 电容器的基本概念

由两个彼此靠近、相互绝缘的导体构成的，用以储存电荷和电场能量的电路器件，称为电容器。这两个导体称为电容器的极板，它们之间的绝缘物质称为绝缘介质，也称电介质。平行板电容器是一种最简单的电容器，如图 4 - 1 所示。它是由彼此靠近、相互平行、同样大小的两块金属板组成的。

若将电容器两极板接上电源，两极板上便累积起等量异号的电荷。每个极板上所带电荷量的绝对值，称为电容器容纳的电荷量，用 q 表示。两极板上的正、负电荷在两极板之间建立起电场，两极板间储存电场能量。若将电源移去，由于介质绝缘，电荷仍然可以聚集在极板上，电场继续存在，所以电容器是一种能够储存电荷和电场能量的器件，这就是电容器的基本电磁特性。

电容器的图形符号如图 4 - 2 所示。

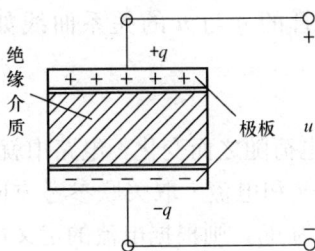

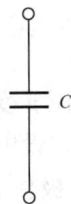

图 4 - 1 平板电容器   图 4 - 2 电容器的图形符号

2. 电容器的电容

实验证明，加在电容器极板间的电压 u 越高，极板上的电荷 q 就越多。我们将电容器带电量 q 与其端电压 u 的比值称为电容器的电容量，简称电容，用字母 C 表示，即

$$C = \frac{q}{u} \qquad (4-1)$$

电容 C 是表征电容器储存电荷的本领的一个物理量。电容的单位为法拉（简称法），符号为 F。电容器的电容往往很小，因此常常采用微法（μF）和皮法（pF）作为计量单位。

由理论推导，可得平行板电容器电容量的计算式为

$$C = \varepsilon \frac{S}{d} \qquad (4-2)$$

式中　S——电容器每块极板的面积，m^2；

　　　d——电容器两极板内表面间的距离，m；

　　　ε——绝缘介质的介电常数，F/m。

理论和实践证明，电容器的电容与电容器两极板的形状、尺寸，两极板的相对位置及极

板间的绝缘介质有关。对于绝缘介质为各向同性的线性介质的电容器而言，当两极板的几何形状、尺寸和相对位置确定时，C 是个正实常数。

二、电容元件

1. 电容元件的概念

电容元件是由实际电容器抽象出来的理想化的电路元件。当电容器的两端外加电压时，电容器两极板间的绝缘介质内将产生一定的能量损耗（称为介质损耗）。因此，电容器不仅能够储存电荷和电场能量，还会消耗电能。如果一个电容器的耗能性质可以忽略，则它只具有容纳电荷和储存电场能量的作用。忽略耗能性质的电容器就是一个理想的电容器，即电容元件。

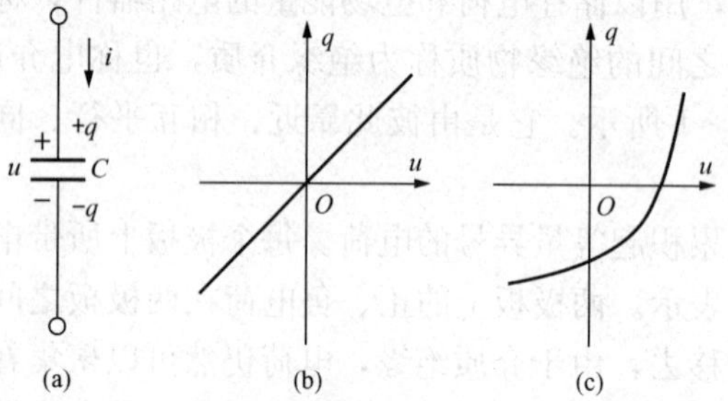

电容元件所储存的电荷 q 与其端电压 u 之间的关系，可以用 $u\text{-}q$ 坐标平面上的一条确定的曲线来表示。如果一个二端元件所储存的电荷 q 与其端电压 u 之间的关系曲线是 $u\text{-}q$ 平面上的一条通过原点的直线，则该二端元件称为线性电容元件。电容元件的一般图形符号如图 4-3（a）所示，线性电容元件的 q 与 u 的关系曲线如图 4-3（b）所示。如果一个二端元件所储存的电荷 q 与其端电压 u 之间的关系曲线是一条曲线或是一条不通过原点的直线，则该二端元件称为非线性电容元件。例如，变容二极管的 q 与 u 的关系曲线如图 4-3（c）所示。

图 4-3　电容元件的图形符号和 $q\text{-}u$ 的关系曲线

2. 电容元件的伏安关系

当电容元件极板间的电压 u 变化时，极板上的电荷随之而变化，电路中就会有电荷定向移动，电路中就会出现电流。设电容元件两端电压 u 和电流 i 取关联参考方向，如图 4-3（a）所示。若在 dt 时间内，极板上电荷量的变化量为 dq，则根据电流的定义可得

$$i = \frac{dq}{dt}$$

将式 $q=Cu$，代入上式，得

$$i = \frac{d(Cu)}{dt} = C\frac{du}{dt} \tag{4-3}$$

这就是在关联参考方向下的电容元件的电压与电流的关系，即电容元件的伏安关系。

式（4-3）表明，线性电容元件的电流与电压的变化率成正比。只当两极板间电压发生变化时，极板上的电荷量才会发生变化，电路中才会形成电流。如果极板间的电压不随着时间变化，即电压的变化率 $\frac{du}{dt}$ 等于零，则电流为零，这时电容元件相当于开路。可见，在直流电路中，电容元件相当于开路。这表明电容元件具有隔断直流（简称隔直）的作用。

3. 电容元件的储能

应用数学知识，可以这样证明：若在任意时刻 t，电容元件的电压为 $u(t)$，则此时电容元件储存的电场能能为

$$w_C(t) = \frac{1}{2}Cu^2(t) \tag{4-4}$$

式（4-4）表明，电容元件在任意时刻所存储的电场能量与该时刻它的端电压的平方成正比。

课题二 电容元件的串联和并联

在实际工作中，当遇到一个电容器的容量或耐压不能满足要求时，需要将若干个电容器串联或并联起来使用。因此，需要对电容元件的串联和并联电路进行分析。

一、电容元件的串联

若干个电容元件依次一个接一个地连接起来，构成一条支路，这种连接方式称为电容元件的串联。三个电容元件的串联电路如图 4-4（a）所示。

电容元件串联电路具有如下特点：

（1）电容元件串联电路中各电容元件所带电量相等。

在电容元件串联电路两端外加电压 u，当第一个电容元件 C_1 上边的极板上带上电量为 $+q$ 的电荷时，其下边极板上由于静电感应而产生电量为 $-q$ 的电荷。这部分负电荷来自于第二个电容元件 C_2 上边的极板，因而第二个电容元件上边极板上出现电量为 $+q$ 的电荷。由于静电感应作用，第二个电容元件下边极板上产生电荷量 $-q$，于是第三个电容元件 C_3 上边极板上又出现电荷量 $+q$，如此等等。因此，每一个电容元件都带有相等的电荷量 q，即

$$q_1 = q_2 = q_3 = q$$

（2）电容元件串联电路的等效电容的倒数等于各个串联电容元件电容的倒数之和。

对于图 4-4（a）所示电路，有

$$u = u_1 + u_2 + u_3 = \frac{q}{C_1} + \frac{q}{C_2} + \frac{q}{C_3}$$

$$= q\left(\frac{1}{C_1} + \frac{1}{C_2} + \frac{1}{C_3}\right) \tag{4-5}$$

对于图 4-4（b）所示电路，有

$$u = \frac{q}{C} \tag{4-6}$$

根据等效网络的定义可知，若图 4-4（a）所示电路与图 4-4（b）所示电路等效，则应有

$$\frac{1}{C} = \frac{1}{C_1} + \frac{1}{C_2} + \frac{1}{C_3} \tag{4-7}$$

两个电容元件 C_1、C_2 串联的等效电容为

$$C = \frac{C_1 C_2}{C_1 + C_2} \tag{4-8}$$

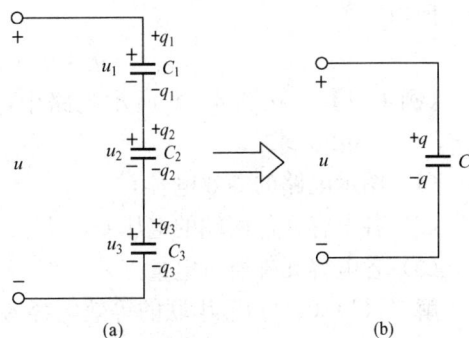

图 4-4 电容元件的串联
（a）串联电路；（b）等效电路

（3）电容元件串联电路中各电容元件两端的电压分配与其电容的大小成反比。因为

$$u_1 = \frac{q}{C_1}, \quad u_2 = \frac{q}{C_2}, \quad u_3 = \frac{q}{C_3}$$

所以

$$u_1 : u_2 : u_3 = \frac{1}{C_1} : \frac{1}{C_2} : \frac{1}{C_3} \tag{4-9}$$

对于两个电容元件串联电路，有

$$u_1 = \frac{C}{C_1}u = \frac{C_2}{C_1+C_2}u \qquad (4-10)$$

$$u_2 = \frac{C}{C_2}u = \frac{C_1}{C_1+C_2}u \qquad (4-11)$$

二、电容元件的并联

将若干个电容元件的两端分别接在一起构成一个具有两个节点的二端电路，这种连接方式称为电容元件的并联。三个电容元件的并联电路如图 4-5（a）所示。

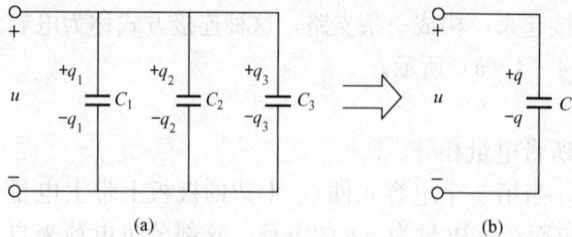

图 4-5　电容元件的并联
(a) 并联电路；(b) 等效电路

电容元件并联电路具有如下特点：

（1）电容元件并联电路中各电容元件的电压相等，即

$$u_1 = u_2 = u_3 = u$$

（2）电容元件并联电路的等效电容等于各并联电容元件的电容之和。

图 4-5（a）所示电路中，三个电容元件的总电量为

$$q = q_1 + q_2 + q_3 = C_1 u + C_2 u + C_3 u = (C_1 + C_2 + C_3)u \qquad (4-12)$$

对于图 4-5（b）所示电路，有

$$q = Cu \qquad (4-13)$$

根据等效网络的定义可知，图 4-5（a）所示电路与图 4-5（b）所示电路的等效条件为

$$C = C_1 + C_2 + C_3 \qquad (4-14)$$

电容元件并联相当于加大了储存电荷的极板的面积，故电容量增大。

（3）电容元件并联电路中各电容元件所带电量与各电容元件的电容成正比。

由于

$$q_1 = C_1 u, \quad q_2 = C_2 u, \quad q^3 = C_3 u$$

所以

$$q_1 : q_2 : q_3 = C_1 : C_2 : C_3 \qquad (4-15)$$

【例 4-1】　在图 4-6 所示电路中，已知 $U=120\text{V}$，$C_1=C_3=6\mu\text{F}$，$C_2=3\mu\text{F}$。求：

（1）图示电路的等效电容 C。

（2）各电容元件两端的电压 U_1、U_2、U_3。

（3）各电容元件所带电量。

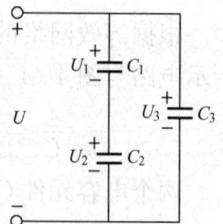

图 4-6　［例 4-1］图

解　（1）C_1 与 C_2 串联的等效电容为

$$C_{12} = \frac{C_1 C_2}{C_1 + C_2} = \frac{6 \times 3}{6+3} = 2(\mu\text{F})$$

电路等效电容为

$$C = C_{12} + C_3 = 2 + 6 = 8(\mu\text{F})$$

（2）各电容元件的电压为

$$U_3 = U = 120\text{V}, \quad U_1 + U_2 = 120\text{V}$$

$$U_1 : U_2 = \frac{1}{C_1} : \frac{1}{C_2} = \frac{1}{6} : \frac{1}{3} = \frac{1}{2}$$

解上述方程可得

$$U_1 = 40\text{V}, \quad U_2 = 80\text{V}$$

（3）各电容元件所带电量为

$$q_1 = C_1U_1 = 6 \times 10^{-6} \times 40 = 2.4 \times 10^{-4}(\text{C})$$

$$q_2 = q_1 = 2.4 \times 10^{-4}\text{C}, \quad q_3 = C_3U_3 = 6 \times 10^{-6} \times 120 = 7.2 \times 10^{-4}(\text{C})$$

阅读材料

电容器的种类及主要技术参数

电容器可用于滤波、调谐、信号耦合、隔直传交、移相等，电力电容器还可用以补偿感性无功功率、补偿线路感抗、分配电压、吸收冲击过电压等。

一、电容器的种类

根据电容器的电容量是否可调，可将电容器分为：

（1）固定电容器。固定电容器是指电容量固定不变的电容器。

（2）可变电容器。可变电容器是指电容量可以改变的电容器。

（3）微调电容器。微调电容器是电容量可改变范围很小的可变电容器。

按电容器所采用的绝缘介质不同分类，可将电容器分为纸质电容器、云母电容器、陶瓷电容器、薄膜电容器、电解电容器、金属箔电容器、浸渍式电容器、压缩气体电容器等。

常见电容器的外形、结构及特点见表 4 - 1。

表 4 - 1　　　　　　　　　　　　电容器的外形、结构及特点

名称	外　形	绝缘介质	特点及用途
纸质电容器	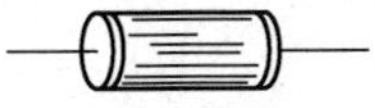	经处理的绝缘纸带	体积小、容量大、电感量和损耗大，用于低频电路
油浸纸质电容器	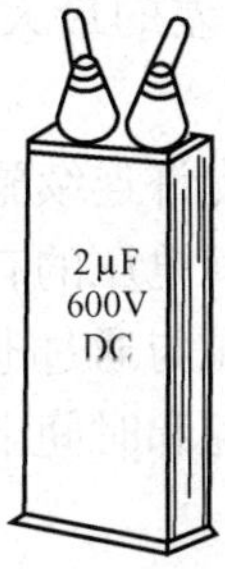 2μF 600V DC	经油浸处理的纸带	容量大、耐压高、漏电量小，用于要求高的场合
云母电容器	 100-330P &(TT)	云母片	体积小、耐压高、稳定性好，漏电及损耗小，但容量不大，宜用于高频电路
瓷质电容器	 +047	陶瓷或压陶瓷	体积小、绝缘电阻高、稳定性好、损耗小、容量小，可用于高频电路，也可用于温度补偿

名称	外　形	绝缘介质	特点及用途
薄膜电容器		聚苯乙烯或涤纶	介质损耗小、温度系数大、电气性能好，在很宽的频率范围内性能稳定
电解电容器	东风 cux-JCO 100μF10 18.6	铝电解、钽电解或其他材料电解	容量大、绝缘电阻小、漏电及损耗大、正负极性不能错接，宜用于电源滤波及音频旁路
可变电容器		空气或塑料薄膜	电容量可在较大范围内调节
微调电容器		空气、云母片、玻璃等	电容量可在较小的范围内调节

二、电容器的主要技术参数

（1）标称容量。标称容量是标在电容器上的电容量。

（2）允许误差。允许误差是实测电容值与标称容量之差的最大值与标称容量之比的百分数。

（3）额定电压。额定电压是指在规定的工作条件下，允许连续施加在电容器上的最高电压。电力电容器的额定电压是指设计电容器时所采用的极间电压的有效值。

（4）绝缘电阻。绝缘电阻是加在电容器两端的直流电压与通过电容器的泄漏电流之比。

除此之外，电容器的技术参数还有温度系数、介质损耗和时间常数等。

三、电容器的型号

电容器型号的含义如下所示：

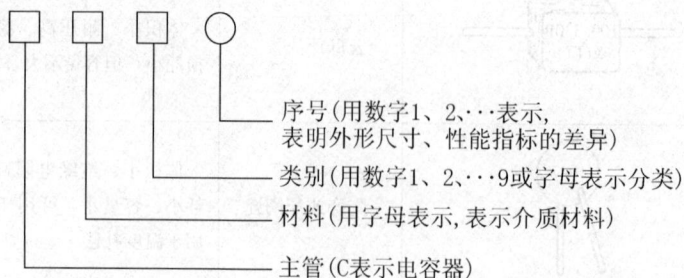

序号（用数字1、2、…表示，表明外形尺寸、性能指标的差异）

类别（用数字1、2、…9或字母表示分类）

材料（用字母表示，表示介质材料）

主管（C表示电容器）

型号中各字母、数字的具体含义可查阅手册或其他书籍。

例如：CA42 表示圆柱形树脂包封的固体电解质烧结钽电容器，其中 C 表示名称为电容器；A 表示绝缘介质为钽电解；4 为类别，表示烧结粉固体；2 为序号，表示圆柱形树脂包封。

四、电容器主要技术参数的标志方法

电容器的型号、标称容量、允许误差、额定电压的标志方法有下述几种：

（1）直标法。直标法是用阿拉伯数字和单位符号在电容器表面直接标出标称容量、允许误差和额定电压。

（2）文字符号法。文字符号法是用阿拉伯数字和字母两者有规律地组合，在电容器表面标出标称容量和允许误差等主要参数。

（3）色标法。色标法是用不同颜色的带或点在电容器表面上标出电容器的主要技术参数。

单 元 小 结

1. 电容器是储存电荷和电场能量的器件。电容器的电容是指电容器任一极板上的电荷量与两极板间的电压之比，即

$$C = \frac{q}{u}$$

2. 电容元件是由电容器抽象出来的理想化的模型。如果一个二端元件所储存的电荷量 q 与其电压 u 关系曲线是 q-u 平面上的一条通过原点的直线，则称为线性电容元件。如果一个二端元件所储存的电荷量 q 与其电压 u 的关系曲线不是 q-u 平面上的一条通过原点的直线，则称为非线性电容元件。线性电容元件的伏安关系为

$$i = \pm C \frac{\mathrm{d}u}{\mathrm{d}t}$$

在关联参考方向下，式中取"＋"号；在非关联参考方向下，式中取"－"号。

3. 电容元件是一个储能元件。它在任意时刻 t 所储存的电场能量与该时刻电压 $u(t)$ 的平方成正比。电容元件储能的计算公式为

$$W = \frac{1}{2} C u^2(t)$$

4. 电容元件串联电路的特点有：

（1）各电容元件所带电量相等，即

$$q_1 = q_2 = \cdots = q_n = q$$

（2）等效电容的倒数等于各个串联电容元件电容的倒数之和，即

$$\frac{1}{C} = \frac{1}{C_1} + \frac{1}{C_2} + \frac{1}{C_3} + \cdots + \frac{1}{C_n}$$

两个电容元件 C_1、C_2 串联的等效电容为

$$C = \frac{C_1 C_2}{C_1 + C_2}$$

（3）各电容元件两端的电压分配与其电容的大小成反比，即

$$u_1 : u_2 : \cdots : u_n = \frac{1}{C_1} : \frac{1}{C_2} : \cdots : \frac{1}{C_n}$$

对于两个电容元件串联电路，有

$$u_1 = \frac{C}{C_1}u = \frac{C_2}{C_1 + C_2}u$$

$$u_2 = \frac{C}{C_2}u = \frac{C_1}{C_1 + C_2}u$$

5. 电容元件的并联电路的特点有：

(1) 等效电容元件所带电荷量等于各并联电容元件的电荷量之和，即

$$q = q_1 + q_2 + \cdots + q_n$$

(2) 等效电容等于各并联电容元件的电容之和，即

$$C = C_1 + C_2 + \cdots + C_n$$

(3) 各电容元件所带电量与各电容元件的电容成正比，即

$$q_1 : q_2 : \cdots : q_n = C_1 : C_2 : \cdots : C_n$$

习　题

4-1　下述说法中错误的是（　　）。

A. 电容器的电容量越大，所带电荷量就越多。

B. 电容器两极板的电压越高，其电容量越大。

C. 绝缘介质为线性介质的电容器所带电量与其电压成正比。

4-2　欲增大平行板电容器的电容，可采用的方法是（　　）。

A. 减小两极板正对的面积。

B. 增大两极板之间的距离。

C. 增大极板的厚度。

D. 将电容器极板间的绝缘介质换为介电系数 ε 较大的绝缘介质。

4-3　电容器 C_1 的电容为 $4\mu F$，额定直流电压为 300V，电容器 C_2 的电容为 $4\mu F$，额定直流电压为 400V，现将这两只电容器串联后接至电压为 660V 的直流电源上，试问它们的等效电容为多大？能否安全运行？

4-4　电容器 C_1 的电容为 $1\mu F$，额定直流电压为 160V，电容器 C_2 的电容为 $4\mu F$，额定直流电压为 250V，现将这两只电容器并联后接至电压为 110V 的直流电源上，试问它们的等效电容为多大？哪个电容器储存的电荷量大？

4-5　在图 4-7 所示电路，已知 $U=36V$，$C_1=C_2=6\mu F$，$C_3=3\mu F$，求：

(1) 图示电路的等效电容 C。

(2) 各电容两端的电压 U_1、U_2、U_3。

(3) 各电容所带电量。

4-6　图 4-8 所示电路中，$C_1=C_4=3\mu F$，$C_2=C_3=6\mu F$，求：

(1) 开关 S 闭合时，A、B 间的等效电容。

(2) 开关 S 断开时，A、B 间的等效电容。

4-7 图 4-9 所示电路为直流电路，试求电容器上的电压及其所储存的电荷量。

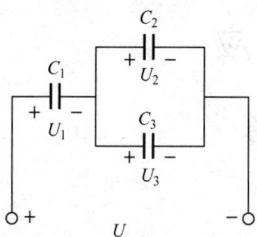

图 4-7 习题 4-5 图

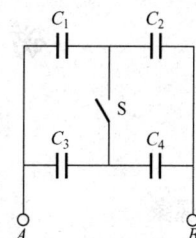

图 4-8 习题 4-6 图

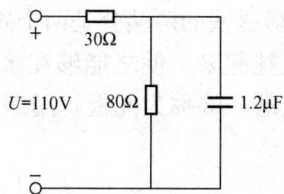

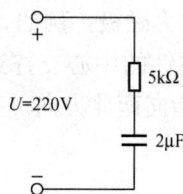

图 4-9 习题 4-7 图

磁场和电磁感应

课题一　磁　场

一、磁的基本现象

如果将条形磁铁投入铁屑中，再取出磁铁时可以发现，磁铁的两端吸附着大量的铁屑，如图5-1所示。人们把这种能够吸引铁类物质的性质称为磁性。具有磁性的物体称为磁体。磁体上磁性最强的区域称为磁极，例如，条形磁铁的两端就是两个磁极。

如果将条形磁铁或磁针的中心支撑或悬挂起来，使之能够在水平面内自由转动（见图5-2），则它的两端总是指向南北方向。指北的一端称为北极，用N表示；指南的一端称为南极，用S表示。

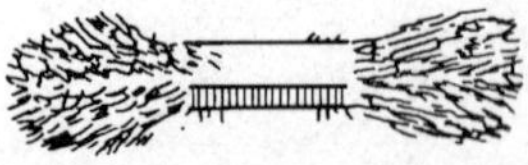

图5-1　条形磁铁的磁性

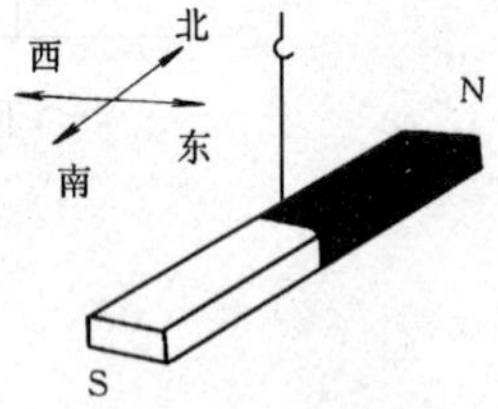

图5-2　磁极

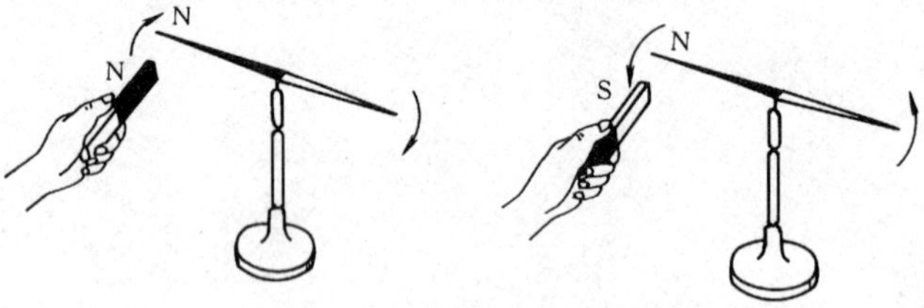

图5-3　磁铁的相互作用

用一条形磁铁去接近一个能够自由转动的小磁针（见图5-3），可以看到，小磁针将发生偏转，而且当靠近小磁针的条形磁铁的极性变换时，小磁针的偏转方向也将随之而改变。这一现象表明，两磁铁之间存在着相互作用，相互作用的规律为：同性磁极相互排斥，异性磁极相互吸引。

1819年奥斯特发现，放在载流导线附近的小磁针会受到力的作用而发生偏转［见图5-4（a）］，且当导线中的电流方向改变时，小磁针偏转方向也将改变［见图5-4（b）］。这一现象表明，电流能够产生磁效应，电流可以对磁铁施加作用力，该作用力的方向与电流方向有关。

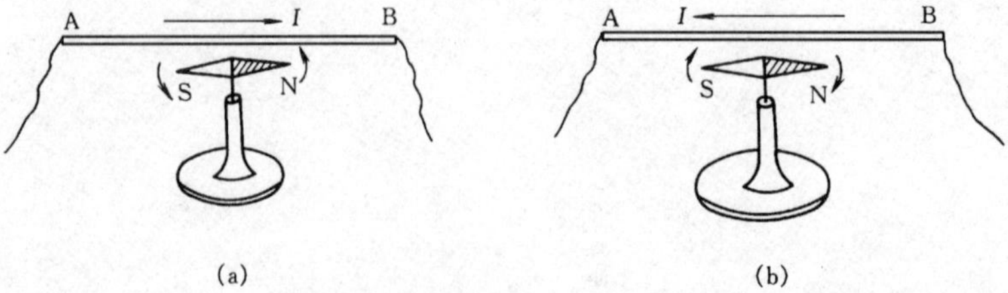

图5-4　载流导线对磁针的作用

1820年安培发现，磁铁也会对电流施加作用力。例如，把一段水平直导线悬挂在马蹄形磁铁两极之间。当导线中通过电流时，导线就会移动，如图5-5所示。其后又发现，电流与电流之间也有相互作用力。例如，两根平行载流导线，当两电流的方向相同时，它们相互吸引〔见图5-6（a）〕；当两电流的方向相反时，它们相互排斥〔见图5-6（b）〕。

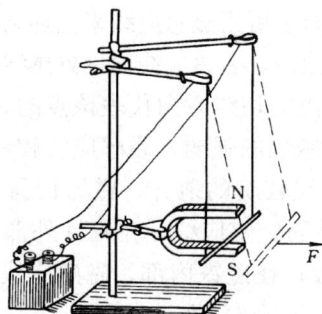

图5-5　磁铁对载流导线的作用

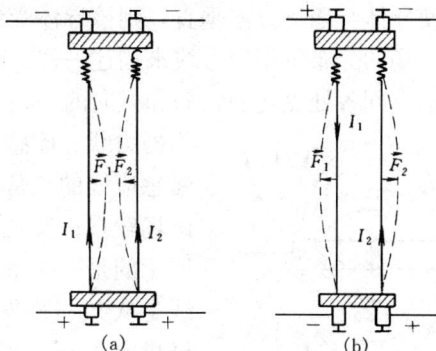

图5-6　两平行载流导线之间的相互作用力
（a）两电流方向相同时；（b）两电流方向相反时

在磁铁附近运动的电荷也会受到力的作用，图5-7所示的实验可以证明这一结论。图5-7是一个被抽成真空的电子射线管，在它的阴极和阳极之间加上高电压时，就会从它的阴极发射出电子束来，电子束打在长条形的荧光屏上激发出荧光，于是就显示出电子束运动的轨迹。在没有磁铁作用时，电子束由阴极发出后沿直线前进。如果在电子射线管的两侧放置两块条形磁铁，荧光屏上显示的电子束的运动轨迹就会弯曲。这表明，运动着的电子受到了磁铁的作用力。

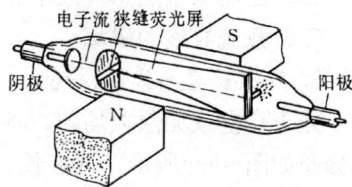

图5-7　磁铁对运动电荷的作用

从这些实验中，人们认识到，无论导线中的电流，还是磁铁，它们的磁性的本源都是相同的，一切物质磁性的本源都是电荷的运动。一切磁现象都可以归结为运动着的电荷（或电流）之间的相互作用。为了解释磁铁的磁效应，安培提出了分子电流的假说，认为磁铁内部存在着基本的磁性单元，每一单元是由一个小的环形电流所产生，这种环形电流称为分子电流。若这样一些分子环流定向地排列起来，宏观上就会显示出N、S极来。近代物理的发展支持了这一看法。关于分子电流的产生，在下一课题中再作详细叙述。

二、磁场的概念

在第一单元中已经说明，相距一定距离的两个静止电荷之间的相互作用力是通过电场来传递的，与此相类似，相隔一定距离的两电流或两磁铁之间的相互作用力是通过另一种场——磁场来传递的。所谓磁场就是在电流（或运动电荷）周围空间存在着的，能够对其他电流（或运动电荷）施以作用力的一种特殊形态的物质。任何电流（或运动电荷）都要在其周围空间产生磁场。与电场一样，磁场也是一种客观存在的物质，是一种看不见、摸不着的特殊物质。磁场最基本的特性是它对于任何置于其中的其他电流（或运动电荷）施加作用力。磁铁与磁铁之间、磁铁与电流（或运动电荷）之间、电流与电流之间的相互作用力都是通过磁场来传递的。

将小磁针放在磁铁或电流周围的磁场中某一定点，当小磁针静止时，它将有一确定的取向。置于不同位置，其取向可能是不同的。这表明，磁场具有方向性。人们规定，可以自由转动的小磁针在磁场中某点处，处于静止状态时，其 N 极所指的方向就是该点的磁场方向。

磁场不仅具有方向性，还有强弱之分。磁场的强弱常用磁场对载流导线或运动电荷的作用力的大小来描述。粗略地说，若将电流大小一定、长度极小的一段载流导体置于磁场中某点处，并使导体与磁场方向垂直，则该导体受到的磁场的作用力越大，表明该点磁场越强。

正像电场的分布可用电力线来描述一样，磁场的分布也可用磁感应线来描述。磁感应线是用以表示空间各处磁场的强弱和方向的一些有方向的曲线。磁感应线简称磁感线，通常称

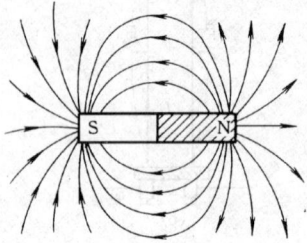

图 5-8　条形磁铁的磁感应线

为磁力线。磁感应线上每点的切线方向代表该点的磁场方向。磁感应线的疏密程度表示磁场的强弱，磁感应线较密的地方，磁场较强；反之，磁感应线较疏的地方，磁场较弱。图 5-8 所示的是一条形磁铁近旁的磁感应线，在磁铁外部，磁感应线是从 N 极出发进入 S 极；在磁铁内部，磁感应线则是从 S 极指向 N 极。磁感应线具有下述特性：

（1）由电流产生的磁场中的每条磁感应线都是环绕着产生磁场的电流的。

（2）每条磁感应线都是无头无尾的闭合曲线。

（3）任何两条磁感应线不会相交。

三、载流导线的磁场

1. 载流长直导线的磁场

处于真空或无限大均匀、各向同性的磁介质中的圆形截面、无限长载流直导线周围的磁场分布如图 5-9 所示。载流长直导线周围的磁感应线是在垂直于导线的平面内的以导线中心为圆心的同心圆。载流长直导线周围的磁场是非均匀的，离导线越远处磁感应线越稀疏，磁场越弱。载流长直导线周围的磁感应线的方向与导线中的电流方向之间的关系服从图 5-10 所示的右手螺旋定则：用右手握住载流导线，拇指伸直，指向电流方向，则弯曲的四指所指的方向就是磁感应线的回绕方向。

图 5-9　载流长直导线的磁感应线

图 5-10　直导线右手螺旋定则

2. 载流螺线管的磁场

绕在圆柱面上的螺旋线圈称为螺线管。载流螺线管的磁感应线的分布情况如图 5-11 所示。在各匝线圈紧密绕制的情况下，除螺线管两端附近外，螺线管外部空间里的磁感应线很稀疏，磁场很弱，管内磁感应线较密，磁场很强。当螺线管绕得很密，且其长度又比直径大得很多时，可将它作为无限长密绕螺线管来处理。无限长密绕螺线管，整个外部空间的磁场

趋于零，磁场完全集中在管内。在整个螺线管内部的空间里磁场是均匀的。管内的磁感应线均与螺线管轴线平行。磁感应线的方向与线圈中电流方向之间的关系服从图 5-12 所示的右手螺旋定则：用右手握住螺线管，将拇指伸直，若弯曲的四指指向电流方向，则伸直的拇指所指的方向就是磁感应线的方向。

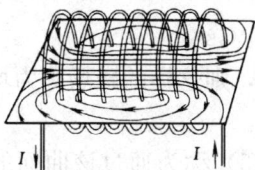

图 5-11　载流螺线管的磁感应线　　　　　图 5-12　螺线管右手螺旋定则

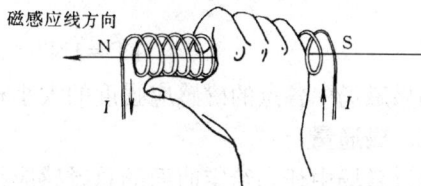

课题二　磁场的基本物理量

一、磁感应强度

为了定量地描述磁场的分布，引入磁感应强度 $\vec{B}$ 这一物理量，可根据电流在磁场中受力的特征来定义磁感应强度。

实验表明，载流导线在磁场中所受作用力的大小不仅与导线中电流的大小和导线的长短有关，而且还与导线在磁场中的方向有关。在电流大小和导线长度一定的情况下，当导线方向与磁场方向垂直时，导线受到磁场的作用力最大。我们设想，将载有电流 I 的一段导线分割为许多无穷小的线段（称为线元），这种载有电流的线元称为电流元，用 $I\mathrm{d}l$ 表示，如图 5-13 中所示。设在磁场中某点处，垂直于磁场方向的电流元 $I\mathrm{d}l$ 受到的作用力为 $(\mathrm{d}F)_\mathrm{m}$。实验证明，$(\mathrm{d}F)_\mathrm{m}$ 正比于 $I\mathrm{d}l$，对于磁场中某一定点而言，比值 $\dfrac{(\mathrm{d}F)_\mathrm{m}}{I\mathrm{d}l}$ 是一个

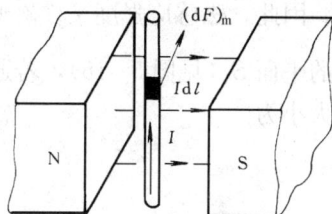

图 5-13　载流导线分割为电流元

定值，它与电流大小和线元长度无关。但在磁场中不同的地方，这一比值可能是不同的。这一比值越大，表示与磁场方向垂直的电流元在该点处受到的磁场的作用力越大，说明该点的磁场越强。可见，这一比值反映该点磁场的强弱。将这一比值定义为该点的磁感应强度的大小，即

$$B = \frac{(\mathrm{d}F)_\mathrm{m}}{I\mathrm{d}l} \tag{5-1}$$

把小磁针在磁场中某点处，处于静止状态下，N 极所指的方向规定为该点磁感应强度 $\vec{B}$ 的方向，也就是说，磁场中任一点磁感应强度的方向就是该点磁场的方向。在导体中电流的方向和导体受力的方向已知的情况下，可用左手定则来确定磁感应强度的方向。左手定则如图 5-14 所示，平展左手，四指并拢，使拇指垂直于四指，让四指指向电流方向，使拇指指向导体所受磁场力的方向，则指向掌心的方向就是磁感应强度的方向。

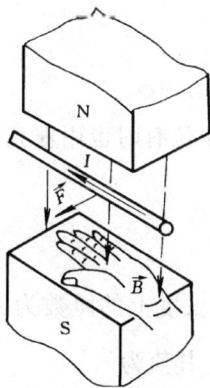

图 5-14　左手定则

由上述定义可知，磁场中某点的磁感应强度 $\vec{B}$ 的大小表示该点磁场的强弱，$\vec{B}$ 的方向代表该点的磁场方向。可见，磁感应强度 $\vec{B}$ 是描述磁场性质的基本物理量。

在国际单位制中，B 的单位为特斯拉（T），在实际中习惯沿用另一单位——高斯（Gs）。

$$1T=1N/（A \cdot m），1T=10^4 Gs$$

如果磁场中各点的磁感应强度的大小相等，方向相同，则这样的磁场称为均匀磁场。

二、磁通量

通过磁场中任一给定曲面的总磁感应线数（见图 5-15）称为通过该曲面的磁通量，简称磁通，用 ϕ 表示。

磁通量 ϕ 是标量，而不是矢量，因而严格说来，它没有方向。但是当磁感应线通过给定曲面时，存在两种可能的穿透方向，即从曲面的一侧穿入，从另一侧穿出，或反之。为了区分这两种情况，我们把其中一个方向选定为参考方向，称为 ϕ 的参考方向，把磁感应线穿过该曲面的方向规定为 ϕ 的方向。这样，当 ϕ 的方向与其参考方向一致时，ϕ 为正值；当 ϕ 的方向与其参考方向相反时，ϕ 为负值。可见，ϕ 是一个有正负之分的代数量。

由前面的叙述可知，磁感应线的疏密程度和磁感应强度的大小，以不同的形式表示磁场的强弱，在定量地描述同一磁场的强弱这一点上，两者是应该统一的。因此，人们规定：磁场中某一点的磁感应强度 $\vec{B}$ 的量值，等于通过该点处垂直于 $\vec{B}$ 矢量的单位面积的磁感应线数。因此，磁感应强度又称磁通密度。例如，在均匀磁场中，取一垂直于磁感应强度 $\vec{B}$ 矢量的平面 S（见图 5-16），若通过该平面的磁感应线数为 Φ，则该均匀磁场的磁感应强度 $\vec{B}$ 的大小为

$$B = \frac{\Phi}{S} \tag{5-2}$$

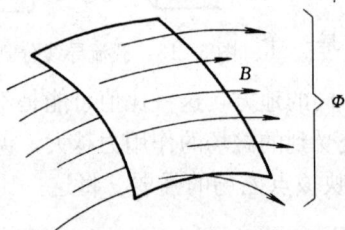

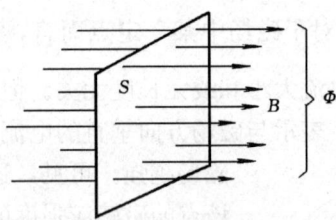

图 5-15　磁通量　　　　　　　　图 5-16　均匀磁场中的 B 和 Φ

在国际单位中，磁通量的单位为韦伯（Wb），在工程上，磁通量的单位有时也用麦克斯韦（Mx）。

$$1Wb=1T×1m^2，1Wb=10^8 Mx$$

三、相对磁导率和磁导率

有一空心长直密绕螺线管［见图 5-17（a）］，通有电流 I，每单位长度上的匝数为 n，管内磁感应强度为 $\vec{B_0}$，其大小为 $B_0 = \mu_0 nI$[❶]，式中 μ_0 称为真空磁导率，其值为

---

❶　此式的来历见本单元课题三。

$$\mu_0 = 4\pi\times10^{-7}\text{Wb/}(\text{A}\cdot\text{m}) = 4\pi\times10^{-7}\text{H/m}$$

如果在此空心螺线管内填满某种均匀物质，则这种物质将被载流螺线管的磁场磁化。处于磁场中的实物物质称为磁介质。处于磁化状态的磁介质将产生一个附加磁场，从而使管内总的磁场发生变化。设磁介质磁化后所产生的附加磁感应强度为 $\vec{B}'$，有磁介质时管内任一点的磁感应强度 $\vec{B}$［见图 5-17（b）］等于 $\vec{B}_0$ 与 $\vec{B}'$ 的矢量和，即

$$\vec{B} = \vec{B}_0 + \vec{B}'$$

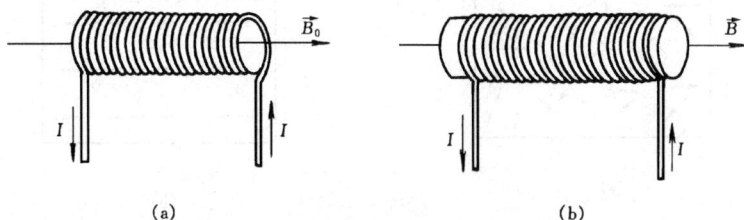

(a)   (b)

图 5-17 磁介质内的磁感应强度

将充满各向同性的均匀磁介质的载流螺线管内的磁感应强度 B 与空心（严格地说，应是真空）载流螺线管内的磁感应强度 B_0 之比称为磁介质的相对磁导率，用 μ_r 表示，即

$$\mu_r = \frac{B}{B_0} \tag{5-3}$$

μ_r 是一个没有单位的纯数，它的大小决定于磁介质的性质，它反映磁介质被磁化后对原磁场的影响程度，它标志着磁介质的导磁能力。

由式（5-3）可得

$$B = \mu_r B_0 = \mu_r \mu_0 nI = \mu nI \tag{5-4}$$

$$\mu = \mu_r \mu_0 \tag{5-5}$$

式中，μ 称为磁介质的磁导率，它的大小也是由磁介质的性质决定。它是用以表示磁介质磁性的物理量，它的大小标志着磁介质的导磁能力。μ 的单位和 μ_0 的单位相同，即为 Wb/（A·m）或 H/m。

由式（5-5）可知，磁介质的相对磁导率也就是磁介质的磁导率与真空磁导率的比值。

按物质的磁性来分类，磁介质大体上可以分为顺磁质、抗磁质和铁磁质三类。顺磁质 $\mu_r>1$，例如，锰、铬、铂等属于顺磁质；抗磁质 $\mu_r<1$，例如，铜、金、银、锌、铝等属于抗磁质。这两类磁介质的相对磁导率 μ_r 与 1 相差甚微，且 μ_r 和 μ 都是与外磁场无关的正实常数。对于铁磁质，$\mu_r\gg1$，且 μ_r 和 μ 不再是常数，它们均随外磁场的强弱和方向的变化而变化。铁、镍、钴、钆以及这些金属的合金属于铁磁质。

实验表明，原先不具磁性的物质放入磁场后或多或少地呈现出磁性。为什么处在磁场中的磁介质会呈现磁性？为什么不同磁介质会呈现出不同的磁性？为了弄清这两个问题，需要研究物质的微观结构及物质内部的微观粒子的运动规律。我们知道，任何物质都是由分子、原子组成。物质中的原子是由原子核和电子构成。原子核外部的每一电子都同时参与两种运动，即环绕原子核旋转（轨道运动）和绕其自身轴转动（自旋运动）。当物质处于磁场中时，物质中每一电子都将因受到磁场的作用力而产生绕磁场方向的运动。由于电子带有电荷，电子这些运动都会产生磁效应。一个分子或原子的磁效应就是它的内部的所有电子对外界所产

生的磁效应的迭加。每一个分子或原子的磁效应相当于一个非常小的磁铁,我们不妨把它称为磁分子。根据电流的磁效应的概念,每个磁分子等效于一个圆电流,称为分子电流。在没有外磁场作用时,各磁分子的取向是杂乱无章的,如图 5-18(a)所示(图中每一箭头代表一个磁分子),它们的磁效应相互抵消,在宏观上,介质不显示磁性。当介质处于外磁场之中时,磁场对介质中的每一磁分子施以作用力,在磁场力的作用下,磁分子在一定程度上沿着外磁场方向[见图 5-18(b)]或逆着外磁场方向排列起来,于是介质呈现出磁性。

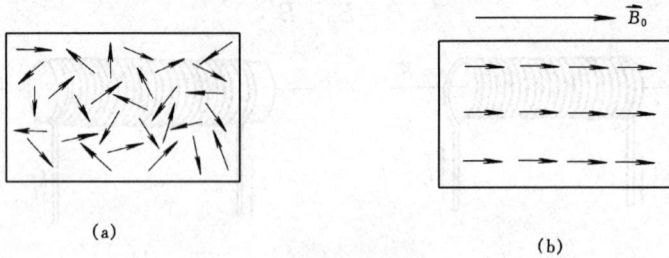

图 5-18 物质的磁化
(a) 无外磁场作用时; (b) 有外磁场作用时

物质的磁性是由物质内在的微观结构决定的,不同物质的微观结构是不同的,因而它们在磁场中表现出不同的磁性。当顺磁质处于磁场中时,其中的磁分子在磁场力的作用下转向外磁场方向,达到平衡后,磁分子在一定程度上沿着外磁场方向排列起来,形成一个方向与外磁场方向相同的附加磁场。因此,顺磁质磁化后,其中的总磁场有所增强,故 $B > B_0$,$\mu_r > 1$。

当抗磁质处于外磁场中时,抗磁质内产生一些取向与外磁场方向相反的磁分子,形成一个方向与外磁场方向相反的附加磁场。因此,抗磁质磁化后,其中的总磁场有所减弱,故 $B < B_0$,$\mu_r < 1$。

在铁磁质中,一个原子的电子要受到邻近原子的原子核和电子的库仑场的作用,这种库仑场的作用,使电子轨道运动的磁效应消失或部分消失,所以电子轨道运动对大块材料的原子(或离子)磁性的贡献很小,甚至不作贡献。因此,铁磁质的磁性主要来源于电子自旋运动。在铁磁质中,相邻原子的电子之间存在着一种静电交换相互作用(一种量子效应),这种交换相互作用使得邻近原子中的电子的自旋在小范围内平行取向,从而形成一个个小的具有单一磁场方向的区域,这种自发磁化的小区域称为磁畴。相邻的两磁畴之间具有一定厚度的过渡层,称为磁畴壁,简称畴壁。在无外磁场作用时,铁磁质中的磁畴无序的排列,磁畴的取向各不相同,它们的磁场相互抵消,宏观上不显示磁性,如图 5-18(a)所示(图中每一箭头代表一个磁畴)。当外加磁场时,取向与外磁场方向相同或两者之间夹角较小的那些磁畴各自向外移动自己的畴壁,扩大自己的疆域,把邻近的那些取向与外磁场方向相反或两者之间夹角较大的磁畴并吞过来。随着外磁场的不断增强,取向与外磁场方向相反或接近相反的磁畴的体积不断缩小,直至全部消失。若外磁场继续增强,取向与外磁场方向尚不一致的磁畴逐渐地转向外磁场方向,当所有磁畴方向都沿着外磁场方向整齐地排列时,铁磁质磁化达到了饱和,如图 5-18(b)所示。这时铁磁质内产生了一个很强的、方向与外磁场方向相同的附加磁场,这使得铁磁质内的磁场大大增强,因此,铁磁质具有很高的导磁性,其相对磁导率 $\mu_r \gg 1$。

四、磁场强度

为了便于分析计算有磁介质的磁场，引入磁场强度 $\vec{H}$ 这一物理量，把它定义为

$$\vec{H} = \frac{\vec{B}}{\mu} \tag{5-6}$$

即磁场中任一点的磁场强度 $\vec{H}$ 等于该点的磁感应强度 $\vec{B}$ 除以磁介质的磁导率 μ。

对于顺磁质和抗磁质来说，μ 是一个正实常数，磁介质中 $\vec{H}$ 和 $\vec{B}$ 方向一致，且 H 与 B 成正比。对于铁磁质来说，μ 不是常数，由于铁磁质具有磁饱和和磁滞特性（参看第十单元课题二），H 与 B 之间呈非线性关系，$\vec{H}$ 和 $\vec{B}$ 的方向也有可能不同。对于真空而言，$\vec{H} = \vec{B}/\mu_0$，H 与 B 成正比。

在国际单位制中，磁场强度 H 的单位为安培/米（A/m），H 的另一种常用单位为奥斯特（Oe），两者的换算关系为

$$1A/m = 4\pi \times 10^{-3} Oe$$

课题三 安培环路定理

一、定理的内容

安培环路定理表述如下：在磁场中，磁场强度 $\vec{H}$ 沿任一闭合曲线 L 的曲线积分等于穿过该闭合曲线所包围的面积内的所有电流的代数和。安培环路定理可以用下列数学公式来表示

$$\oint H_L dl = \sum I \tag{5-7}$$

式中　　H_L——磁场强度 $\vec{H}$ 在曲线 L 的切线方向的分量（见图 5-19）；

I——穿过以曲线 L 为边界的任一曲面的电流。

当穿过曲面的电流的参考方向与环路 L 的绕行方向符合右手螺旋定则时，式中 I 前面取正号；当穿过曲面的电流的参考方向与环路 L 的绕行方向不符合右手螺旋定则时，式中 I 前面取负号；若电流不穿过上述曲面，则上式右端不含此电流。所谓环路 L 的绕行方向是指为计算 $\vec{H}$ 沿闭合曲线 L 的曲线积分而选定的积分路线的方向。所谓电流参考方向与环路绕行方向符合右手螺旋定则是指符合下述情形：将右手四指弯曲，拇指伸直，使四指弯曲的方向与环路绕行方向一致，则拇指指向电流参考方向。例如，在某磁场中任取一闭合曲线 L，如图 5-19 所示。环路的绕行方向如图中曲线 L 上的箭头所示，以 L 为边界的任一曲面 S 如图中阴影所示。穿过曲面 S 的电流为 I_1、I_2，其中 I_2 两次穿过曲面 S，电流 I_3 不穿过曲面 S。电流 I_1 的参考方向与环路绕行方向符合右手螺旋定则，而电流 I_2 的参考方向与环路绕行方向不符合右手螺旋定则。因此，有

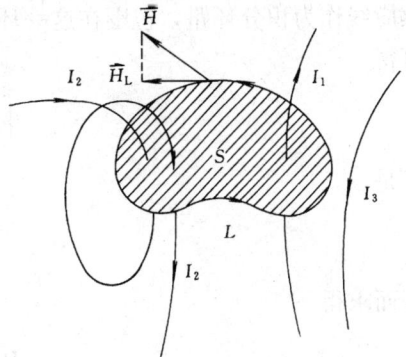

图 5-19 安培环路定理的解释

$$\oint H_{\text{L}} \mathrm{d}l = I_1 - 2I_2$$

二、定理的应用

1. 圆形截面的长直载流导线的磁场的计算

设载流长直导线的截面为圆形，截面半径为 r_0，电流 I 沿导线轴线方向均匀地流动。在

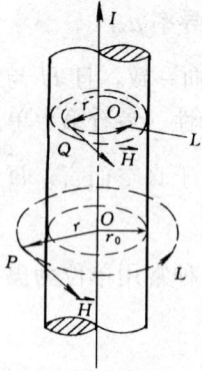

图 5-20　圆形截面的无限长载流直导线的磁场的计算

导线外任取一点 P，设 P 点到导线轴线的垂直距离为 r（r 相对 P 到导线两端的距离小得很多），如图 5-20 所示。为了计算 P 点的磁感应强度 B，在通过 P 点且与导线垂直的平面内，取以导线轴线所通过的点 O 为中心，以 r 为半径的圆（即通过 P 点的磁感应线）作为积分的环路，选定逆时针方向（迎着电流方向看）作为圆形环路 L 的绕行方向。

根据对称性很容易判断，圆形环路 L 上各点处磁场强度 $\vec{H}$ 的大小相等。理论可以证明，环路 L 上任一点的 $\vec{H}$ 的方向都是沿着 L 的切线方向。所以磁场强度 $\vec{H}$ 沿着环路 L 的曲线积分为

$$\oint H_{\text{L}} \mathrm{d}l = \oint H \mathrm{d}l = H \oint \mathrm{d}l = 2\pi r H$$

另一方面，根据安培环路定理可得

$$\oint H_{\text{L}} \mathrm{d}l = I$$

因此

$$2\pi r H = I$$

$$H = \frac{I}{2\pi r}$$

进而求得

$$B = \frac{\mu_0 I}{2\pi r} \quad (r > r_0) \tag{5-8}$$

式（5-8）表明，圆形截面的无限长载流直导线外部任一点的磁感应强度 $\vec{B}$ 的大小与导线中的电流 I 成正比，与该点到导线轴线的距离 r 成反比。

如果在导线内部任取一点 Q，设 Q 点到导线轴线的距离为 r（$r < r_0$），选取过 Q 点的磁感应线作为积分环路，包围在这一环路之内的电流为 $\pi r^2 I / \pi r_0^2 = r^2 I / r_0^2$，应用安培环路定理可得

$$\oint H_{\text{L}} \mathrm{d}l = 2\pi r H = \frac{r^2 I}{r_0^2}$$

于是

$$H = \frac{rI}{2\pi r_0^2}$$

进而求得

$$B = \frac{\mu_0 rI}{2\pi r_0^2} \quad (r < r_0) \tag{5-9}$$

式（5-9）表明，在通过导线的电流 I 一定的情况下，圆形截面的无限长载流直导线内部任

一点的磁感应强度 $\vec{B}$ 的大小与该点到导线轴线的距离 r 成正比。

2. 均匀密绕载流螺线环的磁场的计算

绕在圆环面上的螺线形线圈称为螺线环。图 5-21 所示的是一个充满磁导率为 μ 的磁介质的螺线环。设螺线环很细，环的平均半径为 R，环上的线圈绕得均匀且很紧密，线圈总匝数为 N，通过线圈的电流为 I。

根据对称性可判断，圆心在环轴上的圆周上各点磁场强度大小相等，方向沿圆周的切线方向。也就是说，载流密绕螺线环的磁场的磁感应线都是圆心在环轴上的圆，磁感应线的方向与电流方向符合右手螺旋定则。当环的截面的半径 r_0 比环的平均半径 R 小的很多时，可以认为，环内各点的磁场强度的大小是相同的。因此，为了计算环内的磁感应强度，取以环心 O 为圆心，半径为 R 的圆作为积分环路，并取环路绕行方向与电流方向符合右手螺旋定则。这样便有

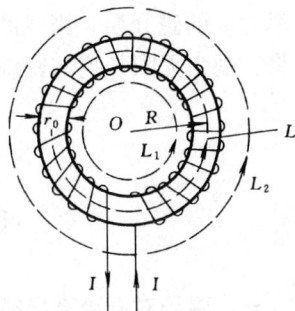

图 5-21 载流螺线环的磁场的计算

$$\oint H_L \mathrm{d}l = H \oint \mathrm{d}l = 2\pi R H$$

因为电流 I 穿过积分环路 N 次，所以根据安培环路定理可得

$$\oint H \mathrm{d}l = NI$$

于是

$$2\pi R H = NI$$

$$H = \frac{NI}{2\pi R}$$

进而求得环内磁感应强度

$$B = \mu H = \frac{\mu NI}{2\pi R} = \mu n I \qquad (5-10)$$

$$n = \frac{N}{2\pi R}$$

式中　n——螺线环单位长度的匝数。

为了计算螺线环外部的磁场，可在螺线环外部选取类似的积分环路，如图 5-21 中环路 L_1 和 L_2，很显然，穿过环路 L_1 和 L_2 的电流的代数和均为零。对环路 L_1 和 L_2 应用安培环路定理，求得 $H=0$，$B=0$。

由以上分析可知，载流密绕螺线环外部磁场为零，其磁场全部集中在环内；当螺线环很细时（当环的截面半径比环的平均半径小得很多时），环内各点磁感应强度大小相等；环内各点的磁感应强度 $\vec{B}$ 的大小与线圈中的电流 I 和线圈的匝数 N 的乘积成正比，磁感应强度 $\vec{B}$ 的方向与电流方向服从右手螺旋定则。

3. 均匀密绕长直载流螺线管的磁场的计算

不难推想，当螺线环的半径趋于无穷大时，环内的磁场分布情况与无限长直螺线管内磁场分布情况相同。可以想象，半径为无穷大的均匀密绕螺线环内磁场将是均匀的，环内磁感应线为彼此平行、均匀分布的直线。由此可知，无限长均匀密绕载流直螺线管内部的磁场是

均匀的，管内各点的磁感应强度 $\vec{B}$ 的大小相等，其值为 μnI，$\vec{B}$ 的方向与管的轴线平行，且与电流方向符合右手螺旋定则。管外磁感应强度等于零。

有一直螺线管，长度为 l，匝数为 N，线圈中的电流为 I，管的直径为 d，管内充满磁导率为 μ 的磁介质。当线圈绕得均匀且很紧密，螺线管的长度又比其直径大得多（$l \gg d$）时，可将它视为无限长均匀密绕直螺线管。此时，管内各点的磁感应强度为

$$B = \mu nI = \mu \frac{N}{l} I \tag{5 - 11}$$

课题四　磁场对载流导线的作用力

一、磁场对载流直导线的作用力

法国物理学家安培通过一系列精心设计的实验于 1820 年找到了电流之间的相互作用及磁场对电流的作用的规律。根据这一规律可以推导出处于均匀磁场中的一段载流直导线（图 5 - 22）所受作用力的计算公式，即

$$F = BIl\sin\theta \tag{5 - 12}$$

式中　F——载流直导线所受作用力，N；

　　　B——磁场的磁感应强度，T；

　　　l——载流导线处在磁场中的长度，m；

　　　θ——导线（以其中电流方向作为导线方向）与 $\vec{B}$ 的夹角。

式（5 - 12）表明，载流导线在磁场中受到的作用力（称为安培力）的大小与磁感应强度、导线中的电流、导线的长短及导线在磁场中的取向有关。当导线与磁感应线平行时，即 $\theta = 0°$ 或 $\theta = 180°$ 时，导线所受作用力为零；当导线与磁感应线垂直时，即 $\theta = \pm 90°$ 时，$F = BIl$，导线受到的作用力为最大；当导线处于其他方位时，即 θ 为其他任意值时，导线所受作用力的大小介于零和最大值之间。

载流导线受到的安培力的方向与磁场方向和导体中的电流方向有关，它们三者之间服从左手定则（见图 5 - 14）。

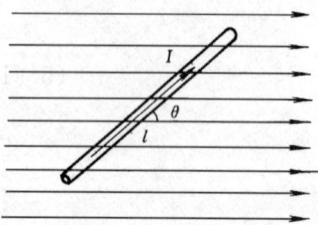

图 5 - 22　载流直导线在均匀磁场中所受作用力

【例 5 - 1】　图 5 - 22 中磁感应强度为 0.5T，导线长度为 40cm，导线与磁场方向夹角为 60°，当导线中通有 10A 电流时，导线所受到作用力有多大？

解　$F = BIl\sin\theta = 0.5 \times 10 \times 0.4 \times \sin 60° = 1.732$ （N）

二、平行载流直导线间的相互作用力

设截面为圆形的两条平行直导线间距离为 d，导线长度均为 l，导线中的电流分别为 I_1 和 I_2，两电流方向相同，如图 5 - 23 所示。导线间的距离 d 与导线长度 l 相比小得多，因此，两导线可视为"无限长"导线。

两载流导线之间的相互作用，实质上是每一载流导线所产生的磁场对另一载流导线的作用。由前面分析可知，与载流长直导线平行的直线上各点的磁感应强的大小相等，方向处处与直线垂直。根据式（5 - 8），可求得导线 1 在导线 2 处产生的磁感应强度度 $\vec{B}_{21}$ 的大小，即

$$B_{21} = \frac{\mu_0 I_1}{2\pi d}$$

根据右手螺旋定则可判断，$\vec{B}_{21}$ 的方向与导线 2 垂直，指向纸面内。根据式（5-12），可求得导线 1 产生的磁场对导线 2 的作用力 $\vec{F}_{21}$ 的大小，即

$$F_{21} = B_{21} I_2 l = \frac{\mu_0 I_1 I_2}{2\pi d} l \qquad (5\text{-}13)$$

根据左手定则可确定，$\vec{F}_{21}$ 的方向在两平行导线所决定的平面内，指向导线 1。

同理可得，导线 2 在导线 1 处产生的磁感应强度 $\vec{B}_{12}$ 的大小为

$$B_{12} = \frac{\mu_0 I_2}{2\pi d}$$

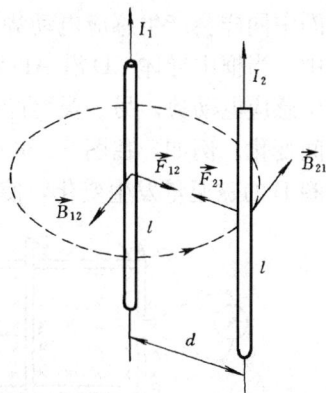

图 5-23 平行载流直导线间的相互作用力

导线 1 受到的力 $\vec{F}_{12}$ 的大小为

$$F_{12} = \frac{\mu_0 I_1 I_2}{2\pi d} l \qquad (5\text{-}14)$$

$\vec{F}_{12}$ 的方向也在两平行导线所决定的平面内，但指向导线 2。

由以上分析可知，两平行载流直导线的相互作用力的大小，与两导线中的电流的乘积成正比，与两导线间的距离成反比；当两导线电流方向相同时，其间的相互作用力为吸引力。不难证明，当两平行直导线通入反向电流时，其间的相互作用力为排斥力，相互作用力大小的计算公式与通入同向电流时的相互作用力的计算公式相同。

课题五 电磁感应

一、法拉第电磁感应定律

自从 1819 年奥斯特发现电流能够产生磁场以后，人们就开始提出这样一个问题：既然电能够产生磁，磁是否也能够产生电？杰出的英国物理学家法拉第经过十年不懈的努力，终于在 1831 年找到了这一问题的答案。法拉第首先从实验中总结出下述普遍规律：当穿过导体回路的磁通量发生变化时，回路中就会产生电动势，如果导体回路是闭合的，回路中就会产生电流。由于穿过导体回路的磁通量变化而在导体回路中产生电动势的现象称为电磁感应现象，所产生的电动势称为感应电动势。由感应电动势所引起的电流称为感应电流。

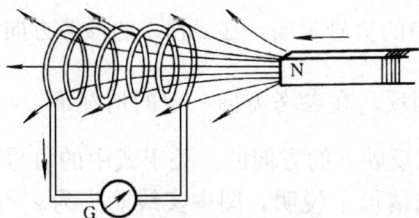

图 5-24 导体回路与磁铁之间发生相对运动时的电磁感应现象

引起穿过导体回路的磁通量变化的原因很多，概括起来可分为两大类：一类是导体回路或导体回路上的部分导体与产生磁场的载流导体或磁铁之间发生相对运动。例如，在图 5-24 中，当磁铁移近或离开线圈时，穿过线圈的磁通量发生变化，线圈中产生感应电动势。若磁铁固定不动，当线圈移近或离开磁铁时，穿过线圈的磁通量同样会发生变化，

线圈中同样会产生感应电动势。再如，在图 5-25 中，一矩形导体框 ABCD 放在均匀稳恒磁场中，当框中导体 CD 沿 AD 和 BC 滑动时，穿过回路的磁通量亦会发生变化，回路中亦会产生感应电动势。另一类是产生磁场的电流的大小和电流的分布情况发生变化，使得磁场随时间变化。例如，在图 5-26 中，打开或闭合开关 S，或改变变阻器 R 的阻值，都会使穿过线圈 B 的磁通量发生变化，使线圈 B 中产生感应电动势。

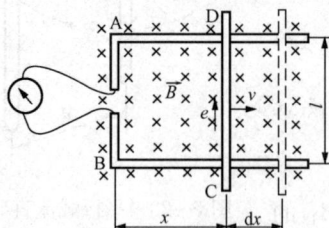

图 5-25 导体在磁场中运动时的电磁感应现象

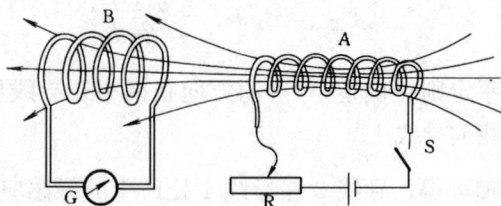

图 5-26 载流线圈中的电流变化时的电磁感应现象

发现了电磁感应现象之后，法拉第对电磁感应做了深入的定量的研究，总结出了电磁感应定律。定律表述如下：穿过导体回路的磁通量发生变化时，回路中产生的感应电动势 e 的大小与穿过回路的磁通量的变化率 $\dfrac{\mathrm{d}\phi}{\mathrm{d}t}$ 成正比。当选择的感应电动势 e 的参考方向和磁通量 ϕ 的参考方向符合右手螺旋定则（见图 5-27）时，法拉第电磁感应定律的数学表达式为

$$e = -\frac{\mathrm{d}\phi}{\mathrm{d}t} \qquad (5-15)$$

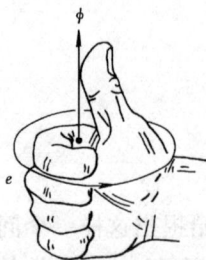

图 5-27 导体回路中感应电动势和磁通的参考方向的选择

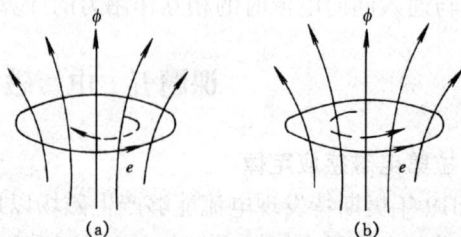

图 5-28 根据公式 $e = -\dfrac{\mathrm{d}\phi}{\mathrm{d}t}$ 判断感应电动势的方向

(a) $\phi>0$，ϕ 增加；(b) $\phi>0$，ϕ 减小

式（5-15）中，ϕ 的单位用 Wb，t 的单位用 s，e 的单位用 V。式（5-15）既表示了 e 的大小与 $\dfrac{\mathrm{d}\phi}{\mathrm{d}t}$ 的关系，又反映了 e 的方向与 $\dfrac{\mathrm{d}\phi}{\mathrm{d}t}$ 的关系。式中的负号表明，在 e 和 ϕ 的参考方向符合右手螺旋定则的情况下，e 的正负总是与 $\dfrac{\mathrm{d}\phi}{\mathrm{d}t}$ 的正负相反。在参考方向一定的情况下，e 值的正负反映 e 的实际方向。所以说，式中的负号是用以反映 e 的方向的。关于式中的负号与感应电动势的方向的关系，可以通过图 5-28 所给出的情形来说明，图中实线箭头为 e 和 ϕ 的参考方向，虚线箭头为 e 的实际方向。在图 5-28（a）中，设 $\phi>0$，ϕ 增加，因此 $\dfrac{\mathrm{d}\phi}{\mathrm{d}t}>0$，

由式（5-15）可知，此时 $e<0$，所以 e 的实际方向与参考方向相反。在图 5-28（b）中，设 $\phi>0$，ϕ 减小，因此，$\dfrac{\mathrm{d}\phi}{\mathrm{d}t}<0$，由式（5-15）可知，此时，$e>0$，所以 e 的实际方向与参考方向相同。还可以用同样的方法去分析 $\phi<0$ 且 ϕ 减小及 $\phi<0$ 且 ϕ 增加两种情况。

应当注意到，若感应电动势 e 的参考方向与磁通 ϕ 的参考方向不符合右手螺旋定则，则感应电动势 e 与磁通 ϕ 之间的关系为

$$e=\frac{\mathrm{d}\phi}{\mathrm{d}t}$$

式（5-15）只适用于单匝导体回路。对于多匝线圈，当穿过线圈的磁通量变化时，每匝线圈中都将产生感应电动势。由于匝与匝之间是相互串联的，所以整个线圈的总电动势应等于各匝线圈所产生的电动势之和。设线圈的匝数为 N，通过各匝线圈的磁通量分别为 ϕ_1、ϕ_2、$\cdots$、ϕ_N，当线圈的感应电动势 e 的参考方向与磁通 ϕ 的参考方向符合右手螺旋定则 [见图 5-29（b）] 时，线圈的感应电动势为

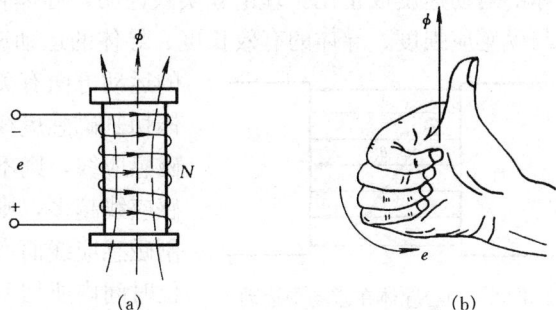

图 5-29　多匝线圈的感应电动势

$$e=-\frac{\mathrm{d}\phi_1}{\mathrm{d}t}-\frac{\mathrm{d}\phi_2}{\mathrm{d}t}-\cdots-\frac{\mathrm{d}\phi_N}{\mathrm{d}t}$$
$$=-\frac{\mathrm{d}}{\mathrm{d}t}(\phi_1+\phi_2+\cdots+\phi_N)$$
$$=-\frac{\mathrm{d}\psi}{\mathrm{d}t} \tag{5-16}$$

式中　ψ——线圈的磁通匝链数，简称磁链，$\psi=\phi_1+\phi_2+\cdots+\phi_N$。

若穿过每匝线圈的磁通量相同，均为 ϕ，则 $\psi=N\phi$，线圈的感应电动势为

$$e=-\frac{\mathrm{d}\psi}{\mathrm{d}t}=-N\frac{\mathrm{d}\phi}{\mathrm{d}t} \tag{5-17}$$

如果 e 和 ϕ 的参考方向不符合右手螺旋定则，则

$$e=\frac{\mathrm{d}\psi}{\mathrm{d}t}=N\frac{\mathrm{d}\phi}{\mathrm{d}t}$$

可以应用电磁感应定律来计算图 5-25 中导体框 ABCD 中的感应电动势。设图中磁场的磁感应强度为 B。导体框平面与磁场方向垂直，B、C 之间的距离为 x，CD 边长为 l，导体 CD 以速度 v 向右滑动。选定穿过导体回路 ABCD 的磁通量 ϕ 的参考方向与磁场方向相同，选定回路中感应电动势 e 的参考方向与磁通量 ϕ 的参考方向符合右手螺旋定则。导体 CD 在时间 $\mathrm{d}t$ 内滑动所通过的距离为 $\mathrm{d}x=v\mathrm{d}t$，在时间 $\mathrm{d}t$ 内，导体框 ABCD 的面积的增量 $\mathrm{d}S=l\mathrm{d}x$，穿过导体框的磁通量的增量为

$$\mathrm{d}\phi=B\mathrm{d}S=Bl\mathrm{d}x$$

根据法拉第电磁感应定律，可得

$$e=-\frac{\mathrm{d}\phi}{\mathrm{d}t}=-\frac{Bl\mathrm{d}x}{\mathrm{d}t}=-Blv$$

式中的负号表明，感应电动势 e 的实际方向与所选择的参考方向相反（在 B 和 v 均为正值的情况下），即图 5-25 中 e 的实际方向是从 C 指向 D。如果将 e 的参考方向选择与图中相反，式中就不会出现负号。

上述感应电动势是由导体与稳恒磁场之间的相对运动而产生的。这种感应电动势也称动生电动势。这种电动势实际上只存在位于磁场之中、相对磁场运动的那部分导体中。上面所讨论的是一种特殊的情况：直导线在均匀磁场中平移，且导线、磁场方向、运动方向三者相互垂直。由上式可知，在这种情况下，感应电动势的大小与磁感应强度、导体的有效长度、导体的运动速度成正比。理论和实践证明，导体相对磁场运动而产生的感应电动势的大小不仅与磁感应强度、导体的有效长度、导体的运动速度有关，还与导体的形状、导体相对磁场

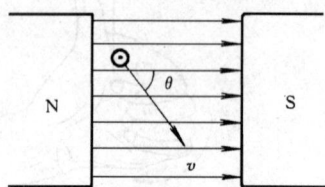

图 5-30　导体在磁场中运动
时的感应电动势

的运动方向有关。可以这么说，这种感应电动势是由于导体切割磁感应线而产生的。导体在磁场中运动，若不切割磁感应线，则不产生感应电动势；若单位时间内切割的磁感应线越多，则产生的感应电动势越大。可以说，导体切割磁感应线而产生的感应电动势，在数值上等于导体在单位时间内所切割的磁感应线数。根据这一结论可以证明，与磁场方向垂直的直导线沿着与磁场方向成 θ 角的方向在磁场中运动（见图 5-30），若导体的速度为 v，磁场的磁感应强度为 B，则导体中感应电动势的大小为

$$e = Blv\sin\theta \qquad\qquad (5-18)$$

导体相对磁场运动而产生的感应电动势的方向可用右手定则来确定：右手掌平伸，四指并拢，使拇指垂直于四指，以掌心迎着磁感应线，拇指指向导体相对磁场的运动方向，则四指的指向就是感应电动势的方向，如图 5-31 所示。

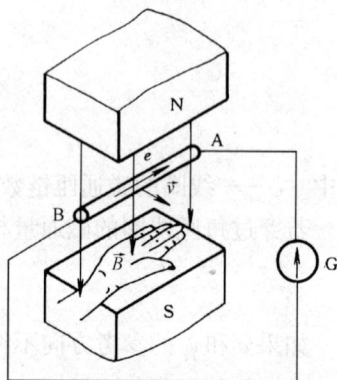

图 5-31　右手定则

【例 5-2】　把磁棒的 N 极用 1.5s 的时间由线圈的顶部一直插到底部。在这段时间内穿过线圈每一匝的磁通量改变了 5.0×10^{-5} Wb，线圈的匝数为 60 匝，若闭合回路的总电阻为 2Ω，试求：

(1) 线圈中感应电动势的大小。

(2) 线圈中感应电流的大小。

　解　已知　$\Delta t = 1.5\text{s}$，$\Delta\phi = 5.0 \times 10^{-5}$ Wb，$N = 60$，$R = 2\Omega$

(1) 在磁铁插入线圈的过程中，线圈中感应电动势的平均值为

$$E = N\frac{\Delta\phi}{\Delta t} = 60 \times \frac{5.0 \times 10^{-5}}{1.5} = 2.0 \times 10^{-3}(\text{V})$$

(2) 由欧姆定律可得线圈中电流的平均值

$$I = \frac{E}{R} = \frac{2.0 \times 10^{-3}}{2} = 1.0 \times 10^{-3}(\text{A})$$

【例 5-3】　一段直导线有效长度为 40cm，以 25m/s 的速度在磁感应强度为 0.5T 的均匀磁场中运动，试计算导线运动方向为下列两种情况时导线中的感应电动势：

(1) 垂直于磁场方向。

(2) 与磁场方向成 60°角。

解 已知：$B=0.5\text{T}$，$l=0.4\text{m}$，$v=25\text{m/s}$

(1) 导线运动方向与磁场方向垂直时

$$e=Blv=0.5\times0.4\times25=5\ (\text{V})$$

(2) $\theta=60°$时

$$e=Blv\sin\theta=0.5\times0.4\times25\times\sin60°=4.33\ (\text{V})$$

二、楞次定律

俄国物理学家楞次分析了大量电磁感应实验，总结出下述规律：闭合回路中感应电流的方向，总是使它所产生的磁场去阻碍引起该感应电流的磁通量的变化。这一结论称为楞次定律。

由楞次定律可以确定感应电流的方向，进而确定感应电动势的方向。用楞次定律确定感应电动势方向的步骤为：第一步判明穿过导体回路的磁通量的方向以及磁通量的变化情况（增加还是减少）；第二步根据楞次定律确定感应电流所产生的磁通量的方向；第三步根据右手螺旋定则，由感应电流产生的磁通量的方向确定感应电流的方向（若导体回路不闭合，可设想它闭合，假定有感应电流存在）。确切地说，此感应电流方向应是感应电动势的方向。

现在我们用楞次定律来判断图5-32所示实验中感应电动势的方向。图5-32（a）所示的是把磁铁插入线圈时的情形。当磁铁的N极插入线圈时，磁铁的磁感应线的方向朝下，即穿过线圈的磁通量的方向是朝下的。插入过程中穿过线圈的磁通量增加。由楞次定律可知，此时感应电流产生的磁场的方向应与磁铁的磁场方向相反，感应电流所产生的磁场方向应朝上（该磁场的磁感应线方向如图中虚线箭头所示），

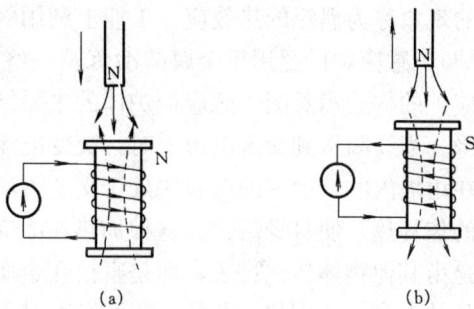

图5-32 用楞次定律判断感应电动势的方向

其作用是阻碍（或者说反抗）通过线圈的磁通量的增加。根据右手螺旋定则，由感应电流所产生的磁通量方向可确定，线圈中感应电流的方向是从上指向下的，因此，线圈中感应电动势的方向是从上指向下的。图5-32（b）所示的是将磁铁从线圈中拔出时的情形。这时磁铁的磁感应线方向仍朝下，拔出过程中，穿过线圈的磁通量减少。由楞次定律可知，此时感应电流产生的磁场的方向应朝下（该磁场的磁感应线方向如图中虚线箭头所示），其作用是阻碍（或者说补偿）通过线圈的磁通量的减少。根据右手螺旋定则可知，线圈中的感应电流和感应电动势的方向是从下指向上的。

课题六 涡 流

由前面分析可知，对于任何闭合导体回路，不论什么原因，当穿过回路的磁通量发生变化时，其中都会产生感应电流。由此可以推断，当大块的金属体处在变化的磁场中或相对于磁场运动时，金属体内部也会产生感应电流。例如，图5-33（a）所示的圆柱形铁芯线圈，当线圈中通有交变电流时，铁芯内部也将产生感应电流。可以把圆柱形铁芯看成是由一层层

半径不同的圆筒状薄壳组成，每层薄壳各自形成一个闭合回路。当线圈中通有交变电流时，铁芯处在交变磁场中，穿过每层薄壳腔内的磁通量都在不断地变化，因此，每一层壳壁中都将产生感应电动势。在感应电动势的作用下，每一层壳壁中都将产生感应电流。从铁芯的上端俯视，铁芯中电流的流线环环相套，呈涡旋状 [见图 5-33 (b)]，因而这种感应电流称为涡电流，简称涡流。

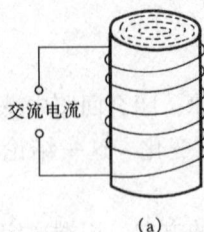

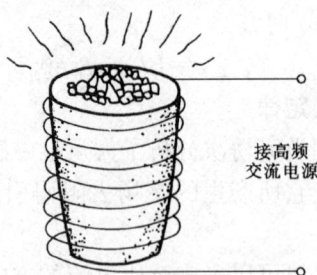

图 5-33　涡电流　　　　　　　　　　图 5-34　感应电炉的示意图

　　由于大块金属的电阻很小，所以涡流的数值很大。强大的涡流在铁芯中流动时，将在所经回路的导体电阻上产生能量损耗，释放出大量的焦耳热。涡流在金属体内流动时释放出热量的现象称为涡流的热效应。工业上利用涡流的热效应制成各种类型的感应电炉 (简称为感应炉)，感应炉广泛用于金属的冶炼及一些机械零件和金属材料的热处理加热。图 5-34 是感应炉的构造示意图，感应炉炉体的主要结构部件是线圈和坩埚 (炉衬)，线圈绕在坩埚的外缘。当线圈接到交流电源上时，交变电流通过线圈，在线圈内产生很强的交变磁场。这时放在坩埚内的待冶炼的金属块处于交变磁场中，金属块内因电磁感应而产生涡流，释放出大量的焦耳热，使自身熔化。这种加热和冶炼方法有其独特的优点，在这种加热过程中，热量不是由其他物体传递进去，而是直接在金属内部产生，且金属内部各处同时加热，因此，加热的效率高，速度快。此外，还可将坩埚和金属放在真空室加热，以避免金属受玷污及在高温下氧化。感应电炉广泛用于冶炼活泼或难熔金属、特殊合金以及提纯半导体材料等工艺中。

　　涡流在一些场合下是有益的，是可利用的，而在某些场合则是有害的，是要限制的。例如，当变压器、电机、电磁铁等电气设备的线圈中通过交变电流时，它们的铁芯中也将产生很大的涡流。这种涡流的存在，一方面会在铁芯中引起大量的能量损耗 (称为涡流损耗)，造成电能的浪费，降低设备的效率；另一方面会释放出大量热量，引起铁芯发热，甚至烧毁设备。显然，在这种情况下就应该尽量减少涡流及其损耗。一般采用以下两种措施来减小涡流及涡流损耗：①选用电阻率较高的磁性材料做铁芯；②采用由表面涂有绝缘漆或附有天然绝缘氧化层的薄片叠装而成的叠片铁芯代替整块铁芯，并使薄片平面与磁力线平行，如图 5-35 (a) 所示。图 5-35 (b) 和 (c) 分别示出了整块铁芯和叠片铁芯的横截面上的涡流流线。由图可见，采用叠片铁芯后，可把涡流有效地限制在各薄片内，使得涡流回路的电阻增大，从而使涡流及涡流损耗大为减小。

　　涡流除了产生热效应外，还要产生机械效应。所谓涡流的机械效应是指涡流在磁场中受到安培力作用的现象。涡流的机械效应在实际中也有很广泛的应用。涡流的机械效应表现之一是电磁阻尼。用图 5-36 来说明电磁阻尼的原理。将一金属片做成摆，悬挂在电磁铁的两极之间。使金属片在两极间摆动，如果电磁铁线圈不通电，金属片的摆动要经过较长时间才会停下来，而当电磁铁线圈通有电流时，金属片会很快停止摆动。这是因为当电磁铁线圈通入电流后，两磁极间产生了磁场，金属片在磁场中运动时，金属片中将产生涡流，涡流在磁场中受到安培力的作用，根据楞次定律或左手定则可以判断，这个力总是要阻碍金属片与电磁铁的相对运动。涡流的这种阻尼作用是由电流与磁场相互作用而产生的，故称电磁阻尼。利用涡流的阻尼作用可以制造各种电磁阻尼器。例如，许多电磁仪表中的阻尼器就是利用涡流的电磁阻尼作用使测量时仪表指针迅速停止摆动，以利读数；电气火车中所用的电磁制动器，也是利用涡流的电磁阻尼作用对行驶着的火车进行制动的。

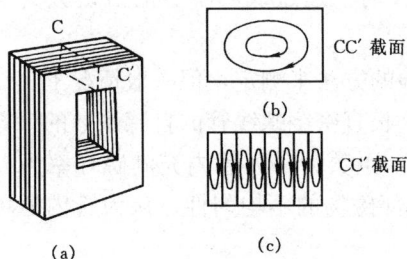

图 5-35 减小涡流损耗的措施

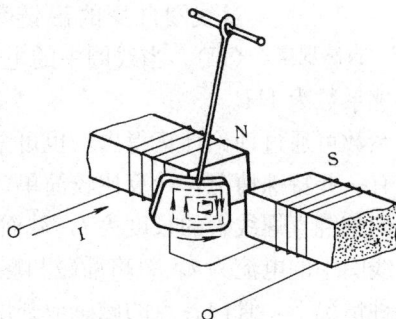

图 5-36 涡流的电磁阻尼作用

　　涡流的机械效应的另一种表现是电磁驱动。利用图 5-37 所示装置来说明涡流的电磁驱动作用。该装置主要是由从动轴 1、外铁芯 2、内铁芯 3、励磁线圈 4、主动轴 5 组成。外铁芯为一圆形钢筒，励磁线圈绕在内铁芯上，外铁芯与从动轴之间、内铁芯与主动轴之间为刚性连接，内外铁芯之间留有间隙，它们能够各自独立旋转。设主动轴由其他动力设备拖动，以转速 n 旋转。当励磁线圈通以直流电流时，线圈周围空间便产生磁场，由于励磁线圈和内铁芯是随主动轴旋转的，因而该磁场也随之而旋转。这样，外铁芯中便有涡流产生，涡流的方向可用右手定则确定，如图中点和叉所示。涡流与磁场相互作用而产生安培力，用左手定则可确定外铁芯中涡流所受到的安培力 f 的方向，如图中箭头所示。

图 5-37 涡流的电磁驱动作用

1 从动轴；2 外铁芯；3 内铁芯；4 励磁线圈；5 主动轴

在安培力所形成的转矩的作用下，外铁芯便以转速 n' 沿着内铁芯的转向旋转，这就是电磁驱动。由于这种电磁驱动起源于电磁感应，而产生这种电磁感应现象的必要条件是外铁芯与内铁芯之间存在相对运动，因此，外铁芯的转速总是小于内铁芯的转速，或者说两者的转动总是异步的。异步电动机、转差式电磁离合器、磁性式转速表等设备就是根据这个原理制成的。

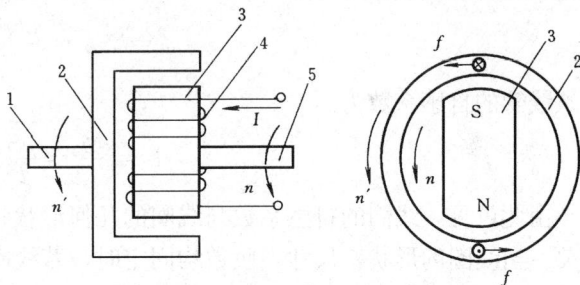

课题七 自感和互感

一、自感

1. 自感系数

有一线圈，如图 5-38 所示，匝数为 N，通过电流 i。电流 i 在线圈内外产生磁场，因

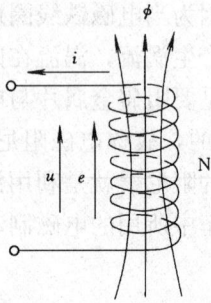

图 5 - 38　自感现象

而有磁感应线穿过线圈，从而形成通过线圈的磁通 ϕ 和磁链 ψ。ϕ 和 ψ 分别称为自感磁通和自感磁链。在 ψ 的参考方向（即 ϕ 的参考方向）与 i 的参考方向符合右手螺旋定则的情况下，自感磁链 ψ 与线圈中的电流 i 之比称为线圈的自感系数，简称自感，用 L 表示，即

$$L = \frac{\psi}{i} \qquad (5 - 19)$$

由式（5 - 19）可知，自感系数在数值上等于线圈中电流为 1 单位时通过线圈自身的磁链数。在国际单位制中，自感系数的单位为亨利（H）。当线圈中的电流为 1A 时，通过线圈本身的磁链数为 1Wb 时，线圈的自感系数为 1H。

自感系数可通过理论计算得出，也可采用实验的方法来测定，但一般情况下，计算比较复杂，只有一些特殊情况，计算比较简单。例如，长直密绕螺线管的自感系数的计算并不复杂。设均匀密绕直螺线管的长度为 l，截面积为 S，匝数为 N，管内充满磁导率为 μ 的均匀磁介质，线圈中的电流为 i。忽略漏磁和螺线管端部磁场的不均匀性，认为管内磁场均匀分布。在这种情况下，管内各点的磁感应强度为

$$B = \mu_0 n i = \frac{\mu N i}{l}$$

通过每匝线圈的磁通为

$$\phi = BS = \frac{\mu N i S}{l}$$

通过螺线管的总磁链为

$$\psi = N\phi = \frac{\mu N^2 i S}{l}$$

此螺线管的自感系数为

$$L = \frac{\psi}{i} = \frac{\mu S}{l} N^2 \qquad (5 - 20)$$

由此可见，线圈的自感系数与线圈的几何形状、尺寸、匝数及线圈周围的磁介质的性质有关。当线圈的形状，尺寸，匝数均固定时，若线圈周围的磁介质是抗磁质或顺磁质，则线圈的自感系数为一个正实常数。若线圈周围存在铁磁性物质，则线圈的自感系数不是常数，而是与线圈中电流的函数。

2. 自感电压

当线圈中的电流 i 变化时，这一电流所产生的磁通 ϕ 将随之而变化，因而与线圈交链的磁链 ψ 也将发生变化，这时线圈中将产生感应电动势。这种由于线圈中电流变化而在线圈自身中产生感应电动势的现象称为自感现象，所产生的感应电动势称为自感电动势。

由法拉第电磁感应定律可知，当线圈中的自感电动势 e 和线圈中的电流 i 的参考方向均与磁链 ψ 的参考方向满足右手螺旋定则关系（见图 5 - 38）时，有

$$e = -\frac{\mathrm{d}\psi}{\mathrm{d}t} = -\frac{\mathrm{d}(Li)}{\mathrm{d}t}$$

若线圈的自感系数 L 为常数，则有

$$e = -L\frac{\mathrm{d}i}{\mathrm{d}t} \qquad (5 - 21)$$

式（5-21）表明，对于自感系数为常量的线圈，线圈中的自感电动势的大小与线圈中的电流的变化率成正比。

在线圈中产生自感电动势的同时，线圈中建立起相应的电场，线圈两端产生相应的电压。这种由于线圈中电流变化而在线圈两端产生的电压称为自感电压。当自感电压 u 的参考方向与线圈电流 i 的参考方向一致时，有

$$u = -e = L\frac{\mathrm{d}i}{\mathrm{d}t} \tag{5-22}$$

若电压 u 和电动势 e 的参考方向与电流 i 的参考方向不一致，则应有 $e = L\dfrac{\mathrm{d}i}{\mathrm{d}t}$，$u = -L\dfrac{\mathrm{d}i}{\mathrm{d}t}$。

二、互感

1. 互感系数

两个靠得很近的线圈 1 和 2，如图 5-39 所示，其中分别通过电流 i_1 和 i_2。电流 i_1 产生的磁通为 ϕ_{11}，它通过线圈 1，称为线圈 1 的自感磁通。ϕ_{11} 可分为 $\phi_{\sigma1}$ 和 ϕ_{21} 两部分，其中 $\phi_{\sigma1}$ 仅与线圈 1 交链，称为线圈 1 的漏磁通；ϕ_{21} 不仅与线圈 1 交链，还与线圈 2 交链，称为线圈 1 对线圈 2 的互感磁通。电流 i_2 产生的磁通 ϕ_{22} 通过线圈 2，称为线圈 2 的自感磁通。ϕ_{22} 中的一部分仅与线圈 2 交链，称为线圈 2 的漏磁通，记为 $\phi_{\sigma2}$；ϕ_{22} 中的另一部分不仅与线圈 2 交链，还与线圈 1 交链，称为线圈 2 对线圈 1 的互感磁通，记为 ϕ_{12}。各类磁通分别与线圈交链形成相应的磁链。ϕ_{11} 与线圈 1 交链而形成的磁链称为线圈 1 的自感磁链，记为 ψ_{11}。ϕ_{22} 与线圈 2 交链而形成的磁链称为线圈 2 的自感磁链，记为 ψ_{22}。ϕ_{21} 与线圈 2 交链而形成的磁链称为线圈 1 对线圈 2 的互感磁链，记为 ψ_{21}。ϕ_{12} 与线圈 1 交链而形成的磁链称线圈 2 对线圈 1 的互感磁链，记为 ψ_{12}。这种一个线圈中电流产生的磁场的磁感应线与另一个线圈交链的现象称为磁耦合，这两个线圈称为耦合线圈，也称互感线圈。

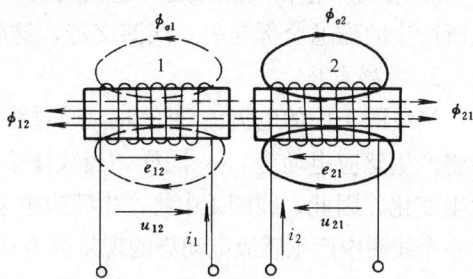

图 5-39 两线圈之间的互感

与自感系数的定义类似，在互感磁链的参考方向（即互感磁通的参考方向）与产生互感磁链的电流的参考方向符合右手螺旋定则的情况下，我们将线圈 1 对线圈 2 的互感磁链 ψ_{21} 与产生此互感磁链的电流 i_1 之比称为线圈 1 对线圈 2 的互感系数，用 M_{21} 表示，即

$$M_{21} = \frac{\psi_{21}}{i_1} \tag{5-23}$$

线圈 2 对线圈 1 的互感磁链 ψ_{12} 与产生该磁链的电流 i_2 之比称为线圈 2 对线圈 1 的互感系数，用 M_{12} 表示，即

$$M_{12} = \frac{\psi_{12}}{i_2} \tag{5-24}$$

理论和实验都可以证明，M_{21} 与 M_{12} 相等，因此，可统一用 M 来表示，即

$$M_{21} = M_{12} = M \tag{5-25}$$

M 称为两个线圈间的互感系数，简称互感。由式（5-23）和式（5-24）可以看出，两个线圈间的互感系数 M，在数值上等于一个线圈流过单位电流时所产生的磁场通过另一个

线圈的磁链。M 的大小取决于两线圈的形状、尺寸、匝数、相对位置，线圈周围磁介质的磁导率，磁介质的空间分布情况。对于结构和相对位置固定的两线圈，若线圈周围磁介质的磁导率为常数（磁介质为各向同性的线性物质），则互感系数 M 是一个非负实常数。若线圈周围存在铁磁性物质，则互感系数 M 与线圈中的电流有关。

互感和自感统称为电感，互感的单位与自感的单位相同，它的单位也是亨利（H）。

为了定量地描述两个线圈磁耦合的紧密程度，引入耦合系数 K 这一物理量，耦合系数 K 的定义式为

$$K = \frac{M}{\sqrt{L_1 L_2}} \tag{5-26}$$

式中　L_1——线圈 1 的自感系数，$L_1 = \dfrac{\psi_{11}}{i_1}$；

　　　　L_2——线圈 2 的自感系数，$L_2 = \dfrac{\psi_{22}}{i_2}$。

耦合系数 K 的取值范围为 $0 \leqslant K \leqslant 1$。$K$ 的大小取决于两线圈的结构、相对位置和线圈周围磁介质的性质及磁介质的空间分布情况。耦合系数 K 愈大，表明两线圈磁耦合愈紧密。$K=0$，表明不存在互感磁通，这就是两个线圈间无磁耦合的情况；$K=1$，表明每一线圈电流所产生的磁通全部与另一线圈交链，这就是两个线圈间全耦合的情况。

2. 互感电压

当线圈 1 中的电流 i_1 变化时，通过线圈 2 的互感磁链 ψ_{21} 也将发生变化，因此，线圈 2 中将产生感应电动势 e_{21}。同样，当线圈 2 中的电流 i_2 变化时，通过线圈 1 的互感磁链 ψ_{12} 将发生变化，因此，线圈 1 中将产生感应电动势 e_{12}。这种由于一个线圈中的电流变化在邻近的另一个线圈中产生感应电动势的现象称为互感现象，所产生的感应电动势称为互感电动势。

在两线圈间的互感系数 M 为常数的情况下，若 e_{21} 和 i_1 的参考方向均与 ϕ_{21} 的参考方向满足右手螺旋定则，e_{12} 和 i_2 的参考方向均与 ϕ_{12} 的参考方向满足右手螺旋定则（见图 5-39），根据电磁感应定律可得

$$e_{21} = -\frac{\mathrm{d}\psi_{21}}{\mathrm{d}t} = -M\frac{\mathrm{d}i_1}{\mathrm{d}t} \tag{5-27}$$

$$e_{12} = -\frac{\mathrm{d}\psi_{12}}{\mathrm{d}t} = -M\frac{\mathrm{d}i_2}{\mathrm{d}t} \tag{5-28}$$

伴随着互感电动势的产生，线圈中建立起相应的电场，线圈两端产生相应的电压。这种由于一个线圈中的电流变化在另一个线圈两端产生的感应电压称为互感电压。线圈 1 中的电流 i_1 的变化在线圈 2 两端产生的互感电压记为 u_{21}，线圈 2 中的电流 i_2 的变化在线圈 1 两端产生的互感电压记为 u_{12}，若 u_{21} 和 i_1 的参考方向均与 ϕ_{21} 的参考方向满足右手螺旋定则，u_{12} 和 i_2 的参考方向均与 ϕ_{12} 的参考方向满足右手螺旋定则，则有

$$u_{21} = \frac{\mathrm{d}\psi_{21}}{\mathrm{d}t} = M\frac{\mathrm{d}i_1}{\mathrm{d}t} \tag{5-29}$$

$$u_{12} = \frac{\mathrm{d}\psi_{12}}{\mathrm{d}t} = M\frac{\mathrm{d}i_2}{\mathrm{d}t} \tag{5-30}$$

我们知道，表达两个物理量之间的关系的数学表达式与物理量的参考方向的选择有关。两个量中任意一个量的参考方向改变时，表达式中的符号（指正负号）将随之而改变。因

此，如果互感电动势、互感电压、互感磁通和线圈电流的参考方向不按上述规定选择，则式（5-27）~式（5-30）中符号要作相应的改变。

3. 同名端

由上面的分析可知，欲确定互感电压的实际方向，需要知道线圈的绕向；为了确定互感电压与互感磁链之间的关系，也需要知道线圈的绕向。但是，实际的互感元件制成后都是密封的，不容易判断其线圈的绕向。另外，也不可能每次都在电路图中画出互感元件的结构示意图，因为这样做很不方便。为了解决这个矛盾，引入了同名端的概念。具有磁耦合的两个线圈，在同一变化的磁通的作用下产生感应电动势，两线圈中同时为感应电动势的正极或同时为感应电动势的负极的两端点称为同极性端或同名端。例如，图5-40（a）中所示的两线圈，设磁通 ϕ 穿过两线圈，ϕ 的实际方向如图中箭头所示，若 ϕ 增加，根据楞次定律可确定，两线圈中的感应电动势 e_1 和 e_2 的实际极性如图中"+"、"-"所标示。可见，a、d 两端点同时为正极，b、c 两端点同时为负极，因此，a、d 两端点为同名端，b、c 两端点也为同名端。同名端可用点号"·"或星号"*"来表示。确定了同名端之后，图5-40（a）所示的两个耦合线圈就可以用图5-40（b）所示的电路符号来表示了（这里忽略了线圈的电阻和分布电容，忽略磁介质中的功率损耗）。

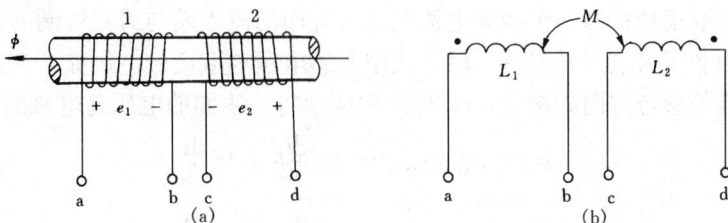

图5-40　互感线圈的同名端及电路图

确定两个线圈的同名端的方法很多，可以根据上面的定义来确定，也可这样来确定：设两个电流各自从分属于两个线圈的两个端点流入线圈，若通过每个线圈的自感磁通的方向同由另一线圈的电流产生的互感磁通的方向相同，则两电流的流入端（或流出端）就是两线圈的同名端。工程上常用实验的方法来确定耦合线圈的同名端。

引入同名端的概念之后，可以根据同名端以及所选定的互感电压和线圈电流的参考方向来确定互感电压与产生互感电压的电流之间的关系。当一个线圈电流的参考方向的流入端与该电流在另一线圈中所产生的互感电压的参考极性的正极性端为同名端时〔见图5-41（a）〕，有

$$u_{21} = M\frac{\mathrm{d}i_1}{\mathrm{d}t}$$

$$u_{12} = M\frac{\mathrm{d}i_2}{\mathrm{d}t}$$

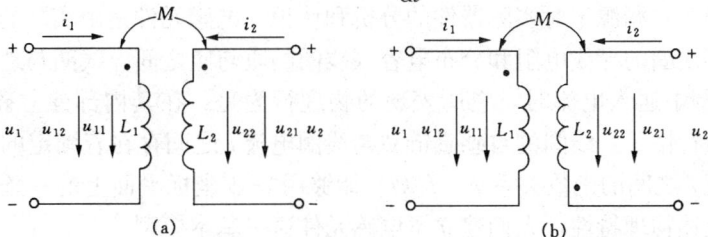

图5-41　确定互感线圈的电压与电流关系的电路图

当一个线圈电流的参考方向的流入端与该电流在另一线圈中所产生的互感电压的参考极性的正极性端为非同名端（异名端）时［见图 5 - 41（b）］，有

$$u_{21} = -M \frac{\mathrm{d}i_1}{\mathrm{d}t}$$

$$u_{12} = -M \frac{\mathrm{d}i_2}{\mathrm{d}t}$$

4. 互感线圈的电压与电流的关系

若线圈周围的磁介质为各向同性的线性材料，忽略线圈的电阻和分布电容，不考虑磁介质中的能量损耗，两个互感线圈中每个线圈的端电压等于其自感电压与互感电压的代数和。两互感线圈的电压与电流的关系可用下面的方程式来表达：

$$u_1 = \pm L_1 \frac{\mathrm{d}i_1}{\mathrm{d}t} \pm M \frac{\mathrm{d}i_2}{\mathrm{d}t}$$

$$u_2 = \pm L_2 \frac{\mathrm{d}i_2}{\mathrm{d}t} \pm M \frac{\mathrm{d}i_1}{\mathrm{d}t}$$

当线圈的端电压与电流取关联参考方向时，式中自感电压项取正号，否则，取负号。当一个线圈电流的参考方向的流入端与另一线圈的端电压的参考极性的正极性端为同名端时，式中互感电压项取正号；当一个线圈电流的参考方向的流入端与另一线圈的端电压的参考极性的正极性端为非同名端（异名端）时，式中互感电压项取负号。例如，当互感线圈的同名端及电压、电流的参考方向如图 5 - 41（a）中所示时，线圈的电压与电流的关系式为

$$u_1 = u_{11} + u_{12} = L_1 \frac{\mathrm{d}i_1}{\mathrm{d}t} + M \frac{\mathrm{d}i_2}{\mathrm{d}t}$$

$$u_2 = u_{21} + u_{22} = L_2 \frac{\mathrm{d}i_2}{\mathrm{d}t} + M \frac{\mathrm{d}i_1}{\mathrm{d}t}$$

当互感线圈的同名端及电压、电流的参考方向如图 5 - 41（b）中所示时，线圈的电压与电流的关系式为

$$u_1 = u_{11} + u_{12} = L_1 \frac{\mathrm{d}i_1}{\mathrm{d}t} - M \frac{\mathrm{d}i_2}{\mathrm{d}t}$$

$$u_2 = u_{21} + u_{22} = L_2 \frac{\mathrm{d}i_2}{\mathrm{d}t} - M \frac{\mathrm{d}i_1}{\mathrm{d}t}$$

课题八 电 感 元 件

一、电感元件的概念

我们所说的电感元件是一种理想化的电路元件。理想元件是由实际器件抽象出来的，因此，理想元件的建立渊源于对实际器件的分析和认识。电感元件是由实际的电感线圈抽象出来的。忽略电感线圈的导线电阻和分布电容（线圈的匝与匝之间，线圈与地之间所具有的电容），当电感线圈中通入电流时，它所表现的物理行为是：在其内部建立磁场，储存能量。电感线圈的本质特性是：线圈的自感磁链 ψ 与线圈电流 i 之间存在着确定的关系，即自感磁链 ψ 与线圈电流 i 之间的函数关系 $\psi = f(i)$ 能够用 i - ψ 坐标平面上的一条曲线来表示。根据电感线圈的上述物理特性，人们建立了电感元件这一基本模型。

由式（5 - 20）可知，空心线圈的自感是一个正实常数，因此，空心线圈的自感磁链 ψ

与电流 i 成正比。如果把空心线圈的自感磁链 ψ 取为纵坐标，把线圈电流 i 取为横坐标，画出自感磁链 ψ 与电流 i 的关系曲线，可见，这是一条通过 i-ψ 平面上坐标原点的直线。人们把导线电阻和分布电容影响很小的空心线圈抽象为线性电感元件。根据忽略导线电阻和分布电容之后的空心线圈的电磁特性给出下述线性电感元件的定义：如果一个二端元件所交链的磁链 ψ 与它的电流 i 之间成正比例关系，即它们之间的关系曲线为 i-ψ 平面上的一条通过原点的直线，则该二端元件称为线性电感元件。线性电感元件可以看作是一个没有导线电阻和分布电容，没有能耗且电感为定值的理想线圈。线性电感元件的图形符号如图 5-42（a）所示。

图 5-42 线性电感元件的电路符号及特性曲线
(a) 电路符号；(b) 特性曲线

当线性电感元件的磁链 ψ 的参考方向和电流 i 的参考方向按右手螺旋定则选择时，ψ 与 i 的关系式为

$$\psi = Li \tag{5-31}$$

式中 L——线性电感元件的电感，它是一个正实常数。

式（5-31）所对应的函数曲线是 i-ψ 平面上位于一、三象限的一条通过原点的直线，如图 5-42（b）所示。

有一些电感线圈，如超导磁合金电感线圈及以铁磁材料作为铁芯的电感线圈，它们的磁链 ψ 与电流 i 之间的函数关系是非线性的，ψ 与 i 的关系曲线不是一条通过 i-ψ 平面坐标原点的直线，而是其他形状的曲线。超导磁合金电感线圈及以铁磁材料作为铁芯的电感线圈的 ψ 与 i 关系曲线如图 5-43 和图 5-44 所示。在忽略导线电阻、分布电容以及铁芯内部的能量损耗的情况下，这类电感线圈可以抽象为非线性电感元件。根据这类电感线圈的基本电磁特性，可以给出非线性电感元件的定义。其定义如下：如果一个二端元件的磁链 ψ 与其电流 i 之间的关系曲线不是一条通过 i-ψ 平面坐标原点的直线，而是一条其他形状曲线，则该二端元件称为非线性电感元件。

本书只讨论参数不随时间变化的线性元件，若无特殊说明，本书所述及的元件都是指参数不随时间变化的线性元件。

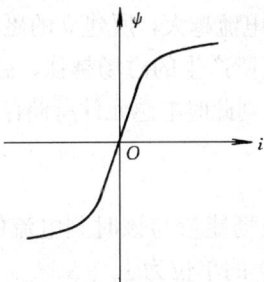

图 5-43 超导磁合金电感线圈的特性曲线

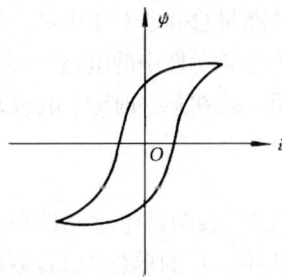

图 5-44 铁芯线圈的特性曲线

二、电感元件的电压与电流的关系

若电感元件的电流 i 变化，则元件的磁链 ψ 随之变化。此时，电感元件中将产生感应电动势，元件两端将产生感应电压 u。当 u 的参考方向与 ψ 的参考方向符合右手螺旋定则时，有

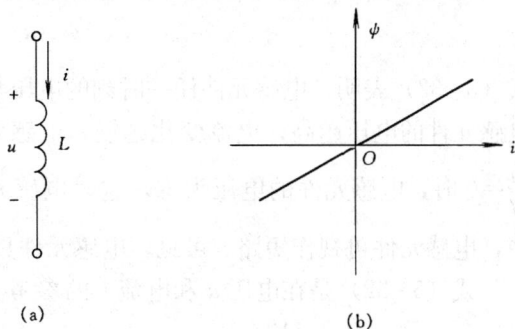

$$u = \frac{\mathrm{d}\psi}{\mathrm{d}t}$$

当 u 和 i 的参考方向一致时，有

$$u = L\frac{\mathrm{d}i}{\mathrm{d}t} \tag{5-32}$$

式（5-32）表明，电感元件任一时刻的电压与该时刻电流的变化率成正比。电流变化越快，电感元件的电压越高；电流变化越慢，电感元件的电压越低。当电流不随时间变化时，即 $\frac{\mathrm{d}i}{\mathrm{d}t}=0$ 时，电感元件的电压为零，这时电感元件相当于短路。由此可知，在直流稳态电路中，电感元件可视作短路。可见，电感元件具有动态特性，它属于动态元件。

式（5-32）是在电压 u 和电流 i 的参考方向一致时才成立，若 u 和 i 的参考方向不一致，则应有 $u = -L\frac{\mathrm{d}i}{\mathrm{d}t}$。

三、电感元件的储能

磁场是物质的一种形态，和其他物质一样，它也具有能量。因此，当电流通过电感元件，在其中产生磁场时，表明电感元件中存在着磁场能量。可见，电感元件是一个储能元件。

在电压 u 和电流 i 取关联参考方向的情况下，任意时刻电感元件从外电路吸收的功率为

$$p = ui = Li\frac{\mathrm{d}i}{\mathrm{d}t}$$

若电流 i 为正值，当电流 i 增大时，$\frac{\mathrm{d}i}{\mathrm{d}t}>0$，$p>0$，这时电感元件从外电路吸收电能，并把它转变为磁能，储存于自身内部的磁场之中，元件中的磁场能量增加；当电流 i 减小时，$\frac{\mathrm{d}i}{\mathrm{d}t}<0$，$p<0$，这时电感元件向外电路释放电能，元件中的磁能转变为电能，元件中的磁场能量减少；当电流为定值时，$\frac{\mathrm{d}i}{\mathrm{d}t}=0$，$p=0$，这时电感元件与外电路之间无能量传递，元件中的磁场能量保持不变。

电感元件不是消耗电能的元件，它将从外部吸收的电能全部转变为磁能，储存于内部的磁场之中。因此，电感元件在任何时刻所储存的总磁场能量，等于它在此时刻以前的全部历史过程中所吸收的能量总和。对于电感一定的电感元件而言，电流越大，所建立的磁场越强，磁场能量越大。若电感元件中的电流一定，则电感越大，电流所产生的磁场越强，磁场能量越大。数学可以证明，若在某一时刻 t 电感元件的电流为 $i(t)$，则此时电感元件所储存的磁场能量为

$$W(t) = \frac{1}{2}Li^2(t) \tag{5-33}$$

式（5-33）表明，电感元件在某一时刻所储存的磁场能量与该时刻电流的瞬时值的平方成正比。式中，L 的单位为 H，$i(t)$ 的单位为 A，$W(t)$ 的单位为 J。

四、电感元件串、并联电路的等效电感

任意一个完全由电感元件❶组成的二端网络都可以用一个电感元件来等效替代。电感元

---

❶　这里的电感元件是指初始电流为零的线性定常电感元件。

件串联电路的等效电感等于各个串联电感元件的电感之和，即

$$L = L_1 + L_2 + \cdots + L_n = \sum_{k=1}^{n} L_K \qquad (5\text{-}34)$$

电感元件并联电路的等效电感的倒数等于各个并联电感元件的电感的倒数之和，即

$$\frac{1}{L} = \frac{1}{L_1} + \frac{1}{L_2} + \cdots + \frac{1}{L_n} = \sum_{k=1}^{n} \frac{1}{L_K}$$

因此，电感元件并联电路的等效电感为

$$L = \frac{1}{\frac{1}{L_1} + \frac{1}{L_2} + \cdots + \frac{1}{L_n}} = \frac{1}{\sum_{k=1}^{n} \frac{1}{L_K}} \qquad (5\text{-}35)$$

阅读材料

电感线圈的种类及主要技术参数

一、电感线圈的结构和用途

电感线圈就是用导线绕制成的线圈。电感线圈是实际电路的最基本的元件。它广泛应用于电子电路、控制电路、通信网络及电力网络等各种电路之中。电感线圈通常由骨架、绕组、屏蔽罩、磁芯等部件组成。骨架是用以支撑和固定线圈的部件，用以制作骨架的材料有：电工纸板、胶木、塑料、聚苯乙烯、云母、陶瓷等。绕组是由绝缘导线在骨架上缠绕而成。屏蔽罩是一个由铁磁材料制成的具有良好接地的、闭合的金属罩。屏蔽罩的作用是减小外界电磁场对线圈的影响及线圈所产生的电磁场对外部设备的影响。磁芯是用铁磁材料制成的，用以增加线圈的电感量。

电感线圈的主要作用有下述几个：

（1）限流作用。当线圈中的电流变化时，线圈中产生自感电动势。由楞次定律可知，自感电动势总是反抗线圈电流的变化，所以电感线圈对交流电流有一定的阻碍作用，而且电流变化越快，这种阻碍作用越大。故高频电流不容易通过电感线圈，而低频电流和直流电流很容易通过电感线圈。根据这一原理，人们设计出各种滤波电路，用以消去某一个频率或某些频率的电流，这些滤波电路在电子电路中得到了广泛的应用。在电力系统中，常用电感线圈（称为电抗器）来限制短路电流。在电力拖动系统中，常用电抗器来限制异步电动机的起动电流。电感线圈的限流作用在很多场合得到了应用。

（2）选频作用。利用电感线圈和电容器所组成的谐振电路，可把所需要的某一频率或某些频率的信号选择出来。例如，收音机中的天线线圈与可变电容器构成的调谐回路，电视机中高频头输入电路都是利用电感线圈和电容器所组成的调谐电路来选择所需要的信号。关于谐振电路的概念将在本书第六单元课题十 中讲述。

（3）补偿作用。在电感线圈与电容器并联的正弦交流电路中，电感线圈中电流的方向总是与电容器电流的方向相反（忽略它们的电阻时），电感线圈的电流对电容器的电流起着抵消作用，这种抵消作用也称为电感电流对电容电流的补偿。根据这一原理，人们用电感线圈（电抗器）和电容器组成静止补偿器，用以提高电力网的功率因数；根据这一原理，人们在电力系统中一些变压器的中性点与大地之间装设电感线圈（称为消弧线圈），用以减小单相接地故障时流经接地点的电容电流，以消除接地处的电弧。关于补偿原理在本书第六单元课

题十中介绍。

二、电感线圈的主要技术参数

作为无线电元件的电感线圈的主要参数有下述几个：

（1）电感量和允许误差。电感量的大小取决于线圈的形状、尺寸、匝数和磁芯材料的性质及其分布情况。允许误差为

$$\gamma = \frac{L - L_n}{L_n} \times 100\%$$

式中　L——电感线圈的实际电感量；

　　L_n——电感线圈的标称电感量。

（2）品质因数。品质因数是指线圈在某一频率的正弦交流电压下工作时，线圈的电抗 ωL 与线圈的直流电阻 R 的比值，记为 Q，即

$$Q = \frac{\omega L}{R}$$

式中　ω——交流电压的角频率，rad/s。

品质因数是表示线圈质量的一个物理量，在外施电压一定的情况下，Q 值越大，线圈的功率损耗越小；反之，Q 值越小，其功率损耗越大。

（3）分布电容。线圈的匝与匝之间、线圈与地之间及线圈与屏蔽罩之间都具有电容，这些电容统称为分布电容。分布电容的存在降低了线圈的稳定性。

（4）稳定性。当温度、湿度等环境因素变化时，线圈的电感量及品质因数等参数都将随之变化。稳定性是指线圈参数随外界条件变化而改变的程度。温度变化时，由于导体热胀冷缩的原因，导致线圈产生几何形变，从而引起线圈电感量的变化。湿度变化会引起线圈的分布电容和漏电损耗的改变。

通常用电感温度系数 α_L 来评定线圈的稳定程度，它表示电感量相对温度的稳定性。它的表达式为

$$\alpha_L = \frac{L_2 - L_1}{L_1(t_2 - t_1)}$$

式中　L_1、L_2——温度为 t_1、t_2 时的电感量。

（5）额定电流。额定电流是指电感线圈允许长期通过的电流。

用于电力系统的电抗器的主要技术参数有额定电压、额定电流、额定电抗百分值、动稳定、热稳定等。

三、电感线圈的种类

根据电感线圈的结构特点，可将它们分为单层线圈、多层线圈、蜂房线圈、带磁芯线圈、固定电感器及可变电感线圈。

图 5-45　分段绕制的多层线圈

（1）单层线圈。单层线圈是指在线圈骨架只上缠绕一层导线。单层线圈的电感量通常较小，适用于高频电路。

（2）多层线圈。线圈在骨架上分多层绕制。多层线圈适用于需要较大电感量的场合。为防止在线圈两端电压较高时发生跳火、绝缘击穿等问题，可将一个线圈分成几段绕制，如图 5-45 所示。

（3）蜂房线圈。为了减小线圈的分布电容，可采用蜂房式绕制

方法。所谓蜂房式绕制法是指将导线以一定的偏转角（19°～26°）在骨架上缠绕。对于电感值较大的线圈，可采用二个、三个以至多个蜂房线包分段绕制。其形状如图 5 - 46 所示。

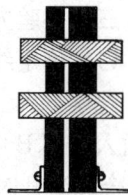

图 5 - 46　蜂房线圈

（4）带磁芯线圈。带磁芯线圈是指在线圈内加装磁芯。加装磁芯后，电感值、品质因数都将增大，同时功率损耗、分布电容都将减小。另外，调整磁芯在线圈中的位置，还可以改变线圈的电感量。因此，许多线圈都装有磁芯，如晶体管收音机中的天线线圈、振荡线圈等都装有磁芯。图 5 - 47 所示的是几种常用的带磁芯线圈。

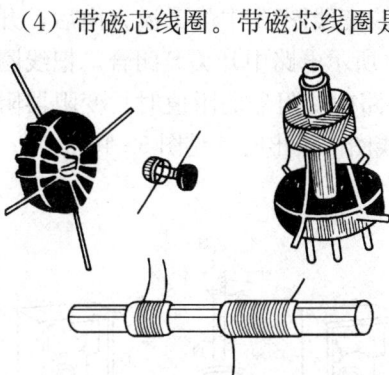

图 5 - 47　带磁芯线圈

（5）固定电感器。固定电感器是指电感量固定的线圈。这里介绍的固定电感器专指那种由生产厂制造的电感器，也称微型电感器，其制造方法是：根据电感量以及最大直流工作电流的大小，选用相应直径的导线，绕制在磁芯上，再用塑料壳封装或用环氧树脂包封。目前主要生产 LG1 和 LG2 两种型号的固定电感器，其外形如图5 - 48所示。

（6）可变电感线圈。可变电感线圈就是电感量可以调节的电感线圈。改变线圈电感量的方法有以下几种：①在线圈中插入磁芯或铜芯，改变磁芯或铜芯的位置；②改变线圈匝数；③将两个线圈串联或改变两线圈之间的相对位置以改变互感量，从而改变线圈的总电感值。

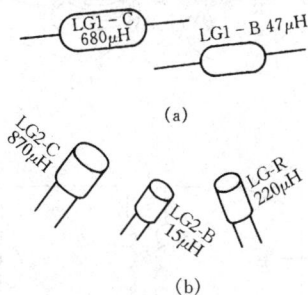

图 5 - 48　固定电感器
（a）LG1 外形图；（b）LG2 外形图

实验四　电　磁　感　应

一、实验目的
（1）研究产生电磁感应现象的条件。
（2）掌握判断感应电动势方向的方法。
（3）掌握测定互感线圈的同名端的方法。

二、实验仪器和设备

序　号	设备名称	规　格	数　量	序　号	设备名称	规　格	数　量
1	电感线圈	内径较大	1只	5	检流计		1只
2	电感线圈	内径较小	1只	6	干电池		2节
3	棒形永久磁铁		1只	7	单刀开关		1只
4	滑动变阻器		1只				

三、实验方法和步骤

（1）确定线圈中产生感应电动势的条件及感应电动势的方向与磁通变化情况之间的关系。观察下列三种情况下检流计指针的偏转情况：①实验电路如图 5 - 49（a）所示，把线圈 A 插入线圈 B 中，并保持静止，开关 S 闭合和断开时；改变线圈 A 中的电流方向后，开关 S 闭合和断开时；开关 S 一直闭合时。②在图 5 - 49（a）所示电路中开关 S 闭合，把线圈 A 插入线圈 B 中，并保持静止，增大和减小线圈 A 所在回路中变阻器的阻值时；变阻器阻值不变时。③磁棒插入线圈时［见图 5 - 49（b）］；磁棒从线圈内拔出时［见图 5 - 49（c）］；磁棒插在线圈内不动时。

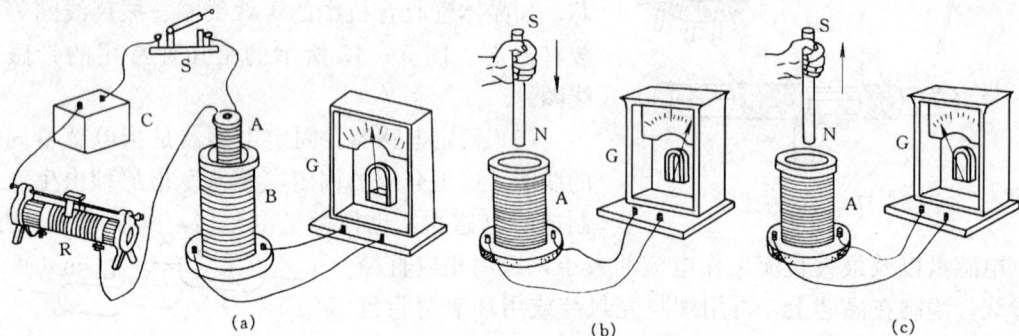

图 5 - 49　电磁感应现象的研究

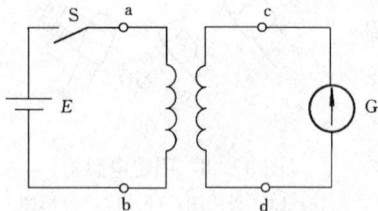

图 5 - 50　直流法测定同名端

（2）用直流法测定两互感线圈的同名端。实验电路如图 5 - 50 所示。在开关 S 闭合的瞬间，若检流计指针正向偏转，则端钮 a 和 c 是同名端；若检流计指针反向偏转，则端钮 a 和 d 是同名端。

四、预习要求

（1）复习课题六、七的内容。

（2）弄清直流法测定两互感线圈的同名端的原理。

单 元 小 结

1. 一切磁现象都起源于电流或运动电荷，一切磁的相互作用都是通过磁场而发生的。磁场的基本特性是它对于任何置于其中的其他磁极和电流（或运动电荷）施加作用力。

磁场可用磁感应线来描述，磁感应线上每一点的切线方向代表磁场方向，磁感应线的疏密程度表示磁场的强弱。磁感应线稠密的地方，磁场较强，磁感应线稀疏的地方，磁场较弱。

载流长直导线周围的磁感应线是在垂直于导线的平面内的以导线中心为圆心的同心圆。磁感应线方向与电流方向之间服从右手螺旋定则。

载流长直密绕螺线管内的磁感应线均与螺线管轴线平行，且均匀分布。磁感应线方向与线圈电流方向之间服从右手螺旋定则。

2. 磁感应强度 $\vec{B}$ 是一个矢量，$\vec{B}$ 是描述磁场性质的基本物理量。磁场中某一点的磁感应强度 $\vec{B}$ 的大小为

$$B = \frac{(\mathrm{d}F)_{\mathrm{m}}}{I \mathrm{d}l}$$

$\vec{B}$ 的大小表示磁场的强弱，$\vec{B}$ 的方向就是该点的磁场方向。

磁通量是指通过磁场中任一给定曲面的磁感应线数。在均匀磁场中，通过垂直于磁场方向的平面 S 的磁通量 Φ 与磁感应强度 B 之间的关系为

$$B = \frac{\Phi}{S}$$

充满均匀磁介质的载流螺线管内的磁感应强度 B 与空心载流螺线管内的磁感应强度 B_0 之比称为磁介质的相对磁导率，即

$$\mu_{\mathrm{r}} = \frac{B}{B_0}$$

磁介质的磁导率为

$$\mu = \mu_{\mathrm{r}} \mu_0$$

磁导率的大小由磁介质的性质决定，它的大小标志着磁介质的导磁能力。

磁场强度 $\vec{H}$ 也是矢量，其定义式为

$$\vec{H} = \frac{\vec{B}}{\mu}$$

对于顺磁质和抗磁质来说，μ 是一个正实常数，H 与 B 成正比；对于铁磁质来说，μ 不是常数，μ 随磁感应强度 B 变化而变化，B 与 H 的关系是非线性的。

3. 安培环路定律：在磁场中，磁场强度 $\vec{H}$ 沿任一闭合曲线 L 的曲线积分等于穿过该闭合曲线所包围的面积内的所有电流的代数和，即

$$\oint H_{\mathrm{L}} \mathrm{d}l = \sum I$$

应用安培环路定律可求得圆形截面长直载流导线的磁场的磁感应强度

$$B = \frac{\mu_0 I}{2\pi r} \qquad (r > r_0)$$

$$B = \frac{\mu_0 r I}{2\pi r_0^2} \qquad (r < r_0)$$

均匀密绕载流螺线环内的磁感应强度

$$B = \mu n I$$

均匀密绕长直载流螺线管内的磁感应强度

$$B = \mu n I = \mu \frac{N}{l} I$$

4. 处于均匀磁场中的一段载流直导线受到的作用力的大小为

$$F = BIl\sin\theta$$

作用力的方向与磁场方向、导体中的电流方向有关，它们三者之间服从左手定则。

两平行载流长直导线间的相互作用力的大小为

$$F_{12} = F_{21} = \frac{\mu_0 I_1 I_2}{2\pi d} l$$

当两导线电流方向相同时，它们之间的相互作用力为吸引力；当两导线电流方向相反时，它们之间的相互作用力为排斥力。

5. 法拉弟电磁感应定律：穿过导体回路的磁通量发生变化时，回路中产生的感应电动势 e 的大小与穿过回路的磁通量的变化率 $\dfrac{\mathrm{d}\phi}{\mathrm{d}t}$ 成正比。当 e 和 ϕ 的参考方向符合右手螺旋定则时，法拉弟电磁感应定律可用下式表达

$$e = -\frac{\mathrm{d}\phi}{\mathrm{d}t}$$

当穿过线圈的磁通量变化时，线圈中产生的感应电动势为

$$e = -N\frac{\mathrm{d}\phi}{\mathrm{d}t}$$

这一公式的条件为：①穿过每匝线圈的磁通量均为 ϕ；②e 和 ϕ 的参考方向符合右手螺旋定则。

直导线相对磁场运动时产生的感应电动势的大小为

$$e = Blv\sin\theta$$

直导线相对磁场运动而产生的感应电动势的方向与磁场方向、导体相对磁场运动方向有关，它们之间的关系服从右手定则。

楞次定律：闭合回路中感应电流的方向，总是使它所产生的磁场去阻碍引起感应电流的磁通量的变化。楞次定律的另一种表述：感应电流的效果总是反抗引起感应电流的原因。

6. 当大块金属处在变化的磁场中或与磁场之间产生相对运动时，金属体内产生在垂直于磁场方向的截面上的流线呈涡旋状的感应电流称为涡流。涡流产生的热效应和机械效应在许多场合得到了应用，但在有些场合需要加以限制。

7. 线圈的自感系数的定义式为

$$L = \frac{\psi}{i}$$

长直密绕螺线管的自感系数为

$$L = \frac{\mu S}{l}N^2$$

线圈的自感系数与线圈的形状、尺寸、匝数，磁介质的磁导率及磁介质的空间分布情况有关。

线圈的自感电压 u、自感电动势 e 与线圈电流 i 之间的关系为

$$u = -e = L\frac{\mathrm{d}i}{\mathrm{d}t}$$

此公式的条件是：①线圈的自感为常数；②u、e 和 i 三者的参考方向一致。

两耦合线圈的互感系数为

$$M_{21} = \frac{\psi_{21}}{i_1}$$

$$M_{12} = \frac{\psi_{12}}{i_2}$$

$$M_{21} = M_{12} = M$$

两线圈的耦合系数为

$$K = \frac{M}{\sqrt{L_1 L_2}}$$

设两个电流分别从两个线圈的两个端点流入线圈，若每个线圈的自感磁通方向与互感磁通方向相同，则两电流的流入端（或流出端）就是同名端。

两耦合线圈的互感电压与线圈电流之间的关系可用下列式表达

$$u_{21} = \pm M \frac{\mathrm{d}i_1}{\mathrm{d}t}$$

$$u_{12} = \pm M \frac{\mathrm{d}i_2}{\mathrm{d}t}$$

当一个线圈中的电流的参考方向的流入端与另一个线圈中的互感电压的参考极性的正极性端为同名端时，式中右边取正号，否则，式中右边取负号。

互感线圈的端电压与电流之间的关系可用下列式表达

$$u_1 = \pm L_1 \frac{\mathrm{d}i_1}{\mathrm{d}t} \pm M \frac{\mathrm{d}i_2}{\mathrm{d}t}$$

$$u_2 = \pm L_2 \frac{\mathrm{d}i_2}{\mathrm{d}t} \pm M \frac{\mathrm{d}i_1}{\mathrm{d}t}$$

当线圈的端电压与电流取关联参考方向时，式中自感电压项取正号，否则，取负号；当一个线圈电流的参考方向的流入端与另一个线圈端电压的参考极性的正极性端为同名端时，式中互感电压项取正号，否则，取负号。

8. 如果一个二端元件，通入电流时，能够在其中建立磁场，且所产生的自感磁链 ψ 与电流 i 之间的关系能够用 ψ-i 平面上的一条曲线来表示，则这种二端元件称为电感元件。自感磁链 ψ 与电流 i 成正比的电感元件为线性电感元件。在关联参考方向下，线性电感元件的电压与电流之间的关系为

$$u = L \frac{\mathrm{d}i}{\mathrm{d}t}$$

线性电感元件储存的磁场能量为

$$W = \frac{1}{2} L i^2(t)$$

电感元件串联电路的等效电感为

$$L = L_1 + L_2 + \cdots + L_n = \sum_{k=1}^{n} L_k$$

电感元件并联电路的等效电感为

$$L = \frac{1}{\frac{1}{L_1} + \frac{1}{L_2} + \cdots + \frac{1}{L_n}} = \frac{1}{\sum_{k=1}^{n} \frac{1}{L_k}}$$

习　题

5-1　下列说法中正确的是（　　）。

A. 一切磁现象起源于运动电荷或电流；

B. 一切磁相互作用都是通过磁场来传递的；

C. 除永久磁铁外，一切磁场都是由运动电荷或电流产生；

D. 磁场也是客观存在的一种物质，它具有一般物质的一些基本属性。

5-2 下列关于磁感应线的描述中正确的是（ ）。
 A. 磁感应线是表示磁场强弱和方向的曲线；
 B. 磁感应线不会相交；
 C. 磁感应线总是起于磁铁的 N 极，止于 S 极；
 D. 磁感应线是置于磁场中的铁屑连成的实实在在的曲线。

5-3 下列关于磁感应线的说法中正确的是（ ）。
 A. 磁感应线的方向是磁场增强的方向；
 B. 磁感应线的切线方向就是载流直导线在磁场中受力的方向；
 C. 磁感应线上任意一点的切线方向就是小磁针 N 极在该点处所受磁场力的方向；
 D. 磁感应线的疏密程度表示磁场的强弱，磁感应线稠密的地方，磁场较强，磁感应线稀疏的地方，磁场较弱。

5-4 下列关于磁感应强度的说法中正确的是（ ）。
 A. 磁场中某点的磁感应强度，在数值上等于电流元（一小段载流导线）放在该点处所受到的磁场力与电流元电流和线元长度的乘积之比；
 B. 若处于磁场中某点处的电流元不受磁场力，则该点处的磁感应强度一定为零；
 C. 穿过磁场中某点处单位面积的磁感线数等于该点的磁感应强度的数值；
 D. 磁场中某点的磁感应强度的方向总是与电流元在该点受到的磁场力的方向垂直。

5-5 下列关于磁场的基本物理量的说法中错误的是（ ）。
 A. 磁感应强度是矢量，它是描述磁场强弱和方向的物理量；
 B. 磁通量是标量，它是表示磁场强弱的物理量；
 C. 磁导率是标量，它是描述磁介质磁化特性的物理量。它的大小只与磁介质的性质有关，与其他因素无关；
 D. 磁场强度是矢量，它也是表示磁场强弱和方向的物理量。它的方向总是与磁感应强度的方向相同，它的大小总是与磁感应强度的大小成正比。

5-6 下列说法中正确的是（ ）。
 A. 与无限长载流直导线垂直的各平面上的磁场分布情况相同；与无限长载流直导线轴线的距离相等的各点的磁感应强度的大小相同，但磁感应强度的方向可能是不同的；
 B. 无限长均匀密绕载流直螺线管内各点的磁感应强度的大小和方向都是相同的；
 C. 均匀密绕载流螺线环内各点的磁感应强度的大小和方向也都是相同的；
 D. 无限长均匀密绕载流直螺线管和均匀密绕载流螺线环外部（管外和环外）各点磁感应强度均为零。

5-7 下列说法中正确的是（ ）。
 A. 位于磁场中的载流导线一定会受到磁场力的作用；
 B. 处于均匀磁场中的载流直导线受到磁场力作用时，在磁感应强度、导线电流和导线方向一定的情况下，导线越长，导线受到的磁场力越大；
 C. 放在均匀磁场中的载流直导线受到磁场力作用时，电流方向、磁场方向和磁场力方向一定两两垂直；

  D. 如果两根平行直导线通以大小不同的电流，则通入电流大的导线受到的作用力要大些。

5-8　下列关于感应电动势的说法中正确的是（　　）。

  A. 在磁场中运动的导体上一定有感应电动势产生；

  B. 导体切割磁感应线而产生的感应电动势与导体在单位时间内所切割的磁感应线数成正比；

  C. 不论什么原因，不管导体回路是否闭合，只要穿过导体回路的磁通量发生变化，回路中就会产生感应电动势；

  D. 导体回路中的感应电动势与穿过导体回路的磁通量的变化量成正比。

5-9　闭合导体回路中的一部分直导体在磁场中作切割磁感应线运动时，（　　）。

  A. 这部分导体上一定有感应电动势产生；

  B. 回路中一定有感应电流产生；

  C. 这部分导体一定会受到阻碍它运动的磁场力的作用；

  D. 要使这部分导体作匀速运动，外力一定要对它做功。

5-10　下列有关线圈电感的说法中正确的是（　　）。

  A. 通过线圈的磁链越大，线圈的电感越大；

  B. 若线圈的匝数增加，则线圈的电感增大；

  C. 若在空心线圈内放入抗磁性材料，则线圈的电感减小；

  D. 对于线圈内充有顺磁质的螺线管来说，其电感与线圈电流的大小无关。

5-11　下列关于电感元件的说法中错误的是（　　）。

  A. 任何情况下，线性电感元件的磁链 ψ 与电流 i 的关系曲线都是 ψ—i 平面上一条通过原点的位于一、三象限的直线；

  B. 在直流电路中，电感元件可视作短路；

  C. 电感元件是储能元件而不是耗能元件；

  D. 线性电感元件的端电压总是与其电流的变化率成正比。

5-12　在均匀磁场中，有一条长 12cm 的通电直导线，其中电流为 3A，电流的方向跟磁场方向垂直，若载流导线所受的作用力是 0.18N，求磁场中的磁感应强的是多少特斯拉？合多少高斯？

5-13　在磁感应强度 $B=0.8$T 的均匀磁场中，放置一面积为 0.2m² 的平面单匝线圈，线圈平面与磁场方向成 30°角。求穿过线圈面积的磁通量为多少韦伯？合多少麦克斯韦？

5-14　一个空心密绕长直螺线管通入电流后，管内的磁感应强度为 1.256×10^{-3}T，若保持电流不变，将一长度和横截面与螺线管相同的铁棒插入螺线管内，这时棒内的磁感应强度为 2T。试求铁棒的磁导率、相对磁导率及棒内的磁场强度。

5-15　一根圆形截面的长直导线的直径为 14mm，通过电流为 150A，试求与导线轴线的距离为 5mm 和 8mm 的两场点的磁场强度和磁感应强度（设 $\mu=\mu_0$）。

5-16　一环形线圈（螺线环）内半径为 12cm，外半径 16cm，匝数为 50，电流为 2A，磁芯的磁导率为 $4\pi\times10^{-3}$H/m，试求磁芯内的磁感应强度。

5-17　把一段长为 50cm，通过电流为 10A 的直导线放在磁感应强度为 0.5T 的均匀磁场中，导线与磁场方向成 45°角，求这段导线所受的力。

　　5-18　一段长度为 1m、载有 15A 电流的直导线在 $B=0.3T$ 的均匀磁场中沿磁感应线的方向移动了 0.5m，试问磁场力对它做了多少功？

　　5-19　两条很长的、截面为圆形的平行输电线相距 30cm，都载有 100A 的电流，两电流方向相反。求作用于每 1m 导线上的力，并说明力的方向。

　　5-20　一个边长为 10cm，通有 0.5A 电流的正方形线圈，放置在磁感应强度为 1.2T 的均匀磁场中，磁场方向跟线圈平面平行，求线圈在这个位置时所受到的力矩。

　　5-21　在无限长载流直导线 ab 的一侧，放置一条有限长的可以自由运动的载流直导线 cd，两导线相互垂直且在同一平面内，试问导线 cd 将如何运动？（选择不同的电流方向进行讨论）

　　5-22　在下列几种情况下，线圈中是否会产生感应电动势？若产生感应电动势，其方向如何？

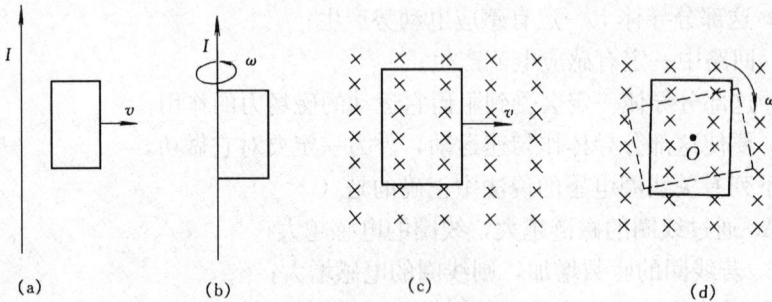

图 5-51　习题 5-22 图

　　（1）线圈在载流长直导线产生的磁场中平移，如图 5-51（a）所示（线圈与导线在同一平面内）。

　　（2）线圈在载流长直导线产生的磁场中旋转，如图 5-51（b）所示。

　　（3）线圈在均匀磁场中沿垂直磁场方向平移，如图 5-51（c）所示。

　　（4）线圈在均匀磁场中旋转，如图 5-51（d）所示（线圈平面与磁场方向垂直）。

　　5-23　在图 5-52 中，下列情况下，是否有电流流过电阻器 R？如果有，则电流的方向如何？

　　（1）开关 S 接通的瞬间。

　　（2）开关 S 接通一些时间之后。

　　（3）开关 S 断开的瞬间。

　　5-24　图 5-53 中的 ABCD 是用导体制成的边长为 0.5m 的正方形线圈，每边电阻为 0.1Ω。线圈平面与磁场方向垂直，在线圈被外力从图示状态以 4m/s 的速度匀速地拉出磁感应强度为 1T 的有界匀强磁场过程中，求：

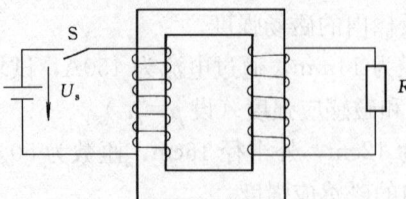

图 5-52　习题 5-23 图　　　　图 5-53　习题 5-24 图

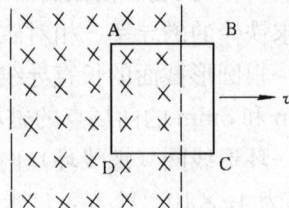

（1）线圈中产生的感应电动势。

（2）BC 段电流的大小和方向。

（3）AB 两端的电压。

5-25 有一线圈，匝数 $N=120$ 匝，通入电流后，产生通过线圈的磁通，在某一参考方向下，每匝磁通 $\phi=8.26\times10^{-3}\sin314t$（Wb）。若自感电动势 e 的参考方向与 ϕ 的参考方向不符合右手螺旋定则，试求自感电动势 e。

5-26 试判断图 5-54 中各对磁耦合线圈的同名端。

5-27 试写出图 5-55 中各图中两互感线圈的电压 u_1、u_2 与电流 i_1、i_2 之间的关系式。

5-28 有一电感元件，电感 $L=0.2\mathrm{H}$，元件中的电流 i 的波形如图 5-56（b）所示，自感电压 u 及电流 i 的参考方向如图 5-56（a）所示，计算 u，并作出 u 的波形。

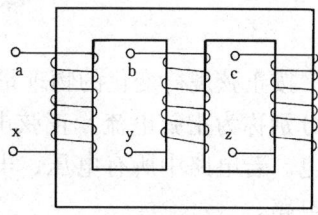

图 5-54 习题 5-26 图

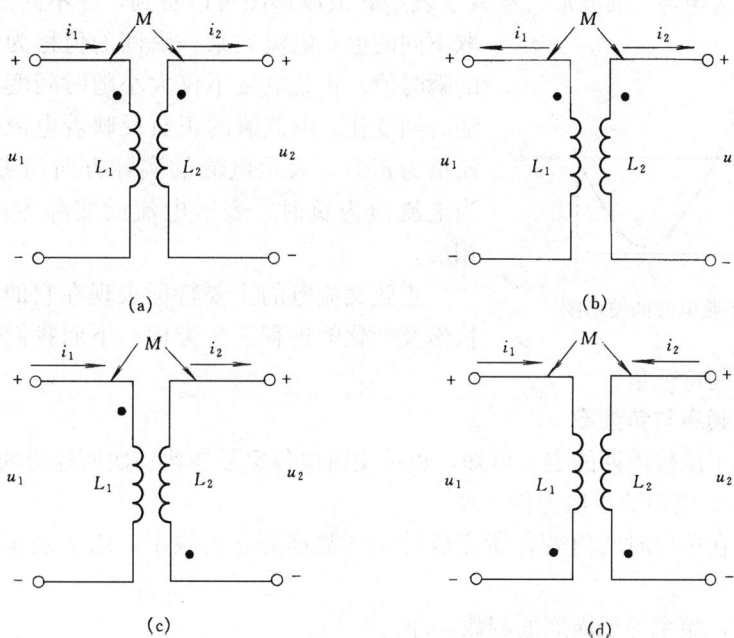

(a) (b)

(c) (d)

图 5-55 习题 5-27 图

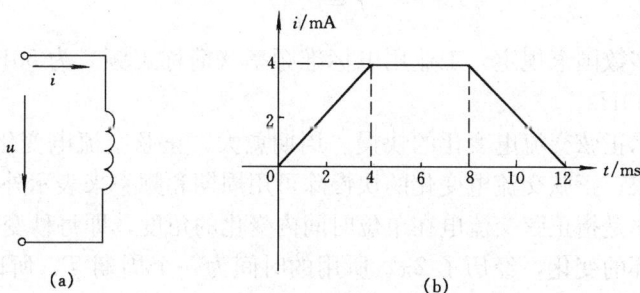

(a) (b)

图 5-56 习题 5-28 图

单相正弦交流电路

课题一　正弦交流电的基本概念

按正弦规律变化的物理量统称为正弦量。随时间按正弦规律变化的电流、电压、电动势分别称为正弦电流、正弦电压、正弦电动势。正弦电流、电压、电动势统称为正弦交流电。若电路中所有电压、电流、电动势都是同频率的正弦量，这样的电路称为正弦交流电路。

在某一选定的参考方向下，正弦电流可表示为

$$i = I_m \sin(\omega t + \psi_i) \tag{6-1}$$

此式表明，电流 i 是时间 t 的正弦函数。这一函数的图像如图 6-1 所示，这种表示电流随时间变化的曲线称为电流 i 的波形。从数学表达式或波形图可以看到，在不同的时刻，电流 i 取不同的值。电流在某一瞬间的值称为电流在该时刻的瞬时值。正弦电流不仅大小随时间变化，其正负也随时间变化。电流值的正负反映着电流的方向。当电流值为正时，表示电流的实际方向与参考方向一致；当电流值为负时，表示电流的实际方向与参考方向相反。

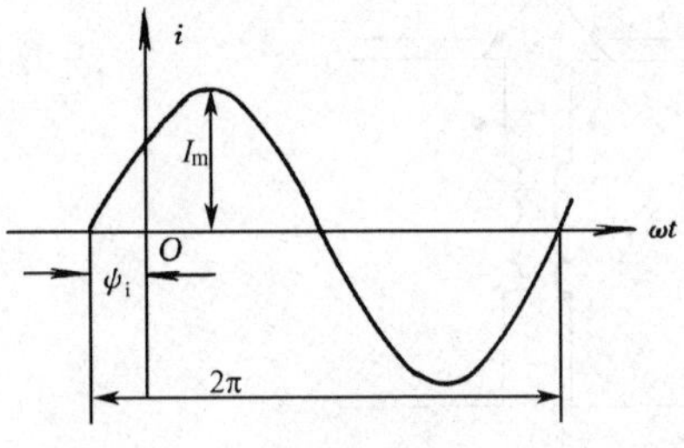

图 6-1　正弦电流的波形图

正弦交流电的主要特征表现在它的大小、变化的快慢及变化的进程三个方面。下面我们分别介绍描述这三个方面特征的特征量。

一、周期、频率与角频率

由数学上关于函数周期的定义可知，正弦交流电每重复变化一次所经历的时间称为它的周期，用 T 表示，周期的单位为秒（s）。

正弦交流电在单位时间内变化所完成的循环数称为它的频率，用 f 表示，频率的单位为赫兹（Hz）。

由定义可知，频率等于周期的倒数，即

$$f = \frac{1}{T} \tag{6-2}$$

我国和世界大多数国家规定，工业用电标准频率（简称工频）为 50Hz。美国规定，工业用电标准频率为 60Hz。

周期和频率表示正弦交流电变化的快慢。周期愈大，正弦交流电变化愈慢；频率愈高，正弦交流电变化愈快。正弦交流电变化的快慢除可用周期和频率来表示外，还可用角频率 ω 来表示。所谓角频率是指正弦交流电在单位时间内变化的角度，即每秒变化的弧度数。因为正弦量完成一个循环的变化，经历了 2π，所用的时间为一个周期 T，所以角频率与周期和频率之间的关系为

$$\omega = \frac{2\pi}{T} = 2\pi f \tag{6-3}$$

角频率的单位为弧度/秒（rad/s）。角频率愈高，正弦交流电变化愈快。

【例6-1】 已知 $f=50\text{Hz}$，试求 T 和 ω。

解 $T=\dfrac{1}{f}=\dfrac{1}{50}=0.02$（s）

$\omega=2\pi f=2\times3.14\times50=314$（rad/s）

二、幅值与有效值

正弦交流电在变化过程中出现的最大瞬时值称为正弦交流电的幅值或最大值，用大写字母加下标 m 来表示，如 I_m、U_m 及 E_m 分别表示电流、电压及电动势的幅值。

工程上，一般所说的正弦交流电的大小都是指有效值，电气设备铭牌上所标明的额定电压和额定电流都是有效值，大多数交流电压表和交流电流表所指示的读数也都是有效值。因为有效值更能确切地反映正弦交流电在电功率、电能和机械力等方面的平均效果。

我们以电流为例，给出有效值的定义：如果一个周期性电流 i 通过某一电阻 R，在一个周期内产生的热量与另一个直流电流 I 通过电阻 R 在相等的时间内产生的热量相等，则将此直流电流的量值 I 称为该周期性电流 i 的有效值。有效值用大写字母表示，如 I、U、E 分别表示周期性电流、电压、电动势的有效值。

根据上述定义可得

$$\int_0^T i^2 R\mathrm{d}t = I^2 RT$$

由此可得出周期性电流的有效值

$$I=\sqrt{\frac{1}{T}\int_0^T i^2\mathrm{d}t} \tag{6-4}$$

对于周期性电压和周期性电动势，可以仿照电流给出其有效值的定义。它们的定义式分别为

$$U=\sqrt{\frac{1}{T}\int_0^T u^2\mathrm{d}t} \tag{6-5}$$

$$E=\sqrt{\frac{1}{T}\int_0^T e^2\mathrm{d}t} \tag{6-6}$$

从以上公式可以看出，周期量的有效值等于它的瞬时值的平方在一个周期内的平均值的平方根，因此，有效值又称为方均根值。

当电流为正弦量时，如电流 $i=I_m\sin(\omega t+\psi_i)$ 时，其有效值为

$$I=\sqrt{\frac{1}{T}\int_0^T I_m^2\sin^2(\omega t+\psi_i)\mathrm{d}t}=\sqrt{\frac{1}{2T}\int_0^T I_m^2[1-\cos2(\omega t+\psi_i)]\mathrm{d}t}=\frac{I_m}{\sqrt2} \tag{6-7}$$

同理可得正弦电压和正弦电动势的有效值

$$U=\frac{U_m}{\sqrt2} \tag{6-8}$$

$$E=\frac{E_m}{\sqrt2} \tag{6-9}$$

以上诸式表明，正弦交流电的最大值等于其有效值的 $\sqrt2$ 倍。

【例6-2】 已知 $u=311\sin\left(100\pi t+\dfrac{\pi}{6}\right)\text{V}$，试求电压的有效值 U、频率 f 及 $t=0.01\text{s}$

时电压的瞬时值。

解

$$U=\frac{U_\mathrm{m}}{\sqrt{2}}=\frac{311}{\sqrt{2}}=220 \ （\mathrm{V}）$$

$$f=\frac{\omega}{2\pi}=\frac{100\pi}{2\pi}=50 \ （\mathrm{Hz}）$$

$$t=0.01\mathrm{s} \ 时，u=311\sin\left(100\pi\times0.01+\frac{\pi}{6}\right)=311\sin\left(\pi+\frac{\pi}{6}\right)$$

$$=311\times\left(-\frac{1}{2}\right)=-155.5 \ （\mathrm{V}）$$

三、相位、初相位与相位差

正弦交流电的表达式中的角度（$\omega t+\psi_i$）［见式（6-1）］反映正弦交流电变化的进程，称为正弦交流电的相位角或相位。

$t=0$ 时正弦交流电的相位角 ψ_i 称为初相位或初相。初相反映正弦交流电在计时起点的状态。初相与参考方向和计时起点的选择有关，参考方向和计时起点选择不同，正弦交流电的初相位不同，其初始值（$t=0$ 时的值）也不同。

幅值、角频率（或频率）和初相位三个量能够完整的表达正弦量的特征，故将幅值、角频率（或频率）和初相位称为正弦量的三要素。已知这三个量就可以确定对应的正弦量。

在分析正弦交流电路的过程中，常常需要比较同频率的两个正弦量之间的相位关系。例如，某电路中一支路的电压 u 和电流 i 是同频率的正弦量，它们的表达式分别为

$$u=U_\mathrm{m}\sin(\omega t+\psi_u)$$
$$i=I_\mathrm{m}\sin(\omega t+\psi_i)$$

u 和 i 的波形如图 6-2 所示。u 和 i 的相位之差为

$$\varphi=(\omega t+\psi_u)-(\omega t+\psi_i)=\psi_u-\psi_i \tag{6-10}$$

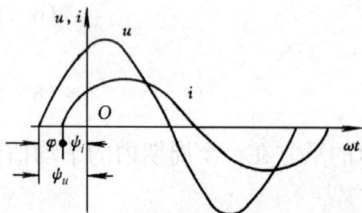

图 6-2 两个同频率正弦量的相位差

两个同频率的正弦量的相位角之差称为相位差，用 φ 表示。由上式可见，两个同频率的正弦量的相位差等于它们的初相位之差。正弦量的相位是随时间变化的，正弦量的相位和初相位都与计时起点有关，但是，同频率的两个正弦量的相位差是一个与时间和计时起点无关的常数。φ 通常在 $|\varphi|\leqslant\pi$ 的范围内取值。

如果 $\varphi=\psi_u-\psi_i>0$，即 $\psi_u>\psi_i$（见图 6-2），我们说，在相位上电压 u 超前电流 i 角度 φ，或者说，电流 i 滞后电压 u 角度 φ。其物理意义是 u 较 i 先到达正的幅值（或负的幅值），u 到达正的幅值的时间要比 i 到达正的幅值的时间早 $t=\varphi/\omega$。

如果 $\varphi=\psi_u-\psi_i<0$，即 $\psi_u<\psi_i$，这时电压 u 与电流 i 的相位关系刚好与上述情况相反。

如果 $\varphi=\psi_u-\psi_i=0$，即 $\psi_u=\psi_i$，则称电压 u 与电流 i 同相位，简称同相。这时 u 与 i 的变化进程相同，即它们同时到达正的幅值（或负的幅值），如图 6-3（a）所示。

如果 $\varphi=\psi_u-\psi_i=\pi$，则称电压 u 与电流 i 反相。这时 u 与 i 的变化进程恰好相反，一个到达正的幅值，而另一个则到达负的幅值，如图 6-3（b）所示。

【例 6-3】 已知电路中某条支路的电压 u 和电流 i 为工频正弦量，它们的最大值分别

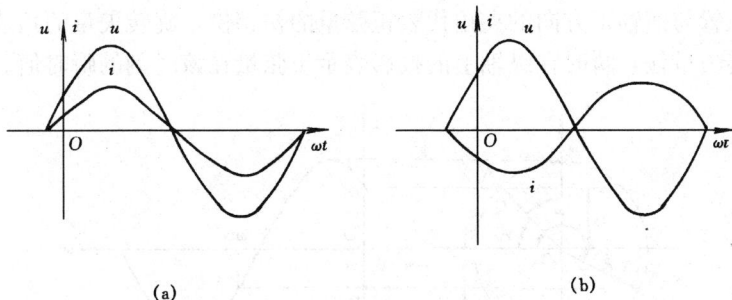

(a)　　　　　　　　　(b)

图 6-3　正弦量的同相与反相

(a) 同相；(b) 反相

为 311V、5A，初相分别为 π/6 和－π/3。

（1）试写出它们的解析式。

（2）试求 u 与 i 的相位差，并说明它们之间的相位关系。

解　（1）$\omega = 2\pi f = 2\pi \times 50 = 100\pi$（rad/s）

$U_m = 311V$，$I_m = 5A$

$\psi_u = \dfrac{\pi}{6}$，$\psi_i = -\dfrac{\pi}{3}$

$u = U_m \sin(\omega t + \psi_u) = 311\sin\left(100\pi t + \dfrac{\pi}{6}\right)V$

$i = I_m \sin(\omega t + \psi_i) = 5\sin\left(100\pi t - \dfrac{\pi}{3}\right)A$

（2）$\varphi = \psi_u - \psi_i = \dfrac{\pi}{6} - \left(-\dfrac{\pi}{3}\right) = \dfrac{\pi}{2}$

在相位上，u 超前于 $i\ \dfrac{\pi}{2}$ 角；或者说，在相位上，i 滞后于 $u\ \dfrac{\pi}{2}$ 角。

课题二　正弦量的相量表示法

一、正弦量的旋转矢量表示法

在直角坐标系中作一矢量 $\vec{I}'_m$（图 6-4 中，矢量 $\overrightarrow{OA}$ 即为矢量 $\vec{I}'_m$），使它符合下述要求：①$\vec{I}'_m$ 的长度为 I_m（$\vec{I}'_m$ 的长度表示 I_m 的大小）；②$\vec{I}'_m$ 以角速度 ω 绕原点沿逆时针方向旋转；③$\vec{I}'_m$ 的初始位置（$t=0$ 时的位置）与横轴正方向的夹角等于 ψ_i。该旋转矢量 $\vec{I}'_m$ 末端的轨迹是一个以原点为圆心，以 I_m 为半径的圆。$t=0$ 时，$\vec{I}'_m$ 在纵轴上的投影为 $i_0 = I_m \sin\psi_i$；$t=t_1$ 时，$\vec{I}'_m$ 与横轴正方向的夹角为 $\omega t_1 + \psi_i$，$\vec{I}'_m$ 在纵轴上的投影为 $i_1 = I_m \sin(\omega t_1 + \psi_i)$；任意时刻 t，$\vec{I}'_m$ 与横轴正方向的夹角为 $\omega t + \psi_i$，$\vec{I}'_m$ 在纵轴上的投影为 $i = I_m \sin(\omega t + \psi_i)$。可见，旋转矢量 $\vec{I}'_m$ 在纵轴上的投影是一个正弦时间函数 $i = I_m \sin(\omega t + \psi_i)$，该正弦量的波形如图 6-4 右侧所示。由此可知，旋转矢量 $\vec{I}'_m$ 不仅能反映正弦量 i 的三要素，还能表示出 i 的瞬时值，可以说，旋转矢量 $\vec{I}'_m$ 可以完整地表示正弦量 i。

以上分析表明，正弦量可以用旋转矢量来表示，旋转矢量的长度代表正弦量的幅值，旋转矢量的初始位置与横轴正方向的夹角代表正弦量的初相位，旋转矢量的角速度代表正弦量的角频率，旋转矢量任一瞬时在纵轴上的投影表示正弦量在该时刻的瞬时值。

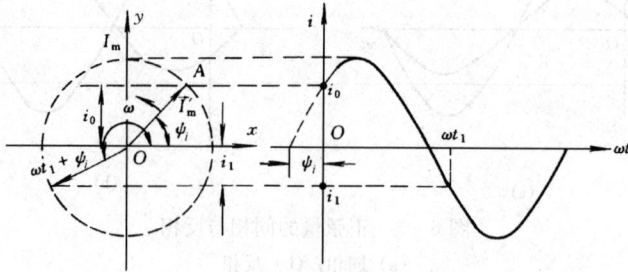

图 6-4 旋转矢量与正弦量

二、正弦量的相量表示法

在同一个正弦稳态电路中，所有电压、电流均为同频率的正弦量，表示各正弦量的旋转矢量的旋转角速度相同，它们之间的相对位置始终保持不变。因此，研究它们之间的关系

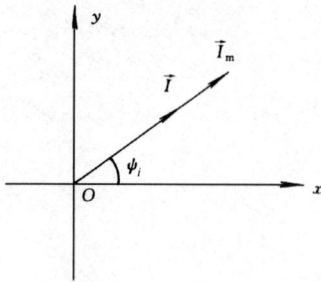

图 6-5 相量图

时，可取它们的初始位置来分析，而不必考虑它们在旋转。这就意味着，正弦量的表示方法可以进一步简化，只需要表示出其幅值及初相位两个要素。也就是说，可以用一个与横轴正方向之间的夹角等于正弦量的初相位，长度等于正弦量的幅值的静止的矢量来表示正弦量。例如：正弦电流 $i = I_m\sin(\omega t + \psi_i)$ 可用一个与横轴正方向的夹角为 ψ_i，长度为 I_m 的矢量 $\vec{I}_m$ 来表示，如图 6-5 所示。

复数可以用矢量来表示，因此，复平面（表示复数的坐标平面）上的矢量与复数是一一对应的。上述矢量 $\vec{I}_m$ 所对应的复数为

$$\dot{I}_m = I_m e^{j\psi_i} \tag{6-11}$$

可见，复数 $\dot{I}_m$ 的模等于正弦量 i 的幅值 I_m，复数 $\dot{I}_m$ 的辐角等于正弦量 i 的初相位，正弦量 i 与复数 $\dot{I}_m$ 之间具有一一对应的关系。因此，正弦量 i 可用复数 $\dot{I}_m$ 来表示。

式（6-11）可改写成

$$\dot{I}_m = I_m e^{j\psi_i} = \sqrt{2} I e^{j\psi_i} = \sqrt{2}\dot{I}$$

其中

$$\dot{I} = I e^{j\psi_i} \tag{6-12}$$

复数 $\dot{I}$ 的模等于正弦量 i 的有效值，$\dot{I}$ 的辐角等于正弦量 i 的初相位，i 与 $\dot{I}$ 也是一一对应的。所以正弦量 i 也可以用复数 $\dot{I}$ 来表示。与复数 $\dot{I}$ 对应的矢量 $\vec{I}$ 如图 6-5 中所示。

在电工中常把复数的指数形式简写成极坐标形式，式（6-11）和式（6-12）所对应的极坐标形式为

$$\dot{I}_m = I_m\angle\psi_i$$

$$\dot{I} = I\angle\psi_i$$

表示正弦量的复数称为正弦量的相量。以正弦量的幅值（最大值）为模，辐角等于正弦量的初相位的复数称为正弦量的幅值（最大值）相量；以正弦量的有效值为模，辐角等于正

弦量的初相位的复数称为正弦量的有效值相量。用复平面上的矢量表示相量的图形称为对应的矢量相量图。在相量图中，习惯用表示相量的符号表示对应的矢量，如用 $\dot{I}_m$ 和 $\dot{I}$ 表示对应的矢量 $\vec{I}_m$ 和 $\vec{I}$。

由以上分析可知，正弦量与复数和矢量之间存在着一一对应的关系。对于任一给定的正弦量都可以找到唯一的与其对应的复数或矢量；反之，由已知的复数或矢量及正弦量的频率，可以直接写出相应的正弦量。所以正弦量既可以用复数表示，也可以用矢量表示。但必须注意到，正弦量既不是复数，也不是矢量。复数或矢量只能代表正弦量，并不等于正弦量。用复数或矢量表示正弦量是一种数学变换，是一种数学方法。这样做的目的是将正弦函数的运算变换成复数或矢量的代数运算，从而使数学演算得到简化。

另需说明几点：只有正弦量（包含余弦量）才能用相量表示，非正弦周期量不能直接用相量表示；只有同频率的正弦量的相量之间才能进行相量运算，不同频率的正弦量的相量之间不能进行相量运算；一般情况下，只有同频率的正弦量的相量才能画在同一相量图上，不同频率的正弦量的相量不能画在同一相量图上，否则无法比较和计算；作相量图时，往往把坐标轴省略不画。

【例 6 - 4】 已知正弦电压 u 和正弦电流 i 的解析式为：$u=220\sqrt{2}\sin\left(314t+\frac{\pi}{6}\right)\text{V}$，$i=5\sqrt{2}\sin\left(314t-\frac{\pi}{4}\right)\text{A}$，试写出它们的有效值相量，并画出它们的相量图。

解 u 和 i 的有效值相量为

$$\dot{U}=220\angle\frac{\pi}{6}\text{V}, \dot{I}=5\angle-\frac{\pi}{4}\text{A}$$

$\dot{U}$ 和 $\dot{I}$ 的相量图如图 6 - 6 所示

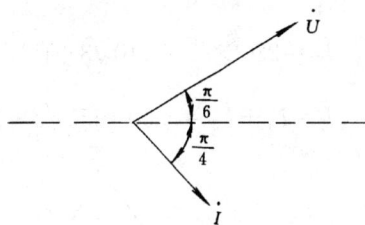
图 6 - 6 [例 6 - 4]图

【例 6 - 5】 已知 $f=50\text{Hz}$，试写出下列相量所代表的正弦量的解析式。

$$\dot{I}=5\sqrt{3}+j5\text{A}, \quad \dot{U}=380\angle-120°\text{V}$$

解 $\omega=2\pi f=100\pi\ (\text{rad/s})$

$I=\sqrt{(5\sqrt{3})^2+5^2}=10\ (\text{A})$

$\psi_i=\text{arctg}\dfrac{5}{5\sqrt{3}}=\text{arctg}\dfrac{1}{\sqrt{3}}=30°$

$U=380\text{V}$

$\psi_u=-120°$

$i=\sqrt{2}I\sin(\omega t+\psi_i)=10\sqrt{2}\sin(100\pi t+30°)\ \text{A}$

$u=\sqrt{2}U\sin(\omega t+\psi_u)=380\sqrt{2}\sin(100\pi t-120°)\ \text{V}$

三、基尔霍夫定律的相量形式

基尔霍夫电流定律指出：任何时刻，流出（或流入）任一节点的所有支路电流的代数和等于零。基尔霍夫电压定律指出：任何时刻，沿任一回路的所有支路电压的代数和等于零。它们的数学表达式为

$$\sum i = 0$$
$$\sum u = 0$$

当电路处于正弦稳态时，各支路的电压和电流都是同一频率的正弦量。因此，各支路的电压和电流均可用相量表示，且各支路电压或电流的相量之间可进行加、减运算。应用复数知识，由上述两式可导出以下两式

$$\sum \dot{I} = 0 \qquad\qquad (6-13)$$
$$\sum \dot{U} = 0 \qquad\qquad (6-14)$$

这就是基尔霍夫定律的相量形式。式（6-13）表明，在正弦交流电路中，流出（或流入）任一节点的所有支路电流相量的代数和等于零。式（6-14）表明，在正弦交流电路中，沿任一回路的所有支路电压相量的代数和等于零。

【例 6-6】 已知 $i_1 = 100\sqrt{2}\sin\left(314t + \dfrac{2\pi}{3}\right)$A，$i_2 = 220\sqrt{2}\sin\left(314t + \dfrac{\pi}{6}\right)$A。

（1）用相量式求 $i_1 + i_2$；

（2）用相量图求 $i_1 + i_2$。

解 （1）用相量式求解

$$\dot{I}_1 = 100 \angle \frac{2\pi}{3} = -50 + j50\sqrt{3} \ \ (A)$$

$$\dot{I}_2 = 220 \angle \frac{\pi}{6} = 110\sqrt{3} + j110 \ \ (A)$$

$$\dot{I} = \dot{I}_1 + \dot{I}_2 = -50 + j50\sqrt{3} + 110\sqrt{3} + j110 = 140.52 + j196.60 = 214.66 \angle 54.44° \ \ (A)$$

$$i = 214.66\sqrt{2}\sin(314t + 54.44°) \ A$$

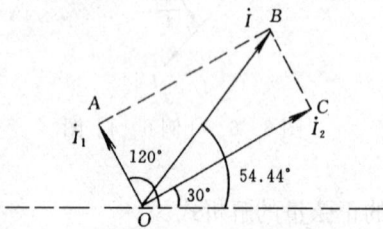

图 6-7　[例 6-6] 图

（2）用相量图求解。先作出 i_1 和 i_2 的相量图 $\dot{I}_1$ 和 $\dot{I}_2$，以 $\dot{I}_1$ 和 $\dot{I}_2$ 为两邻边作一平行四边形 OABC，对角线 $\overrightarrow{OB}$ 就是总电流 i 的相量 $\dot{I}$，$\overrightarrow{OB}$ 与横轴正方向的夹角即为总电流 i 的初相位，如图 6-7 所示。

课题三　正弦交流电路中的电阻元件

一般正弦交流电路都是由电压源、电流源、电阻、电感、电容等基本电路元件组成。在分析正弦交流电路时，必须首先掌握这些基本电路元件在正弦交流电路这个特定的环境中所显示的特性。这里先介绍电阻元件的电压与电流的关系及电阻元件的功率。

一、电阻元件的电压与电流的关系

电阻元件 R 中通过的电流为 i，两端的电压为 u，u 和 i 取关联参考方向，见图 6-8。

设电流

$$i = I_m \sin\omega t \qquad\qquad (6-15)$$

根据欧姆定律可求得电阻元件 R 两端的电压

$$u = Ri = RI_m \sin\omega t = U_m \sin\omega t \qquad\qquad (6-16)$$

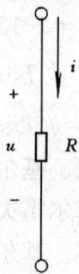

图 6-8　电阻元件的电路图

由式（6-15）和式（6-16）可知，u 和 i 的幅值之间的关系为

$$U_m = RI_m \quad 或 \quad \frac{U_m}{I_m} = R \tag{6-17}$$

u 和 i 的有效值之间的关系为

$$U = \frac{U_m}{\sqrt{2}} = \frac{I_m R}{\sqrt{2}} = RI \quad 或 \quad \frac{U}{I} = R$$

$$\tag{6-18}$$

u 和 i 的波形如图 6-9 所示。

以上结果表明，当电阻元件中通以正弦交流电流时，其端电压为一同频率的正弦量；当电压和电流取关联参考方向时，电压与电流的相位相同；电阻元件的电压和电流的瞬时值之比、幅值之比及有效值之比都等于电阻 R。

图 6-9 电阻元件的电压、电流和瞬时功率的波形图

由式（6-15）和式（6-16）可写出 u 和 i 的相量式

$$\dot{U} = U \angle 0°, \dot{I} = I \angle 0°$$

由上面两式可得电压和电流的相量关系式

$$\dot{U} = U \angle 0° = RI \angle 0° = R\dot{I} \tag{6-19}$$

式（6-19）说明，电阻元件的电压相量等于电阻乘以电流相量。电阻元件的相量模型如图6-10所示，电阻元件的电压和电流的相量图如图 6-11 所示。

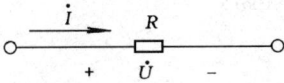

图 6-10 电阻元件的相量模型

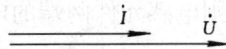

图 6-11 电阻元件的电压和电流的相量图

二、电阻元件的功率

1. 瞬时功率

电路在某一瞬时吸收或发出的功率称为电路的瞬时功率，用小写字母 p 表示。电路元件的吸收或发出瞬时功率等于元件的端电压的瞬时值与元件中电流的瞬时值的乘积。在关联参考方向下，电阻元件所吸收的瞬时功率为

$$p = ui = U_m I_m \sin^2 \omega t = UI(1 - \cos^2 \omega t) \tag{6-20}$$

电阻元件所吸收的瞬时功率 p 是随时间变化的，它的波形如图 6-9 中所示。由式（6-20）或图 6-9 可见，电阻元件 R 所吸收的瞬时功率恒为非负值。这表明，只要有电流流过，无论其方向如何，任何时刻，电阻元件总是吸收功率。

2. 平均功率

电路的瞬时功率在一个周期内的平均值称为电路的平均功率，用大写字母 P 表示，平均功率的单位为瓦（W）。根据这一定义可得电阻元件的平均功率

$$P = \frac{1}{T}\int_0^T p\,\mathrm{d}t = \frac{1}{T}\int_0^T (UI - UI\cos^2\omega t)\mathrm{d}t = UI$$

因为 $U = IR$，所以

$$P = UI = I^2 R = \frac{U^2}{R} \tag{6-21}$$

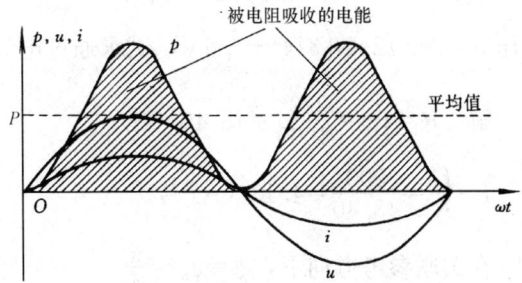

可见，电阻元件中流过正弦电流时所吸收的平均功率的表达式，与流过直流电流时所吸收的功率的表达式的形式相同。

【例 6 - 7】 有一额定电压 $U_N = 220V$、额定功率 $P_N = 1000W$ 的电炉，若加在电炉上的电压 $u = 200\sqrt{2}\sin\left(314t + \dfrac{\pi}{4}\right)V$，试求通过电炉丝的电流 i 和电炉的平均功率 P。

解 $R = \dfrac{U_N^2}{P_N} = \dfrac{220^2}{1000} = 48.40\ (\Omega)$

$I = \dfrac{U}{R} = \dfrac{200}{48.40} = 4.13\ (A)$

在关联参考方向下，$\psi_i = \psi_u = \dfrac{\pi}{4}$

$i = \sqrt{2}I\sin\left(314t + \psi_i\right) = \sqrt{2} \times 4.13\sin\left(314t + \dfrac{\pi}{4}\right) = 5.84\sin\left(314t + \dfrac{\pi}{4}\right)\ (A)$

$P = UI = 200 \times 4.13 = 826\ (W)$

课题四　正弦交流电路中的电感元件

一、电感元件的电压与电流的关系

当电感元件 L 中通以交流电流 i 时，电感元件中产生自感电动势，电感元件两端将建立电压 u。若 u 和 i 取关联参考方向，如图 6 - 12 所示，设电流

$$i = I_m\sin\omega t \tag{6 - 22}$$

则电感元件两端的电压为

$$u = L\frac{di}{dt} = L\frac{d}{dt}(I_m\sin\omega t) = \omega L I_m\cos\omega t = U_m\sin\left(\omega t + \frac{\pi}{2}\right)$$
$$\tag{6 - 23}$$

由式（6 - 23）可知，u 和 i 的幅值之间的关系为

$$U_m = \omega L I_m \quad 或 \quad \frac{U_m}{I_m} = \omega L \tag{6 - 24}$$

图 6 - 12　电感元件的电路图

u 和 i 的有效值之间的关系为

$$U = \frac{U_m}{\sqrt{2}} = \frac{\omega L I_m}{\sqrt{2}} = \omega L I \quad 或 \quad \frac{U}{I} = \omega L \tag{6 - 25}$$

u 和 i 的波形如图 6 - 13 所示。

由以上式可见，当电感元件中的电流按正弦规律变化时，电感元件的电压也将以同一频率按正弦规律变化；当电压和电流取关联参考方向时，电压在相位上超前于电流 $\dfrac{\pi}{2}$；电感元件电压的有效值（或幅值）与电流的有效值（或幅值）之比值为 ωL。

当电压 U（或 U_m）一定时，ωL 愈大，则电流 I（或 I_m）愈小。可见，ωL 具有限制

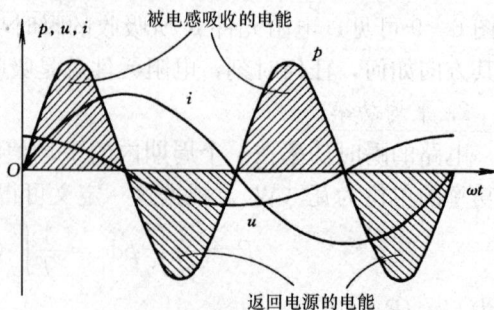

图 6 - 13　电感元件的电压、电流和瞬时功率的波形图

正弦电流有效值（或幅值）的作用。ωL 反映电感元件对正弦电流的抵抗能力，故称为感抗，用 X_L 表示，即

$$X_L = \omega L = 2\pi f L \tag{6-26}$$

可见，在频率 f 一定的情况下，感抗 X_L 与电感 L 成正比，L 愈大，X_L 也愈大；当电感 L 一定时，感抗 X_L 与频率 f 成正比，f 愈高，X_L 愈大。当 $f \to \infty$ 时，$X_L \to \infty$，电感元件相当于开路，可见，高频电流不容易通过电感元件。当 $f \to 0$ 时，$X_L \to 0$，所以低频电流很容易通过电感元件。当 $f = 0$ 时，$X_L = 0$，电感元件相当于短路，可见，在直流电路中，电感元件可视作短路。感抗的单位与电阻的单位相同。

由式（6-22）和式（6-23）可写出电流和电压的相量式

$$\dot{I} = I\angle 0°, \dot{U} = U\angle \frac{\pi}{2}$$

由以上两式可得出电压与电流的相量关系式

$$\dot{U} = U\angle \frac{\pi}{2} = jU = j\omega L\dot{I} = jX_L\dot{I} \tag{6-27}$$

电感元件的相量模型如图 6-14 所示。电感元件的电压和电流的相量图如图 6-15 所示。

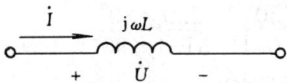

图 6-14 电感元件的相量模型　　图 6-15 电感元件的电压和电流的相量图

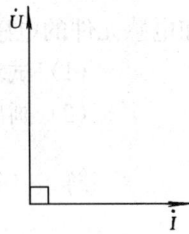

二、电感元件的功率

1. 瞬时功率

在关联参考方向下，电感元件所吸收的瞬时功率为

$$p = ui = U_m I_m \sin\omega t \sin\left(\omega t + \frac{\pi}{2}\right)$$
$$= 2UI\sin\omega t\cos\omega t = UI\sin2\omega t \tag{6-28}$$

由式（6-28）可知，在正弦交流电路中，电感元件吸收的瞬时功率是一个幅值为 UI，角频率为 2ω 的正弦量，p 的波形如图 6-13 中所示。

从图 6-13 可见，在第一个 $\frac{1}{4}$ 周期 $\left(0 < \omega t \leqslant \frac{\pi}{2}\right)$ 内，电流从零开始增大，电感元件中的磁场不断增强，电感元件中所存储的磁场能量不断增加，这是建立磁场的过程。这期间 $p > 0$，表明电感元件不断地从电源吸收电能，所吸收的电能全部转变为磁场能量，储存于电感元件的磁场之中。到了第二个 $\frac{1}{4}$ 周期 $\left(\frac{\pi}{2} < \omega t \leqslant \pi\right)$，电流从最大值开始逐渐减小，磁场逐渐减弱，磁场能量逐渐减少，这是一个去磁过程。这期间 $p < 0$，表明电感元件不断的向外界发出电能。原先储存于电感元件中的磁场能量不断的转变为电能，送还给电源。第三个 $\frac{1}{4}$ 周期和第四个 $\frac{1}{4}$ 周期的情况分别与第一个 $\frac{1}{4}$ 和第二个 $\frac{1}{4}$ 周期的情况相似，只是两者的电流及磁

场的方向相反。由上述分析可知，处于正弦交流电路中的电感元件与电源之间不停地进行着周期性的、往返的能量交换。

2. 平均功率

电感元件的平均功率为

$$P = \frac{1}{T}\int_0^T p\,\mathrm{d}t = \frac{1}{T}\int_0^T UI\sin 2\omega t\,\mathrm{d}t = 0$$

这表明，电感元件在与外电路进行往返的能量交换的过程中并不消耗能量。可见，电感元件不是耗能元件，它是一个储能元件。

3. 无功功率

为了衡量储能元件与电源之间进行能量交换的能力，为表示能量交换的规模，引入无功功率这一物理量。在正弦稳态电路中，储能元件与电源之间往返交换能量的最大速率称为无功功率，用 Q 来表示。无功功率的单位为乏（var）。由上述定义可知，电感元件的无功功率等于其瞬时功率的最大值，即

$$Q_L = UI = X_L I^2 = \frac{U^2}{X_L} \tag{6-29}$$

【例 6-8】　已知电感元件的电感 $L = 0.1\mathrm{H}$，外加电压 $u = 220\sqrt{2}\sin(314t + 30°)\ \mathrm{V}$，

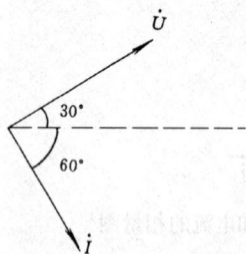

(1) 试求通过电感元件的电流 i 及电感元件的无功功率 Q_L；

(2) 画出电压和电流的相量图。

解　(1) $\dot{I} = \dfrac{\dot{U}}{\mathrm{j}\omega L} = \dfrac{220\angle 30°}{\mathrm{j}314\times 0.1} = \dfrac{220\angle 30°}{31.4\angle 90°}$

$\qquad\quad = 7.01\angle{-60°}\ (\mathrm{A})$

$i = 7.01\times\sqrt{2}\sin(314t-60°) = 9.91\sin(314t-60°)\ (\mathrm{A})$

$Q_L = UI = 220\times 7.01 = 1542.20\ (\mathrm{var})$

(2) 电压和电流的相量图如图 6-16 所示。

图 6-16　[例 6-8] 图

课题五　正弦交流电路中的电容元件

一、电容元件的电压与电流的关系

当电容元件 C 两端加一交流电压 u 时，由于电压随时间变化，电容元件极板上的电荷量随之而变化，极板上的电荷通过外部电路转移，于是，电容元件外部电路中因存在电荷定向运动而产生电流 i，如图 6-17 所示。若电压

$$u = U_m\sin\omega t \tag{6-30}$$

当 u 和 i 的参考方向一致时，电路中的电流为

$$i = C\frac{\mathrm{d}u}{\mathrm{d}t} = C\frac{\mathrm{d}}{\mathrm{d}t}(U_m\sin\omega t) = \omega CU_m\cos\omega t = I_m\sin\left(\omega t + \frac{\pi}{2}\right) \tag{6-31}$$

由式（6-31）可知，u 和 i 的幅值之间的关系为

$$I_m = \omega CU_m \quad 或 \quad \frac{U_m}{I_m} = \frac{1}{\omega C} \tag{6-32}$$

u 和 i 的有效值之间的关系为

$$I = \frac{I_m}{\sqrt{2}} = \omega C \frac{U_m}{\sqrt{2}} = \omega C U \quad 或 \frac{U}{I} = \frac{1}{\omega C} \qquad (6-33)$$

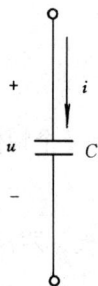

图 6 - 17 电容元
件的电路图

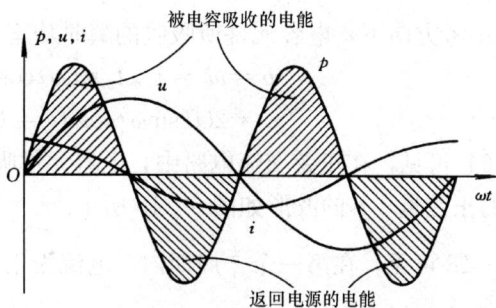

图 6 - 18 电容元件的电压、电流和瞬时功率的波形

u 和 i 的波形如图 6 - 18 所示。

由以上式可见，当电容元件的电压为正弦量时，其电流是一个同频率的正弦量；当电压和电流取关联参考方向时，电流在相位上超前于电压 $\frac{\pi}{2}$；电容元件的电压的有效值（或幅值）与电流的有效值（或幅值）之比值为 $1/\omega C$。

由式（6-32）和式（6-33）可知，$1/\omega C$ 具有限制正弦电流有效值（或幅值）的作用。$1/\omega C$ 反映电容元件对正弦电流的抵抗能力，故称为容抗，用 X_C 表示，即

$$X_C = \frac{1}{\omega C} = \frac{1}{2\pi f C} \qquad (6-34)$$

可见，当频率 f 一定时，容抗 X_C 与电容 C 成反比，C 愈大，X_C 愈小；当电容 C 一定时，容抗 X_C 与频率 f 成反比，f 愈高，X_C 愈小。当 $f \rightarrow \infty$ 时，$X_C \rightarrow 0$；$X_C = 0$ 时，电容元件相当于短路，因此，高频电流容易通过电容元件。当 $f \rightarrow 0$ 时，$X_C \rightarrow \infty$，所以低频电流不容易通过电容元件。$f = 0$ 时，电容元件相当于开路，所以电容元件具有隔断直流的作用。容抗的单位与感抗的单位相同。

由式（6-30）和式（6-31）可写出电压和电流的相量式

$$\dot{U} = U \angle 0, \dot{I} = I \angle \frac{\pi}{2}$$

由以上两式可得出电压与电流的相量关系式

$$\frac{\dot{U}}{\dot{I}} = \frac{U \angle 0}{I \angle \frac{\pi}{2}} = -j\frac{1}{\omega C} = -jX_C \quad 或 \dot{U} = -jX_C\dot{I} \qquad (6-35)$$

电容元件的相量模型如图 6 - 19 所示。电容元件的电压和电流的相量图如图 6 - 20 所示。

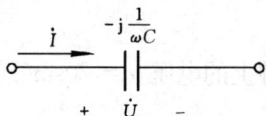

图 6 - 19 电容元件的相量模型

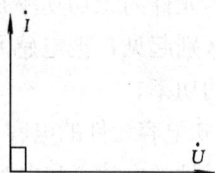

图 6 - 20 电容元件的电压和电流的相量图

二、电容元件的功率

1. 瞬时功率

在关联参考方向下，电容元件所吸收的瞬时功率为

$$p = ui = U_m I_m \sin\omega t \cos\omega t$$
$$= 2UI \sin\omega t \cos\omega t = UI \sin2\omega t \qquad (6-36)$$

由式（6-36）可见，在正弦交流电路中，电容元件吸收的瞬时功率也是一个幅值为 UI，角频率为 2ω 的正弦量，p 的波形如图 6-18 所示。

从图 6-18 可见，在第一个 $\frac{1}{4}$ 周期内，电流为正，正电荷移向正极板，两极板电荷不断增加，电压从零开始上升，电场不断增强，电容元件储存的电场能量不断增加，这是电容元件正向充电的过程。这期间 $p>0$，表明电容元件不断地从电源吸收电能，它将所吸收的电能转变为电场能量，储存于电容元件内部的电场之中。到达第二个 $\frac{1}{4}$ 周期，电流为负，正电荷离开正极板，极板上电荷不断减少，电压从最大值开始逐渐下降，电场减弱，电场储能减少，这是电容元件正向放电过程。这期间 $p<0$，表明电容元件不断地向外部发出电能，原先储存于电容元件中的电场能量不断地释放出来，送还给电源。第三和第四个 $\frac{1}{4}$ 周期的情况分别与第一和第二个 $\frac{1}{4}$ 周期的情况相似，只是前者充电和放电的方向与后者相反。由以上分析可知，处于正弦交流电路中的电容元件在不停地进行着周期性的正反两个方向的充电和放电，与此同时它与电源之间进行着周期性的能量互换。

2. 平均功率

电容元件所吸收的平均功率为

$$P = \frac{1}{T}\int_0^T p\,dt = \frac{1}{T}\int_0^T UI \sin2\omega t\,dt = 0$$

这表明，电容元件在与外电路进行能量交换的过程中并不消耗能量。可见，电容元件不是耗能元件，它也是一个储能元件。

3. 无功功率

由无功功率的定义可知，电容元件的无功功率就是电容元件与电源之间往返交换能量的最大速率，电容元件的无功功率等于其瞬时功率的最大值，即

$$Q_C = UI = X_C I^2 = \frac{U^2}{X_C} \qquad (6-37)$$

在储能元件与电源之间进行能量互换的同时，能量的形态也在发生变化。从能量形态转化的角度来看，电感元件的无功功率是电感元件中的磁场能量与电源的电能之间的相互转化的最大速率，而电容元件的无功功率是电容元件中的电场能量与电源的电能之间的相互转化的最大速率。为了区别起见，把电感元件的无功功率称为感性无功功率，而把电容元件的无功功率称为容性无功功率。

【例 6-9】　已知电容元件的电容 $C=100\mu F$，电容元件上的电压 $u = 20\sin(10^3 t + 60°)V$，

（1）试求电容元件的电流 i 和电容元件的无功功率 Q_C。

（2）画出电压和电流的相量图。

解 （1）$U = \dfrac{20}{\sqrt{2}} = 10\sqrt{2}$ （V）

$X_C = \dfrac{1}{\omega C} = \dfrac{1}{10^3 \times 100 \times 10^{-6}} = 10$ （Ω）

$\dot{I} = \dfrac{\dot{U}}{-\mathrm{j}X_C} = \dfrac{10\sqrt{2}\angle 60°}{-\mathrm{j}10} = \sqrt{2}\angle 60° + 90°$

$\quad = \sqrt{2}\angle 150°$ （A）

$i = 2\sin(10^3 t + 150°)$ （A）

$Q_C = UI = 10\sqrt{2} \times \sqrt{2} = 20$ （var）

（2）电容元件的电压和电流的相量图如图 6 - 21 所示。

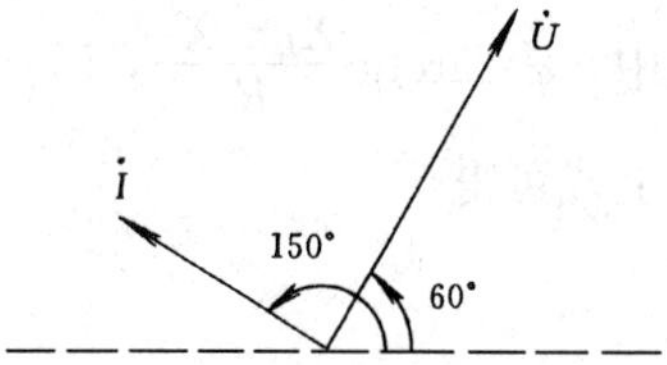

图 6 - 21 ［例 6 - 9］图

课题六　电阻、电感和电容元件串联的正弦交流电路

电阻、电感和电容元件串联电路如图 6 - 22（a）所示，三个元件的参数分别为 R、L、C。当电路两端外加交流电压 u 时，电路中将有电流 i 流过。选定电流和各电压的参考方向如图中所示。设电流 $i = I_m \sin\omega t$，由前面的分析结果可知，电阻、电感和电容元件上的电压分别为

$$\left.\begin{aligned}
u_R &= RI_m \sin\omega t \\
u_L &= X_L I_m \sin\left(\omega t + \frac{\pi}{2}\right) \\
u_C &= X_C I_m \sin\left(\omega t - \frac{\pi}{2}\right)
\end{aligned}\right\} \tag{6-38}$$

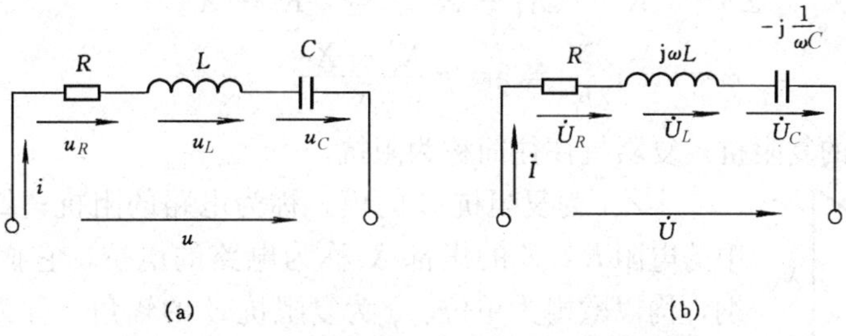

(a)　　　　　　　　(b)

图 6 - 22　电阻、电感和电容元件串联的电路

(a) 时域电路；(b) 相量模型

根据基尔霍夫电压定律可列出

$$u = u_R + u_L + u_C \tag{6-39}$$

将式（6 - 38）代入式（6 - 39），可得

$$\begin{aligned}
u &= RI_m \sin\omega t + X_L I_m \sin\left(\omega t + \frac{\pi}{2}\right) + X_C I_m \sin\left(\omega t - \frac{\pi}{2}\right) \\
&= RI_m \sin\omega t + (X_L - X_C) I_m \sin\left(\omega t + \frac{\pi}{2}\right) \\
&= \sqrt{R^2 + (X_L - X_C)^2}\, I_m (\sin\omega t \cos\varphi + \cos\omega t \sin\varphi) \\
&= \sqrt{R^2 + (X_L - X_C)^2}\, I_m \sin(\omega t + \varphi) \\
&= U_m \sin(\omega t + \varphi)
\end{aligned} \tag{6-40}$$

式中，$\varphi = \text{arctg} \dfrac{X_L - X_C}{R}$，$U_{\mathrm{m}} = I_{\mathrm{m}} \sqrt{R^2 + (X_L - X_C)^2}$。

由上式可得

$$\frac{U}{I} = \frac{U_{\mathrm{m}}}{I_{\mathrm{m}}} = \sqrt{R^2 + (X_L - X_C)^2} \tag{6-41}$$

以上分析结果表明，当电阻、电感和电容元件串联电路中通过的电流为正弦量时，电路两端的电压也是一个同频率的正弦量；在电压和电流取关联参考方向的情况下，电压在相位上超前电流 φ 角；电路两端的电压的有效值（或幅值）与电流的有效值（或幅值）之比等于 $\sqrt{R^2 + (X_L - X_C)^2}$。

RLC 串联电路的相量模型如图 6-22（b）所示。根据基尔霍夫电压定律和各元件的电压和电流的相量关系可得

$$\dot{U} = \dot{U}_R + \dot{U}_L + \dot{U}_C = R\dot{I} + jX_L\dot{I} - jX_C\dot{I}$$

$$= [R + j(X_L - X_C)]\dot{I} = Z\dot{I} \tag{6-42}$$

式 $\dot{U} = Z\dot{I}$ 为欧姆定律的相量形式。由此式可知，电阻、电感和电容元件串联电路的端电压相量 $\dot{U}$ 等于电流相量 $\dot{I}$ 与复数 Z 的乘积。其中

$$Z = R + j(X_L - X_C) \tag{6-43}$$

根据复数的知识可将上式写成极坐标式

$$Z = \sqrt{R^2 + (X_L - X_C)^2} \angle \varphi = \sqrt{R^2 + X^2} \angle \varphi$$

$$= |Z| \angle \varphi \tag{6-44}$$

式中

$$X = X_L - X_C \tag{6-45}$$

$$|Z| = \sqrt{R^2 + (X_L - X_C)^2} = \sqrt{R^2 + X^2} \tag{6-46}$$

$$\varphi = \text{arctg} \frac{X}{R} = \text{arctg} \frac{X_L - X_C}{R} \tag{6-47}$$

式中　Z——电路的复阻抗，复阻抗往往简称为阻抗。

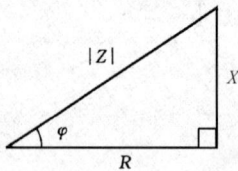

图 6-23　阻抗三角形

$|Z|$ 为复阻抗 Z 的模，称为电路的阻抗；Z 的实部为该电路中的电阻 R，Z 的虚部 X 称为电路的电抗；它们都具有电阻的量纲，均以欧姆为单位。φ 为复阻抗 Z 的辐角，称为阻抗角。根据复数知识可得

$$R = |Z| \cos\varphi \tag{6-48}$$

$$X = |Z| \sin\varphi \tag{6-49}$$

$|Z|$、X、R 三者之间的关系可用一个直角三角形来表示，如图 6-23 所示，这个直角三角形称为阻抗三角形。

由式（6-42）和式（6-44）可得

$$\frac{\dot{U}}{\dot{I}} = Z = |Z| \angle \varphi \tag{6-50}$$

$$\frac{U_{\mathrm{m}}}{I_{\mathrm{m}}} = \frac{U}{I} = |Z| \tag{6-51}$$

由式（6-50）和式（6-51）可知，RLC 串联电路的电压的有效值（或幅值）与电流

有效值（或幅值）之比等于电路复阻抗的模；在关联参考方向下，电压超前电流的相位角等于电路复阻抗的辐角。可见，阻抗具有对电流起阻碍作用的性质，它反映电路对正弦电流的限制能力。

由式（6-42）可知，RLC串联电路的端电压与电流之间的相位关系取决于X_L与X_C的相对大小。根据X_L与X_C的大小关系可知，RLC串联电路存在下面三种情况：

（1）$X_L>X_C$时，$X>0$，$\varphi>0$，电压$\dot{U}$在相位上超前于电流$\dot{I}\,\varphi$角，电路的电抗表现为电感性，这样的电路称为电感性电路。这种情况下电路中的电压和电流的相量图如图6-24（a）所示。

（2）$X_L<X_C$时，$X<0$，$\varphi<0$，电压$\dot{U}$在相位上滞后于电流$\dot{I}\,|\varphi|$角，电路的电抗表现为电容性，这样的电路称为电容性电路。电路中的电压和电流的相量图如图6-24（b）所示。

（3）$X_L=X_C$时，$X=0$，$\varphi=0$，电压$\dot{U}$与电流$\dot{I}$同相，电路呈电阻性。电路中的电压和电流的相量图如图6-24（c）所示。

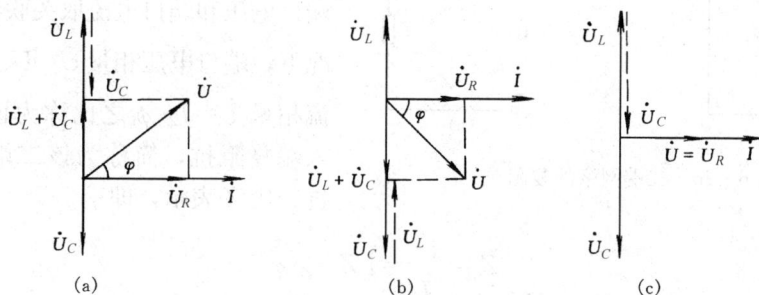

图6-24 电阻、电感和电容元件串联电路中电压和电流的相量图
(a) $X_L>X_C$; (b) $X_L<X_C$; (c) $X_L=X_C$

【例6-10】 在电阻、电感和电容元件串联电路中，已知$R=3\Omega$，$L=12.73\text{mH}$，$C=398\mu\text{F}$，电源电压$U=220\text{V}$，$f=50\text{Hz}$，选定电源电压为参考正弦量。

（1）求电路中的电流相量$\dot{I}$及电压相量$\dot{U}_R$、$\dot{U}_L$、$\dot{U}_C$。

（2）画出电流及各电压的相量图。

（3）写出i、u_R、u_L、u_C的解析式。

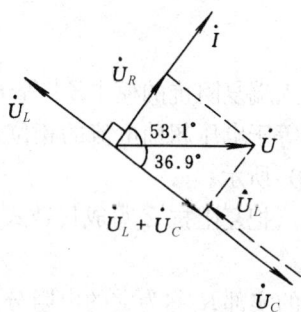

图6-25 ［例6-10］图

解 （1）$\omega=2\pi f=2\times3.14\times50=314$（rad/s）

$X_L=\omega L=314\times12.73\times10^{-3}=4$（$\Omega$）

$X_C=\dfrac{1}{\omega C}=\dfrac{1}{314\times398\times10^{-6}}=8$（$\Omega$）

$Z=R+\text{j}(X_L-X_C)=3+\text{j}(4-8)=3-\text{j}4=5\angle-53.1°$（$\Omega$）

$\dot{U}=U\angle0°=220\angle0°$（V）

$\dot{I}=\dfrac{\dot{U}}{Z}=\dfrac{220\angle0°}{5\angle-53.1°}=44\angle53.1°$（A）

$\dot{U}_R=R\dot{I}=3\times44\angle53.1°=132\angle53.1°$（V）

$\dot{U}_L = jX_L\dot{I} = j4 \times 44\angle53.1° = 4\angle90° \times 44\angle53.1° = 176\angle143.1°\ (V)$

$\dot{U}_C = -jX_C\dot{I} = -j8 \times 44\angle53.1° = 8\angle-90° \times 44\angle53.1° = 352\angle-36.9°\ (V)$

（2）电压、电流的相量图如图 6-25 所示。

（3）根据电压、电流的相量式写出对应的解析式。

$i = 44\sqrt{2}\sin(314t+53.1°)$ A，$u_R = 132\sqrt{2}\sin(314t+53.1°)$ V

$u_L = 176\sqrt{2}\sin(314t+143.1°)$ V，$u_C = 352\sqrt{2}\sin\times(314t-36.9°)$ V

课题七　复阻抗和复导纳

一、复阻抗

前面针对 RLC 串联电路，引入了复阻抗的概念，本课题将进一步说明它的一般意义。

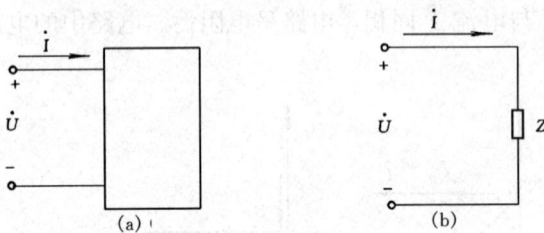

图 6-26　二端网络的复阻抗

对于正弦交流电路中的任一不含独立电源的二端网络［见图 6-26（a）］，在端口电压和端口电流取关联参考方向的情况下，端口电压相量 $\dot{U}=U\angle\psi_u$ 与端口电流相量 $\dot{I}=I\angle\psi_i$ 之比称为该二端网络的入端复阻抗，简称为该二端网络的复阻抗，用 Z 表示，即

$$Z = \frac{\dot{U}}{\dot{I}} = |Z|\angle\varphi \tag{6-52}$$

其中

$$|Z| = \frac{U}{I} \tag{6-53}$$

$$\varphi = \psi_u - \psi_i \tag{6-54}$$

即入端复阻抗的模 $|Z|$ 等于电压与电流的有效值之比；入端复阻抗的辐角 φ 称为阻抗角，它等于电压超前电流的相位角。复阻抗的电路符号与电阻元件的电路符号相同，如图 6-26（b）所示。

把复阻抗 Z 写成代数式，有

$$Z = R + jX \tag{6-55}$$

Z 的实部 R 称为它的电阻分量，Z 的虚部 X 称为它的电抗分量。由 $|Z|$ 和 φ 求 R、X 的关系式为

$$R = |Z|\cos\varphi, \quad X = |Z|\sin\varphi$$

由 R 和 X 求 $|Z|$、φ 的关系式为

$$|Z| = \sqrt{R^2+X^2}, \quad \varphi = \text{arctg}\frac{X}{R}$$

在正弦交流电路中，若各个电路元件上的电压和电流取关联参考方向，则每个元件（非电源元件）上的电压相量与电流相量之比称为该元件的复阻抗。电阻、电感和电容元件的复阻抗 Z_R、Z_L 和 Z_C 分别为

$$Z_R = \frac{\dot{U}_R}{\dot{I}_R} = R$$

$$Z_L = \frac{\dot{U}_L}{\dot{I}_L} = j\omega L = jX_L$$

$$Z_C = \frac{\dot{U}_C}{\dot{I}_C} = \frac{1}{j\omega C} = -jX_C$$

一个二端网络的复阻抗 $Z = R + jX$ 可用电阻 R 与复数电抗 jX 串联的相量电路模型来表示。网络中不含受控电源时电阻 R 为非负值，电抗 X 可取正值、负值或零。如果 $X > 0$，则 $\varphi > 0$，称该阻抗为电感性阻抗。电感性阻抗可用电阻元件与电感元件的串联组合的相量电路模型来表示，如图 6-27 (a) 所示。如果 $X < 0$，则 $\varphi < 0$，称该阻抗为电容性阻抗。电容性阻抗可用电阻元件与电

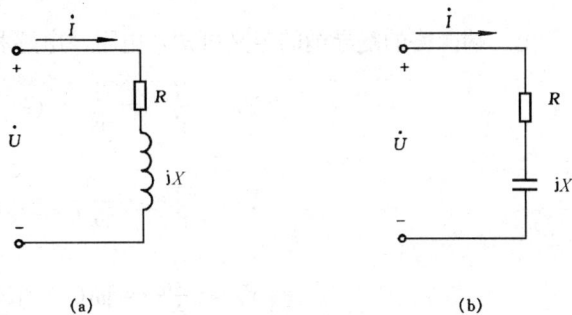

图 6-27 复阻抗的电路图
(a) $x > 0$；(b) $x < 0$

容元件的串联组合的相量电路模型来表示，如图 6-27 (b) 所示。如果 $X = 0$，则 $\varphi = 0$，电路可用一个电阻元件来表示。以上分析表明，正弦交流电路中的任一不含独立电源的二端网络都可以用一个电阻元件与电感元件（$X > 0$ 时）或电容元件（$X < 0$ 时）串联的电路来等效代替，电阻元件的电阻等于网络的复阻抗的实部 R，电感元件或电容元件的电抗等于网络的复阻抗的虚部 X。

二、复导纳

对于正弦交流电路中的任一不含独立电源的二端网络［见图 6-28 (a)］，在关联参考方向下，其端口电流相量 $\dot{I}$ 与端口电压相量 $\dot{U}$ 之比称为该二端网络的入端复导纳，简称二端网络的复导纳，用 Y 表示，即

$$Y = \frac{\dot{I}}{\dot{U}} = |Y| \angle \varphi' \tag{6-56}$$

其中

$$|Y| = \frac{I}{U} \tag{6-57}$$

$$\varphi' = \psi_i - \psi_u \tag{6-58}$$

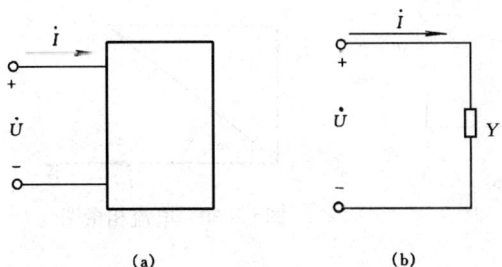

$|Y|$ 是复导纳的模，它等于电流与电压的有效值之比；φ' 是复导纳的辐角，称为导纳角，它等于电流超前电压的相位角。复导纳的电路符号与复阻抗的电路符号相同，如图 6-28 (b)所示。

把复导纳 Y 写成代数式，有

$$Y = G + jB \tag{6-59}$$

图 6-28 二端网络的复导纳

Y 的实部 G 称为它的电导分量，Y 的虚部 B 称为它的电纳分量。复导纳以及其电导分量和电纳分量的单位与电导的单位相同，均为西门子（S）。

由 $|Y|$ 和 φ' 求 G、B 的关系式为

$$G = |Y|\cos\varphi', \quad B = |Y|\sin\varphi'$$

由 G 和 B 求 $|Y|$、φ' 的关系式为

$$|Y| = \sqrt{G^2 + B^2}, \quad \varphi' = \text{arctg}\,\frac{B}{G}$$

由二端网络的复导纳的定义可知，电阻、电感和电容元件的复导纳 Y_R、Y_L 和 Y_C 分别为

$$Y_R = \frac{\dot{I}_R}{\dot{U}_R} = \frac{1}{R} = G$$

$$Y_L = \frac{\dot{I}_L}{\dot{U}_L} = \frac{1}{j\omega L} = -j\frac{1}{\omega L} = -jB_L$$

$$Y_C = \frac{\dot{I}_C}{\dot{U}_C} = j\omega C = jB_C$$

式中　B_L——电感元件的电纳，$B_L = \dfrac{1}{\omega L}$，简称感纳；

　　　　B_C——电容元件的电纳，$B_C = \omega C$，简称容纳。

　　一个二端网络的复导纳 $Y = G + jB$ 可用一个电导 G 与复数电纳 jB 并联的相量电路模型来表示。网络中不含受控电源时电导 G 为非负值，电纳 B 可取正值、负值或零。如果 $B > 0$，则 $\varphi' > 0$，复导纳为电容性，这种复导纳可用一个电导为 G 的电阻元件与容纳为 B 的电容元件的并联组合的相量电路模型来表示，如图 6-29（a）所示。如果 $B < 0$，则 $\varphi' < 0$，复导纳为电感性，这种复导纳可用一个电导为 G 的电阻元件与感纳为 $|B|$ 的电感元件的并联组合的相量电路模型来表示，如图 6-29（b）所示。如果 $B = 0$，则 $\varphi' = 0$，复导纳为电阻性，这种复导纳可用一个电导为 G 的电阻元件来表示。以上分析表明，正弦交流电路中的任一不含独立电源的二端网络都可以用一个电阻元件与电容元件（$B > 0$ 时）或电感元件（$B < 0$ 时）并联的电路来等效代替，电阻元件的电导等于网络的复导纳的实部 G，电容元件或电感元件的电纳等于网络复导纳的虚部 B。

　　由复导纳的定义可知

$$\dot{I} = Y\dot{U} = (G + jB)\dot{U} = G\dot{U} + jB\dot{U} = \dot{I}_G + \dot{I}_B$$

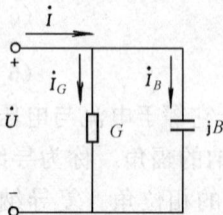
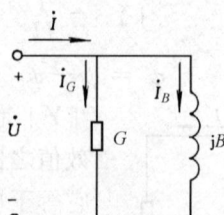
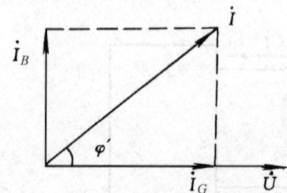

图 6-29　复导纳的电路图　　　　　　　　　图 6-30　电流相量图
(a) $B > 0$；(b) $B < 0$

$\dot{I}_G$ 是电导中的电流相量，它与电压 $\dot{U}$ 同相，称为电流 $\dot{I}$ 的有功分量；$\dot{I}_B$ 是电纳中的电流相

量，它与电压 $\dot{U}$ 的相位差为 $90°$，称为电流 $\dot{I}$ 的无功分量。图 6 - 29（a）所示电路的电流相量图如图 6 - 30 所示。

三、复阻抗与复导纳的转换

在正弦交流电路中，同一个不含独立电源的二端网络，既可用电阻 R 与复数电抗 jX 的串联组合等效替代，也可用电导 G 与复数电纳 jB 的并联组合等效替代。这就意味着，这两种组合可以等效互换。这表明，复阻抗 $Z=R+jX$ 与复导纳 $Y=G+jB$ 之间可以相互转换、相互替代。

从复阻抗和复导纳的定义可知，同一个不含独立电源的二端网络复阻抗和复导纳之间有着互为倒数的关系。因此，复阻抗 $Z=R+jX$ 与复导纳 $Y=G+jB$ 之间的等效条件为

$$ZY=1$$

即

$$(R+jX)(G+jB)=1 \tag{6-60}$$

或

$$|Y|=\frac{1}{|Z|}, \quad \varphi'=-\varphi \tag{6-61}$$

若已知复阻抗 Z（或复导纳 Y），应用式（6 - 60）或式（6 - 61），可求得复导纳 Y（或复阻抗 Z）。

【例 6 - 11】 在 RLC 串联电路中，$R=10\Omega$，$L=0.05H$，$C=100\mu F$。试计算端电压 u 的角频率分别为 $\omega=314rad/s$ 和 $\omega=1000rad/s$ 时电路的复导纳及并联等效电路中各元件的参数。

解 （1）$\omega=314rad/s$ 时

$X_L=\omega L=314\times0.05=15.7$（$\Omega$）

$X_C=\dfrac{1}{\omega C}=\dfrac{1}{314\times100\times10^{-6}}=31.85$（$\Omega$）

$X=X_L-X_C=15.7-31.85=-16.15$（$\Omega$）

$Z=R+jX=10-j16.15=19.00\angle-58.23°$（$\Omega$）

$Y=\dfrac{1}{Z}=\dfrac{1}{19.00\angle-58.23°}=0.053\angle58.23°=0.028+j0.045$（S）

$R'=\dfrac{1}{G}=\dfrac{1}{0.028}=35.71$（$\Omega$）

$C'=\dfrac{B}{\omega}=\dfrac{0.045}{314}=143.31\times10^{-6}F=143.31$（$\mu F$）

（2）$\omega=1000rad/s$ 时

$X_L=\omega L=1000\times0.05=50$（$\Omega$）

$X_C=\dfrac{1}{\omega C}=\dfrac{1}{1000\times100\times10^{-6}}=10$（$\Omega$）

$X=X_L-X_C=50-10=40$（Ω）

$Z=R+jX=10+j40=41.23\angle75.96°$（$\Omega$）

$Y=\dfrac{1}{Z}=\dfrac{1}{41.23\angle75.96°}=0.024\angle-75.96°=0.006-j0.023$（S）

$R'=\dfrac{1}{G}=\dfrac{1}{0.006}=166.67$（$\Omega$）

$$L' = \frac{1}{\omega \mid B \mid} = \frac{1}{1000 \times 0.023} = 0.043 \text{ (H)}$$

课题八　阻抗串联、并联的电路

一、阻抗串联的电路

图 6 - 31 （a）是两个复阻抗 Z_1、Z_2 串联的电路，电路中的电压和电流的参考方向如图

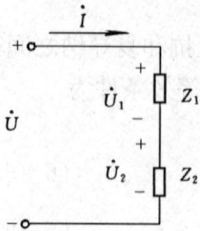

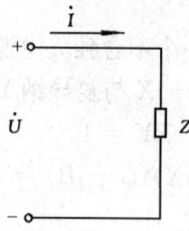

(a)　　　　　　　　　　　(b)

图 6 - 31　复阻抗的串联

中所示。根据欧姆定律可写出各复阻抗的电压与电流的相量关系式

$$\dot{U}_1 = Z_1 \dot{I} , \quad \dot{U}_2 = Z_2 \dot{I}$$

根据基尔霍夫电压定律可得

$$\dot{U} = \dot{U}_1 + \dot{U}_2 = (Z_1 + Z_2) \dot{I}$$

于是有

$$\frac{\dot{U}}{\dot{I}} = (Z_1 + Z_2)$$

由上式可见，两个复阻抗串联的电路可以用一个复阻抗 Z [见图 6 - 31 （b）] 来等效替代，等效复阻抗 Z 等于两个串联复阻抗之和，即

$$Z = Z_1 + Z_2 \tag{6 - 62}$$

按照上述分析方法分析，很容易导出 n 个复阻抗 Z_1、Z_2、$\cdots$、Z_n 串联电路的等效复阻抗的计算公式

$$Z = Z_1 + Z_2 + \cdots + Z_n \tag{6 - 63}$$

以上分析结果表明，在各电压的参考方向一致的情况下，复阻抗串联电路的总电压的相量等于各个串联复阻抗电压的相量之和；复阻抗串联电路的等效复阻抗等于各个串联复阻抗之和。

应当注意，在各个串联复阻抗的辐角不相等的情况下

$$U \neq U_1 + U_2$$
$$\mid Z \mid \neq \mid Z_1 \mid + \mid Z_2 \mid$$

两个复阻抗串联的分压公式为

$$\dot{U}_1 = Z_1 \dot{I} = \frac{Z_1}{Z} \dot{U} = \frac{Z_1}{Z_1 + Z_2} \dot{U} \tag{6 - 64}$$

$$\dot{U}_2 = Z_2 \dot{I} = \frac{Z_2}{Z} \dot{U} = \frac{Z_2}{Z_1 + Z_2} \dot{U} \tag{6 - 65}$$

多个复阻抗串联的分压公式为

$$\dot{U}_k = \frac{Z_k}{Z} \dot{U} \tag{6 - 66}$$

二、阻抗并联的电路

图 6 - 32 （a）是两个复阻抗 Z_1、Z_2 并联的电路。在图示电压、电流的参考方向下，根据欧姆定律可写出各支路电流与电压的相量关系式

$$\dot{I}_1 = \frac{\dot{U}}{Z_1}, \quad \dot{I}_2 = \frac{\dot{U}}{Z_2}$$

根据基尔霍夫电流定律可得

$$\dot{I} = \dot{I}_1 + \dot{I}_2 = \frac{\dot{U}}{Z_1} + \frac{\dot{U}}{Z_2} = \left(\frac{1}{Z_1} + \frac{1}{Z_2}\right)\dot{U}$$

于是有

$$\frac{\dot{I}}{\dot{U}} = \frac{1}{Z_1} + \frac{1}{Z_2}$$

由上式可知，两个复阻抗并联的电路也可用
一个复阻抗 Z〔见图6-32（b）〕来等效替
代。等效复阻抗的倒数等于两个并联复阻抗
的倒数之和，即

$$\frac{1}{Z} = \frac{1}{Z_1} + \frac{1}{Z_2} \qquad (6-67)$$

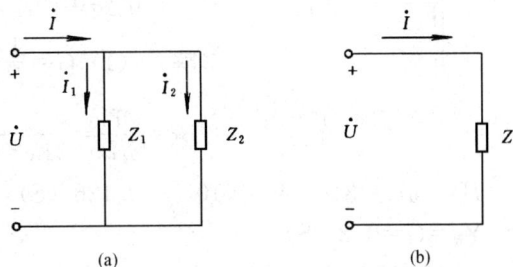

图 6-32　复阻抗的并联

由式（6-67）可得

$$Z = \frac{Z_1 Z_2}{Z_1 + Z_2} \qquad (6-68)$$

式（6-67）可写成

$$Y = Y_1 + Y_2 \qquad (6-69)$$

n 个复阻抗 Z_1、Z_2、$\cdots$、Z_n 并联的电路的等效复导纳的计算公式为

$$Y = Y_1 + Y_2 + \cdots + Y_n \qquad (6-70)$$

以上分析结果表明，在各电流参考方向一致的情况下，复阻抗并联电路的总电流的相量
等于各支路电流的相量之和；复阻抗并联电路的等效复阻抗的倒数等于各个并联复阻抗的倒
数之和，即复阻抗并联电路的等效复导纳等于各个并联支路的复导纳之和。

应当注意，在各个并联复阻抗（或复导纳）的辐角不相等的情况下

$$|Y| \neq |Y_1| + |Y_2|$$
$$I \neq I_1 + I_2$$

两个复阻抗并联的分流公式为

$$\dot{I}_1 = \frac{Z_2}{Z_1 + Z_2}\dot{I} \qquad (6-71)$$

$$\dot{I}_2 = \frac{Z_1}{Z_1 + Z_2}\dot{I} \qquad (6-72)$$

多个复阻抗（或复导纳）并联的分流公式为

$$\dot{I}_k = \frac{Y_k}{Y}\dot{I} \qquad (6-73)$$

【例6-12】　两个复阻抗 $Z_1 = 5.66 + j9\,\Omega$，$Z_2 = 3 - j4\,\Omega$，串联接在电压 $\dot{U} = 220\angle30°\text{V}$
的电源上。试求电路中的电流 $\dot{I}$ 和两阻抗的电压 $\dot{U}_1$ 和 $\dot{U}_2$。

　　解　$Z = Z_1 + Z_2 = 5.66 + j9 + 3 - j4 = 8.66 + j5 = 10\angle30°$（$\Omega$）

$$\dot{I} = \frac{\dot{U}}{Z} = \frac{220\angle30°}{10\angle30°} = 22\,\text{（A）}$$

$\dot{U}_1 = Z_1 \dot{I} = (5.66+\text{j}9) \times 22 = 10.63 \angle 57.83° \times 22 = 233.86 \angle 57.83°$ (V)

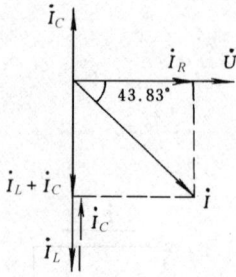

$\dot{U}_2 = Z_2 \dot{I} = (3-\text{j}4) \times 22 = 5 \angle -53.1° \times 22 = 110 \angle -53.1°$ (V)

【例 6 - 13】　在 RLC 并联电路中，$R=5\Omega$，$L=10\text{mH}$，$C=400\mu\text{F}$，电路端电压 $U=220\text{V}$，电压的角频率 $\omega=314\text{rad/s}$。试求：

(1) 电路的复导纳及复阻抗。

(2) 电路中的总电流及各元件电流，并作相量图。

解　(1) $G=\dfrac{1}{R}=\dfrac{1}{5}=0.2$ (S)

图 6 - 33　[例 6 - 13] 图

$B_L = \dfrac{1}{\omega L} = \dfrac{1}{314 \times 10 \times 10^{-3}} = 0.318$ (S)

$B_C = \omega C = 314 \times 400 \times 10^{-6} = 0.126$ (S)

$Y_R = G = 0.2$ (S)

$Y_L = -\text{j}B_L = -\text{j}0.318$ (S)

$Y_C = \text{j}B_C = \text{j}0.126$ (S)

$Y = Y_R + Y_L + Y_C = G + \text{j}(B_C - B_L) = 0.2 + \text{j}(0.126 - 0.318)$

　　$= 0.2 - \text{j}0.192 = 0.277 \angle -43.83°$ (S)

$Z = \dfrac{1}{Y} = \dfrac{1}{0.277 \angle -43.83°} = 3.610 \angle 43.83° = 2.604 + \text{j}2.500$ (Ω)

(2) 设 $\dot{U} = 220 \angle 0°$V

$\dot{I} = Y\dot{U} = 0.277 \angle -43.83° \times 220 \angle 0° = 60.94 \angle -43.83°$ (A)

$\dot{I}_R = Y_R\dot{U} = 0.2 \times 220 \angle 0° = 44 \angle 0°$ (A)

$\dot{I}_L = Y_L\dot{U} = -\text{j}0.318 \times 220 \angle 0° = 69.96 \angle -90°$ (A)

$\dot{I}_C = Y_C\dot{U} = \text{j}0.126 \times 220 \angle 0° = 27.72 \angle 90°$ (A)

电路中的电压和电流的相量图如图 6 - 33 所示。

课题九　正弦交流电路的功率

一、瞬时功率

任一二端网络的瞬时功率等于其端口的瞬时电压与瞬时电流的乘积。有一个二端网络，端口电压和端口电流取关联参考方向，如图 6 - 34 所示。设该二端网络的端口电压和电流分别为

$$u = \sqrt{2}U\sin(\omega t + \varphi)$$

$$i = \sqrt{2}I\sin\omega t$$

则该二端网络吸收的瞬时功率为

图 6 - 34　二端网络

$p = ui = 2UI\sin(\omega t + \varphi)\sin\omega t = UI\cos\varphi - UI\cos(2\omega t + \varphi)$

　$= UI\cos\varphi - UI\cos\varphi\cos 2\omega t + UI\sin\varphi\sin 2\omega t = p_a + p_r$　　　　(6 - 74)

　　　$p_a = UI\cos\varphi - UI\cos\varphi\cos 2\omega t$

　　　$p_r = UI\sin\varphi\sin 2\omega t$

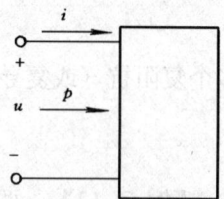

对于任意一个无源二端网络，当 $\varphi > 0$ 时，u、i、p、p_a、p_r 的波形如图 6-35 所示。从图中可见，瞬时功率 p 以两倍电流（或电压）频率随时间作周期性变化。当 u、i 符号相同时，即当它们的实际方向相同时，p 为正值，表明这时电路从它的外部吸收功率；当 u、i 符号相反时，即当它们的实际方向相反时，p 为负值，表明这时电路实际上是向外部发出功率。瞬时功率 p 可以分为 p_a 和 p_r 两个分量。p_a 的波形如图 6-35（b）所示，它是一个大小变化而传输方向不变的功率。p_a 恒为非负值，表明电路消耗电能，说明电路中存在耗能元件。p_a 的波形与横轴之间所构成的面积代表电路所消耗的电能。p_a 代表电路耗能的速率，称为 p 的有功分量。p_r 的波形如图 6-35（c）所示，它是以两倍电流频率随时间作正弦变化的功率。它周期性地正负交替变化，表明该电路与其外部电路之间进行着周期性的往返能量交换，说明电路中存在储能元件。p_r 的平均值为零，表明对这部分功率而言，从平均意义上讲，电路不做功。故将 p_r 称为 p 的无功分量。

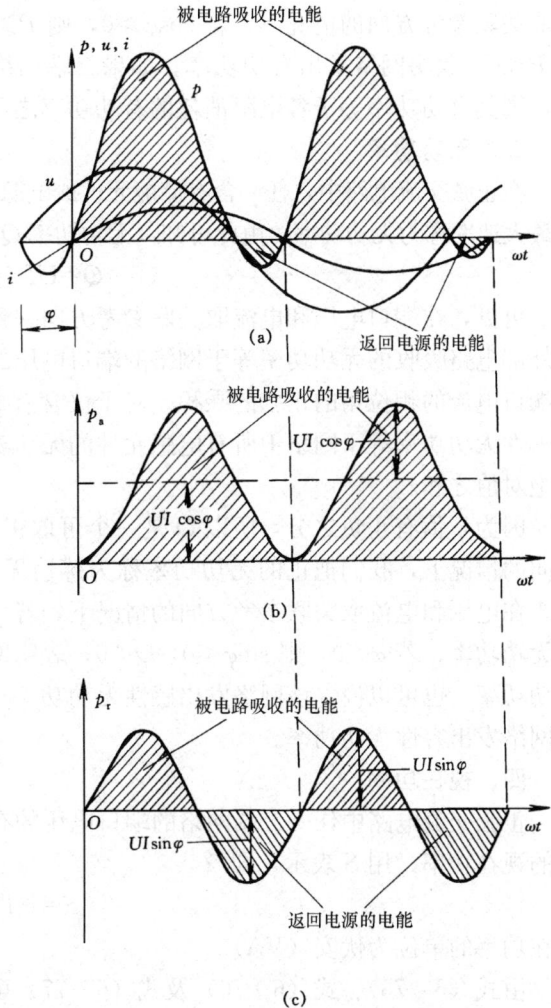

图 6-35 二端网络的瞬时功率及其有功
分量、无功分量的波形
（a）电路总功率；（b）有功分量；（c）无功分量

二、有功功率

正弦交流电路中任一二端网络消耗或产生电能的平均速率称为有功功率。这里所谓消耗电能是指电路从外部吸收电能并将它转化为其他非电、磁形式的能量；所谓产生电能是指电路将其他非电、磁形式的能量转化为电能，向外部输送。由定义可知，有功功率就是电路瞬时功率的有功分量的平均值，有功功率在数值上也等于电路的平均功率。

$$P = \frac{1}{T}\int_0^T p_a \mathrm{d}t$$

$$= \frac{1}{T}\int_0^T (UI\cos\varphi - UI\cos\varphi\cos2\omega t)\mathrm{d}t$$

$$= UI\cos\varphi \tag{6-75}$$

由此可知，对于正弦交流电路中的任意二端网络，在其端口电压和端口电流取关联参考方向的情况下，网络从外部电路吸收的有功功率等于端口电压的有效值、端口电流的有效值和端口电压超前端口电流的相位角的余弦的乘积。有功功率的单位为瓦（W）。在电压和电流取关联参考方向的情况下，若 $\cos\varphi>0$，则 $P>0$，表明网络吸收有功功率；若 $\cos\varphi<0$，则 $P<0$，表明网络发出有功功率。如果二端网络是一个仅由 R、L、C 元件组成的无源网络，则其有功功率等于各电阻消耗的有功功率之和。

三、无功功率

在正弦交流电路中，任一含有储能元件或电源的二端网络与其外部电路之间往返交换能量的最大速率称为无功功率。由此可知，无功功率 Q 等于瞬时功率的无功分量 p_r 的最大值，即

$$Q=UI\sin\varphi \tag{6-76}$$

可见，在端口电压和电流取关联参考方向一致的情况下，正弦交流电路中任意二端网络从外部电路吸收的无功功率等于网络的端口电压的有效值、端口电流的有效值和端口电压超前端口电流的相位角的正弦的乘积。对于仅含有 R、L、C 元件的正弦二端网络，网络吸收的感性无功功率等于网络中所有电感元件的无功功率绝对值之和减去所有电容元件的无功功率绝对值之和。

因为 φ 值有正负之分，所以 Q 是一个可取正负值的代数量。在电压和电流取关联参考方向的情况下，我们把正的无功功率称为感性无功功率，把负的无功功率称为容性无功功率。在电压和电流取关联参考方向的情况下，若 $\varphi>0$，则 $\sin\varphi>0$，$Q>0$，表明网络吸收感性无功功率；若 $\varphi<0$，则 $\sin\varphi<0$，$Q<0$，表明网络吸收容性无功功率。一个网络吸收容性无功功率，也可以说，该网络发出感性无功功率；一个网络吸收感性无功功率，也可以说，该网络发出容性无功功率。

四、视在功率

正弦交流电路中任一二端网络的端口电压的有效值与端口电流的有效值的乘积称为该网络的视在功率，用 S 表示，即

$$S=UI \tag{6-77}$$

视在功率的单位为伏安（VA）。

由式（6-75）、式（6-76）及式（6-77）可知，正弦交流电路的有功功率 P、无功功率 Q 及视在功率 S 三者之间具有下列关系

$$\left. \begin{array}{l} P = S\cos\varphi \\ Q = S\sin\varphi \\ S = \sqrt{P^2 + Q^2} \\ \mathrm{tg}\varphi = \dfrac{Q}{P} \end{array} \right\} \tag{6-78}$$

P、Q、S 三者之间的关系也可以用一个直角三角形来表示，这一直角三角形称为功率三角形。功率三角形如图 6-36 所示。

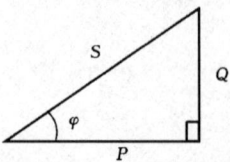

图 6-36　功率三角形

五、功率因数

交流电路的有功功率与视在功率的比值称为电路的功率因数，用 λ 表示，即

$$\lambda=\frac{P}{S} \tag{6-79}$$

对于正弦交流电路，因为 $P/S=\cos\varphi$，所以可把 $\cos\varphi$ 称为电路的功率因数，即

$$\lambda=\cos\varphi \tag{6-80}$$

这就是说，在电压和电流取关联参考方向的情况下，正弦交流电路中任意二端网络的功率因数等于网络的端口电压超前端口电流的相位角的余弦。φ 角称为功率因数角。当电压和电流取关联参考方向时，对于不含独立电源的正弦二端网络，功率因数角 φ 就是网络入端复阻抗 Z 的阻抗角。因此，网络的功率因数 $\lambda = \cos\varphi = \dfrac{R}{|Z|}$。

【例 6 - 14】 用电压表、电流表和功率表去测量一个线圈的参数 R 和 L，测量电路如图 6 - 37 所示。已知电源频率为 50Hz，测得数据为：电压表的读数 100V，电流表的读数为 2A，功率表的读数为 120W。试求 R 和 L。

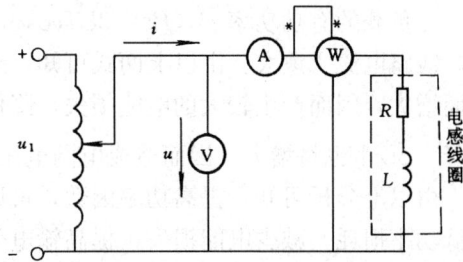

图 6 - 37 ［例 6 - 14］图

解 $|Z| = \dfrac{U}{I} = \dfrac{100}{2} = 50 \ (\Omega)$

$\cos\varphi = \dfrac{P}{UI} = \dfrac{120}{100 \times 2} = 0.6$

$\varphi = \arccos 0.6 = 53.1°$

$\sin\varphi = \sin 53.1° = 0.8$

$R = |Z| \cos\varphi = 50 \times 0.6 = 30 \ (\Omega)$

$X = |Z| \sin\varphi = 50 \times 0.8 = 40 \ (\Omega)$

$L = \dfrac{X}{2\pi f} = \dfrac{40}{2 \times 3.14 \times 50} = 0.127 \ (H)$

课题十 功率因数的提高

一、低功率因数运行的危害

造成电力网功率因数偏低的原因是电力系统中存在着大量的功率因数较低的电感性负载。低功率因数运行会给电力系统带来下述两方面不良后果。

1. 造成发电设备容量不能充分利用

正常情况下，三相发电机能够发出的有功功率为

$$P = \sqrt{3} U_N I_{al} \cos\varphi$$

式中　U_N——发电机的额定电压；

　　　I_{al}——发电机定子电流的允许值。

由式可知，负载功率因数 $\cos\varphi$ 愈低，发电机所能发出的有功功率 P 愈小。当负载功率因数 $\cos\varphi$ 低于发电机的额定功率因数 $\cos\varphi_N$ 时，$I_{al} < I_N$，发电机能够发出的有功功率 P 小于其额定功率 P_N（$P_N = \sqrt{3} U_N I_N \cos\varphi_N$），这时发电机的设计容量不能被充分利用。

2. 增加线路的电压降和功率损耗

若输电线路的电压不很高，线路不很长，则线路的电压降落 $\Delta\dot{U}$ 和功率损耗 ΔP 可用下式计算

$$\Delta\dot{U} = \dot{I} Z_L$$

$$\Delta P = 3I^2 R_L$$

式中　Z_L——线路阻抗；

　　　R_L——线路电阻。

在负载的有功功率 P（$P=\sqrt{3}UI\cos\varphi$）和电压 U 一定的情况下，负载功率因数 $\cos\varphi$ 愈低，线路电流 I 愈大。由以上两式可知，线路电流 I 增大，线路上的有功功率损耗 ΔP 将随之而增大，因而产生较大的电能损失，降低输电效率；同时，线路电流 I 增大，线路上的电压降 $|\Delta \dot{U}|$ 也将增大，因而造成电网电压降低，影响电能的质量。

由以上分析可知，提高功率因数，可以提高发电机的有功功率，充分利用发电机容量；降低功率损耗，减少电能损失，提高输电效率；减少线路压降，改善电压质量。

二、并联电容器提高功率因数的原理

提高电力系统功率因数的方法可分为两类：①提高自然功率因数，即不添置任何补偿设备，采取措施减少供电系统的无功功率的需要量。②功率因数的人工补偿，即利用补偿装置对供用电设备所需的无功功率进行人工补偿。人工补偿最常采用的措施是在用户变电站或消耗无功功率较大的用电设备附近安装电容器。下面介绍并联电容器提高功率因数的原理。

一感性负载（用 RL 串联电路来表示）接于电压为 $\dot{U}$ 的交流电源上，电路如图 6 - 38 所示。电路中的电流为 $\dot{I}_1$，$\dot{I}_1$ 滞后 $\dot{U}$ 的相位角为 φ_1，$\dot{I}_1$ 的有功分量 $\dot{I}_{1a}$ 与 $\dot{U}$ 同相，$\dot{I}_1$ 的无功分量 $\dot{I}_{1r}$ 滞后 $\dot{U}$ 90°。它们的相量图如图 6 - 39 所示。

在负载两端并上电容器 C 之后，负载支路中的电流 $\dot{I}_1$ 保持不变（设电源电压恒定）。电容支路的电流 $\dot{I}_C$ 超前 $\dot{U}$ 90°，$\dot{I}_C$ 与 $\dot{I}_{1r}$ 反相。这时电路中的总电流 $\dot{I}_2=\dot{I}_1+\dot{I}_C$，$\dot{I}_2$ 的有功分量 $\dot{I}_{2a}=\dot{I}_{1a}$，$\dot{I}_2$ 的无功量 $\dot{I}_{2r}=\dot{I}_{1r}+\dot{I}_C$，$\dot{I}_2$ 滞后 $\dot{U}_2$ 的相位角为 φ_2。各电流的相量图如图6 - 39所示。

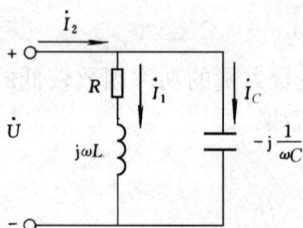

图 6 - 38　并联电容器提高功率因数的电路图　　图 6 - 39　并联电容器提高功率因数的相量图

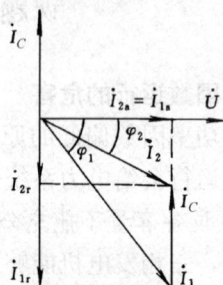

从相量图可见，在感性负载两端并联电容器后，电路中总的无功电流减小（$I_{2r}<I_{1r}$），电路的总电流减小（$I_2<I_1$），功率因数角减小（$\varphi_2<\varphi_1$），功率因数提高（$\cos\varphi_2>\cos\varphi_1$）。产生上述结果的原因是：由于电容电流 $\dot{I}_C$ 与感性负载电流的无功分量 $\dot{I}_{1r}$ 反相，容性无功电流 $\dot{I}_C$ 抵消了一部分感性无功电流，使得总电流的无功分量减小，从而使得功率因数提高。可见，并联电容器提高功率因数的实质就是利用电容中超前的无功电流去补偿感性负载中滞后的无功电流，以减小总电流的无功分量。

电容器的无功补偿作用还可以利用功率关系来加以说明。设未并联电容器时，感性负载从电源吸取的有功功率为 P_1、无功功率为 Q_1、视在功率为 S_1。并联电容器之后，电容器的无功功率为 Q_C，由于电容器的容性无功功率补偿了感性负载的感性无功功率，从而使电源提供的无功功率减少到 Q_2（$Q_2=Q_1-Q_C$），并联电容器之后，电路吸取的有功功率不变，即 $P_2=P_1$，电路吸取的视在功率减少到 S_2，功率因数由 $\cos\varphi_1$ 提高到 $\cos\varphi_2$。电容器并联前后电路的功率三角形如图 6-40 所示。并联电容器之后，感性负载所需要的无功功率大部分或全部由电容器供给，这样就减少了电路的总无功功率。也就是说，并联电容器之后，使得能量互换主要或完全发生在感性负载与电容器之间，从而减少了电源与感性负载之间往返交换的能量，因而使得功率因数得以提高。

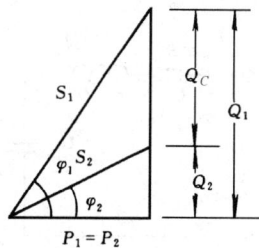

图 6-40　并联电容器提高功率因数的功率三角形

根据图 6-40 可求出补偿电容器的补偿容量

$$Q_C=Q_1-Q_2=P_1\left(\operatorname{tg}\varphi_1-\operatorname{tg}\varphi_2\right) \tag{6-81}$$

因为

$$Q_C=\omega CU^2$$

所以补偿电容器的电容为

$$C=\frac{P_1}{\omega U^2}\left(\operatorname{tg}\varphi_1-\operatorname{tg}\varphi_2\right) \tag{6-82}$$

【例 6-15】　有一感性负载，接在 $U=220\text{V}$，$f=50\text{Hz}$ 的正弦交流电源上。其有功功率 $P=150\text{kW}$，功率因数 $\cos\varphi_1=0.6$。若将电路的功率因数提高到 $\cos\varphi_2=0.8$，试求：

（1）并联电容器的补偿容量和电容；

（2）电容器并联前后的线路电流。

解　（1）$\cos\varphi_1=0.6$，$\varphi_1=53.13°$

$\cos\varphi_2=0.8$，$\varphi_2=36.87°$

$Q_C=P_1\left(\operatorname{tg}\varphi_1-\operatorname{tg}\varphi_2\right)=150\times10^3\left(\operatorname{tg}53.13°-\operatorname{tg}36.87°\right)=87450\ (\text{var})$

$C=\dfrac{Q_C}{\omega U^2}=\dfrac{87450}{2\pi\times50\times220^2}=5.75\times10^{-3}\ (\text{F})=5750\mu\text{F}$

（2）$I_1=\dfrac{P_1}{U\cos\varphi_1}=\dfrac{150\times10^3}{220\times0.6}=1136.36\ (\text{A})$

$I_2=\dfrac{P_1}{U\cos\varphi_2}=\dfrac{150\times10^3}{220\times0.8}=852.27\ (\text{A})$

课题十　正弦交流电路中的谐振

正弦交流电路中任一具有电感和电容元件且不含独立电源的二端网络，在一定频率下，出现网络的端口电压和端口电流同相位的情况，称为谐振。发生谐振的电路称为谐振电路。按谐振电路的连接方式进行分类，可把谐振分为串联谐振、并联谐振和串并联谐振。

一、串联谐振

串联电路发生的谐振称为串联谐振。例如，RLC 串联电路发生的谐振就是串联谐振。

1. 串联谐振的条件

由谐振的定义可知，对于图 6-41（a）所示的 RLC 串联电路，发生谐振的条件为电路的总电抗为零，即

$$X=X_L-X_C=0 \tag{6-83}$$

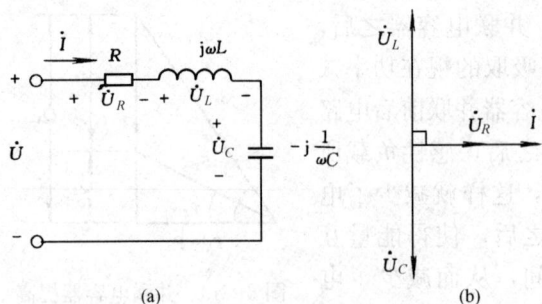

图 6 - 41　串联谐振电路及其相量图
(a) RLC 串联谐振电路；(b) 相量图

或　　　　　　　　　　$\omega L = \dfrac{1}{\omega C}$

也就是说，在感抗和容抗相等时，RLC 串联电路发生谐振。

发生谐振时的电源的角频率称为电路的谐振角频率，记作 ω_0。根据上式可得

$$\omega_0 = \frac{1}{\sqrt{LC}} \qquad (6 - 84)$$

发生谐振时的电源频率称为电路的谐振频率，记作 f_0。由式（6 - 84）可得

$$f_0 = \frac{1}{2\pi \sqrt{LC}} \qquad (6 - 85)$$

由式（6 - 85）可知，串联电路的谐振频率 f_0 与电路中的电阻 R 和电压 U 无关，仅决定于电路中的电感 L 和电容 C 的数值，它反映了串联电路的固有性质。改变 ω、L、C 中的任一个量都可以使电路达到谐振。

2. 串联谐振电路的特征

(1) 谐振时电路复阻抗 Z 等于电路中的电阻 R，阻抗 $|Z|$ 最小。

由 $X_L = \omega L$，$X_C = \dfrac{1}{\omega C}$，$X = X_L - X_C$，$|Z| = \sqrt{R^2 + X^2}$ 可画出各量随 ω 变化的曲线，如图 6 - 42（a）所示。从图中曲线可见，谐振时，即 $\omega = \omega_0$ 时，$X = 0$，$|Z|$ 达到最小值，其值为

$$|Z| = R$$

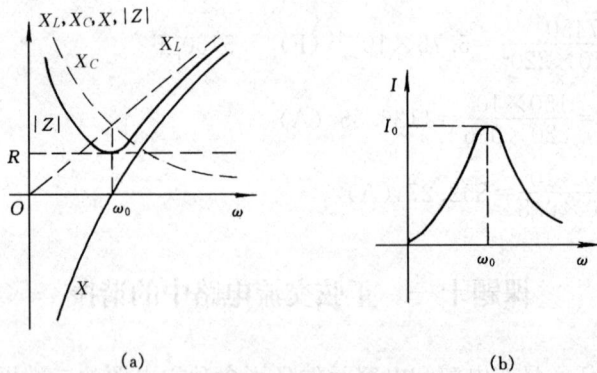

图 6 - 42　电抗、阻抗和电流随角频率变化的曲线
(a) 电抗、阻抗变化曲线；(b) 电流变化曲线

谐振时电路的复阻抗为

$$Z = R + jX = R$$

可见，谐振时整个电路相当于一个电阻。

(2) 谐振时电路中的电流 I_0 达到最大值，其值为 U/R。

RLC 串联电路的电流的有效值为

$$I = \frac{U}{|Z|} = \frac{U}{\sqrt{R^2 + X^2}} = \frac{U}{\sqrt{R^2 + \left(\omega L - \frac{1}{\omega C}\right)^2}}$$

由上式可画出电流随角频率变化的曲线，如图 6 - 42（b）所示。因为谐振时电路的阻抗 $|Z|$ 达到最小值，所以，当电路的端电压 U 保持一定时，谐振时电路中的电流达到最大值，其值为

$$I_0 = \frac{U}{R}$$

（3）谐振时电感元件的电压 $\dot{U}_L$ 与电容元件的电压 $\dot{U}_C$ 大小相等、相位相反、相互抵消，电阻元件的电压 $\dot{U}_R$ 等于电源电压 $\dot{U}$。

谐振时电感元件和电容元件的电压有效值分别为

$$U_L = I_0 X_L = \frac{U}{R} X_L = QU \tag{6 - 86}$$

$$U_C = I_0 X_C = \frac{U}{R} X_C = QU \tag{6 - 87}$$

$$Q = \frac{X_L}{R} = \frac{\omega_0 L}{R} = \frac{1}{\omega_0 CR} \tag{6 - 88}$$

Q 称为谐振电路的品质因数，它是一个无量纲的量。由以上式可见，谐振时 $U_L = U_C$，因此

$$\dot{U}_L = -\dot{U}_C$$

$$\dot{U} = \dot{U}_R + \dot{U}_L + \dot{U}_C = \dot{U}_R$$

RLC 串联电路谐振时的相量图如图 6 - 41（b）所示。

由式（6 - 86）和式（6 - 87）可知，当 $X_L = X_C \gg R$ 时，即 $Q \gg 1$ 时，U_L 和 U_C 都将远大于电源电压 U。在无线电技术中常利用串联谐振的这一特性，将微弱信号输入到串联谐振回路中，在电感元件或电容元件两端获取比输入电压高得多的电压。在电力系统中，常把由谐振而引起的高电压称为谐振过电压。为了防止因电压过高而导致电气设备的绝缘击穿，应避免发生串联谐振。

（4）谐振时电感元件吸收的感性无功功率 Q_L 等于电容元件吸收的容性无功功率 Q_C，两者相互补偿，这时电路吸收的无功功率 Q 为零，能量互换完全发生在电感元件与电容元件之间。

谐振时电感元件吸收的感性无功功率 $Q_L = I_0^2 X_L$，电容元件吸收的容性无功功率 $Q_C = I_0^2 X_C$。因为 $X_L = X_C$，所以

$$Q_L = Q_C$$

这时电路吸收的无功功率等于零，即

$$Q = Q_L - Q_C = 0$$

二、并联谐振

并联电路发生的谐振称为并联谐振。图 6 - 43（a）所示电路是一种常见的并联谐振电路。现讨论这种电路的谐振条件和谐振时电路的特征。

1. 并联谐振的条件

图 6 - 43（a）所示电路的复导纳为

$$Y = \frac{1}{R+j\omega L} + j\omega C = \frac{R}{R^2+(\omega L)^2} + j\left[\omega C - \frac{\omega L}{R^2+(\omega L)^2}\right]$$

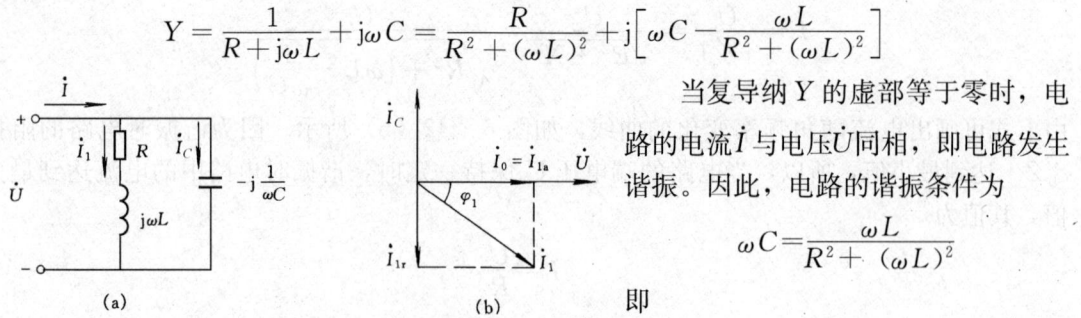

图 6-43 并联谐振电路及其相量图

(a) 并联谐振电路；(b) 相量

当复导纳 Y 的虚部等于零时，电路的电流 $\dot{I}$ 与电压 $\dot{U}$ 同相，即电路发生谐振。因此，电路的谐振条件为

$$\omega C = \frac{\omega L}{R^2+(\omega L)^2}$$

即

$$C = \frac{L}{R^2+(\omega L)^2} \tag{6-89}$$

由式（6-89）可知，电路的谐振角频率为

$$\omega_0 = \sqrt{\frac{1}{LC} - \frac{R^2}{L^2}} = \frac{1}{\sqrt{LC}}\sqrt{1 - \frac{CR^2}{L}} \tag{6-90}$$

电路的谐振频率为

$$f_0 = \frac{1}{2\pi\sqrt{LC}}\sqrt{1 - \frac{CR^2}{L}} \tag{6-91}$$

由式（6-91）可见，电路的谐振频率完全由电路参数决定，只当 $1 - \frac{CR^2}{L} > 0$，即 $R < \sqrt{\frac{L}{C}}$ 时，f_0 才是实数，电路才有谐振频率；如果 $R > \sqrt{\frac{L}{C}}$，f_0 为虚数，则电路不会发生谐振，也就是说，在这样的电路参数下，对任何频率，$\dot{I}$ 和 $\dot{U}$ 都不可能同相。

2. 并联谐振电路的特征

(1) 谐振时电路的电抗为零，其复阻抗 $Z = L/CR$。

谐振时电路的复导纳为

$$Y = \frac{R}{R^2+(\omega_0 L)^2} = \frac{R}{R^2+\left(\frac{1}{LC} - \frac{R^2}{L^2}\right)L^2} = \frac{CR}{L}$$

所以

$$Z = \frac{L}{CR}$$

(2) 谐振时 RL 串联支路中的电流的无功分量 $\dot{I}_{1r}$ 与电容元件中的电流 $\dot{I}_C$ 大小相等、相位相反、相互抵消，电路中的总电流 $\dot{I}$ 等于 RL 串联支路中的电流的有功分量 $\dot{I}_{1a}$。

并联谐振时电路的相量图如图 6-43（b）所示。谐振时 RL 串联支路中的电流的无功分量为

$$I_{1r} = I_1 \sin\varphi_1 = \frac{U}{\sqrt{R^2+(\omega_0 L)^2}} \frac{\omega_0 L}{\sqrt{R^2+(\omega_0 L)^2}} = \frac{\omega_0 L}{R^2+(\omega_0 L)^2} U$$

谐振时电容元件中的电流为

$$I_C = \omega_0 CU = \frac{\omega_0 L}{R^2+(\omega_0 L)^2} U$$

所以

$$I_{1r} = I_C$$

$$\dot{I}_{1r} = -\dot{I}_C$$

谐振时电路中的总电流为

$$\dot{I}_0 = \dot{I}_1 + \dot{I}_C = \dot{I}_{1a} + \dot{I}_{1r} + \dot{I}_C = \dot{I}_{1a}$$

$$\dot{I}_0 = \frac{\dot{U}}{Z} = \frac{CR}{L}\dot{U}$$

（3）谐振时能量互换完全发生在电感元件与电容元件之间，电路与电源之间不发生能量互换。

因为 $Q_L = UI_1\sin\varphi_1 = UI_{1r}$，$Q_C = UI_C$，$I_{1r} = I_C$，所以

$$Q_L = Q_C$$

$$Q = Q_L - Q_C = 0$$

阅读材料

集肤效应和邻近效应

导线通过直流电流时，电流在导线横截面上是均匀分布的，即导线横截面上各处电流密度是相等的。但当导线通过交流电流时，电流在导线横截面上的分布是不均匀的，导线表面附近，电流密度较大，导线中心处，电流密度较小，这种现象称为趋肤效应，也称集肤效应。

可以用能量的观点来解释产生集肤效应的原因。由于导体内部电阻率不等于零，当电磁波进入导体内部时将产生能量损耗，即有电磁能转变为热能。因此，随着电磁波进入导体内部的深度增大，能量逐渐减小，从而引起电磁量的逐渐减小。

在集肤效应不太显著的情况下，对集肤效应可作如下简单解释。设一根导体通过正弦电流 i_0，如图 6-44 所示。此电流在导体内部产生交变的磁通 ϕ，变化的磁通在导体内产生感应电动势 e 和涡流 i。上述物理量的参考方向如图 6-44 中所示。设

$$i_0 = \sqrt{2}I_0\sin\omega t$$

则 ϕ、e 和 i 可以表示为

$$\phi = \Phi_m\sin\omega t$$

$$e = \sqrt{2}E\sin(\omega t - 90°)$$

$$i = \sqrt{2}I\sin(\omega t - 90° - \varphi)$$

图 6-44 集肤效应的解释

式中 φ——涡流回路的等效阻抗的阻抗角。

上述各量的相量图如图 6-45（a）所示；i_0 和 i 的波形如图 6-45（b）所示。由图 6-45（b）可见，在 $t = 0 \sim t_1$ 期间，i_0 为正，i 为负，表明在导体中心附近 i_0 和 i 的实际方向相反，而在导体表面附近 i_0 和 i 实际方向相同。因此，这期间导体截面上电流密度的分布是边缘大于中心。在 $t = t_1 \sim t_2$ 期间，i_0 为正，i 也为正，表明在导体中心附近 i_0 和 i 的实际方向相同，而在导体表面附近，i_0 和 i 的实际方向相反，这期间导体横截面上电流密度的分布是中心大于边缘。继续分析可知，在 $t = t_2 \sim t_3$ 期间，导体横截面上电流密度的分布将是边缘大于中心。因此，从一个周期内的平均值来看，导体中心的电流密度小于表面附近的电

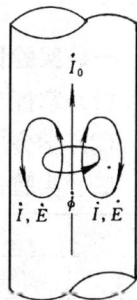

流密度。这就是集肤效应。

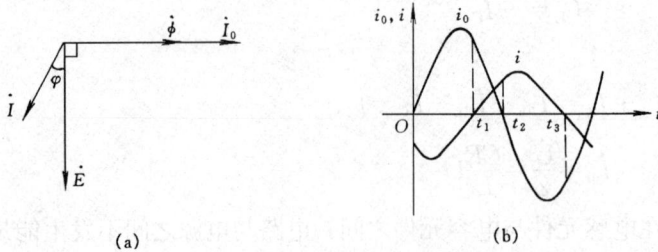

图 6 - 45　导体中电流的相量图和波形图
(a) 相量图；(b) 波形图

集肤效应与电流的频率 f、导体材料的电阻率 ρ、导体材料的磁导率 μ 及导体截面的形状和面积 S 有关。频率 f 越高，集肤效应越显著；导体的电阻率 ρ 越小，集肤效应越显著；导体的磁导率 μ 越大，集肤效应越显著；圆柱形导线横截面 S 越大，集肤效应越显著。

集肤效应使导线的有效截面积减小，从而使导线的电阻增加，因此，导体在直流电路中的电阻与在交流电路中的电阻是不同的。为了区别起见，通常把直流电路中导体的电阻称为直流电阻或欧姆电阻。把交流电路中导体的电阻称为交流电阻或有效电阻。

若干个通有交流电流的导线彼此靠得较近时，每一个导体不仅处于本身的磁场中，同时还处于其他导体的磁场中。由于受到邻近导线电流所产生的磁场的影响，导线中电流分布的不均匀性将增加。这种由于邻近导线中电流的影响，导致导线横截面上电流密度的分布发生改变的现象称为邻近效应。两根平行放置的导线通有同向电流时，相靠近的地方电流密度最小；通有反向电流时，相靠近的地方电流密度最大。邻近效应使得导线内部的电流密度分布的不均匀性增加，因而导线的有效电阻和等效电感或多或少也会有一些改变。

实验五　交流元件参数的测定

一、实验目的

(1) 掌握交流电压表、电流表、功率表和调压器的使用方法。

(2) 学会用交流电压表、电流表和功率表测定交流电路元件的等值参数。

二、实验仪器和设备

序　号	设备名称	规　格	数　量	序　号	设备名称	规　格	数　量
1	电感线圈		1 只	5	交流电压表		1 只
2	电容箱		1 只	6	交流电流表		1 只
3	滑线电阻器		1 只	7	单相功率表		1 只
4	单相调相器		1 台	8	单刀开关		1 只

三、实验方法和步骤

(1) 用交流电压表、电流表和功率表测量电路元件的端电压 U，电流 I 及其吸收的有功功率 P，测量电路如图 6 - 46 所示，图 6 - 46 (a) 用于被测阻抗较大的情况，图 6 - 46 (b) 用于被测阻抗较小的情况。被测元件可为电感线圈、电阻器、电容器或它们的组合电路。

(2) 根据三表的读数 U、I、P，计算出被测元件的等值参数 R 和 L 或 R 和 C。

四、预习要求

(1) 了解调压器的使用方法。

(2) 了解单相有功功率表的使用方法。

(3) 复习课题六和课题九的内容。

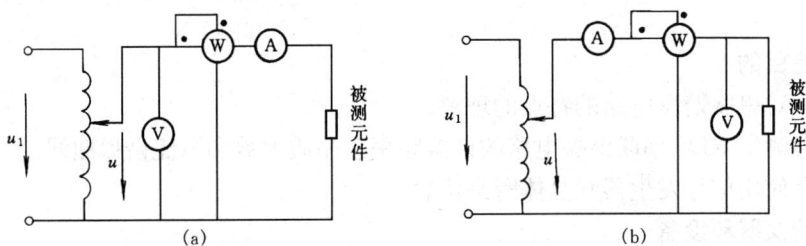

图 6-46 三表法测量电路元件的等值参数

实验六 日光灯电路和功率因数的提高

一、实验目的

(1) 掌握日光灯电路的接线。

(2) 加深对并联电容器提高功率因数的原理的理解。

二、实验仪器和设备

序 号	设备名称	规 格	数 量	序 号	设备名称	规 格	数 量
1	日光灯电路板		1块	6	电容箱		1只
2	单相调压器		1台	7	电流表插座		3只
3	交流电压表		1只	8	电流表插头		1只
4	交流电流表		1只	9	单刀开关		1只
5	单相功率表		1只	10	双刀开关		1只

三、实验方法和步骤

(1) 按照图 6-47 所示电路接线，先打开开关 S2，断开电容器 C，合上开关 S1，接通交流电源，逐渐增大调压器的输出电压，待日光灯点亮，测量日光灯的点燃电压。点亮后继续升高电压，直至额定值为止。然后逐渐降低调压器的输出电压，直至日光灯熄灭，测量日光灯的熄灭电压。

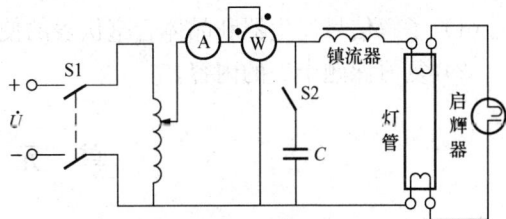

图 6-47 日光灯实验电路

(2) 将调压器的输出电压调至日光灯的额定电压，测量日光灯电路的电压、电流、功率、灯管电压、镇流器电压，计算日光灯电路的功率因数。

(3) 合上开关 S2，接入电容器，逐步地增大电容 C，测量相应的功率和电流，计算出相应的功率因数。

四、预习要求

(1) 阅读相关资料，了解日光灯的工作原理，熟悉日光灯电路的接线。

(2) 复习课题十的内容。

实验七　RLC 串联电路的谐振

一、实验目的

(1) 加深对串联谐振电路的特点的理解。

(2) 学会测定 RLC 串联谐振电路的谐振频率、品质因数和电流谐振曲线。

(3) 学会使用信号发生器和晶体管毫伏表。

二、实验仪器和设备

序 号	设备名称	规 格	数 量	序 号	设备名称	规 格	数 量
1	信号发生器		1台	4	电容箱		1只
2	晶体管毫伏表		1台	5	电阻箱		1只
3	电感线圈		1只	6	双刀开关		1只

三、实验内容

(1) 按图 6-48 所示电路接线，保持信号发生器的输出电压不变，不断改变输出信号的频率，使电阻 R_1 上的电压出现最大值，记录此频率 f_0 和信号发生器的输出电压 U。用晶体管毫伏表测出线圈电压 U_{RL}、电容电压 U_C 和电阻电压 U_R。计算出电路的品质因数 $Q=U_C/U$ 和谐振电流 $I_0=U_R/R_1$。

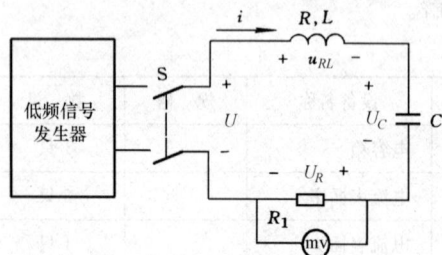

图 6-48　串联谐振实验电路

(2) 改变电阻 R_1，重复上述测量。

(3) 保持电压 U 和电阻 R_1 不变，调节信号发生器的频率，使之由小变大，测量出不同频率下的 U_R，计算出相应的电流 I，绘制出串联谐振电路的通用曲线 $I/I_0 = f(f/f_0)$。

(4) 改变电阻 R_1，重复上述测量，绘制通用曲线。

四、预习要求

(1) 了解信号发生器和晶体管毫伏表的使用方法。

(2) 复习课题十一的内容。

单 元 小 结

1. 正弦量 $i=I_m \sin(\omega t+\psi_i)$ 的特征量

(1) 反映变化快慢的量：角频率 ω、频率 f、周期 T，它们之间关系为

$$\omega = 2\pi f, \quad f = \frac{1}{T}$$

(2) 表示大小的量：幅值 I_m、有效值 I，即

$$I = \sqrt{\frac{1}{T}\int_0^T i^2 \, dt}$$

$$I_m = \sqrt{2} I$$

（3）反映变化进程的量：相位 $\omega t + \psi_i$、初相位 ψ_i。

I_m、ω（或 f）、ψ_i 称为正弦量 i 的三要素。

2. 正弦量的四种表示方法

（1）解析式：$i = I_m \sin(\omega t + \psi_i) = \sqrt{2} I \sin(\omega t + \psi_i)$。

（2）波形图：表示正弦函数的图像。

（3）相量式：$\dot{I} = I \angle \psi_i = I e^{j\psi_i}$。

（4）相量图：用有向线段表示正弦量相量的图形。

3. 同频率的两个正弦量 $u = \sqrt{2} U \sin(\omega t + \psi_u)$ 和 $i = \sqrt{2} I \sin(\omega t + \psi_i)$ 的相位关系

它们的相位差 $\varphi = (\omega t + \psi_u) - (\omega t + \psi_i) = \psi_u - \psi_i$

当 $\varphi > 0$ 时，称电压 u 超前于电流 i 一个角度 φ；

当 $\varphi < 0$ 时，称电压 u 滞后于电流 i 一个角度 φ；

当 $\varphi = 0$ 时，称电压 u 与电流 i 同相；

当 $\varphi = 180°$ 时，称电压 u 与电流 i 反相。

4. 电路元件 R、L、C 的电压与电流的关系及各元件的功率

在关联参考方向下，各元件的电压与电流的关系式分别为

$$
\begin{cases} u_R = R i_R \\ \dot{U}_R = R \dot{I}_R \end{cases}
\begin{cases} u_L = L \dfrac{di_L}{dt} \\ \dot{U}_L = j X_L \dot{I}_L \\ X_L = \omega L \end{cases}
\begin{cases} i_C = C \dfrac{du_C}{dt} \\ \dot{U}_C = -j X_C \dot{I}_C \\ X_C = \dfrac{1}{\omega C} \end{cases}
$$

各元件吸收的有功功率和无功功率分别为

$$ P_R = U_R I_R = R I_R^2 = \frac{U_R^2}{R}, \quad Q_R = 0 $$

$$ P_L = 0, \quad Q_L = U_L I_L = X_L I_L^2 = \frac{U_L^2}{X_L} $$

$$ P_C = 0, \quad Q_C = U_C I_C = X_C I_C^2 = \frac{U_C^2}{X_C} $$

5. 正弦交流电路中不含独立电源的二端网络的复阻抗和复导纳

在关联参考方向下，复阻抗为

$$ Z = \frac{\dot{U}}{\dot{I}} = |Z| \angle \varphi $$

$$ |Z| = \frac{U}{I} = \sqrt{R^2 + X^2} $$

$$ \varphi = \psi_u - \psi_i = \text{arctg} \frac{X}{R} $$

底边为 R，对边为 X，斜边为 $|Z|$ 的直角三角形称为阻抗三角形。$X > 0$，电路为电感性；$X < 0$，电路为电容性；$X = 0$，电路为电阻性。

复导纳为

$$ Y = \frac{1}{Z} = \frac{\dot{I}}{\dot{U}} = |Y| \angle \varphi' $$

$$|Y| = \frac{I}{U} = \sqrt{G^2 + B^2}$$

$$\varphi' = \psi_i - \psi_u = \text{arctg}\frac{B}{G}$$

6. 阻抗串联、并联电路的等效阻抗的计算公式、分压公式及分流公式

n 个阻抗串联的电路的等效阻抗计算公式及分压公式分别为

$$Z = Z_1 + Z_2 + \cdots + Z_n$$

$$\dot{U}_k = \frac{Z_k}{Z}\dot{U}$$

两个阻抗串联的电路的等效阻抗计算公式及分压公式分别为

$$Z = Z_1 + Z_2$$

$$\dot{U}_1 = \frac{Z_1}{Z_1 + Z_2}\dot{U}$$

$$\dot{U}_2 = \frac{Z_2}{Z_1 + Z_2}\dot{U}$$

n 个阻抗并联的电路的等效导纳计算公式及分流公式分别为

$$Y = Y_1 + Y_2 + \cdots + Y_n$$

$$\dot{I}_k = \frac{Y_k}{Y}\dot{I}$$

两个阻抗并联的电路的等效阻抗计算公式及分流公式分别为

$$Z = \frac{Z_1 Z_2}{Z_1 + Z_2}$$

$$\dot{I}_1 = \frac{Z_2}{Z_1 + Z_2}\dot{I}$$

$$\dot{I}_2 = \frac{Z_1}{Z_1 + Z_2}\dot{I}$$

7. 正弦交流电路的功率及功率因数

在关联参考方向下，正弦交流电路中任一二端网络吸收的有功功率、无功功率及视在功率分别为

$$P = UI\cos\varphi$$

$$Q = UI\sin\varphi$$

$$S = UI$$

以 P 为底边、Q 为对边、S 为斜边的直角三角形称为功率三角形。

正弦交流电路中的任一二端网络的功率因数为

$$\lambda = \frac{P}{S} = \cos\varphi$$

式中，φ 是在关联参考方向下网络的端口电压超前于端口电流的相位角。

8. 并联电容器提高功率因数的原理及补偿容量的计算

并联电容器提高功率因数的实质就是利用电容元件的超前无功电流去补偿感性负载的滞后的无功电流，以减小电路总电流的无功分量。也可以说是利用电容元件的容性无功功率去补偿感性负载的感性无功功率，以减少电路从电源吸收的无功功率。

欲将电路的功率因数从 $\cos\varphi_1$ 提高到 $\cos\varphi_2$，并联电容器的补偿容量和电容应为

$$Q_C = P_1 \, (\text{tg}\varphi_1 - \text{tg}\varphi_2)$$

$$C = \frac{P_1}{\omega U^2} \, (\text{tg}\varphi_1 - \text{tg}\varphi_2)$$

9. 谐振条件及谐振电路的特征

RLC 串联电路的谐振条件、谐振角频率和谐振频率分别为

$$X = X_L - X_C = \omega L - \frac{1}{\omega C} = 0$$

$$\omega_0 = \frac{1}{\sqrt{LC}}$$

$$f_0 = \frac{1}{2\pi \sqrt{LC}}$$

RLC 串联谐振电路的特征：

(1) 复阻抗 $Z = R$ 为纯电阻，阻抗 $|Z| = R$ 为最小值。

(2) 电路的电流 $\dot{I}_0 = \dot{U}/R$，$I_0 = U/R$ 为最大。

(3) 电感元件和电容元件的电压大小相等、相位相反、相互抵消，即 $\dot{U}_L = -\dot{U}_C$。

(4) 电感元件和电容元件的无功功率正好相互补偿，全电路吸收的无功功率为零，即 $Q_L = Q_C$，$Q = Q_L - Q_C = 0$。

RL 串联支路与 C 并联的电路的谐振条件、谐振角频率、谐振频率分别为

$$\omega C = \frac{\omega L}{R^2 + (\omega L)^2}$$

$$C = \frac{L}{R^2 + (\omega L)^2}$$

$$\omega_0 = \sqrt{\frac{1}{LC} - \frac{R^2}{L^2}} = \frac{1}{\sqrt{LC}} \sqrt{1 - \frac{CR^2}{L}}$$

$$f_0 = \frac{1}{2\pi \sqrt{LC}} \sqrt{1 - \frac{CR^2}{L}}$$

上述并联谐振电路的特征为：

(1) $Y = \dfrac{CR}{L}$，$Z = \dfrac{L}{CR}$。

(2) $\dot{I}_{1r} = -\dot{I}_C$，$\dot{I}_0 = \dot{I}_{1a}$，$\dot{I}_0 = \dfrac{CR}{L}\dot{U}$。

(3) $Q_L = Q_C$，$Q = Q_L - Q_C = 0$。

习　　题

6 - 1　下列关于正弦量初相的说法中错误的是（　　）。

　　A. 正弦量的初相与计时起点无关；

　　B. 正弦量的初相与正弦量的参考方向的选择无关；

　　C. 正弦电流 $i = -10\sin(\omega t - 50°)$ 的初相为 $-230°$。

6-2　下列关于正弦量之间的相位关系的说法中正确的是（　　　）。

   A. 同频率的两正弦量的相位差与计时起点无关；

   B. 两个正弦量的相位差与它们的参考方向的选择无关；

   C. 任意两个正弦量的相位差都等于其初相之差；

   D. u_1、u_2、u_3 为同频率正弦量，若 u_1 超前 u_2，u_2 超前 u_3，则 u_1 一定超前 u_3。

6-3　下列关于有效值的说法中正确的是（　　　）。

   A. 任何周期量（指电量）的有效值都等于该周期量的方均根值；

   B. 任何周期量的有效值都等于该周期量的最大值的 $1/\sqrt{2}$；

   C. 正弦量的有效值与其频率和初相无关；

   D. 非正弦周期量的有效值与计时起点有关。

6-4　下列关于正弦量的相量的说法中正确的是（　　　）。

   A. 正弦量可以用相量表示，因此正弦量就是相量，正弦量等于表示该正弦量的相量；

   B. 相量就是复数，相量是代表正弦量的复数；

   C. 相量可以用复平面上的向量（指有向线段）来表示，因此，相量就是向量；

   D. 只有同频率的正弦量的相量才能进行加减运算，不同频率的正弦量的相量相加减是没有意义的。

6-5　下列关于电阻、电感、电容元件的电压与电流的关系的说法中正确的是（　　　）。

   A. 只当电压和电流取关联参考方向时，$u_R = R i_R$，$u_L = L \dfrac{\mathrm{d}i_L}{\mathrm{d}t}$，$i_C = C \dfrac{\mathrm{d}u_C}{\mathrm{d}t}$ 才成立；

   B. 当电阻、电感、电容元件两端的电压为正弦波时，它们的电流一定是同频率的正弦波；

   C. 无论电压和电流的参考方向如何选择，电阻元件的电压总是与电流同相，电感元件的电压总是超前其电流 $90°$，电容元件的电压总是滞后其电流 $90°$；

   D. 在电阻、电感、电容元件上的电压为零的瞬间，它们的电流也一定为零。

6-6　若 u 和 i 的参考方向一致，则下列各组式中全部正确的是（　　　），其中有一个式子正确的是（　　　）。

   A. 对于正弦交流电路中的电阻元件，

$$i = \frac{u}{R}, \quad I_\mathrm{m} = \frac{U_\mathrm{m}}{R}, \quad R = \frac{U}{I}, \quad \dot{I} = \frac{\dot{U}}{R};$$

   B. 对于正弦交流电路中的电感元件，

$$i = \frac{u}{X_L}, \quad u = -L \frac{\mathrm{d}i}{\mathrm{d}t}, \quad \frac{U_\mathrm{m}}{I_\mathrm{m}} = \mathrm{j}\omega L, \quad \dot{U} = X_L \dot{I}, \quad \dot{U} = \mathrm{j} X_L I, \quad \dot{I} = -\mathrm{j}\frac{\dot{U}}{\omega L};$$

   C. 对于正弦交流电路中的电容元件，

$$i = \frac{u}{X_C}, \quad u = C \frac{\mathrm{d}i}{\mathrm{d}t}, \quad \dot{I} = \mathrm{j}\omega C \dot{U}, \quad \dot{U} = -\mathrm{j} X_C I, \quad \frac{\dot{U}}{\dot{I}} = \frac{1}{\omega C}, \quad \frac{U_\mathrm{m}}{I_\mathrm{m}} = \mathrm{j} X_C;$$

   D. 对于正弦交流电路中的阻抗 Z，

$$\frac{u}{i} = Z, \quad \frac{U}{I} = Z, \quad \frac{\dot{U}_\mathrm{m}}{\dot{I}_\mathrm{m}} = Z, \quad \dot{U} = ZI, \quad \frac{\dot{U}}{\dot{I}} = |Z|.$$

6-7 下列关于 RLC 串联的正弦电路的电压和阻抗的说法中正确的是（　　）。

A. 电路的总电压 U 不可能比 U_R、U_L、U_C 都大；

B. 电路的总电压 U 一定大于 U_R；

C. 在各电压参考方向一致的情况下，总电压 $\dot{U}$ 一定超前 $\dot{U}_C$，但不一定超前 $\dot{U}_R$；

D. 频率升高时，电路的电抗 X 增大，阻抗 $|Z|$ 也随之增大。

6-8 下列关于无功率功率的说法中正确的是（　　）。

A. 正弦交流电路中，电感元件或电容元件的瞬时功率称为该元件的无功功率；

B. 正弦交流电路中任一无源二端网络的等效电抗的瞬时功率的最大值，等于该二端网络的无功功率；

C. 无功功率就是无用（对电气设备的工作而言）的功率；

D. 一个网络吸收感性无功功率，可以看作发出容性无功功率；吸收容性无功功率，可以看作发出感性无功功率。

6-9 下列关于功率因数的概念的说法中正确的是（　　）。

A. 任意交流电流电路的功率因数等于其有功功率与视在功率之比，即 $\lambda = P/S$；

B. 正弦交流电路中任意二端网络的功率因数，等于在关联参考方向下端口电压超前端口电流的相位角的余弦，即 $\lambda = \cos\varphi$；

C. 正弦交流电路中任意不含独立电源的二端网络的功率因数等于其等效电阻 R 与等效阻抗 $|Z|$ 的比值，即 $\lambda = R/|Z|$；

D. 正弦交流电路中任意二端网络的功率因数等于其端口电流的有功分量 I_a 与端口电流 I 之比，即 $\lambda = I_a/I$。

6-10 对于正弦交流电路中一个仅由 RLC 元件组成的二端电路，下述结论中正确的是（　　）。

A. 电路吸收的有功功率等于各电阻消耗的有功功率之和；

B. 电路吸收的感性无功功率等于各电感元件的无功功率（指绝对值）之和减去各电容元件的无功功率（指绝对值）之和；

C. 电路的视在功率等于各元件的视在功率之和。

6-11 已知电压 $u_{ab} = 311\sin\left(314t - \dfrac{\pi}{3}\right)$ V；

（1）求它的幅值、有效值、角频率、频率、周期、初相。

（2）画出它的波形图。

（3）求 $t=0.015$s 时的瞬时值，并指出它的实际方向。

（4）求自 $t=0$s 开始，经过多少时间，u_{ab} 第一次达到最大值。

（5）写出 u_{ba} 的解析式，画出它的波形图。

6-12 求出下列各组电压、电流的相位差角，并说明它们的相位关系。

（1）$i = 10\sin\left(100\pi t - \dfrac{\pi}{12}\right)$ A, $u = 311\sin\left(100\pi t - \dfrac{2\pi}{3}\right)$ V。

（2）$i = 5\sqrt{2}\sin\left(1570t + \dfrac{\pi}{2}\right)$ A, $u = 10\sqrt{2}\sin\left(1570t - \dfrac{2\pi}{3}\right)$ V。

（3）$u_1 = 10\sqrt{2}\sin\left(942t + \dfrac{\pi}{6}\right)$ V, $u_2 = 50\sqrt{2}\cos\left(942t - \dfrac{\pi}{4}\right)$ V。

(4)$i_1 = -10\sqrt{2}\sin\left(314t - \dfrac{\pi}{3}\right)$A，$i_2 = 20\sqrt{2}\sin\left(314t + \dfrac{\pi}{3}\right)$A。

6-13　写出下列正弦量的相量式（用极坐标形式表示）：

(1)$u = 10\sqrt{2}\sin314t$kV；(2)$i = 100\sin\left(314t - \dfrac{\pi}{6}\right)$A。

(3)$u = -537\sin\left(100\pi t + \dfrac{\pi}{2}\right)$V；(4)$i = 10\sqrt{2}\sin\left(100\pi t + \dfrac{2\pi}{3}\right)$A。

6-14　将下列相量化为极坐标形式，并写出它们所对应的正弦量（设各量的角频率均为ω）。

(1)$\dot{I} = 2\sqrt{3} + j2$A；　　　(2)$\dot{I} = 3 - j4$A。

(3)$\dot{U} = -50 + j86.6$V；　　　(4)$\dot{I} = -4 - j3$A。

(5)$\dot{U} = 380$V；　　　(6)$\dot{I} = j8$A。

(7)$\dot{U} = -j220$V；　　　(8)$\dot{U} = -10000$V。

6-15　指出下列各式的错误：

(1)$i = 10\sqrt{2}\sin(\omega t - 45°) = 10e^{j45°}$A；　　(2)$\dot{U} = 100e^{j30°} = 100\sin(\omega t + 30°)$V；

(3)$U = 220\angle 30°$V；　　　　　　(4)$\dot{I} = 5e^{30°}$A；

(5)$u = 220\sqrt{2}\sin100\pi t$。

6-16　已知电感元件的电感$L = 20$mH 电感元件的端电压$u_L = 220\sqrt{2}\sin(100\pi t - 15°)$V，试求电感元件中的电流$i_L$及其无功功率$Q_L$。

6-17　一电容元件接于正弦交流电路中，已知其端电压有效值为220V，电压的频率为50Hz，电容元件的无功功率为8800var，试求电容元件的电流I_C、容抗X_C及电容C。

6-18　有一 RL 串联电路，$u = 220\sqrt{2}\sin(100\pi t + 15°)$V，$R = 4\Omega$，$L = 12.74$mH，试求电路中的电流、电阻电压、电感电压的解析式，并作出它们的相量图。

6-19　有一 RC 串联电路，$u = 311\sin100\pi t$V，$R = 200\Omega$，$C = 10\mu$F，试求电路中电流、电阻电压、电容电压的解析式，并作出它们的相量图。

6-20　在 RLC 串联的正弦交流电路中，电路端电压$U = 220$V，$R = 30\Omega$，$C = 39.8\mu$F，$L = 382.2$mH、$f = 50$Hz，试求电路中的电流、各元件上的电压、电路的功率因数，并作相量图。

6-21　已知正弦交流电路中一个负载的电压和电流的相量（在关联参考方向下）为：

(1)$\dot{U} = 86.6 + j50$V，$\dot{I} = 4.33 + j2.5$A。

(2)$\dot{U} = 200\angle 35°$V，$\dot{I} = 5\angle 80°$A。

(3)$\dot{U} = 380\angle 150°$V，$\dot{I} = 10\angle 60°$A。

(4)$\dot{U} = 6000\angle 20°$V，$\dot{I} = 150\angle -33.1°$A。

试求负载的等效阻抗、有功功率、无功功率、视在功率及功率因数，并画出负载的等效电路。

6-22　在图 6-49 所示正弦交流电路中，电压表 V1、V2、V3 的读数（有效值）都是100V，求电压表 V 的读数。

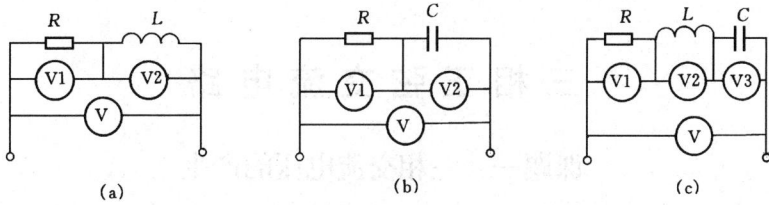

图 6-49　习题 6-22 图

6-23　日光灯正常工作时的等效电路如图 6-50 所示，若电源电压 $U=220\text{V}$，频率 $f=50\text{Hz}$，测得灯管电压为 103V，镇流器电压为 190V。已知灯管的等效电阻 $R_1=280\Omega$，试求镇流器的等效参数 R 和 L。

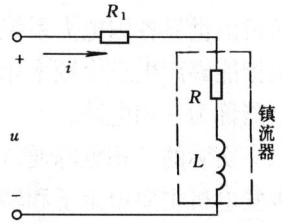

图 6-50　习题 6-23 图

6-24　某家庭主要用电设备有：40W 的白炽灯 10 只；功率因数为 0.5，功率为 40W 的日光灯 5 只；1500W 的电热水器 1 台；850W 的电饭锅 1 只；输入功率为 940W，功率因数为 0.8 的壁挂式空调 1 台。这些用电设备的额定电压均为 220V，供电线路的电压为 220V。若这些设备同时投入运行，试求：

（1）该用户进户线的总电流及功率因数。

（2）该用户每小时的用电量。

6-25　在图 6-51 所示电路中，$U=200\text{V}$，$R_1=5\Omega$，$R_2=X_L=7.5$，$X_C=15\Omega$，试求电路中的电流 I、I_1、I_2 及电路的功率因数 $\cos\varphi$。

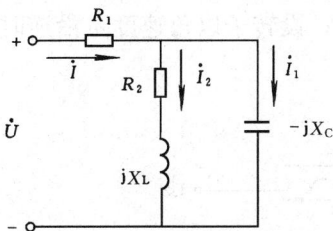

图 6-51　习题 6-25 图

6-26　有一感性负载接于 $f=50\text{Hz}$，$U=220\text{V}$ 的正弦交流电源上，负载吸收的有功功率 $P=10\text{kW}$，功率因数 $\cos\varphi=0.5$。欲将电路的功率因数提高到 0.8，试求应并联多大的电容、电容的补偿容量、并联电容器前后电路中的电流。

6-27　有一 RLC 串联电路，接于频率可调的正弦交流电源上，电源电压保持不变，$U=220\text{V}$。已知 $L=0.16\text{H}$，$C=4\mu\text{F}$，$R=10\Omega$，求该电路的谐振频率 f_0，电路的品质因数 Q，谐振时电路中的电流 I_0、电感电压 U_L、电容电压 U_C。

6-28　在图 6-43（a）所示的并联电路中，$R=25\Omega$，$L=0.25\text{mH}$，$C=85\text{pF}$。试完成：

（1）电路的谐振角频率和谐振频率。

（2）已知谐振时电路端电压 $U=220\text{V}$，求谐振时电路的总电流及各支路电流。

三 相 正 弦 交 流 电 路

课题一 三相交流电压的产生

由于三相制与单相制相比，在发电、输电及用电方面具有许多技术和经济上的优点，因而目前世界各国电力系统均采用三相制。所谓三相制就是由三相电源供电的体系。三相电源是指能够产生三个频率相同而相位不同的电动势（或电压）的交流电源。由三相电源供电的电路称为三相电路。

实际的三相电源通常指的是三相发电机，图 7-1 是三相同步发电机的原理图。三相同步发电机主要由定子和转子两大部分组成。定子内圆周表面的槽内装有三个结构完全相同、彼此在空间上相隔 120°电角度的绕组 U1—U2、V1—V2、W1—W2，它们的首端分别用 U1、V1、W1 表示，尾端分别用 U2、V2、W2 表示。同步发电机转子铁芯上装有励磁绕组 F1—F2。运行时，励磁绕组上外加直流电压，绕组内通过直流电流，产生磁场。当原动机驱动转子匀速旋转时，定子三相绕组的导体依次切割转子磁场的磁力线，产生感应电动势。若电机内气隙中的磁通密度沿气隙圆周按正弦规律分布，则定子三相绕组中将产生一组频率相同、幅值相等、相位上彼此互差 120°的正弦电动势。这样的三相电动势称为对称三相正弦电动势。

对于图 7-1 所示的三相发电机而言，若以图示瞬间作为计算时间的起点，并按习惯规定每相电动势的参考方向为从尾端指向首端，如图 7-2 所示；设转子以角速度 ω 沿逆时针方向旋转，则三相电动势的瞬时值表达式为

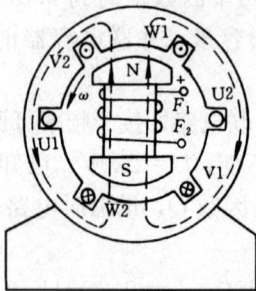

图 7-1 三相同步发电机的原理图

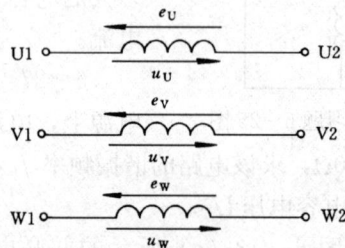

图 7-2 发电机的三相绕组及其中的电压、电动势

$$\left.\begin{aligned} e_U &= \sqrt{2}E\sin\omega t \\ e_V &= \sqrt{2}E\sin(\omega t - 120°) \\ e_W &= \sqrt{2}E\sin(\omega t - 240°) = \sqrt{2}E\sin(\omega t + 120°) \end{aligned}\right\} \qquad (7-1)$$

在定子各相绕组产生感应电动势的同时，各相绕组首尾两端便产生电压。若各相电压的参考方向选定为从首端指向尾端，当发电机未带负载时，定子各相绕组的电压就等于各相的电动势。因此，定子三相绕组的电压也是三个频率相同、幅值相等、相位互差 120°的正弦电压，这

种三相电压称为对称三相正弦电压。图示发电机的对称三相电压的瞬时值表达式为

$$
\left.
\begin{aligned}
u_U &= \sqrt{2}U\sin\omega t \\
u_V &= \sqrt{2}U\sin(\omega t - 120°) \\
u_W &= \sqrt{2}U\sin(\omega t - 240°) = \sqrt{2}U\sin(\omega t + 120°)
\end{aligned}
\right\}
\quad (7-2)
$$

若用相量表示，则上述对称三相正弦电压的相量式为

$$
\left.
\begin{aligned}
\dot{U}_U &= U\angle 0° \\
\dot{U}_V &= U\angle -120° \\
\dot{U}_W &= U\angle -240° = U\angle 120°
\end{aligned}
\right\}
\quad (7-3)
$$

对称三相正弦电压的波形图和相量图如图7-3所示。

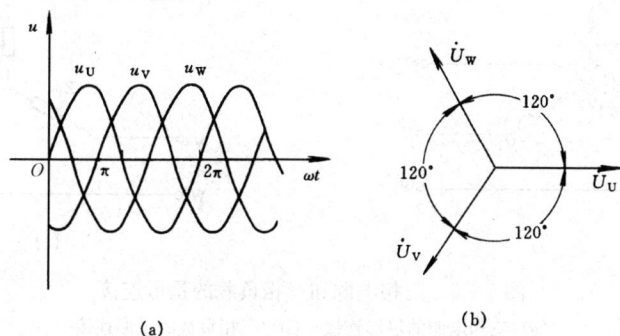

图7-3 对称三相正弦电压的波形图和相量图
(a) 波形图；(b) 相量图

根据式（7-2）和式（7-3）不难证明，对称三相正弦电压的瞬时值之和及相量之和均为零，即

$$
\left.
\begin{aligned}
u_U + u_V + u_W &= 0 \\
\dot{U}_U + \dot{U}_V + \dot{U}_W &= 0
\end{aligned}
\right\}
\quad (7-4)
$$

对称三相交流电压出现同一值（如正幅值、相应的零值等）的先后次序称为相序。也可以说，对称三相交流电压的相序就是三相电压从超前到滞后的排列次序。如果 u_U 超前于 u_V120°，u_V 超前 u_W120°，则称它们的相序为正序或顺序，例如，式（7-2）所给出的三相电压就是正序三相电压。若 u_U 滞后于 u_V120°，u_V 滞后于 u_W120°，则称它们的相序为负序或逆序。图7-4所示三相电压即为负序三相电压。往后，若无特殊声明，对称三相电压均按正序处理。

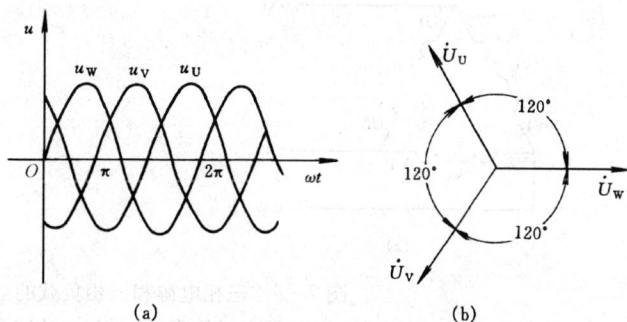

图7-4 负序三相正弦电压的波形图和相量图
(a) 波形图；(b) 相量图

课题二　三相电源和负载的连接

一、三相电源和三相负载的连接

三相电源和三相负载的基本连接方式有两种：星形连接和三角形连接。

1. 星形连接

将三相电源中三相绕组的尾端 U2、V2、W2 连接在一起，从三相绕组的首端 U1、V1、W1 引出三根导线以连接负载或电力网，这种接法称为三相电源的星形连接，如图 7 - 5（a）所示。星形连接也称Y形连接。三相绕组的尾端的连接点称为电源中性点，用 N 表示。从中性点引出的导线称为中线。从三相绕组的首端引出的导线称为端线或相线，俗称火线。

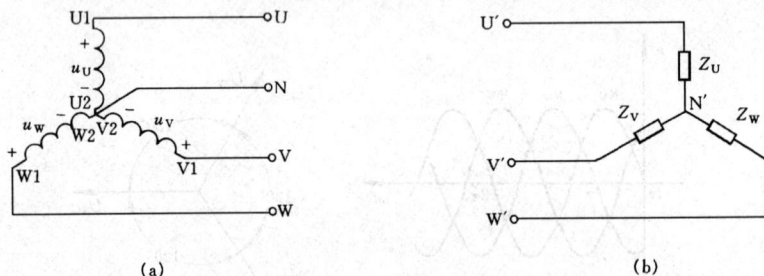

图 7 - 5　三相电源和三相负载的星形连接
(a) 三相电源的星形连接；(b) 三相负载的星形连接

将三相负载的三个端头连接在一起构成节点 N′，从三相负载的另外三个端头引出三根端线，接至电源，这种接法称为三相负载的星形连接，如图 7 - 5（b）所示。三相负载的三个端头的连接点 N′ 称为负载中性点。

2. 三角形连接

将三相电源中的三相绕组依次首尾相接，构成一个回路，从三个连接点引出三根端线，以连接负载或电力网，这种接法称为三相电源的三角形连接，如图 7 - 6（a）所示。三角形连接也称△形连接。

三相负载的三角形连接的接法如图 7 - 6（b）所示。

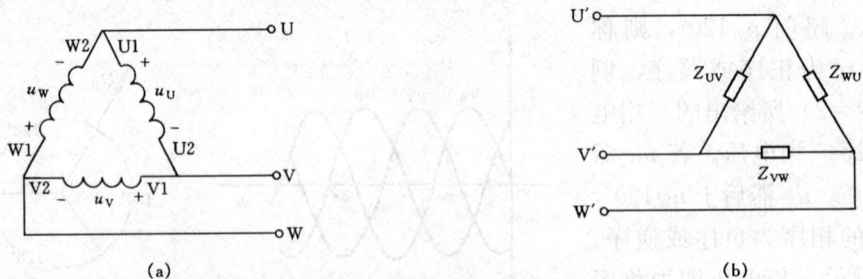

图 7 - 6　三相电源和三相负载的三角形连接
(a) 三相电源的三角形连接；(b) 三相负载的三角形连接

三角形连接的三相电源内部形成一个闭合回路。由于对称三相正弦电动势之和等于零，即 $e_U + e_V + e_W = 0$，对于对称三相电源来说，若连接正确，则三角形回路中电动势总和等于零，在没有接上负载的情况下，回路中没有电流。若不慎将其中一相绕组的极性接反，则三角形回路中的总电动势不为零，回路中总电动势在数值上等于一相电动势的两倍。例如，当W相反接时 [见图7-7 (a)]，三角形回路中的总电功势 $\dot{E}_\triangle = \dot{E}_U + \dot{E}_V + \dot{E}_W = -2\dot{E}_W$ [见图7-7 (b)]。这种情况下回路中将产生很大的环行电流，以致烧坏绕组。因此，当三相电源作三角形连接时，为避免因错接而造成事故，可先将三相绕组接成开口三角形，在开口处接上一只电压表，测量回路电压 [见图7-7 (c)]。若电压表读数为零，则可断定接线正确，这时可将开口处连接，否则，应查出错误，重新接线。

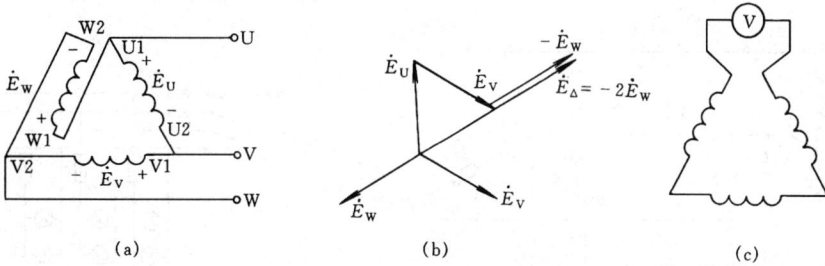

图 7-7　三角形电源中一相错接的影响

二、三相电路的基本接线方式

1. 三相三线制

三相电路就是由三相电源和三相负载连接起来组成的系统。根据三相电源和三相负载的基本连接方式可知，三相电源和三相负载之间可有五种基本组合方式，如图7-8和图7-9所示。

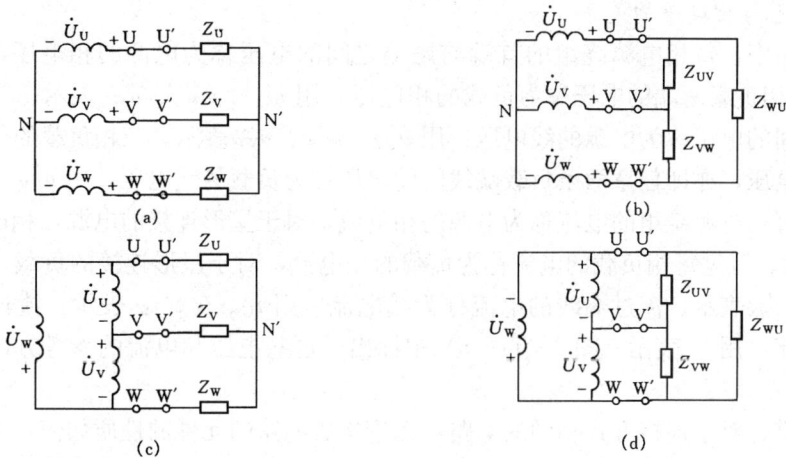

图 7-8　三相三线制电路

(a) Ｙ—Ｙ连接；(b) Ｙ △连接，(c) △ Ｙ连接，(d) △ △连接

从三相电源与三相负载之间的连接形式上看，三相电路可分为两类：三相三线制和三相四线制。如果三相电源与三相负载之间只通过三根端线连接起来，则这种连接方式称为三相三线制。图7-8所示三相电路均为三相三线制。

2. 三相四线制

如果三相电源和三相负载均接成星形，电源和负载的各相端点之间及中性点之间均有导线连接，也就是说，电源与负载之间共有四根连接导线，如图7-9所示，这种连接方式称为三相四线制。

我国低压配电系统广泛采用三相四线制，这种三相供电系统可以向负载提供两种电压：线电压和相电压。在我国，一般低压配电电网的相电压为220V，线电压为380V。一般照明灯具及其他额定电压为220V的单相用电设备接于相线与中线之间，使用相电压；三相动力设备及额定电压为380V的单相用电设备接于两相线之间，使用线电压，如图7-10所示。三相四线制中的中线的作用有三个❶：①用来接单相用电设备，提供单相电压；②用来传导三相系统中的不平衡电流和单相电流；③用以减小中性点位移电压，使星形连接的不对称负载的相电压接近对称。

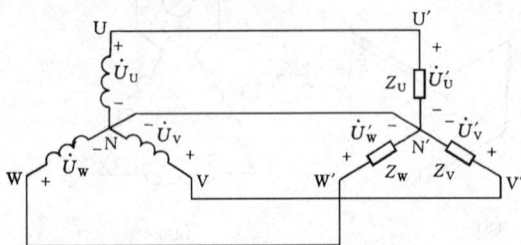

图 7 - 9　三相四线制电路

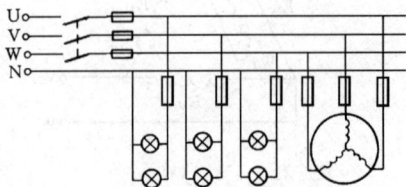

图 7 - 10　220/380V 低压配电系统

课题三　三相电路中的电压和电流

一、星形连接的电压和电流

1. 线电压与相电压的关系

三相电路中，每相电源绕组的首端与尾端之间的电压称为电源的相电压，用 u_U、u_V、u_W 表示。每相负载两端的电压称为负载的相电压，用 u'_U、u'_V、u'_W 表示。三相电源的任意两条端线间的电压称为电源的线电压，用 u_{UV}、u_{VW}、u_{WU} 表示。三相负载的任意两个引出端钮之间的电压，亦即任意两条负载端线间的电压称为负载的线电压，用 u'_{UV}、u'_{VW}、u'_{WU} 表示。流过每相电源绕组的电流称为电源的相电流，对于星形连接的电源，相电流可用 i_{NU}、i_{NV}、i_{NW} 表示。流过每相负载的电流称为负载的相电流，对于星形连接的负载，相电流可用 i'_{UN}、i'_{VN}、i'_{WN} 表示。流过端线的电流称为线电流，用 i_U、i_V、i_W 表示。流过中线的电流称为中线电流，用 i_N 表示。图7-11（a）中标出了这些电压和电流的参考方向，这是习惯标示法。

我们知道，对于连接方式相同的电路，无论构成电路的元件的性质如何，电路结构对电路中的电压和电流的约束方程的形式是相同的。由此可知，连接方式相同的三相电源和三相负载的线电压与相电压、线电流与相电流之间的关系是相同的。因此，只需要对两者中之一进行分析，便可确定它们的线电压与相电压、线电流与相电流之间的关系。下面我们以星形连接的三相电源为例进行分析。

由基尔霍夫电压定律可知，星形连接的三相电源的线电压的瞬时值与相电压的瞬时值之间有以下关系

---

❶　将在课题五中对作用②、③作较为详细的说明。

$$\left.\begin{array}{l} u_{UV} = u_U - u_V \\ u_{VW} = u_V - u_W \\ u_{WU} = u_W - u_U \end{array}\right\} \quad (7-5)$$

当各电压均为同频率的正弦量时，上述关系可用相量表示，即

$$\left.\begin{array}{l} \dot{U}_{UV} = \dot{U}_U - \dot{U}_V \\ \dot{U}_{VW} = \dot{U}_V - \dot{U}_W \\ \dot{U}_{WU} = \dot{U}_W - \dot{U}_U \end{array}\right\} \quad (7-6)$$

以上两组式表明，对于星形连接的三相电源或三相负载，无论对称与否，线电压的瞬时值等于相应的两个相电压的瞬时值之差；线电压的相量等于相应的两个相电压的相量之差。

如果三个相电压是对称的，设相电压的有效值为已知量，以 U 相电压相量作为参考相量，根据对称性作出三相电压的相量 $\dot{U}_U$、$\dot{U}_V$、$\dot{U}_W$，再根据线电压与相电压的相量关系式（7-6）分别作出线电压的相量 $\dot{U}_{UV}$、$\dot{U}_{VW}$、$\dot{U}_{WU}$，于是，便可得到星形连接的三相电源的电压相量图，如图 7-11（b）所示。由图 7-11（b）可见，线电压 $\dot{U}_{UV}$、$\dot{U}_{VW}$、$\dot{U}_{WU}$ 在相位上分别超前于相电压 $\dot{U}_U$、$\dot{U}_V$、$\dot{U}_W$30°。线电压与相电压的数值关系，也很容易由相量图求得

$$U_{UV} = 2U_U\cos30° = \sqrt{3}U_U$$

用 U_L 表示线电压的有效值，用 U_P 表示相电压的有效值，根据上式可写出一般式

$$U_L = \sqrt{3}U_P \quad (7-7)$$

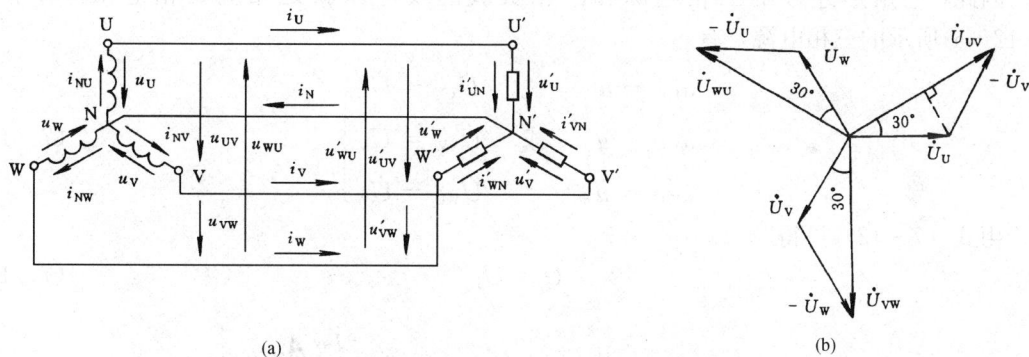

图 7-11 星形连接的三相电源的电压相量图

(a) 星形连接的三相电源；(b) 电压的相量图

根据上述线电压与相电压之间的大小和相位的关系，可写出线电压与相电压的相量关系式

$$\left.\begin{array}{l} \dot{U}_{UV} = \sqrt{3}\,\dot{U}_U\angle30° \\ \dot{U}_{VW} = \sqrt{3}\,\dot{U}_V\angle30° \\ \dot{U}_{WU} = \sqrt{3}\,\dot{U}_W\angle30° \end{array}\right\} \quad (7-8)$$

以上分析结果表明，对于星形连接的三相电源或三相负载，若三个相电压是一组对称正弦电压，则线电压也是一组对称正弦电压；在习惯参考方向下，各线电压在相位上分别超前于相应的相电压 30°；线电压的有效值等于相电压的有效值的 $\sqrt{3}$ 倍。

2. 线电流与相电流及中线电流的关系

在星形连接的三相电路中，流过端线的电流就是流过各相电源绕组或各相负载的电流，

也就是说，星形连接的三相电路中的线电流就是相应的相电流。对于图 7 - 11（a）所示的三相电源，有

$$\left.\begin{array}{ll} i_U = i_{NU} & \dot{I}_U = \dot{I}_{NU} \\ i_V = i_{NV} & \text{或} \quad \dot{I}_V = \dot{I}_{NV} \\ i_W = i_{NW} & \dot{I}_W = \dot{I}_{NW} \end{array}\right\} \tag{7 - 9}$$

用 I_P 表示相电流的有效值，用 I_L 表示线电流的有效值，由上式可得

$$I_L = I_P \tag{7 - 10}$$

按照图 7 - 11（a）中所选定的参考方向，应用基尔霍夫电流定律，可得

$$i_N = i_U + i_V + i_W \quad \text{或} \quad \dot{I}_N = \dot{I}_U + \dot{I}_V + \dot{I}_W \tag{7 - 11}$$

若线电流是一组正弦对称电流，则有

$$\dot{I}_N = \dot{I}_U + \dot{I}_V + \dot{I}_W = 0$$

由此可知，在三相四线制电路中，中线电流的瞬时值（或相量）等于三个线电流的瞬时值（或相量）之和。若线电流为一组对称正弦电流，则中性线电流等于零。

二、三角形连接的电压和电流

1. 线电压和相电压的关系

在三角形连接的三相电源和三相负载中，每相电源绕组和每相负载直接接于两端线之间，每相电源绕组和每相负载的首尾两端所接的端钮正是三相电源和三相负载的两个引出端钮。因此，三角形连接的三相电源和三相负载的线电压就是相应的相电压。对于图 7 - 12（a）所示的三相电源，有

$$\left.\begin{array}{ll} u_{UV} = u_U & \dot{U}_{UV} = \dot{U}_U \\ u_{VW} = u_V & \text{或} \quad \dot{U}_{VW} = \dot{U}_V \\ u_{WU} = u_W & \dot{U}_{WU} = \dot{U}_W \end{array}\right\} \tag{7 - 12}$$

由式（7 - 12）可得

$$U_P = U_L \tag{7 - 13}$$

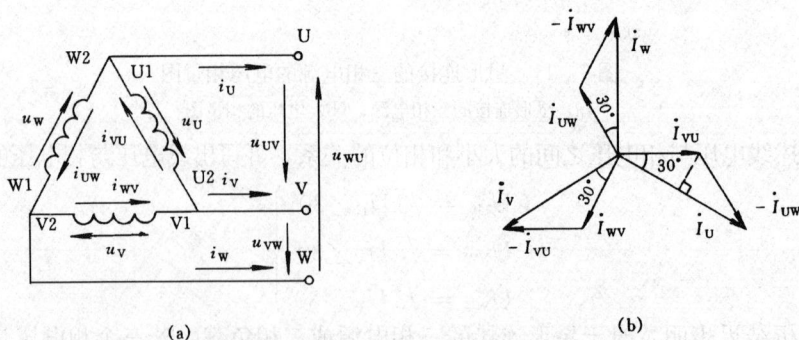

图 7 - 12　三角形连接的三相电源的电流相量图
(a) 三角形连接的三相电源；(b) 电流的相量图

2. 线电流与相电流的关系

对图 7 - 12（a）所示的三角形连接的三相电源，应用基尔霍夫电流定律，可得

$$
\left.
\begin{array}{lcl}
i_U = i_{VU} - i_{UW} & & \dot{I}_U = \dot{I}_{VU} - \dot{I}_{UW} \\
i_V = i_{WV} - i_{VU} & \text{或} & \dot{I}_V = \dot{I}_{WV} - \dot{I}_{VU} \\
i_W = i_{UW} - i_{WV} & & \dot{I}_W = \dot{I}_{UW} - \dot{I}_{WV}
\end{array}
\right\}
\tag{7-14}
$$

由上式可得下述结论：无论三相电源和三相负载是否对称，三角形连接的电源或负载中的线电流的瞬时值（或相量）等于相应的两个相电流的瞬时值（或相量）之差。

若三个相电流是一组对称的正弦电流，设其有效值为已知量，以 U 相电流相量作为参考相量，根据三相电流的对称性及线电流与相电流的相量关系式（7-14），可作出电流相量图，如图 7-12（b）所示。由图 7-12（b）可见，线电流也是对称的，线电流 $\dot{I}_U$、$\dot{I}_V$、$\dot{I}_W$ 在相位上分别滞后于相电流 $\dot{I}_{VU}$、$\dot{I}_{WV}$、$\dot{I}_{UW}$30°。线电流与相电流在大小上的关系也很容易从相量图得出

$$
I_U = 2I_{VU}\cos 30° = \sqrt{3}I_{VU}
$$

根据上式可写出一般式

$$
I_L = \sqrt{3}I_P \tag{7-15}
$$

根据上述线电流与相电流的大小和相位的关系，可写出线电流与相电流的相量关系式

$$
\left.
\begin{array}{l}
\dot{I}_U = \sqrt{3}\,\dot{I}_{VU}\angle -30° \\
\dot{I}_V = \sqrt{3}\,\dot{I}_{WV}\angle -30° \\
\dot{I}_W = \sqrt{3}\,\dot{I}_{UW}\angle -30°
\end{array}
\right\}
\tag{7-16}
$$

以上分析结果表明，若三角形连接的三相电源或三相负载的三个相电流是一组对称的正弦电流，则它们的线电流也是一组对称的正弦电流；在习惯参考方向下，各线电流在相位上分别滞后于相应的相电流 30°；线电流的有效值等于相电流的有效值的 $\sqrt{3}$ 倍。

【例 7-1】 一台同步发电机定子三相绕组连接成星形。带负载运行时，三相电压和三相电流均对称，线电压 $u_{UV} = 6300\sqrt{2}\sin 100\pi t\ \text{V}$，线电流 $i_U = 115\sqrt{2}\sin(100\pi t - 60°)\ \text{A}$，试写出三相电压和三相电流的解析式，并求出每相负载的等效复阻抗。

解 因为对称情况下星形连接的三相电源的线电压的有效值等于相电压的有效值的 $\sqrt{3}$ 倍，所以，相电压的有效值为

$$
U_P = \frac{U_L}{\sqrt{3}} = \frac{U_{UV}}{\sqrt{3}} = \frac{6300}{\sqrt{3}} = 3637.41\ (\text{V})
$$

因为相电压 $\dot{U}_U$ 在相位上滞后于线电压 $\dot{U}_{UV}$30°，所以 U 相电压的初相位为

$$
\psi_{uU} = -30°
$$

U 相电压的解析式为

$$
u_U = \sqrt{2}U_P\sin(\omega t + \psi_{uU}) = 3637.41\sqrt{2}\sin(100\pi t - 30°)\ (\text{V})
$$

根据电压的对称性，可写出 V、W 两相电压的解析式

$$
\begin{aligned}
u_V &= 3637.41\sqrt{2}\sin(100\pi t - 30° - 120°)\ (\text{V}) \\
&= 3637.41\sqrt{2}\sin(100\pi t - 150°)\ (\text{V}) \\
u_W &= 3637.41\sqrt{2}\sin(100\pi t - 30° + 120°)\ (\text{V}) \\
&= 3637.41\sqrt{2}\sin(100\pi t + 90°)\ (\text{V})
\end{aligned}
$$

在星形连接的三相电源中，线电流 i_U 就是相电流 i_{NU}，因此，有

$$i_{NU}=i_U=115\sqrt{2}\sin\ (100\pi t-60°)\ (A)$$

根据电流的对称性，可写出 V、W 两相电流的解析式

$$i_{NV}=115\sqrt{2}\sin\ (100\pi t-60°-120°)=-115\sqrt{2}\sin100\pi t\ (A)$$

$$i_{NW}=115\sqrt{2}\sin\ (100\pi t-60°+120°)=115\sqrt{2}\sin\ (100\pi t+60°)\ (A)$$

每相负载等效复阻抗的模值为

$$|Z|=\frac{U_P}{I_P}=\frac{3637.41}{115}=31.63\ (\Omega)$$

负载等效复阻抗的幅角为

$$\varphi=\psi_{uU}-\psi_{iU}=-30°-\ (-60°)=30°$$

负载等效复阻抗为

$$Z=|Z|\cos\varphi+j|Z|\sin\varphi=31.63\cos30°+j31.63\sin30°$$

$$=31.63\times\frac{\sqrt{3}}{2}+j31.63\times\frac{1}{2}=27.39+j15.82\ (\Omega)$$

【例 7-2】　一台三相异步电动机定子绕组为三角形连接，将该电动机接在频率为 50Hz、相电压为 220V 的星形连接的对称三相电源上，电动机带负载运行时，线电流为 15A，若设 U 相电源电压的初相位为 45°，则 U 相电源相电流的初相位为 16.6°，试写出电动机三个相电流的解析式，并求出电动机的功率因数。

解　电源电压的角频率为

$$\omega=2\pi f=100\pi\ (rad/s)$$

根据对称情况下星形连接的三相电源的线电压与相电压的相位关系，可求得电源线电压 u_{UV} 的初相位，即负载相电压 u'_{UV} 的初相位

$$\psi_u=45°+30°=75°$$

根据对称情况下三角形连接的三相负载的线电流与相电流的大小和相位上的关系，可求得电动机的相电流 i'_{UV} 的有效值、初相位及解析式

$$I'_{UV}=\frac{I_U}{\sqrt{3}}=\frac{15}{\sqrt{3}}=8.66\ (A)$$

$$\psi_i=16.6°+30°=46.6°$$

$$i'_{UV}=\sqrt{2}I'_{UV}\sin\ (\omega t+\psi_i)=8.66\sqrt{2}\sin\ (100\pi t+46.6°)\ (A)$$

根据三相电流的对称性，可写出电动机的其他两相电流

$$i'_{VW}=8.66\sqrt{2}\sin\ (100\pi t-73.4°)\ (A)$$

$$i'_{WU}=8.66\sqrt{2}\sin\ (100\pi t+166.6°)\ (A)$$

电动机的功率因数角和功率因数分别为

$$\varphi=\psi_u-\psi_i=75°-46.6°=28.4°$$

$$\lambda=\cos\varphi=\cos28.4°=0.88$$

课题四　对称三相电路的计算

对称三相电路就是由对称三相电源、对称三相负载和复阻抗相等的端线组成的电路。所谓

对称三相电源是指三相电动势对称且三相内阻抗相等的电源。所谓对称三相负载是指复阻抗相等的三相负载。从电路结构上看，三相电路是一个多分支的复杂交流电路，因此，可用支路电流法、节点电压法、电源模型的等效变换、叠加定理、戴维南定理等分析复杂电路的方法进行分析计算，但我们注意到，对称三相电路由于对称性的存在而具有一些特殊规律性，由此可以找到比较简便的分析计算方法。下面介绍不同连接方式的三相电路的分析方法。

一、对称的丫—丫连接的三相电路的计算

首先分析图 7 - 13（a）所示的对称三相四线制电路。设三相电压源的电压分别为

$$\dot{U}_U = U \angle 0°$$

$$\dot{U}_V = U \angle -120°$$

$$\dot{U}_W = U \angle 120°$$

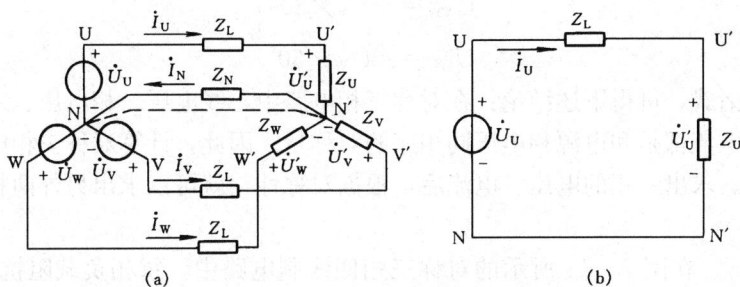

图 7 - 13　对称的三相四线制电路

对称三相负载的复阻抗为

$$Z_U = Z_V = Z_W = Z$$

每根端线的复阻抗为 Z_L，中线的复阻抗为 Z_N。

应用节点电压法（弥尔曼定理）可求得

$$\dot{U}_{N'N} = 0$$

由此可得出这样的结论：在电源和负载都是星形连接的对称三相正弦交流电路中，无论中线阻抗为何值，电源中性点 N 与负载中性点 N′之间的电压为零。也就是说，丫—丫连接的对称三相正弦交流电路中电源中性点 N 与负载中性点 N′的电位相等。根据电路等效变换的概念，电路中等电位点可以用无阻抗的导线连接起来。因此，对于电源和负载都是星形连接的对称三相正弦交流电路，无论有无中性线，无论中性线阻抗为何值，在计算时都可用无阻抗的导线将电源中性点与负载中性点连接起来。这一结论表明，从电路计算的角度看，对称丫—丫三相电路中各相之间彼此无关，相互独立。各相电流仅由各相电源电压和各相阻抗决定，而与其他两相的阻抗、电源电压及中线阻抗无关。这样，一相（如 U 相）电路中的电压、电流可用图 7 - 13（b）所示等效电路来计算。

由各相计算电路，应用欧姆定律，可求得各相电流（也即线电流）

$$\left.\begin{array}{l} \dot{I}_U = \dfrac{\dot{U}_U}{Z_L + Z} = \dfrac{U}{|Z_L + Z|} \angle -\varphi_P \\[3mm] \dot{I}_V = \dfrac{\dot{U}_V}{Z_L + Z} = \dfrac{U}{|Z_L + Z|} \angle -\varphi_P - 120° \\[3mm] \dot{I}_W = \dfrac{\dot{U}_W}{Z_L + Z} = \dfrac{U}{|Z_L + Z|} \angle -\varphi_P + 120° \end{array}\right\} \qquad (7 - 17)$$

式中　φ_P——每相复阻抗 Z_L+Z 的辐角。

中性线电流为

$$\dot{I}_N=\dot{I}_U+\dot{I}_V+\dot{I}_W=0$$

由欧姆定律求得各相负载电压

$$\left.\begin{array}{l}\dot{U}'_U=Z\dot{I}_U\\[4pt]\dot{U}'_V=Z\dot{I}_V\\[4pt]\dot{U}'_W=Z\dot{I}_W\end{array}\right\} \tag{7-18}$$

根据星形连接的负载的线电压与相电压的关系，可求得负载上的线电压

$$\left.\begin{array}{l}\dot{U}'_{UV}=\sqrt{3}\dot{U}'_U\angle 30°\\[4pt]\dot{U}'_{VW}=\sqrt{3}\dot{U}'_V\angle 30°\\[4pt]\dot{U}'_{WU}=\sqrt{3}\dot{U}'_W\angle 30°\end{array}\right\} \tag{7-19}$$

观察以上诸式，可得下述结论：在对称三相电路中，线电压、相电压、线电流、相电流等各组电压和电流都是和电源相电压同相序的对称量。因此，计算对称三相电路，只需计算其中一相电路。求出一相的电压、电流后，根据对称性，就可以求出另外两相的相应的电压和电流。

【例 7-3】　在图 7-13 所示的对称三相四线制电路中，每相负载阻抗 $Z=80+\mathrm{j}60\Omega$，端线阻抗 $Z_L=4+\mathrm{j}3\Omega$，中性线阻抗 $Z_N=8+\mathrm{j}6\Omega$，电源相电压为 220V，试求负载的相电压、线电压及线电流，并画出负载电压和电流的相量图。

解　（1）设想用一阻抗为零的导线将电源中性点与负载中性点连接起来，使三相成为各自独立的电路。取出其中一相（如 U 相），画出该相计算电路图，如图 7-14（a）所示。注意，计算电路中不应包含中性线阻抗 Z_N。

（2）应用单相交流电路的计算方法，计算出一相电路中的电压和电流。

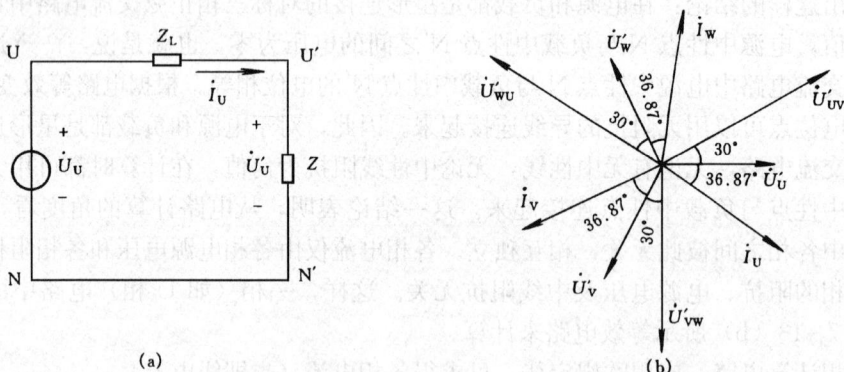

图 7-14　［例 7-3］图
(a) 一相计算电路（U相）；(b) 负载电压和电流的相量图

设　$\dot{U}_U=220\angle 0°$（V）

$Z=80+\mathrm{j}60=100\angle 36.87°$（$\Omega$）

$Z_L+Z=(4+\mathrm{j}3+80+\mathrm{j}60)=84+\mathrm{j}63=105\angle 36.87°$（$\Omega$）

$$\dot{I}_U=\frac{\dot{U}_U}{Z_L+Z}=\frac{220\angle0°}{105\angle36.87°}=2.10\angle-36.87°(A)$$

$$\dot{U}'_U=Z\dot{I}_U=100\angle36.87°\times2.10\angle-36.87°=210\angle0°(V)$$

（3）根据对称三相电路中的线电压与相电压的关系，由一相电压求出相应的线电压。

$$\dot{U}'_{UV}=\sqrt{3}\dot{U}'_U\angle30°=\sqrt{3}\times210\angle0°\times\angle30°=363.72\angle30°(V)$$

（4）根据对称性，写出另外两相相应的电压和电流及另外两个线电压。

$$\dot{I}_V=2.10\angle-36.87°-120°=2.10\angle-156.87°(A)$$

$$\dot{I}_W=2.10\angle-36.87°+120°=2.10\angle83.13°(A)$$

$$\dot{U}'_V=210\angle0°-120°=210\angle-120°(V)$$

$$\dot{U}'_W=210\angle0°+120°=210\angle120°(V)$$

$$\dot{U}'_{VW}=363.72\angle30°-120°=363.72\angle-90°(V)$$

$$\dot{U}'_{WU}=363.72\angle30°+120°=363.72\angle150°(V)$$

（5）根据计算结果画出各电压和电流的相量图，如图7-14（b）所示。

二、对称的△—Y连接的三相电路的计算

对于三相电源为三角形连接、三相负载为星形连接的△—Y连接的三相电路［见图7-15（a）］，只要把三角形连接的对称三相电源变换成等效的星形连接的对称三相电源，就可以把它变换成Y—Y连接的对称三相电路［见图7-15（b）］，就可用前面介绍的方法进行计算。星形连接的对称三相电源与三角形连接的对称三相电源之间的等效条件为

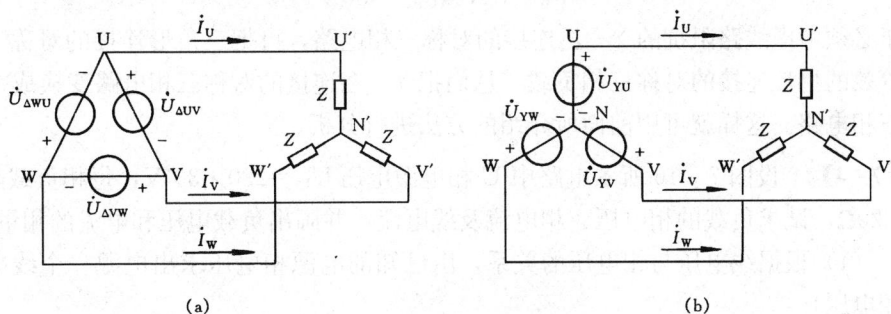

图7-15 三相电源的等效变换
(a) 原电路；(b) 等效电路

$$\left.\begin{array}{l}\dot{U}_{YU}=\frac{1}{\sqrt{3}}\dot{U}_{\triangle UV}\angle-30°\\[2mm]\dot{U}_{YV}=\frac{1}{\sqrt{3}}\dot{U}_{\triangle VW}\angle-30°\\[2mm]\dot{U}_{YW}=\frac{1}{\sqrt{3}}\dot{U}_{\triangle WU}\angle-30°\end{array}\right\}\quad(7-20)$$

式中 $\dot{U}_{YU}$、$\dot{U}_{YV}$、$\dot{U}_{YW}$——星形连接的三相电源的相电压；

$\dot{U}_{\triangle UV}$、$\dot{U}_{\triangle VW}$、$\dot{U}_{\triangle WU}$——三角形连接的三相电源的线电压。

三、对称的 Y—△ 连接的三相电路的计算

对称三角形负载接至对称星形电源（Y—△连接）的电路如图 7-16 所示，设三相电源的相电压 $\dot{U}_U$、$\dot{U}_V$、$\dot{U}_W$ 是对称的，线路阻抗为零，三角形负载的每相阻抗为 Z。根据对称星形连接的三相电路的线电压与相电压的关系，可求得电源的线电压

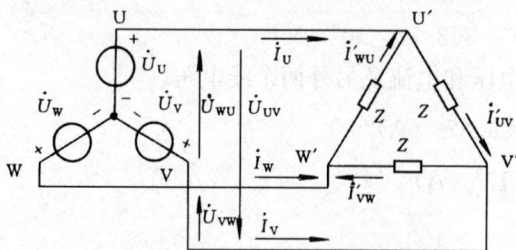

图 7-16　负载为三角形连接、电源为
星形连接的对称三相电路

$$\left.\begin{aligned}\dot{U}_{UV}&=\sqrt{3}\dot{U}_U\angle 30°\\ \dot{U}_{VW}&=\sqrt{3}\dot{U}_V\angle 30°\\ \dot{U}_{WU}&=\sqrt{3}\dot{U}_W\angle 30°\end{aligned}\right\} \quad (7-21)$$

根据欧姆定律可求得负载相电流

$$\left.\begin{aligned}\dot{I}'_{UV}&=\frac{\dot{U}'_{UV}}{Z}=\frac{\dot{U}_{UV}}{Z}\\ \dot{I}'_{VW}&=\frac{\dot{U}'_{VW}}{Z}=\frac{\dot{U}_{VW}}{Z}\\ \dot{I}'_{WU}&=\frac{\dot{U}'_{WU}}{Z}=\frac{\dot{U}_{WU}}{Z}\end{aligned}\right\} \quad (7-22)$$

根据对称三角形连接的三相电路中的线电流与相电流的关系，由图 7-16 所示电路可求得线电流

$$\left.\begin{aligned}\dot{I}_U&=\sqrt{3}\dot{I}'_{UV}\angle -30°\\ \dot{I}_V&=\sqrt{3}\dot{I}'_{VW}\angle -30°\\ \dot{I}_W&=\sqrt{3}\dot{I}'_{WU}\angle -30°\end{aligned}\right\} \quad (7-23)$$

对于必须考虑线路阻抗的 Y—△ 连接的对称三相电路，可把三角形连接的对称三相负载变换成等效的星形连接的对称三相负载，从而把 Y—△连接的对称三相电路变换成 Y—Y 连接的对称三相电路。这样就可用前面所介绍的方法进行分析。

【例 7-4】　设图 7-16 所示电路中 U 相电源电压 $\dot{U}_U=220\angle 30°V$，每相负载阻抗 $Z=34.64+j20\Omega$，试求负载的相电压、相电流及线电流，并画出负载电压和电流的相量图。

解　（1）根据线电压与相电压的关系，由已知的电源相电压求出电源一个线电压（即负载的相电压）。

$$\dot{U}'_{UV}=\dot{U}_{UV}=\sqrt{3}\dot{U}_U\angle 30°=\sqrt{3}\times 220\angle 30°\times\angle 30°=380\angle 60°(V)$$

（2）根据欧姆定律，求得一相负载电流。

$$\dot{I}'_{UV}=\frac{\dot{U}'_{UV}}{Z}=\frac{\dot{U}_{UV}}{Z}=\frac{380\angle 60°}{34.64+j20}=\frac{380\angle 60°}{40\angle 30°}=9.5\angle 30°(A)$$

（3）根据线电流与相电流的关系，求得一个线电流。

$$\dot{I}_U=\sqrt{3}\dot{I}'_{UV}\angle -30°=\sqrt{3}\times 9.5\angle 30°\times\angle -30°=16.45\angle 0°(A)$$

（4）根据对称性，写出另外两相负载电流、电压及另外两个线电流。

$$\dot{U}'_{VW}=380\angle 60°-120°$$
$$=380\angle -60°(V)$$
$$\dot{U}'_{WU}=380\angle 60°+120°$$

$$= 380\angle 180° = -380(\text{V})$$

$$\dot{I}'_{VW} = 9.5\angle 30° - 120°$$

$$= 9.5\angle -90°(\text{A})$$

$$\dot{I}'_{WU} = 9.5\angle 30° + 120°$$

$$= 9.5\angle 150°(\text{A})$$

$$\dot{I}_V = 16.45\angle 0° - 120° = 16.45\angle -120°(\text{A})$$

$$\dot{I}_W = 16.45\angle 0° + 120° = 16.45\angle 120°(\text{A})$$

（5）根据计算结果画出电流和电压的相量图，如图 7-17 所示。

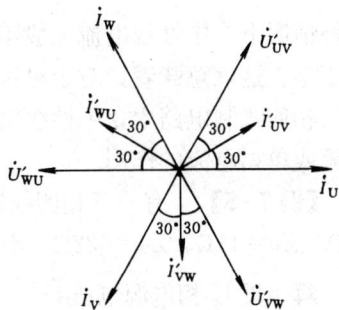

图 7-17　[例 7-4] 图

综上所述对称三相电路的计算方法，其主要步骤如下：

（1）将对称三相电源看作是星形电源或将三角形电源变换为等效星形电源，将三角形负载变换为等效星形负载，从而使原三相电路变为丫—丫连接的对称三相电路。

（2）将对称的丫—丫连接的三相电路中的电源中性点与负载中性点用理想（阻抗为零）导线连接起来，构成了三相各自独立的电路。

（3）取出一相电路，画出该相的计算电路图，计算出该相电路中的电压和电流。

（4）根据对称性，写出其他两相相应的电压和电流。

（5）回到原三相电路，根据线电流与相电流之间的关系、线电压与相电压之间的关系，计算出原电路中的电压和电流。

课题五　不对称三相电路的计算示例

图 7-18（a）所示的电路是一个负载不对称的三相四线制电路，其中三相负载的复阻抗 Z_U、Z_V、Z_W 不相等，中性线阻抗为零。

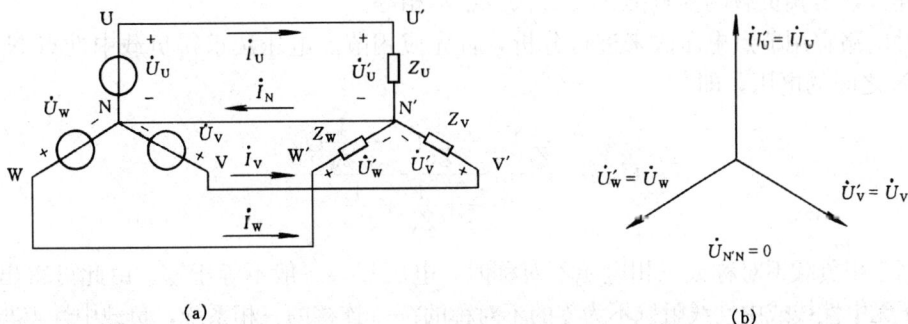

图 7-18　有中性线的不对称三相电路

由于电路中接有阻抗为零的中性线，迫使负载中性点 N′ 与电源中性点 N 等电位，使得每相负载上的电压等于该相电源的电压，即

$$\dot{U}'_U = \dot{U}_U, \quad \dot{U}'_V = \dot{U}_V, \quad \dot{U}'_W = \dot{U}_W$$

由此可知，对于中性线和相线的阻抗为零的负载不对称的三相四线制电路，当三相电源电压对称时，三相负载上的电压依然是对称的［见图 7 - 18（b）］。但是由于三相负载阻抗不相等，所以三相电流是不对称的，三相电流分别为

$$\dot{I}_U = \frac{\dot{U}_U}{Z_U}, \quad \dot{I}_V = \frac{\dot{U}_V}{Z_V}, \quad \dot{I}_W = \frac{\dot{U}_W}{Z_W} \qquad (7-24)$$

中性线电流

$$\dot{I}_N = \dot{I}_U + \dot{I}_V + \dot{I}_W \qquad (7-25)$$

这种情况下，中性线电流一般不等于零。前面已经说明，对称三相四线制电路的中性线电流等于零。这就意味着，对于对称三相电路，中性线是不起作用的。现在我们看到，在不对称的三相四线制电路中，中性线电流不等于零。这表明，中性线具有传导三相系统中的不平衡电流或单相电流的作用。

【例 7 - 5】 有一三相四线制电路，中性线和端线阻抗为零，三相负载阻抗分别为 $Z_U = 11\Omega$，$Z_V = 11\Omega$，$Z_W = j22\Omega$，电源相电压为 220V。试求各相电流和中性线电流。

解 设 U 相电源电压 $\dot{U}_U = 220\angle0°$ V，三相电流分别为

$$\dot{I}_U = \frac{\dot{U}_U}{Z_U} = \frac{220\angle0°}{11} = 20\angle0° \text{（A）}$$

$$\dot{I}_V = \frac{\dot{U}_V}{Z_V} = \frac{220\angle-120°}{11} = 20\angle-120° \text{（A）}$$

$$\dot{I}_W = \frac{\dot{U}_W}{Z_W} = \frac{220\angle120°}{j22} = 10\angle30° \text{（A）}$$

中线电流为

$$\begin{aligned}\dot{I}_N &= \dot{I}_U + \dot{I}_V + \dot{I}_W \\ &= 20\angle0° + 20\angle-120° + 10\angle30° \\ &= 22.36\angle-33.43° \text{（A）}\end{aligned}$$

图 7 - 19（a）所示电路是一个不对称的三相三线制电路，其中三相电源和三相负载均为星形连接，三相负载的复阻抗 Z_U、Z_V、Z_W 不相等。

这种电路宜用节点电压法来进行分析，首先应用节点电压法求得负载中性点 N′ 与电源中性点 N 之间的电压，即

$$\dot{U}_{N'N} = \frac{\frac{1}{Z_U}\dot{U}_U + \frac{1}{Z_V}\dot{U}_V + \frac{1}{Z_W}\dot{U}_W}{\frac{1}{Z_U} + \frac{1}{Z_V} + \frac{1}{Z_W}} \qquad (7-26)$$

可见，当三相负载不对称或三相电源不对称时，电压 $\dot{U}_{N'N}$ 一般不等于零。由此可得出下述结论：对于无中性线或中性线阻抗不为零的不对称的Y—Y连接的三相系统，负载中性点与电源中性点之间的电压一般不等于零，即负载中性点 N′ 的电位与电源中性点 N 的电位不相等。这一现象称为中性点位移，负载中性点与电源中性点间的电压 $\dot{U}_{N'N}$ 称为中性点位移电压。

求得中性点位移电压 $\dot{U}_{N'N}$ 之后，应用基尔霍夫电压定律可求得三相负载上的相电压

$$\left.\begin{array}{l}\dot{U}'_U=\dot{U}_U-\dot{U}_{N'N}\\[4pt]\dot{U}'_V=\dot{U}_V-\dot{U}_{N'N}\\[4pt]\dot{U}'_W=\dot{U}_W-\dot{U}_{N'N}\end{array}\right\} \tag{7-27}$$

若 $\dot{U}_U$、$\dot{U}_V$、$\dot{U}_W$ 为已知，由式（7-26）求出 $\dot{U}_{N'N}$，根据式（7-27）可作出各相负载电压的相量图，如图 7-19（b）所示。由图 7-19（b）可以看出，这种情况下三相负载的相电压是不对称的。图中 N′ 点和 N 点不重合，故称中性点位移。

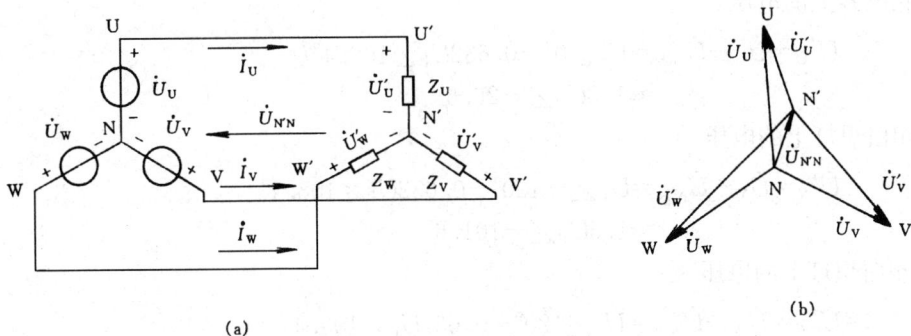

图 7-19 没有中性线的不对称三相电路

(a) 电路图；(b) 相量图

这种情况下三相负载的电流分别为

$$\dot{I}_U=\frac{\dot{U}'_U}{Z_U},\ \dot{I}_V=\frac{\dot{U}'_V}{Z_V},\ \dot{I}_W=\frac{\dot{U}'_W}{Z_W} \tag{7-28}$$

由上式可看出，三相电流也是不对称的。

在无中性线的负载不对称的 Y—Y 连接的三相电路中，由于中性点位移电压 $\dot{U}_{N'N}$ 的出现，造成负载上的相电压不对称，使得有的相电压高于电源相电压，有的相电压低于电源相电压。电压过高，可能造成电气设备损坏；电压过低，用电设备不能正常工作。如果装设中性线，且中性线阻抗很小，就能使得中性点位移电压很小（$\dot{U}_{N'N}\approx 0$），从而避免上述现象的产生。中性线的主要作用就在于减小中性点位移电压，使星形连接的不对称负载的相电压对称或接近于对称。为保证不对称星形负载的相电压对称，应避免中性线断路，所以中性线应具有足够的机械强度，且中性线上不应装设熔断器和开关。

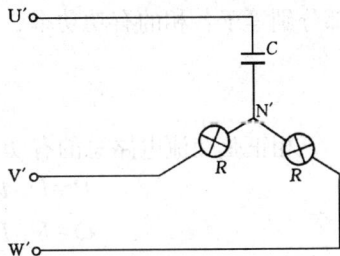

图 7-20 ［例 7-6］图

【例 7-6】 图 7-20 所示电路为一不对称三相三线制电路，设三相电源对称，其相电压为 U_P，电容器的电容为 C，白炽灯的电阻为 R，$R=1/\omega C$，试求各个白炽灯和电容器上的电压。

解 设 $\dot{U}_U=U_P\angle 0°$

中性点位移电压

$$\dot{U}_{N'N} = \frac{j\omega \dot{C}U_U + \frac{1}{R}\dot{U}_V + \frac{1}{R}\dot{U}_W}{j\omega C + \frac{1}{R} + \frac{1}{R}}$$

$$= \frac{j\dot{U}_U + \dot{U}_V + \dot{U}_W}{j + 2}$$

$$= \frac{(j-1)\dot{U}_U}{j+2} = 0.632 U_P \angle 108.4°$$

U 相电容上的电压

$$\dot{U}'_U = \dot{U}_U - \dot{U}_{N'N} = U_P \angle 0° - 0.632 U_P \angle 108.4°$$

$$\approx 1.3 U_P \angle -26.6°$$

V 相白炽灯上的电压

$$\dot{U}'_V = \dot{U}_V - \dot{U}_{N'N} = U_P \angle -120° - 0.632 U_P \angle 108.4°$$

$$\approx 1.5 U_P \angle -101.6°$$

W 相白炽灯上的电压

$$\dot{U}'_W = \dot{U}_W - \dot{U}_{N'N} = U_P \angle 120° - 0.632 U_P \angle 108.4°$$

$$\approx 0.4 U_P \angle 138.5°$$

由计算结果可以看出，当 U 相接电容时，V 相白炽灯上的电压比 W 相白炽灯上的电压高，因此，V 相灯要比 W 相灯亮。利用这一电路可以确定三相电源的相序。实际测量时，任意指定一相电源为 U 相，将电容接至该相，将白炽灯接到其他两相。根据两相灯泡的亮度来确定 V 相和 W 相，对于正序三相电源而言，灯泡较亮的一相为 V 相，灯泡较暗的一相为 W 相。

课题六　三相电路的功率

一、一般三相电路的功率

无论三相电路是否对称，连接方式如何，三相电源和三相负载的总的有功功率、无功功率都分别等于各相的有功功率、无功功率之和，即

$$P = P_U + P_V + P_W$$
$$Q = Q_U + Q_V + Q_W$$

三相正弦交流电路总的有功功率、无功功率可表示为

$$\left.\begin{array}{l} P = U_U I_U \cos\varphi_U + U_V I_V \cos\varphi_V + U_W I_W \cos\varphi_W \\ Q = U_U I_U \sin\varphi_U + U_V I_V \sin\varphi_V + U_W I_W \sin\varphi_W \end{array}\right\} \qquad (7-29)$$

式中　U_U、U_V、U_W——三相相电压的有效值；

　　　I_U、I_V、I_W——三相相电流的有效值；

　　　φ_U、φ_V、φ_W——各相的相电压与相电流之间的相位差（在习惯的参考方向下，相电压超前相电流的相位角）。

三相正弦交流电路的视在功率为

$$S = \sqrt{P^2 + Q^2} \qquad (7-30)$$

应注意，一般情况下，三相正弦交流电路的视在功率并不等于各相视在功率之和。

二、对称三相电路的功率

因为对称三相正弦交流电路中三相电压和三相电流都是对称的，故有

$$U_U = U_V = U_W = U_P$$

$$I_U = I_V = I_W = I_P$$

$$\varphi_U = \varphi_V = \varphi_W = \varphi_P$$

所以，对称三相正弦交流电路中各相电路的有功功率、无功功率及视在功率均分别相等。因而对称三相正弦交流电路的总功率可表示为

$$\left.\begin{aligned} P &= 3P_U = 3U_P I_P \cos\varphi_P \\ Q &= 3Q_U = 3U_P I_P \sin\varphi_P \\ S &= \sqrt{P^2 + Q^2} = 3S_U = 3U_P I_P \end{aligned}\right\} \qquad (7\text{-}31)$$

可见，对称三相电路的总的有功功率、无功功率及视在功率分别等于一相有功功率、无功功率及视在功率的三倍。

由于实际的三相电气设备铭牌标出的电压和电流通常是线电压和线电流的额定值，且线电压和线电流的数值很容易测量出来，因此，用线电压和线电流来计算功率更为方便，所以常用线电压和线电流来表示功率。

当对称三相电源或负载是星形连接时，有

$$U_L = \sqrt{3} U_P, \quad I_L = I_P$$

当对称三相电源或负载是三角形连接时，有

$$U_L = U_P, \quad I_L = \sqrt{3} I_P$$

将上述关系代入式（7-31），可得

$$\left.\begin{aligned} P &= \sqrt{3} U_L I_L \cos\varphi_P \\ Q &= \sqrt{3} U_L I_L \sin\varphi_P \\ S &= \sqrt{3} U_L I_L \end{aligned}\right\} \qquad (7\text{-}32)$$

应注意，式（7-32）中的 φ_P 仍为相电压与相电流之间的相位差，切勿误认为是线电压与线电流之间的相位差。

由电路的功率平衡原理可知，无论对称与否，三相电路的总瞬时功率应等于各相瞬时功率之和，即

$$p = p_U + p_V + p_W = u_U i_U + u_V i_V + u_W i_W$$

对于对称三相正弦交流电路，若给出各相电压和电流的解析式，根据上列式，应用三角函数的知识可导出

$$p = 3U_P I_P \cos\varphi_P = \sqrt{3} U_L I_L \cos\varphi_P \qquad (7\text{-}33)$$

这一结果表明，对称三相正弦交流电路的瞬时功率是一个不随时间变化的常数，其值恰好等于有功功率（平均功率）。这种独特性质正是对称三相制的优点之一。对于发电机或电动机而言，在转速一定的情况下，输出或输入的瞬时功率恒定就意味着与之对应的转矩恒定。转矩恒定，电机才能平稳地转动而避免震动。

【例7-7】 有一对称三相负载，每相阻抗 $Z = 32 + j24\Omega$，一对称三相电源的线电压 $U_L = 380V$，试求下述两种情况下负载的相电流、线电流、有功功率、无功功率和视在功率：

（1）负载连成星形，接于三相电源上。

（2）负载连成三角形，接于三相电源上。

解　（1）负载作星形连接时

$$U_P = \frac{U_L}{\sqrt{3}} = \frac{380}{\sqrt{3}} = 220 \ (V)$$

$$I_P = \frac{U_P}{|Z|} = \frac{220}{\sqrt{32^2 + 24^2}} = \frac{220}{40} = 5.5 \ (A)$$

$$I_L = I_P = 5.5 \ (A)$$

$$\cos\varphi_P = \frac{R}{|Z|} = \frac{32}{40} = 0.8$$

$$\sin\varphi_P = \frac{X}{|Z|} = \frac{24}{40} = 0.6$$

$$P = \sqrt{3} U_L I_L \cos\varphi_P = \sqrt{3} \times 380 \times 5.5 \times 0.8 = 2895.93 \ (W)$$

$$Q = \sqrt{3} U_L I_L \sin\varphi_P = \sqrt{3} \times 380 \times 5.5 \times 0.6 = 2171.99 \ (var)$$

$$S = \sqrt{3} U_L I_L = \sqrt{3} \times 380 \times 5.5 = 3619.88 \ (VA)$$

（2）负载作三角形连接时

$$U_P = U_L = 380 \ (V)$$

$$I_P = \frac{U_P}{|Z|} = \frac{380}{40} = 9.5 \ (A)$$

$$I_L = \sqrt{3} I_P = \sqrt{3} \times 9.5 = 16.45 \ (A)$$

$$\cos\varphi_P = \frac{R}{|Z|} = \frac{32}{40} = 0.8$$

$$\sin\varphi_P = \frac{X}{|Z|} = \frac{24}{40} = 0.6$$

$$P = \sqrt{3} U_L I_L \cos\varphi_P = \sqrt{3} \times 380 \times 16.45 \times 0.8 = 8661.39 \ (W)$$

$$Q = \sqrt{3} U_L I_L \sin\varphi_P = \sqrt{3} \times 380 \times 16.45 \times 0.6 = 6496.04 \ (var)$$

$$S = \sqrt{3} U_L I_L = \sqrt{3} \times 380 \times 16.45 = 10826.73 \ (VA)$$

课题七　不对称三相电压和电流的对称分量

一、对称三相正弦量的相序

频率相同、有效值相等、彼此间相位差相等的三相正弦量称为对称三相正弦量。符合上述定义的对称三相正弦量共有三种。一种是正序对称三相正弦量，用 $\dot{U}_1$、$\dot{V}_1$、$\dot{W}_1$ 来表示，它们在相位上彼此互差 $120°$，相序为 U→V→W，即 $\dot{U}_1$ 超前 $\dot{V}_1$ $120°$，$\dot{V}_1$ 超前 $\dot{W}_1$ $120°$，其相量图如图 7-21（a）所示。另有一种是负序对称三相正弦量，用 $\dot{U}_2$、$\dot{V}_2$、$\dot{W}_2$ 来表示，它们在相位上彼此也互差 $120°$，但相序为 V→U→W，即 $\dot{V}_2$ 超前 $\dot{U}_2$ $120°$，$\dot{U}_2$ 超前 $\dot{W}_2$ $120°$，其相量图如图 7-21（b）所示。还有一种为零序对称三相正弦量，用 $\dot{U}_0$、$\dot{V}_0$、$\dot{W}_0$ 来表示，它们彼此间相位差为 $0°$，即它们同相，其相量图如图 7-21（c）所示。

若干组相序相同的对称三相正弦量相加（指各相分别相加）的结果仍是一组同相序的对

称三相正弦量。若干组相序不同的对称三相正弦量相加的结果将是一组不对称的三相正弦量。例如，将图 7 - 21（a）、（b）、（c）中所示的三组相序不同的对称三相正弦量的各相相量分别相加，得到的是一组不对称的相量 $\dot{U}$、$\dot{V}$、$\dot{W}$，如图 7 - 21（d）所示。

二、不对称三相正弦量的分解

我们已经知道，任意正序、负序、零序三组对称三相正弦量叠加起来，得到一组不对称的三相正弦量。反过来，任意一组不对称的三相正弦量都可以分解为正序、负序和零序三组对称的三相正弦量。后者称为前者的对称分量，其中正序对称三相正弦量称为正序分量；负序对称三相正弦量称为负序分量；零序对称三相正弦量称为零序分量。

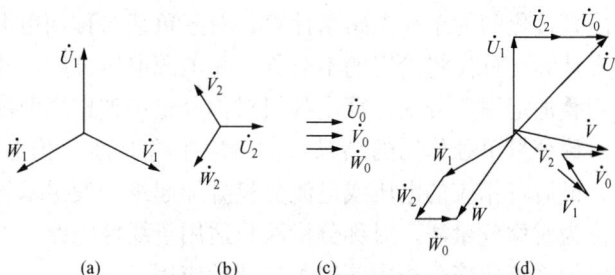

图 7 - 21　对称三相正弦量的相量图

现在来分析不对称三相正弦量与其对称分量之间的关系。设一组不对称三相正弦量的相量 $\dot{U}$、$\dot{V}$、$\dot{W}$ 可以分解为 $\dot{U}_1$、$\dot{V}_1$、$\dot{W}_1$，$\dot{U}_2$、$\dot{V}_2$、$\dot{W}_2$，$\dot{U}_0$、$\dot{V}_0$、$\dot{W}_0$ 三组对称分量。根据对称三相正弦量的定义和相量分解的含义可知，它们之间存在下述关系

$$\left.\begin{array}{l} \dot{U}_0=\dot{V}_0=\dot{W}_0 \\[2mm] \dot{V}_1=a^2\dot{U}_1,\ \dot{W}_1=a\dot{U}_1 \\[2mm] \dot{V}_2=a\dot{U}_2,\ \dot{W}_2=a^2\dot{U}_2 \end{array}\right\} \qquad (7-34)$$

$$\left.\begin{array}{l} \dot{U}=\dot{U}_0+\dot{U}_1+\dot{U}_2 \\[2mm] \dot{V}=\dot{V}_0+\dot{V}_1+\dot{V}_2=\dot{U}_0+a^2\dot{U}_1+a\dot{U}_2 \\[2mm] \dot{W}=\dot{W}_0+\dot{W}_1+\dot{W}_2=\dot{U}_0+a\dot{U}_1+a^2\dot{U}_2 \end{array}\right\} \qquad (7-35)$$

式中，$a=\angle 120°$，$a^2=\angle 240°$。

如果 $\dot{U}$、$\dot{V}$、$\dot{W}$ 为已知量，则式（7 - 35）是以 $\dot{U}_0$、$\dot{U}_1$、$\dot{U}_2$ 为未知量的方程组。该方程组中独立方程的数目恰好等于未知量的数目，因此，该方程组具有唯一解。这表明，这样的分解是可能的。解方程组（7 - 35），可求得 $\dot{U}_0$、$\dot{U}_1$、$\dot{U}_2$。

把式（7 - 35）中的三式相加后除以 3，并注意到 $1+a^2+a=0$，可得

$$\dot{U}_0=\frac{1}{3}(\dot{U}+\dot{V}+\dot{W}) \qquad (7-36)$$

把式（7 - 35）中的三式顺次乘以 1、a、a^2 后再相加，并除以 3，即得

$$\dot{U}_1=\frac{1}{3}(\dot{U}+a\dot{V}+a^2\dot{W}) \qquad (7-37)$$

把式（7 - 35）中的三式顺次乘以 1、a^2、a 后再相加，并除以 3，即得

$$\dot{U}_2=\frac{1}{3}(\dot{U}+a^2\dot{V}+a\dot{W}) \qquad (7-38)$$

求得 $\dot{U}_0$、$\dot{U}_1$、$\dot{U}_2$ 之后，根据式（7 - 34）很容易求出 $\dot{V}_0$、$\dot{V}_1$、$\dot{V}_2$ 及 $\dot{W}_0$、$\dot{W}_1$、$\dot{W}_2$，这样

便求得了不对称三相正弦量的对称分量。实际计算结果表明，除正序分量外，负序分量和零序分量有可能为零，即负序分量和零序分量有可能不存在。

　　由前面分析可知，因为对称三相电路可以化归为单相电路来计算，因而使得对称三相电路的分析计算大为简化。如果一个三相电路的电源电压不对称，即令三相负载是对称的，也不能直接化归为单相电路来计算。对于负载对称而电源电压不对称的三相电路，我们可以这样来计算：首先将给定的不对称三相电源电压分解为正序、负序和零序三组对称分量；然后应用叠加定理，分别计算出各组对称分量单独作用时所产生的电压和电流分量，在计算每一组对称分量单独作用的结果时，可应用将对称三相电路化归为单相电路的计算方法进行计算；最后将相应的电压或电流分量叠加起来，便可求得原电路中的电压或电流。这种计算方法称为对称分量法。对称分量法只适用于线性电路。对称分量法在三相电机不对称运行分析和电力系统故障分析中获得了广泛的应用。

　　【例 7 - 8】　已知一组不对称三相电压 $\dot{U}_U=220\angle 0°\text{V}$，$\dot{U}_V=220\angle-120°\text{V}$，$\dot{U}_W=0\text{V}$，它们的相量图如图 7 - 22（a）所示，试求它们的对称分量，并绘出相量图。

　　解　由式（7 - 36）、式（7 - 37）和式（7 - 38）可得

$$\dot{U}_{U0}=\frac{1}{3}(\dot{U}_U+\dot{U}_V+\dot{U}_W)$$

$$=\frac{1}{3}(220\angle 0°+220\angle-120°)$$

$$=\frac{1}{3}(110-\text{j}190.5)=73.33\angle-60°\ (\text{V})$$

$$\dot{U}_{U1}=\frac{1}{3}(\dot{U}_U+a\dot{U}_V+a^2\dot{U}_W)$$

$$=\frac{1}{3}(220\angle 0°+220\angle-120°\angle 120°)$$

$$=\frac{1}{3}(220+220)=146.67\ (\text{V})$$

$$\dot{U}_{U2}=\frac{1}{3}(\dot{U}_U+a^2\dot{U}_V+a\dot{U}_W)$$

$$=\frac{1}{3}(220\angle 0°+220\angle-120°\angle 240°)$$

$$=\frac{1}{3}(220+220\angle 120°)$$

$$=\frac{1}{3}(110+\text{j}190.5)=73.33\angle 60°\ (\text{V})$$

$$\dot{U}_{V0}=\dot{U}_{W0}=\dot{U}_{U0}=73.33\angle-60°\ (\text{V})$$

$$\dot{U}_{V1}=a^2\dot{U}_{U1}=146.67\angle-120°\ (\text{V})$$

$$\dot{U}_{W1}=a\dot{U}_{U1}=146.67\angle 120°\ (\text{V})$$

$$\dot{U}_{V2}=a\dot{U}_{U2}=-73.33\ (\text{V})$$

$$\dot{U}_{W2}=a^2\dot{U}_{U2}=73.33\angle-60°\ (\text{V})$$

各电压的相量图如图 7 - 22 所示。

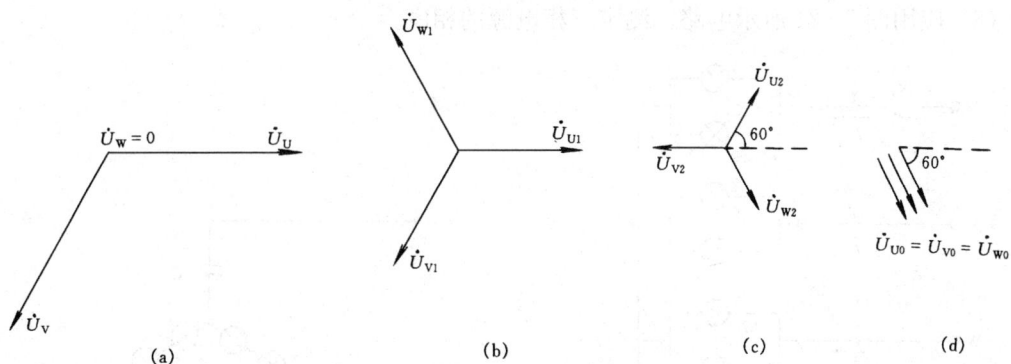

图 7-22 ［例 7-8］图

实验八 三相负载的星形连接

一、实验目的

(1) 熟悉三相负载的星形连接方法。

(2) 加深对对称三相星形负载的线电压与相电压之间的关系的认识。

(3) 加深对中性线作用的理解。

(4) 了解对称三相星形负载中一相负载短路和一相负载断路时线电压和相电压的变化情况。

(5) 了解三相相序的测定方法。

二、实验仪器和设备

序号	设备名称	规格	数量	序号	设备名称	规格	数量
1	三相调压器	0~380V	1台	5	电容箱		1只
2	三相负载（灯板）		1块	6	电流表插座		4只
3	交流电压表		1只	7	电流表插头		1只
4	交流电流表		1只	8	单刀开关		3只

三、实验方法和步骤

(1) 按图 7-23 所示电路接线，开关 S1、S2、S3 均合上，测量有中性线的对称三相星形负载的各线电压、相电压、线（相）电流和中性线电流。

(2) 断开中性线，（图 7-23 中开关 S3 打开），重复（1）的测量。

(3) 测量有中性线的不对称三相星形负载（图 7-23 中开关 S2 打开）的各线电压、相电压、线（相）电流及中性线电流。

(4) 断开中性线，重复（3）的测量。

(5) 测量有中性线的对称三相星形负载一相断线（图 7-23 中开关 S1 打开）时的各线电压、相电压、线（相）电流和中性线电流。

(6) 断开中性线，重复（5）的测量。

(7) 测量无中性线的对称三相星形负载一相短路（用导线将 W 相负载短接）时的各线电压、相电压、线（相）电流。

（8）应用图 7-24 所示电路，测定三相电源的相序。

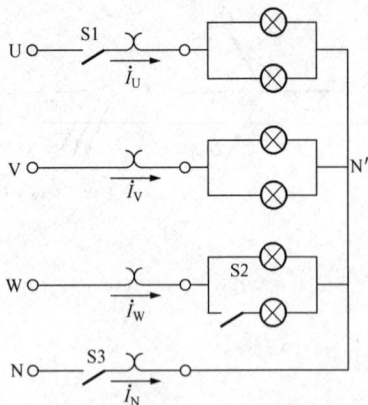

图 7-23　星形负载的实验电路　　　　图 7-24　测定三相相序的实验电路

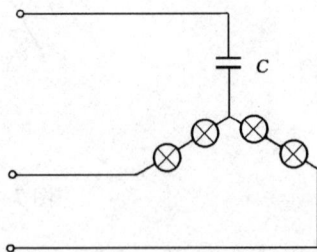

四、预习要求

（1）复习课题二、三、五的内容。

（2）思考：对称三相星形负载中一相负载短路和一相负载断路时，各线电压、相电压、线（相）电流发生什么样的变化？

（3）了解三相调压器的工作原理和使用方法。

实验九　三相负载的三角形连接

一、实验目的

（1）熟悉三相负载的三角形连接方法。

（2）加深对对称三角形负载的线电流与相电流之间的关系的认识。

（3）了解对称三角形负载中一相负载断路和一端线断路时各线电流、相电流及各相电压的变化情况。

二、实验仪器和设备

序号	设备名称	规格	数量	序号	设备名称	规格	数量
1	三相调压器		1台	5	电流表插座		6只
2	三相负载（灯板）		1块	6	电流表插头		1只
3	交流电压表		1只	7	单刀开关		3只
4	交流电流表		1只				

三、实验方法和步骤

（1）按图 7-25 所示电路接线，测量对称三角形负载的各线（相）电压、线电流和相电流。

（2）测量不对称三角形负载（图 7-25 中开关 S2 打开）的各线（相）电压、线电流和相电流。

（3）测量对称三角形负载一相断路（图 7-25 中开关 S3 打开）时的各线（相）电压、

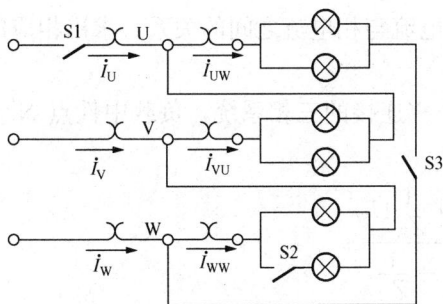

图 7-25 三角形负载的实验电路

线电流和相电流。

（4）测量对称三角形负载一端线断路（图 7-25 中开关 S1 打开）时的各线（相）电压、线电流和相电流。

四、预习要求

（1）复习课题二、三的内容。

（2）思考：对称三相三角形负载一相负载断路及一端线断路时，各线（相）电压、线电流和相电流发生什么样的变化？

单 元 小 结

1. 频率相同、幅值相等、彼此间相位差角相等的三个正弦电压（电流、电动势），称为对称三相正弦电压（电流、电动势）。对称三相正弦量的相序有三种：正序（U→V→W）、负序（V→U→W）和零序（三相相位相同）。

2. 三相电源和三相负载的基本连接方式有两种：星形连接和三角形连接。无论对称与否，在习惯参考方向下，星形连接的电源或负载的线电流就是相应的相电流，其线电压的相量（或瞬时值）等于相应的两个相电压的相量（或瞬时值）之差；三角形连接的电源或负载的线电流的相量（或瞬时值）等于相应的两个相电流的相量（或瞬时值）之差，其线电压就是相应的相电压；三相四线制电路中中线电流的相量（或瞬时值）等于三个线电流的相量（或瞬时值）之和。

3. 对称三相（指正序）正弦交流电路的基本特点有：

（1）电路中各组电压和电流都是和电源电压同频率、同相序的对称量。

（2）负载或电源为星形连接时，线电压的有效值等于相电压的有效值的 $\sqrt{3}$ 倍，在习惯参考方向下，线电压在相位上超前于相应的相电压 30°，线电流等于相应的相电流；负载或电源为三角形连接时，线电压等于相应的相电压，线电流的有效值等于相电流的有效值的 $\sqrt{3}$ 倍，在习惯参考方向下，线电流在相位上滞后于相应的相电流 30°。

（3）对于对称的 Y—Y 系统，无论中性线阻抗为何值，负载中性点 N′ 与电源中性点 N 都是等电位点，中性线电流总是等于零。

4. 分析计算对称三相正弦交流电路的一般方法如下：

（1）将对称三相电源看成或变换成等效的星形连接的对称三相电源。等效星形电源的相电压的有效值等于电源线电压的有效值的 $1/\sqrt{3}$，等效星形电源的相电压在相位上滞后相应的电源线电压 30°[见式（7-20）]。

（2）将对称的三角形连接的三相负载变换成等效的星形连接的对称三相负载。等效星形负载的每相负载阻抗 Z_Y 与三角形负载的每相负载阻抗 $Z_\triangle$ 的关系为 $Z_Y=\frac{1}{3}Z_\triangle$。

（3）将电源中性点与负载中性点用无阻抗的导线连接起来，形成三相各自独立的电路，取出其中一相（如 U 相）电路，画出该相的计算电路图。

（4）计算出一相电路中的电压和电流，根据对称性求出其他两相相应的电压和电流。

（5）根据对称三相电路中的线电压与相电压、线电流与相电流之间的关系，求出相应的线电压和线电流。

5. 对于无中性线或中性线阻抗不为零的不对称Y—Y连接的三相系统，负载中性点 N′ 与电源中性点 N 之间的电压不等于零，其值为

$$\dot{U}_{N'N}=\frac{\frac{1}{Z_U}\dot{U}_U+\frac{1}{Z_V}\dot{U}_V+\frac{1}{Z_W}\dot{U}_W}{\frac{1}{Z_U}+\frac{1}{Z_V}+\frac{1}{Z_W}+\frac{1}{Z_N}}$$

负载中性点 N′ 的电位与电源中性点 N 的电位不相等的现象称为中性点位移，中性点间的电压 $\dot{U}_{N'N}$ 称为中性点位移电压。

不对称的Y—Y连接的三相系统中各相负载电压的计算式为

$$\dot{U}'_U=\dot{U}_U-\dot{U}_{N'N}$$

$$\dot{U}'_V=\dot{U}_V-\dot{U}_{N'N}$$

$$\dot{U}'_W=\dot{U}_W-\dot{U}_{N'N}$$

各相负载电流的计算式为

$$\dot{I}_U=\frac{\dot{U}'_U}{Z_U},\ \dot{I}_V=\frac{\dot{U}'_V}{Z_V},\ \dot{I}_W=\frac{\dot{U}'_W}{Z_W}$$

6. 中线的作用：

（1）用来接单相用电设备，提供单相电压。

（2）用来传导三相系统中的不平衡电流和单相电流。

（3）用以减小中性点位移电压，使不对称负载的相电压对称或接近于对称。

7. 计算三相正弦交流电路的功率，要注意区分对称与不对称两种情况，一般三相正弦交流电路（无论对称与否）的功率计算式为

$$P=U_UI_U\cos\varphi_U+U_VI_V\cos\varphi_V+U_WI_W\cos\varphi_W$$

$$Q=U_UI_U\sin\varphi_U+U_VI_V\sin\varphi_V+U_WI_W\sin\varphi_W$$

$$S=\sqrt{P^2+Q^2}$$

对称三相正弦交流电路的功率计算式为

$$P=3U_PI_P\cos\varphi_P=\sqrt{3}U_LI_L\cos\varphi_P$$

$$Q=3U_PI_P\sin\varphi_P=\sqrt{3}U_LI_L\sin\varphi_P$$

$$S=3U_PI_P=\sqrt{3}U_LI_L$$

8. 任意一组不对称的三相正弦量都可以分解为正序、负序和零序三组对称的三相正弦量。各对称分量的计算公式为

$$\dot{U}_0=\frac{1}{3}(\dot{U}+\dot{V}+\dot{W})$$

$$\dot{U}_1=\frac{1}{3}(\dot{U}+a\dot{V}+a^2\dot{W})$$

$$\dot{U}_2=\frac{1}{3}(\dot{U}+a^2\dot{V}+a\dot{W})$$

$$\dot{U}_0=\dot{V}_0=\dot{W}_0$$

$$\dot{V}_1 = a^2\dot{U}_1, \quad \dot{W}_1 = a\dot{U}_1$$
$$\dot{V}_2 = a\dot{U}_2, \quad \dot{W}_2 = a^2\dot{U}_2$$

习　　题

7-1　下列关于对称三相正弦量（不包括零序对称三相正弦量）的说法中正确的是（　　）。

　　A. 对称三相正弦量的瞬时值（或相量）之和一定等于零；

　　B. 对称三相正弦量就是频率相同、有效值相等、相位不同的三个正弦量；

　　C. 瞬时值之和或相量之和等于零的三相正弦量一定是对称三相正弦量；

　　D. 以上说法都是错误的。

7-2　下列关于三相正弦交流电路中的线电压与相电压、线电流与相电流之间的关系的说法中正确的是（　　）。

　　A. 电源或负载作星形连接时，线电压的有效值一定等于相电压的有效值的 $\sqrt{3}$ 倍；

　　B. 电源或负载作星形连接时，线电流的瞬时值总是等于相应的相电流的瞬时值；

　　C. 电源或负载作三角形连接时，线电压的瞬时值总是等于相应的相电压的瞬时值；

　　D. 电源或负载作三角形连接时，线电流的有效值一定等于相电流的有效值的 $\sqrt{3}$ 倍。

7-3　下列说法中正确的是（　　）。

　　A. 在三相三线制电路中一定有 $i_U + i_V + i_W = 0$；

　　B. 无论是星形连接，还是三角形连接，三相正弦交流电路中三个线电压的相量之和一定等于零，即一定有 $\dot{U}_{UV} + \dot{U}_{VW} + \dot{U}_{WU} = 0$；

　　C. 无论有无中性线，无论中性线阻抗为何值，在对称的 Y—Y 连接的三相正弦交流系统中，负载中性点的电位与电源中性点的电位都是相等的；

　　D. 正弦对称三相四线制电路中，中性线电流一定等于零。

7-4　下列说法中正确的是（　　）。

　　A. 三相正弦电路中，若负载的线电压对称，则其相电压也一定对称；

　　B. 三相正弦电路中，若负载的相电压对称，则其线电压也一定对称；

　　C. 三相正弦电路中，若负载的相电流对称，则其线电流也一定对称；

　　D. 三相三线制的三相正弦电路中，若三个线电流 $I_U = I_V = I_W$，则这三个线电流一定对称。

7-5　下列关于三相电路的功率的说法中正确的是（　　）。

　　A. 无论对称与否，三相正弦交流电路中的总的有功功率、无功功率、视在功率分别等于各相的有功功率、无功功率、视在功率之和；

　　B. 无论对称与否，无论电路的连接方式如何，三相正弦交流电路的有功功率和无功功率可分别用公式 $P = 3U_P I_P \cos\varphi_P$ 或 $P = \sqrt{3}U_L I_L \cos\varphi_P$ 和 $Q = 3U_P I_P \sin\varphi_P$ 或 $Q = \sqrt{3}U_L I_L \sin\varphi_P$ 来计算；

　　C. 无论对称与否，无论三相电路的连接方式如何，三相正弦交流电路的视在功率都可用公式 $S = \sqrt{P^2 + Q^2}$ 来计算；

　　D. 对称三相正弦交流电路的瞬时功率总是等于该三相电路的有功功率。

7-6　下列关于三相交流电路中的电压和电流的对称分量的说法中正确的是（　　）。

　　A. 三相三线制电路的线电流中不含零序分量；

　　B. 三相四线制电路的中线电流等于线电流的零序分量的 3 倍；

　　C. 无论三相电路的连接方式如何，三相电路的线电压中不含零序分量；

　　D. 任意一组不对称的三相正弦量一定都具有正序、负序和零序三组对称分量。

7-7　已知 u_U、u_V、u_W 是正序对称三相电压，$u_U = 220\sqrt{2}\sin(100\pi t - 60°)$ V，试完成：

(1) 写出 u_V、u_W 的解析式。

(2) 写出 $\dot{U}_U$、$\dot{U}_V$、$\dot{U}_W$ 的相量式。

(3) 作出 $\dot{U}_U$、$\dot{U}_V$、$\dot{U}_W$ 的相量图。

(4) 在同一坐标系中画出各相电压的波形图。

(5) 求 $t = \dfrac{T}{4}$ 时的各相电压及三相电压之和。

7-8　已知负序对称三相正弦电流中 $\dot{I}_U = 10\angle 30° A$，角频率 $\omega = 314 rad/s$；试完成：

(1) 写出 $\dot{I}_V$、$\dot{I}_W$ 相量式。

(2) 写出 i_U、i_V、i_W 的解析式。

(3) 作出各相电流的相量图。

(4) 求 $\dot{I}_U + \dot{I}_V + \dot{I}_W$。

7-9　下列各组电压是否对称？若对称，其相序如何？

$$(1)\begin{cases} u_U = 220\sqrt{2}\sin\left(314t - \dfrac{1}{6}\pi\right) V \\ u_V = 220\sqrt{2}\sin\left(314t - \dfrac{5}{6}\pi\right) V \\ u_W = 220\sqrt{2}\sin\left(314t + \dfrac{1}{2}\pi\right) V \end{cases} \quad (2)\begin{cases} u_U = 300\sin 100\pi t \quad V \\ u_V = 310\sin\left(100\pi t - \dfrac{2}{3}\pi\right) V \\ u_W = 310\sin\left(100\pi t + \dfrac{2}{3}\pi\right) V \end{cases}$$

$$(3)\begin{cases} u_U = 380\sqrt{2}\sin\left(314t + \dfrac{1}{3}\pi\right) V \\ u_V = 380\sqrt{2}\sin\left(314t - \dfrac{2}{3}\pi\right) V \\ u_W = 380\sqrt{2}\sin\left(314t + \dfrac{2}{3}\pi\right) V \end{cases} \quad (4)\begin{cases} u_U = 3637\sin\left(100\pi t + \dfrac{5}{6}\pi\right) V \\ u_V = 3637\sin\left(100\pi t - \dfrac{1}{2}\pi\right) V \\ u_W = 3637\sin\left(100\pi t + \dfrac{1}{6}\pi\right) V \end{cases}$$

7-10　一台三相交流发电机定子三相绕组对称，空载时每相绕组的电压为 230V，三相绕组的六个端头均引出，但无标号，无法辨认首尾及相号，试述如何用一块万用表确定各相绕组的首端和尾端。

7-11　一台三相同步发电机的定子绕组作星形连接，设发电机空载时每相绕组电压的有效值为 6.3kV，如果不慎将 U 相绕组的首、尾两端接反，试画出反接后的电压相量图，并求出各线电压。

7-12　一对称三相电源每相绕组的电动势的有效值为 10kV，相绕组的额定电流为 4166.9A，每相绕组的电阻为 0.01Ω，感抗为 0.25Ω，现将该电源接成三角形，若不慎将一相绕组接反，试求电源回路中的电流，并说明可能产生的后果。

7-13 有一对称三相感性负载，每相负载的电阻 $R=20\Omega$，感抗 $X=15\Omega$。若将此负载连成星形，接于线电压 $U_L=380V$ 的对称三相电源上，试求相电压、相电流、线电流，并画出电压和电流的相量图。

7-14 将上题的三相负载接成三角形，接于原来的三相电源上，试求负载的相电流和线电流，画出负载电压和电流的相量图，并将此题所得结果与上题结果加以比较，求得两种接法相应的电流之比值。

7-15 已知对称三相正弦交流电路中一组星形负载的线电压 $\dot{U}_{UV}=380\angle30°V$，线电流 $\dot{I}_U=10\angle-60°A$，试写出负载电压 $\dot{U}_{VW}$、$\dot{U}_{WU}$、$\dot{U}_U$、$\dot{U}_V$、$\dot{U}_W$ 及负载电流 $\dot{I}'_{UN}$、$\dot{I}'_{VN}$、$\dot{I}'_{WN}$ 的相量式，并作出电压的相量图。

7-16 已知对称三相正弦交流电路中一组三角形负载的线电压 $\dot{U}_{UV}=380\angle0°V$，线电流 $\dot{I}_U=5\angle-60°A$，试写出线电流 $\dot{I}_V$、$\dot{I}_W$ 及相电流 $\dot{I}'_{UV}$、$\dot{I}'_{VW}$、$\dot{I}'_{WU}$ 的相量式，作出电流的相量图，并求出每相负载的复阻抗。

7-17 已知三相四线制电路中三相电源对称，电源线电压 $U_L=380V$，端线阻抗 $Z_L=0.5+j0.5\Omega$，中性线阻抗 $Z_N=0.5+j0.5\Omega$。现有 $220V$、$40W$、$\cos\varphi=0.5$ 的日光灯 90 只，分三相接于该电路，试求负载的相电压、线电压及线电流。

7-18 三相四线制电路中有一组电阻性三相负载，三相负载的电阻值分别为 $R_U=R_V=5\Omega$，$R_W=10\Omega$，三相电源对称，电源线电压 $U_L=380V$。设电源的内阻抗、线路阻抗、中性线阻抗均为零，试计算：

(1) 负载相电流及中线电流；

(2) 若中线断开，计算负载各相电压、相电流。

7-19 由电阻、电感和电容三个元件组成的不对称三相负载接成三角形，$R=X_L=X_C=10\Omega$，将它们接于相电压 $U_P=220V$ 的星形连接的对称三相电源上，试求各相电流及线电流，并绘出电压和电流的相量图。

7-20 一台国产 $300000kW$ 的汽轮发电机在额定运行状态运行时，线电压为 $18kV$，功率因数为 0.85，发电机定子绕组为丫接法，试求该发电机在额定运行状态运行时的线电流及输出的无功功率和视在功率。

7-21 已知对称三相电源的线电压 $U_L=380V$，对称三相负载的每相电阻为 32Ω，电抗为 24Ω，试求在负载作星形连接和三角形连接两种情况下接上电源，负载所吸收的有功功率、无功功率和视在功率。

7-22 一个电源对称的三相四线制电路，电源线电压 $U_L=380V$，端线及中线阻抗忽略不计。三相负载不对称，三相负载的电阻及感抗分别为 $R_U=R_V=8\Omega$，$R_W=12\Omega$，$X_U=X_V=6\Omega$，$X_W=16\Omega$。试求三相负载吸收的有功功率、无功功率及视在功率。

7-23 计算题 7-19 中三相负载吸收的有功功率、无功功率及视在功率。

7-24 一台三相异步电动机接于线电压为 $380V$ 的对称三相电源上运行，测得线电流为 $202A$，输入功率为 $110kW$，试求电动机的功率因数、无功功率及视在功率。

非正弦周期电流电路

课题一 非正弦周期信号

非正弦周期信号是指随时间周期性地按非正弦规律变化的信号。

在电力、电信、自动控制及计算机网络等系统中存在着各种各样的非正弦周期信号，因为这些系统中的电源或信号源所产生的电信号一般都不是准确地按正弦规律变化的。例如：由于设计和制造上的原因，电力系统中的交流发电机发出的电压波形并不是理想的正弦波；无线电通信系统中的信号源所产生的电信号也不是正弦波，因为由音响、图像等非电量信号转换而来的电信号都是非正弦信号；自动控制系统和计算机网络中大量使用的脉冲信号也都不是正弦信号；非正弦信号发生器产生的信号都是非正弦信号，如方波信号发生器产生的是矩形波电压，如图 8-1 （a）所示。

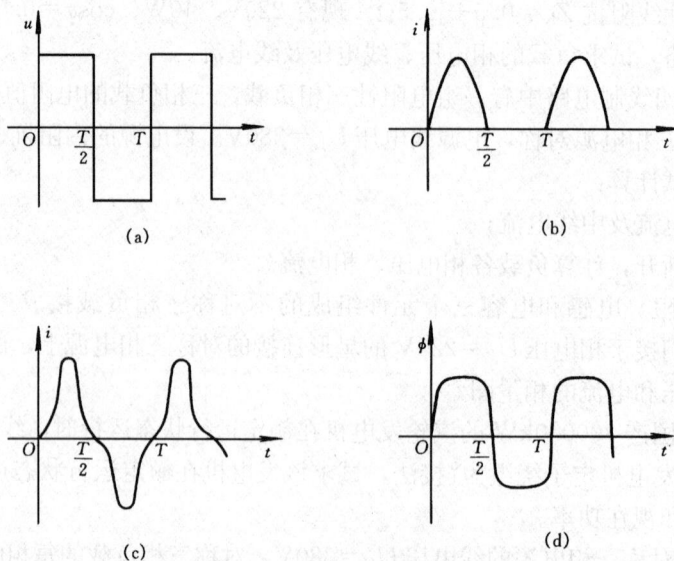

图 8-1 几种非正弦周期信号的波形

另外，由于电路中存在一些非线性元件，即使电源电压是正弦波，电路中也会产生非正弦电流。例如，当二极管两端施加正弦电压时，通过二极管的电流波形是一个只有正半波的半波整流波，如图 8-1 （b）所示；当铁芯线圈两端外加正弦电压时，通过线圈的电流波形为一尖顶波（铁芯饱和时），如图 8-1 （c）所示；若铁芯线圈中通入正弦电流，则铁芯中的磁通将是一个平顶波（铁芯饱和时），如图 8-1 （d）所示。

若干个不同频率的正弦波可以合成一个周期性的非正弦波。这就告诉我们，如果一个电路中同时存在着不同频率的正弦电压或电流，则该电路的合成电压或电流将是非正弦形的。例如，图 8-2 （a）所示电路中两电压源的电压 u_{S1} 和 u_{S3} 是两个频率不同的正弦量，它们分别为

$$u_{s1} = U_{1m}\sin\omega t$$
$$u_{s3} = U_{3m}\sin3\omega t$$

该电路的端电压应等于这两个电压源的电压之和，即

$$u = u_{s1} + u_{s3} = U_{1m}\sin\omega t + U_{3m}\sin3\omega t$$

u_{s1} 和 u_{s3} 的波形如图 8-2（b）中虚线所示。利用曲线相加法，即将这两个正弦波逐点相加，可求得 u 的波形，如图 8-2（b）中实线所示，它是一个平顶波。

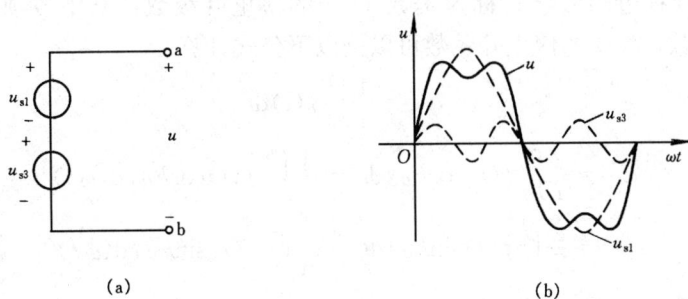

图 8-2　两个不同频率的正弦电压的和

再例如，图 8-3（a）所示电路中两电流源的电流分别为

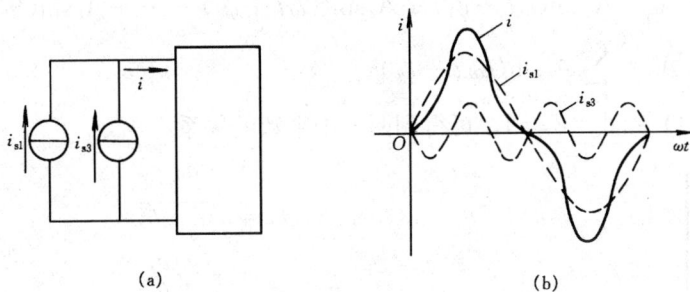

图 8-3　两个不同频率的正弦电流的和

$$i_{s1} = I_{1m}\sin\omega t$$
$$i_{s3} = -I_{3m}\sin3\omega t$$

该电路中电流 i 等于这两个电流源的电流之和，即

$$i = i_{s1} + i_{s3} = I_{1m}\sin\omega t - I_{3m}\sin3\omega t$$

i_{s1} 和 i_{s3} 的波形如图 8-3（b）中虚线所示。利用曲线相加法，可求得 i 的波形，如图 8-3（b）中实线所示，它是一个尖顶波。

由以上分析可知，若干个不同频率的正弦量之和为一非正弦周期量，合成的非正弦周期量的波形不仅与各正弦量的频率有关，还与各正弦量的初相和幅值有关。

课题二　非正弦周期函数的分解

由课题一可知，若干个不同频率的正弦量之和为一非正弦周期量。那么反过来，一个非正弦周期量能否分解为若干个不同频率的正弦量之和？如果能分解，如何确定这些正弦分量？这两个问题在高等数学中有详细的论述。这里我们扼要地介绍有关结论。

数学理论证明，任何满足狄里赫利条件❶的周期函数都可以展开为一系列不同频率的正弦函数和余弦函数之和。具体地说，若周期为 T，角频率 $\omega = 2\pi/T$ 的周期函数 $f(t)$，满足狄里赫利条件，则 $f(t)$ 的展开式为

$$f(t) = a_0 + a_1\cos\omega t + b_1\sin\omega t + a_2\cos2\omega t + b_2\sin2\omega t + \cdots + a_k\cos k\omega t + b_k\sin k\omega t + \cdots$$

$$= a_0 + \sum_{k=1}^{\infty}(a_k\cos k\omega t + b_k\sin k\omega t) \tag{8-1}$$

式（8-1）中等号右边的数学式称为函数 $f(t)$ 的傅里叶级数，其中各项的系数称为函数 $f(t)$ 的傅里叶系数，$f(t)$ 的傅里叶系数可以按以下公式计算

$$a_0 = \frac{1}{T}\int_0^T f(t)\mathrm{d}t \tag{8-2}$$

$$a_k = \frac{2}{T}\int_0^T f(t)\cos k\omega t\,\mathrm{d}t = \frac{1}{\pi}\int_0^{2\pi} f(t)\cos k\omega t\,\mathrm{d}(\omega t) \tag{8-3}$$

$$b_k = \frac{2}{T}\int_0^T f(t)\sin k\omega t\,\mathrm{d}t = \frac{1}{\pi}\int_0^{2\pi} f(t)\sin k\omega t\,\mathrm{d}(\omega t) \tag{8-4}$$

式中 $k=1$，2，3，$\cdots$。

将式（8-1）中同频率的正弦函数和余弦函数合并，便可以把 $f(t)$ 的傅里叶级数展开式写成下面的形式

$$f(t) = A_0 + A_1\sin(\omega t + \psi_1) + A_2\sin(2\omega t + \psi_2) + \cdots + A_k\sin(k\omega t + \psi_k) + \cdots$$

$$= A_0 + \sum_{k=1}^{\infty}A_k\sin(k\omega t + \psi_k) \tag{8-5}$$

比较式（8-1）和式（8-5），可得到两式中系数的关系

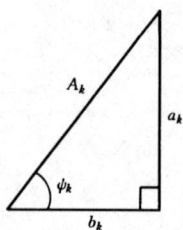

$$A_0 = a_0$$
$$A_k = \sqrt{a_k^2 + b_k^2}$$
$$\psi_k = \mathrm{arctg}\frac{a_k}{b_k}$$
$$a_k = A_k\sin\psi_k$$
$$b_k = A_k\cos\psi_k$$

图 8-4　傅里叶系数间的关系

这些系数间的关系可用图 8-4 所示的直角三角形来表示。

式（8-5）中，不随时间变化的常量 A_0 称为恒定分量或直流分量；频率与 $f(t)$ 的频率相同的正弦量，即角频率为 ω 的正弦量，称为基波或一次谐波；角频率为 2ω，3ω，$\cdots$ 等的正弦量分别称为二次谐波、三次谐波、$\cdots\cdots$；二次及以上的谐波统称为高次谐波；谐波次数为偶数的谐波称为偶次谐波；谐波次数为奇数的谐波称为奇次谐波。

从理论上讲，非正弦周期函数的傅里叶级数应含有无穷多项，也就是说，必须取无穷多项方能准确地描述它。而从实际运算来看，只能截取有限项，这样就产生了误差问题。但由

---

❶ 狄里赫利条件：

(1) 周期函数在一个周期内连续或只有有限个第一类间断点。

(2) 周期函数在一个周期内只有有限个极大值和极小值。

因为这些条件是数学家狄里赫利首先找出的，所以称为狄里赫利条件。电工技术中所遇到的周期函数，一般都满足这个条件。

于非正弦周期函数的谐波分量的幅值总体上是随着谐波次数的增高而逐渐减小。因此，在工程上，一般只需要取为数不多的前几项进行计算，就能保证足够的精确度。截取项数的多寡，应视具体误差要求而定。

为了便于分析计算，将电工技术中常见的几种非正弦周期函数的傅里叶级数展开式列于表 8-1 中。

表 8-1　　　　　　　　　　　几种非正弦周期函数的傅里叶级数

名称	波　形	傅里叶级数	有效值	平均值
梯形波		$f(t) = \dfrac{4A_m}{\alpha\pi}\left(\sin\alpha\sin\omega t + \dfrac{1}{9}\sin3\alpha\sin3\omega t \right.$ $+ \dfrac{1}{25}\sin5\alpha\sin5\omega t + \cdots$ $\left. + \dfrac{1}{k^2}\sin k\alpha\sin k\omega t + \cdots \right)$ （式中 $\alpha = \dfrac{2\pi d}{T}$，$k$ 为奇数）	$A_m\sqrt{1 - \dfrac{4\alpha}{3\pi}}$	$A_m\left(1 - \dfrac{\alpha}{\pi}\right)$
三角波		$f(t) = \dfrac{8A_m}{\pi^2}\left[\sin\omega t - \dfrac{1}{9}\sin3\omega t \right.$ $+ \dfrac{1}{25}\sin5\omega t + \cdots$ $\left. + \dfrac{(-1)^{\frac{k-1}{2}}}{k^2}\sin k\omega t + \cdots \right]$ （k 为奇数）	$\dfrac{A_m}{\sqrt{3}}$	$\dfrac{A_m}{2}$
矩形波		$f(t) = \dfrac{4A_m}{\pi}\left(\sin\omega t + \dfrac{1}{3}\sin3\omega t \right.$ $+ \dfrac{1}{5}\sin5\omega t + \dfrac{1}{k}\sin k\omega t$ $\left. + \cdots \right)$ （k 为奇数）	A_m	A_m
半波整流波		$f(t) = \dfrac{2A_m}{\pi}\left(\dfrac{1}{2} + \dfrac{\pi}{4}\cos\omega t \right.$ $+ \dfrac{1}{1\times3}\cos2\omega t - \dfrac{1}{3\times5}\cos4\omega t$ $\left. + \dfrac{1}{5\times7}\cos6\omega t - \cdots \right)$	$\dfrac{A_m}{2}$	$\dfrac{A_m}{\pi}$

名　称	波　形	傅里叶级数	有效值	平均值
全波整流波		$f(t)=\dfrac{4A_{\mathrm{m}}}{\pi}\left(\dfrac{1}{2}+\dfrac{1}{1\times3}\cos2\omega t\right.$ $\left.-\dfrac{1}{3\times5}\cos4\omega t+\dfrac{1}{5\times7}\cos6\omega t\right.$ $\left.-\cdots\right)$	$\dfrac{A_{\mathrm{m}}}{\sqrt{2}}$	$\dfrac{2A_{\mathrm{m}}}{\pi}$
锯齿波		$f(t)=A_{\mathrm{m}}\left[\dfrac{1}{2}-\dfrac{1}{\pi}\left(\sin\omega t\right.\right.$ $\left.\left.+\dfrac{1}{2}\sin2\omega t+\dfrac{1}{3}\sin3\omega t+\cdots\right)\right]$	$\dfrac{A_{\mathrm{m}}}{\sqrt{3}}$	$\dfrac{A_{\mathrm{m}}}{2}$
矩形脉冲波		$f(t)=A_{\mathrm{m}}\left[\alpha+\dfrac{2}{\pi}\left(\sin\alpha\pi\cos\omega t\right.\right.$ $\left.+\dfrac{1}{2}\sin2\alpha\pi\cos2\omega t\right.$ $\left.\left.+\dfrac{1}{3}\sin3\alpha\pi\cos3\omega t+\cdots\right)\right]$	$\sqrt{\alpha}A_{\mathrm{m}}$	αA_{m}

　　一个非正弦周期函数的傅里叶级数并非一定含有式（8-1）所列出的全部项目（因为有的项的傅里叶系数可能为零）。非正弦周期函数包含哪些谐波分量，取决于非正弦周期函数的波形及坐标原点的位置。根据非正弦周期函数波形的某些特点，可以直观地判断它含有哪些谐波分量，不含有哪些谐波分量。这样可使非正弦周期函数的分解得以简化。下面介绍几种波形具有对称性的周期函数的傅里叶级数。

　　1. 奇函数的傅里叶级数

　　若 $f(t)=-f(-t)$，则函数 $f(t)$ 称为奇函数。奇函数的波形对称于坐标系的原点。表8-1中的梯形波、三角波、矩形波所对应的函数都是奇函数。

　　奇函数的傅里叶级数只含有正弦项，不含有常数项和余弦项［对式（8-1）而言］，即

$$a_0=0$$
$$a_k=0 \qquad (k=1,~2,~3,~\cdots)$$

　　2. 偶函数的傅里叶级数

　　若 $f(t)=f(-t)$，则函数 $f(t)$ 称为偶函数。偶函数的波形对称于纵轴。表8-1中的半波整流波、全波整流波及矩形脉冲波所对应的函数都是偶函数。

　　偶函数的傅里叶级数中只含有常数项和余弦项，不含有正弦项，即

$$b_k=0 \qquad (k=1,~2,~3,~\cdots)$$

　　3. 奇谐波函数的傅里叶级数

　　若 $f(t)=-f\left(t+\dfrac{T}{2}\right)$，则函数 $f(t)$ 称为奇谐波函数。表8-1中的梯形波、三角波及矩形波所对应的函数都是奇谐波函数。奇谐波函数的波形具有这样的特点：将奇谐波函数

$f(t)$ 的波形移动半个周期后所得到的波形与 $f(t)$ 的波形关于 t 轴对称。

奇谐波函数的傅里叶级数中只含有奇次项，不含有偶次项（包括常数项），即

$$a_{2k} = b_{2k} = 0 \qquad (k = 0, 1, 2, \cdots)$$

需要指出，一个周期函数是不是奇函数或偶函数，不仅与该函数的波形有关，还与坐标原点的位置有关。但是一个周期函数是不是奇谐波函数，则仅与该函数的波形有关，而与坐标原点的位置无关。

学习非正弦周期函数分解法的目的，就是要利用它来分析计算非正弦周期电流电路。计算在非正弦周期信号作用下的线性电路的具体步骤是：

（1）按照傅里叶级数展开法，将给定的非正弦周期电压或电流分解为直流分量和各次谐波分量的和的形式，根据精确度的要求，截取有限项。

（2）根据叠加定理，分别计算电源电压或电流的直流分量和各次谐波分量单独作用时在电路中所产生的电压和电流。

（3）将同一条支路的电压或电流的直流分量和各次谐波分量的瞬时表达式相加，最终求得在非正弦周期电压或电流作用下电路中各条支路的电压和电流。

课题三　非正弦周期量的有效值、平均值及电路的平均功率

一、有效值

设一非正弦周期电流 i 的傅里叶级数展开式为

$$i = I_0 + \sum_{k=1}^{\infty} I_{mk} \sin(k\omega t + \psi_{ik})$$

将它代入有效值的定义式 [式（6-4）]，得出此电流的有效值为

$$I = \sqrt{\frac{1}{T} \int_0^T i^2 \mathrm{d}t} = \sqrt{\frac{1}{T} \int_0^T \left[I_0 + \sum_{k=1}^{\infty} I_{mk} \sin(k\omega t + \psi_{ik}) \right]^2 \mathrm{d}t}$$

通过数学运算，可得到下面的结果

$$I = \sqrt{I_0^2 + I_1^2 + I_2^2 + \cdots} \tag{8-6}$$

式中　I_1、I_2、I_3、$\cdots$——各次谐波电流的有效值。

式（8-6）表明，非正弦周期电流的有效值等于其直流分量的平方与各次谐波有效值的平方之和的平方根。此结论可以推广用于非正弦周期电压和电动势。

【例 8-1】　已知非正弦周期电压、电流分别为

$$u = 10 + 100\sin100\pi t + 50\sin300\pi t \quad \text{V}$$

$$i = 5 + 60\sin(100\pi t - 45°) + 20\sin(200\pi t + 15°) \text{ A}$$

试求该电压、电流的有效值。

解　$U = \sqrt{U_0^2 + U_1^2 + U_3^2} = \sqrt{10^2 + \left(\dfrac{100}{\sqrt{2}}\right)^2 + \left(\dfrac{50}{\sqrt{2}}\right)^2} = 79.69 \text{ (V)}$

$$I = \sqrt{I_0^2 + I_1^2 + I_2^2} = \sqrt{5^2 + \left(\frac{60}{\sqrt{2}}\right)^2 + \left(\frac{20}{\sqrt{2}}\right)^2} = 45 \text{ (A)}$$

二、平均值

在电工技术中，常把周期量的平均值定义为周期量的绝对值在一个周期内的平均值。以

电流为例，其平均值的定义式为

$$I_{av} = \frac{1}{T}\int_0^T |i| \, dt \qquad (8-7)$$

周期量平均值的几何意义可从图 8-5 中看出。图 8-5（a）所示的是尖顶波电流 i 的波形，它的绝对值 $|i|$ 的波形如图 8-5（b）所示。图 8-5（b）中矩形 ABCO（图中虚线所示）的面积等于一个周期内的 $|i|$ 的函数曲线与横轴所包围的面积，矩形 ABCO 的高度就等于电流 i 的平均值。

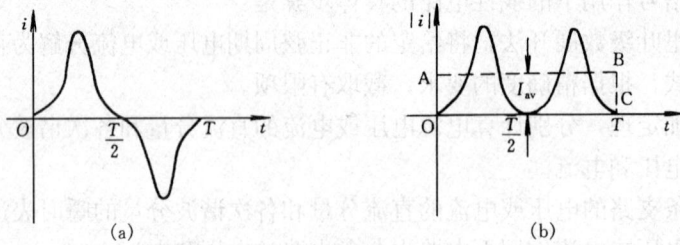

图 8-5 非正弦周期电流的平均值

应用式（8-7），可求得正弦电流 i 的平均值

$$I_{av} = \frac{1}{T}\int_0^T |i| \, dt = \frac{1}{T}\int_0^T |I_m \sin\omega t| \, dt = \frac{2I_m}{T}\int_0^{\frac{T}{2}} \sin\omega t \, dt$$

$$= \frac{2I_m}{T\omega}\left[-\cos\omega t\right]_0^{\frac{T}{2}} = \frac{2}{\pi}I_m \approx 0.637I_m \approx 0.9I$$

上式结果表明，正弦量的平均值是幅值的 $2/\pi$ 倍。

三、平均功率

一个二端网络的端口电压和端口电流都是非正弦周期量，它们的参考方向选择一致，设它们的傅里叶级数展开式分别为

$$u(t) = U_0 + \sum_{k=1}^{\infty} U_{mk} \sin(k\omega t + \psi_{uk})$$

$$i(t) = I_0 + \sum_{k=1}^{\infty} I_{mk} \sin(k\omega t + \psi_{ik})$$

该二端网络吸收的平均功率为

$$P = \frac{1}{T}\int_0^T p(t) \, dt = \frac{1}{T}\int_0^T u(t)i(t) \, dt$$

$$= \frac{1}{T}\int_0^T \left[U_0 + \sum_{k=1}^{\infty} U_{mk} \sin(k\omega t + \psi_{uk})\right]$$

$$\times \left[I_0 + \sum_{k=1}^{\infty} I_{mk} \sin(k\omega t + \psi_{ik})\right] dt$$

通过积分运算可得

$$P = U_0 I_0 + \sum_{k=1}^{\infty} U_k I_k \cos\varphi_k \qquad (8-8)$$

式中　U_k、I_k——第 k 次谐波电压、电流的有效值；

　　　　φ_k——第 k 次谐波电压与电流之间的相位差，$\varphi_k = \psi_{uk} - \psi_{ik}$。

式（8-8）表明，非正弦周期电流电路吸收的平均功率等于其直流分量和各次谐波分量

吸收的平均功率之和。这一结果也表明，不同频率的电压谐波和电流谐波不能构成平均功率，只有同频率的电压谐波和电流谐波才能构成平均功率。

在工程上，为了使非正弦周期电流电路的分析计算进一步得到简化，常常将非正弦周期电压和电流用等效正弦量来代替。因为，用等效正弦量代替非正弦量后，使含有非正弦量的问题可直接用相量法和相量图等工具进行分析计算，这样就方便得多了。

代替非正弦周期量的等效正弦量应符合下列三个条件：

（1）等效正弦量的频率与非正弦周期量的频率相同。

（2）等效正弦量的有效值等于非正弦周期量的有效值。

（3）用等效正弦量代替非正弦周期量后，电路中各部分的平均功率应保持不变。

由以上三条可确定，非正弦周期电流电路中任一二端网络端口的等效正弦电压与等效正弦电流之间的相位差 φ，应符合下列关系

$$\cos\varphi=\frac{P}{UI} \tag{8-9}$$

式中 U、I——非正弦周期电流电路中某一二端网络端口电压、电流的有效值；

$\qquad$ P——非正弦周期电流电路中某一二端网络的平均功率。

φ 角的正负应根据实际电路的无功功率的性质来确定。

【例 8-2】 已知一个二端网络的端口电压和端口电流的参考方向一致，端口电压和端口电流的表达式分别

$$u=10+60\sin314t+30\sin628t+20\sin942t \quad \text{（V）}$$
$$i=5+10\sin（314t-30°）+5\sin（628t-45°） \quad \text{（A）}$$

试计算该二端网络吸收的平均功率

$\quad$ **解** $P=U_0I_0+U_1I_1\cos\varphi_1+U_2I_2\cos\varphi_2$

$\qquad\quad =10\times5+\dfrac{60}{\sqrt{2}}\times\dfrac{10}{\sqrt{2}}\cos30°+\dfrac{30}{\sqrt{2}}\times\dfrac{5}{\sqrt{2}}\cos45°$

$\qquad\quad =362.83 \text{（W）}$

阅读材料

电力系统中的高次谐波的不良影响

一个理想的电力系统是以单一恒定频率、规定幅值的正弦电压向负载供电的系统。但是实际上，这些条件是不能完全得到满足的。由于发电机结构上的原因及系统内存在非线性元件，电力系统波形畸变的现象是不可避免的。近年来，由于直流输电工程不断地投运及电气化铁道迅速地发展，系统内增加了大量的容量很大的非线性电力电子装置，这使得电力系统波形畸变问题日益严重。

电力系统中的高次谐波主要来源于下述电气设备或器件：

（1）换流器（亦称变流器）。大功率换流器主要用于冶金工业和高压直流输电；中型换流器用于机械制造业的电动机控制及电气化铁道；单相小功率整流电源应用范围很广，例如，用于电视机、电池充电器等。换流器是一种非线性电子装置，它的直流侧电压和交流侧电流的波形中含有一系列高次谐波分量。

（2）变压器。由于变压器铁芯的磁化特性是非线性的，当空载时一次侧电压为正弦波时，励磁电流是非正弦波，其中含有一系列奇次谐波分量。

（3）旋转电机。由于下述三个原因，致使交流电机气隙中存在着高次谐波磁场：①绕组磁动势在空间的分布不是正弦波；②定、转子表面有槽、齿存在；③电机磁路系统的饱和程度不均匀。高次谐波磁场在定子绕组中感应出高次谐波电动势，产生高次谐波电流。

（4）电弧炉。电弧炉中电弧点燃，电弧长度的突然变化，电弧炉的高度非线性的伏安特性是产生谐波电流的原因。

（5）荧光灯。荧光灯管和镇流器的高度非线性的特性导致荧光灯电路中产生相当大的谐波电流。

电力系统中的高次谐波电压和电流的不良影响主要有下列几方面：

（1）某一频率的谐波引起系统局部谐振，产生过电流或过电压，导致电气设备损坏。

（2）高次谐波电压和电流在同步发电机内产生附加损耗，降低效率，引起局部过热（特别是转子铁芯），使发电机的功率受到限制。同时，高次谐波磁场会产生附加转矩，使发电机产生振动。

（3）高次谐波电压和电流在异步电动机内产生附加损耗，造成效率降低，引起局部过热。高次谐波磁场产生附加转矩，使异步电动机有效转矩减小。附加转矩可能使异步电动机无法起动或起动后无法达到额定转速。

（4）高次谐波电流通过输电线路，产生附加线路损耗，同时谐波电流在线路阻抗上产生电压降，造成电压干扰。当用电缆输电时，由于谐波电压的存在，导致电压峰值升高，从而使绝缘介质的应力增大。这种影响的存在，导致电缆的使用寿命缩短，故障次数增多，维修费用增加。

（5）谐波电压会使变压器的铁损耗增加，使绝缘材料的应力增大。谐波电流会使变压器铜损耗增加。

（6）谐波电压使电容器的功率损耗增加，使电容器介质的应力增大。当电容器与系统其他部分发生串联或并联谐振时，将产生过电压和过电流，造成电容器过热，导致电容器损坏。

（7）谐波电压和电流会对继电保护和自动装置产生信号干扰，引起误动作。

（8）谐波电压和电流的存在会引起电能测量的误差。用户消耗的功率应等于直流分量和各次谐波分量的平均功率之和，而常用的感应式电能表不能测量直流功率，感应式电能表不能准确地测量高次谐波分量的平均功率。因此，用感应式电能表去测量非正弦电路的电能，很容易产生测量误差。

（9）谐波电压和电流的存在，会导致系统功率因数降低。

（10）谐波电压和电流通过电磁感应、静电感应和传导耦合等途径加到邻近的通信线路上，对邻近通信线路产生噪声干扰。

高次谐波电压和电流还会对一些用电设备，如电视机、荧光灯、汞弧灯及计算机等，产生影响和危害，这里不必一一细述。

单 元 小 结

1. 电路中出现非正弦电压或电流的原因主要有两种：

(1) 电源或信号源产生的电信号是非正弦的。

(2) 电路中存在非线性元件。

2. 在电工技术中所遇到的非正弦周期函数通常都能满足狄里赫利条件，都可以展开为傅里叶级数。角频率为 ω 的周期函数 $f(t)$ 的傅里叶级数展开式为

$$f(t) = a_0 + \sum_{k=1}^{\infty}(a_k\cos k\omega t + b_k\sin k\omega t)$$

或

$$f(t) = A_0 + \sum_{k=1}^{\infty}A_k\sin(k\omega t + \psi_k)$$

其中各项系数可用公式计算，也可通过查表获得。

3. 根据周期函数 $f(t)$ 的波形的对称性，可判断它的傅里叶级数含有哪些谐波，不含有哪些谐波。

(1) 奇函数 $a_k=0$ $(k=0,1,2,\cdots)$。

(2) 偶函数 $b_k=0$ $(k=1,2,3,\cdots)$。

(3) 奇谐波函数 $a_{2k}=0$ $b_{2k}=0$ $(k=0,1,2,\cdots)$。

4. 非正弦周期量的有效值等于直流分量的平方与各次谐波有效值的平方之和的平方根。以电流为例

$$I = \sqrt{I_0^2 + I_1^2 + I_2^2 + \cdots}$$

5. 非正弦周期量的平均值定义为一个周期内的绝对值的平均值。以电流为例，

$$I_{av} = \frac{1}{T}\int_0^T |i|\,\mathrm{d}t$$

正弦量的平均值等于幅值的 $2/\pi$ 倍。

6. 非正弦周期电流电路吸收的平均功率等于其直流分量和各次谐波分量吸收的平均功率之和。即

$$P = U_0 I_0 + \sum_{k=1}^{\infty}U_k I_k\cos\varphi_k$$

应注意到，不同次谐波的电压和电流不构成平均功率，只有同次谐波的电压和电流才能构成平均功率。

习　　题

8-1 下列说法中错误的是（　　）。

A. 非正弦周期电压 $u = 12\sqrt{2}\sin 314t + 4\sqrt{2}\sin 942t\,\text{V}$ 的周期为 $0.02\,\text{s}$；

B. 非正弦周期电流 $i = 5\sqrt{2}\sin\omega t + 2\sqrt{2}\sin(3\omega t + 60°)\,\text{A}$ 的相量式为 $\dot{I} = 5\angle 0° + 2\angle 60°\,\text{A}$；

C. 若正弦电压 u_1 和全波整流波电压 u_2 的幅值相等，则它们有效值 U_1 和 U_2 也一定相等；

D. 若非正弦交流二端网络的端口电压和端口电流的有效值均不为零，则其有功功率一定不为零。

8-2 已知某周期函数 $f(t)$ 在 $0 \sim \frac{T}{2}$ 间的波形如图 8-6 所示。如果此函数为①奇函数；

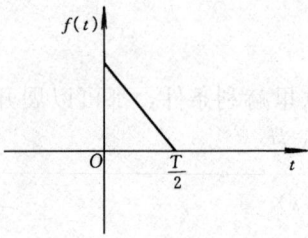

图 8-6　习题 8-2 图

②偶函数；③奇谐波函数。试分别画出其整个周期的波形。

8-3　一个全波整流电压的振幅为 310V，频率为 50Hz，通过查表8-1，把其分解为傅里叶级数（取到六次谐波）。

8-4　试确定图 8-7 所示各周期函数 $f(t)$ 的对称性特点，并判断其傅里叶级数不含哪些谐波分量。

8-5　已知电压 $u(t) = 50 + 100\sin 314t - 40\cos 628t + 10\sin(942t + 20°)$ V，试求此电压的有效值。

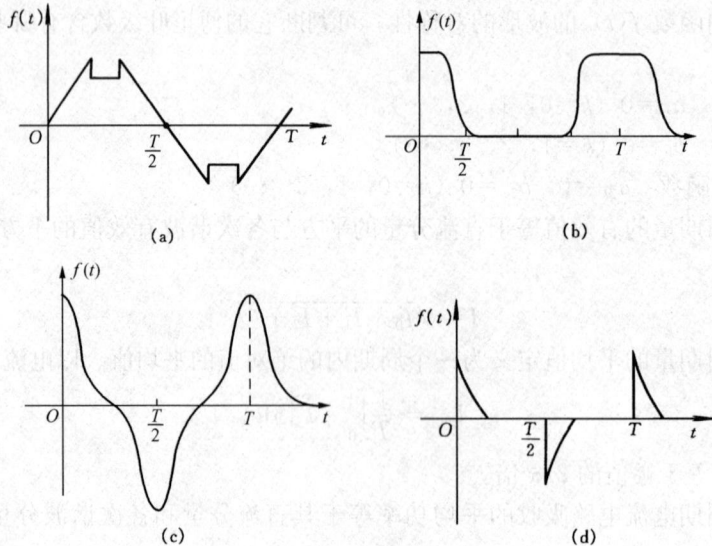

(a)

(b)

(c)

(d)

图 8-7　习题 8-4 图

8-6　已知电压 $u(t)$ 在 0 到 $\dfrac{T}{3}$ 期间为 200V，在 $\dfrac{T}{3} \sim T$ 期间为 -50V，试求此电压的平均值。

8-7　有一二端网络，其端口电压和端口电流的参考方向选择一致，端口电压和端口电流的表达式分别为

$$u(t) = 10 + 180\sin(\omega t - 30°) - 18\sin 3\omega t + 9\sin(5\omega t + 30°) \text{ (V)}$$

$$i(t) = 5 + 40\sin(\omega t + 60°) - 30\sin(3\omega t - 36.9°) \text{ (A)}$$

试求该二端网络吸收的平均功率。

电 路 的 过 渡 过 程

课题一 换 路 定 律

一、过渡过程的概念

若电路在直流或周期性电源作用下，所产生的各支路电压和电流都是直流或都是幅值恒定的周期电压和电流，则电路的这种工作状态称为稳定状态，简称稳态。

当电路的结构或元件的参数发生改变时，电路的工作状态将随之而发生改变，电路将从一种稳定状态变化到另一种稳定状态。一般来说，这种变化不是瞬间完成的，而是需要经历一个过程的。电路从一种稳定状态转变到另一种稳定状态，所经历的过程称为过渡过程。电路在过渡过程中的工作状态称为暂态。例如：图 9-1（a）所示电路，开关 S 闭合前，电路处于一种稳定状态。在这种状态下，电容元件电压为零（设电容元件未曾充过电），电容元件储存的电场能量也为零。开关闭合后，电路进入稳定状态时，电容元件的电压应为 6V，

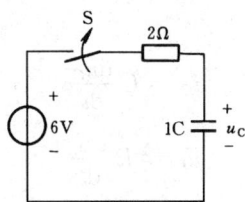
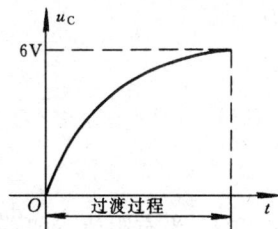

图 9-1 电路的过渡过程

电容元件的储能应为18J。电容元件的电压从零变化到 6V，不可能瞬间完成。因为，如果电容元件的电压由零跃变（瞬间从一个值变为另一个值）为 6V，则意味着电容元件所储存的电场能量将由零跃变为18J，能量的跃变需要无穷大的功率才能实现，而该电路中的电源不能提供无穷的功率，所以电容元件所储存的能量不能跃变。因此，电容元件上的电压不能跃变。电容元件上的电压 u_C 将按照图 9-1（b）所示的规律变化。可见，电容元件的电压 u_C 从开关闭合前的稳定状态的零值变化到开关闭合后的稳定状态的 6V，经历了一个过程，这个过程就称为过渡过程。由上述分析可知，电路的过渡过程正是电路中能量分布状态变化的过程，也就是电路中能量转移和转换的过程。电路的过渡过程的产生是由于储能元件的能量不能跃变而造成的。

由以上分析可知，电路中产生过渡过程的必要条件是：①电路结构或电路元件参数发生变化；②电路中存在储能元件。

研究电路过渡过程的分析方法，探讨过渡过程的规律，一方面是为了便于利用过渡过程的规律，以实现某种技术目的。例如，数字脉冲电路中的微分器、积分器、非正弦信号发生器，高压实验中所用的冲击电压发生器、内过电压发生器等设备或器件就是利用电容器充、放电过程中的性能来实现它们的特定功能的。另一方面则是为了便于采取措施，防止因过渡过程的出现而产生危害。例如，在电力系统中，常因开关操作或发生事故而产生过渡过程，从而导致系统内出现过电压（过高的电压）或过电流（过大的电流），造成电气设备损坏。

因此，必须认识和掌握这种现象的规律，设法预防这种现象的产生。

二、换路定律

电路结构和元件参数值的突然改变称为换路。电路结构的改变是指电路的接通、断开、短路及电路连接方式的变更；元件参数值的改变是指电路中电压源的电压、电流源的电流及电阻、电感、电容元件的电阻、电感、电容发生变化。

储能元件的能量不能跃变，确切地说，如果电容元件和电感元件的功率不是无穷大（即电容元件的电流和电感元件的电压为有限值），则电容元件和电感元件中所储存的能量不能跃变。因为，电容元件和电感元件所储存的电场能量和磁场能量分别为 $\frac{1}{2}Cu_C^2$ 和 $\frac{1}{2}Li_L^2$。可见，电容元件的能量不能跃变就意味着其电压不能跃变；电感元件的能量不能跃变就意味着其电流不能跃变。因此，可以得出下述结论：如果通过电容元件的电流为有限值（即不是无穷大），则电容元件上的电压不能跃变；如果电感元件两端的电压为有限值，则通过电感元件的电流不能跃变。这一结论也可以从电容元件和电感元件的电压、电流关系上来说明，因为

$$i_C = C\frac{\mathrm{d}u_C}{\mathrm{d}t}$$

$$u_L = L\frac{\mathrm{d}i_L}{\mathrm{d}t}$$

若 i_C 和 u_L 为有限值，即 $\frac{\mathrm{d}u_C}{\mathrm{d}t}$ 和 $\frac{\mathrm{d}i_L}{\mathrm{d}t}$ 为有限值，则表明 u_C 和 i_L 不会发生跃变；反之，若 u_C 和 i_L 发生跃变，即 $\frac{\mathrm{d}u_C}{\mathrm{d}t}$ 和 $\frac{\mathrm{d}i_L}{\mathrm{d}t}$ 为无穷大，则 i_C 和 u_L 必为无穷大。

用上述结论来分析换路瞬间的情况。假设换路在瞬间完成，并以换路的瞬间作为计时起点，即设换路瞬间 $t=0$。为区分换路前后的瞬间，把换路前的最后瞬间记为 $t=0_-$，把换路后的最初瞬间记为 $t=0_+$。由上述结论可知，在 $t=0$ 时刻，若电容元件的电流 i_C 和电感元件的电压 u_L 为有限值，则电容元件的电压 u_C 和电感元件的电流 i_L 在 $t=0$ 时刻不会发生跃变。那么，u_C 和 i_L 在 $t=0_+$ 时刻的值 $u_C(0_+)$ 和 $i_L(0_+)$ 应等于它们在 $t=0_-$ 时刻的值 $u_C(0_-)$ 和 $i_L(0_-)$，即

$$\left.\begin{array}{l} u_C(0_+) = u_C(0_-) \\ i_L(0_+) = i_L(0_-) \end{array}\right\} \tag{9-1}$$

以上分析结果表述如下：当电容元件中的电流为有限值时，电容元件的电压在换路瞬间不会发生跃变；当电感元件的电压为有限值时，电感元件中的电流在换路瞬间不会发生跃变。这一结论称为换路定律。

三、初始值的计算

$t=0_+$ 时刻电路中各物理量的数值称为初始值。电容元件的电压和电感元件的电流的初始值可称为电路的初始条件。初始值的计算是过渡过程分析中不可缺少的内容。以下面两个例子来说明初始值的计算方法。

【例 9-1】 图 9-2（a）所示电路在开关 S 打开之前处于稳定状态。在 $t=0$ 时，将开关 S 打开。试求电路中的电流、电容元件的电压和电阻元件的电压的初始值。

解 首先由换路前的稳态电路，计算换路前电容元件的电压 u_C，确定电容元件电压在

$t=0_-$ 时的值 u_C（0_-）。应注意，换路前，直至换路前的最后瞬间，电路的工作状态是在直流电压源作用下的稳定状态，这期间电容元件相当于开路。因此，换路前电容元件的电压为

图 9-2　［例 9-1］图

$$u_C = \frac{R_2}{R_1 + R_2} U_s = \frac{2}{4+2} \times 12 = 4(\text{V})$$

$t=0_-$ 时电容元件的电压为

$$u_C(0_-) = 4(\text{V})$$

再根据换路定律，求出 $t=0_+$ 时电容元件的电压

$$u_C\,(0_+) = u_C\,(0_-) = 4\,(\text{V})$$

为了计算其他元件的电压和电流的初始值，应画出换路后初始瞬间（$t=0_+$ 时）的等效电路，如图 9-2（b）所示。其方法是：将电路中的电容元件用一个电压数值为 u_C（0_+）的电压源来代替；将电路中电压源的电压，用该电压源电压在 $t=0_+$ 的数值 u_s（0_+）代替；将原电路中的各个电阻保留在它们原来的位置上。

应用直流电路的计算方法，计算 $t=0_+$ 时的等效电路，可求得各元件上的电压、电流的初始值。例如

$$u_{R1}\,(0_+) = u_s\,(0_+) - u_C\,(0_+) = 12 - 4 = 8\,(\text{V})$$

$$i\,(0_+) = \frac{u_{R1}\,(0_+)}{R_1} = \frac{8}{4} = 2\,(\text{A})$$

【例 9-2】　图 9-3（a）所示电路在开关 S 闭合之前已处于稳定状态。在 $t=0$ 时，将开关 S 闭合。试求电路中各电压、电流的初始值。

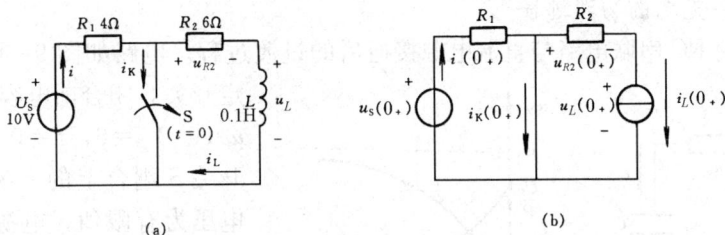

图 9-3　［例 9-2］图

解　由换路前的电路，计算换路前电感元件的电流 i_L，确定其在 $t=0_-$ 时的值 $i_L(0_-)$。应注意，换路前电路的工作状态是在直流电压源作用下的稳定状态，这时电感元件相当于短路。换路前电感元件中的电流为

$$i_L = \frac{U_s}{R_1 + R_2} = \frac{10}{4+6} = 1(\text{A})$$

$t=0_-$ 时电感元件中的电流为

$$i_L(0_-) = 1(\text{A})$$

根据换路定律，求得电感元件中的电流的初始值

$$i_L(0_+) = i_L(0_-) = 1(\text{A})$$

画出 $t=0_+$ 时的等效电路，如图 9-3（b）所示。在该等效电路中，电感元件是用一个

电流数值为 $i_L(0_+)$ 的电流源来代替的。计算 $t=0_+$ 时的等效电路，可求得

$$u_{R1}(0_+) = u_s(0_+) = 10 \ (V)$$

$$i(0_+) = \frac{u_{R1}(0_+)}{R_1} = \frac{10}{4} = 2.5 \ (A)$$

$$u_{R2}(0_+) = R_2 i_L(0_+) = 6 \times 1 = 6 \ (V)$$

$$u_L(0_+) = -u_{R2}(0_+) = -6 \ (V)$$

$$i_K(0_+) = i(0_+) - i_L(0_+) = 2.5 - 1 = 1.5 \ (A)$$

计算初始值的步骤可归纳如下：

（1）由换路前的电路计算出电容元件的电压和电感元件的电流，确定它们在 $t=0_-$ 时的值 $u_C(0_-)$ 和 $i_L(0_-)$。应注意，在直流稳态电路中，电容元件相当于开路，电感元件相当于短路。

（2）根据换路定律，求出电容元件的电压和电感元件的电流的初始值 $u_C(0_+)$ 和 $i_L(0_+)$。

（3）画出换路后初始瞬间（$t=0_+$ 时刻）的等效电路。其方法是：将原电路中的电容元件用一个电压数值等于 $u_C(0_+)$ 的电压源来代替；将原电路中的电感元件用一个电流数值等于 $i_L(0_+)$ 的电流源来代替；将原电路中电源的数值，用该电源在 $t=0_+$ 的取值代替；将电路中的电阻保留在它们原来的位置上，其电阻值保持不变。

（4）计算换路后初始瞬间的等效电路，求出所需要的初始值。

课题二　RC 串联电路的过渡过程

一、RC 串联电路的充电过程

1. 电容元件充电的物理过程

现在来讨论 RC 串联电路与直流电源接通后的过渡过程。电路如图 9 - 4（a）所示，假定开关 S 闭合前电容元件未曾充电，$u_C(0_-) = 0$，$t=0$ 时合上开关 S。开关 S 刚合上的一瞬间，由于电源电压为有限值，电源不能提供无穷大电流，电容元件两端的电压不能跃变，因而电容元件两端的电压仍保持为零，即 $u_C(0_+) = 0$，此瞬间，电容元件相当于短路。在电源电压的作用下，电路中产生电流；此时电源电压全部加在电阻 R 上，

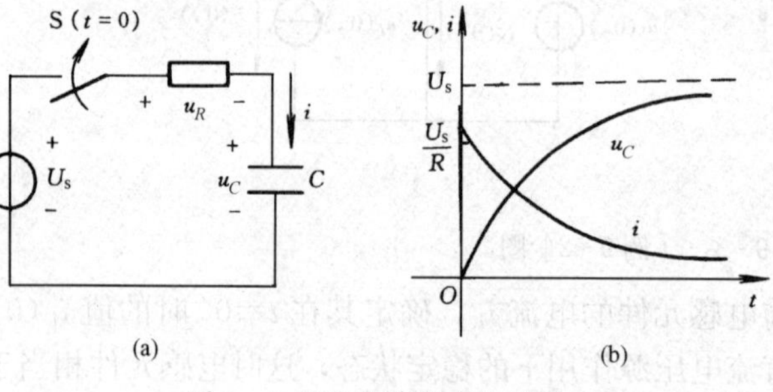

图 9 - 4　RC 电路的充电过程

(a) 电路图；(b) 电压和电流的变化曲线

因此，电路中的电流 $i(0_+) = U_s/R$。开关闭合后，在电源外部的电场力和电源内部的非静电力的作用下，电容元件正极上的负电荷（导体中的自由电子），通过电阻和电源移到电容元件的负极（这是从效果上看的），致使电容元件两极上带有等量异号电荷。这些电荷在电容元件内部产生电场，从而在电容元件两端建立电压。随着时间的推移，电容元件两极上的电荷不断地增加，储存于电容元件之中的电场能量逐渐增多，电容元件的端电压逐渐升高，

电路中的电流逐渐减小。直至电容元件的电压 u_C 等于电源电压 U_s 时，电路中的电流减小至零，过渡过程结束，电路达到稳定状态。这就是电容元件充电的物理过程。

从能量的观点来看，电容元件的充电过程就是其电场能量不断积累的过程。换路后初始瞬间，电容元件中的电场能量为零；充电过程中，电容元件不断地从电源吸取能量，并把它转变为电场能量，储存于自身之中；充电结束时，电容元件所储存的电场能量为 $\frac{1}{2}CU_s^2$。充电过程中电源提供的能量，一部分转换成电场能量，储存于电容元件之中，另一部分被电阻吸收，转换为热能而耗散。

2. 电压和电流的变化规律

根据基尔霍夫电压定律，列出换路后的电路方程，即

$$u_C + u_R = U_s$$

由电阻、电容元件的电压与电流的关系得出

$$u_R = Ri, \qquad i = C\frac{\mathrm{d}u_C}{\mathrm{d}t}$$

由换路定律可求得电路的初始条件

$$u_C(0_+) = u_C(0_-) = 0$$

由上述三组式可以得到一个描述过渡过程中电压 u_C 变化规律的电路方程

$$\left.\begin{array}{l} RC\dfrac{\mathrm{d}u_C}{\mathrm{d}t} + u_C = U_s \\[2mm] u_C(0_+) = 0 \end{array}\right\} \tag{9-2}$$

这是一个含有未知变量 u_C 的一阶导数 $\dfrac{\mathrm{d}u_C}{\mathrm{d}t}$ 的方程，数学上称为一阶微分方程。过渡过程中，电路中电压和电流的变化规律是由初始条件和描述电路动态规律的微分方程共同决定的，因此，把初始条件与描述电路动态规律的微分方程写在一起。

由数学分析可知，该方程的解为

$$u_C = U_s\left(1 - \mathrm{e}^{-\frac{t}{\tau}}\right) \qquad (t \geqslant 0) \tag{9-3}$$

其中

$$\tau = RC \tag{9-4}$$

式中　τ——电路的时间常数，s。

由 u_C 可求出电流

$$i = C\frac{\mathrm{d}u_C}{\mathrm{d}t} = C\frac{\mathrm{d}}{\mathrm{d}t}(U_s - U_s\mathrm{e}^{-\frac{t}{\tau}}) = \frac{U_s}{R}\mathrm{e}^{-\frac{t}{\tau}} \qquad (t \geqslant 0) \tag{9-5}$$

应注意，以上表达式只适用于换路后的情况，即只适用于 $t \geqslant 0$ 的情况，对于换路前是不适用的。

根据式（9-3）和式（9-5），画出 u_C 和 i 随时间变化的曲线，如图9-4（b）所示。从 u_C 和 i 的表达式或它们的变化曲线可以看出，在充电过程中，电容元件的电压 u_C 从初始值 0 开始，按指数规律逐渐上升，最后达到稳态值 U_s。电路中的电流 i 从初始值 U_s/R 开始，随着电压 u_C 的上升，按相同的指数规律逐渐减小，最后趋于零。

R 和 C 的乘积称为 RC 电路的时间常数。当 R 的单位为欧姆（Ω），C 的单位为法拉（F）时，τ 的单位为秒（s）。时间常数 τ 的大小取决于电路的结构和元件的参数。对于 RC 串联电路，R、C 越大，τ 越大；反之，R、C 越小，τ 越小。时间常数 τ 也可以从 i 的变化

曲线上求得，见图 9-5。在指数曲线 $i = I_0 \mathrm{e}^{-t/\tau}$ 上任选一点 A，设 A 点的横坐标为 t_1。过 A 点作曲线的切线，设该切线与横轴的交点的横坐标为 t_2。数学可以证明

$$\tau = t_2 - t_1$$

因此，
$$i(t_2) = i(t_1 + \tau) = I_0 \mathrm{e}^{\frac{t_1 + \tau}{\tau}} = \mathrm{e}^{-1} I_0 \mathrm{e}^{\frac{t_1}{\tau}} = \frac{1}{\mathrm{e}} i(t_1)$$

$$\approx 0.368 i(t_1)$$

由此可见，时间常数就是按 $A\mathrm{e}^{-t/\tau}$ 这样的指数规律衰减的量，从其任一数值开始，衰减到原来值的 $1/\mathrm{e}$（约 36.8%）所需要的时间。

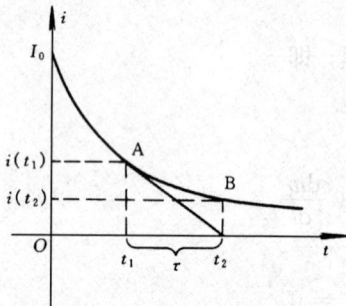

图 9-5　由 i 的变化曲线求取时间常数 τ　　　　图 9-6　不同 τ 值下的 i 的变化曲线

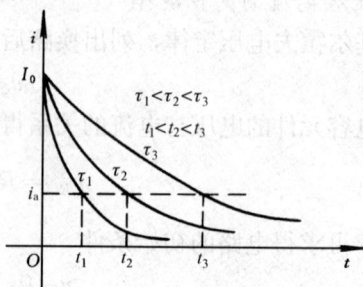

图 9-6 中给出了三个不同 τ 值下的 i 的变化曲线，从图中可以看出，对于初始值 I_0 相同、τ 值不同的指数函数 $I_0 \mathrm{e}^{-t/\tau}$ 而言，τ 越小，函数从初始值衰减到某一给定值 i_a 所需要的时间越短。可见，在从初始值衰减到某一给定值的过程中，τ 越小，指数函数 $A\mathrm{e}^{-t/\tau}$ 衰减的平均速度越大。所以说，τ 越小，指数函数 $A\mathrm{e}^{-t/\tau}$ 衰减越快。对于 RC 电路的充电过程而言，τ 的大小标志着充电的快慢，τ 越小，充电越快；反之，τ 越大，充电越慢。

从理论上讲，换路后的电路一般需要经过无限长的时间（$t \to \infty$）才能达到稳定。但是，由于指数函数 $A\mathrm{e}^{-t/\tau}$ 开始衰减较快，往后逐渐减慢，实际上经过 $3\tau \sim 5\tau$ 的时间，就可以认为电路达到了稳定状态。

【例 9-3】　在图 9-4（a）所示电路中，$U_s = 20\mathrm{V}$，$R = 1\mathrm{k}\Omega$，$C = 0.5\mu\mathrm{F}$，$t = 0$ 时开关 S 闭合，开关 S 闭合前电容元件未充电。试求：

（1）电容元件的电压 u_C 和充电电流 i。

（2）$t = 5\tau$ 时的 u_C 和 i。

解　（1）$\tau = RC = 1000 \times 0.5 \times 10^{-6} = 5 \times 10^{-4}$（s）

$$u_C = U_s(1 - \mathrm{e}^{-\frac{t}{\tau}}) = 20(1 - \mathrm{e}^{-\frac{t}{5 \times 10^{-4}}}) = 20(1 - \mathrm{e}^{-2000t})\ (\mathrm{V})$$

$$i = \frac{U_s}{R} \mathrm{e}^{-\frac{t}{\tau}} = \frac{20}{1000} \mathrm{e}^{-2000t} = 0.02 \mathrm{e}^{-2000t}\ (\mathrm{A}) = 20\mathrm{e}^{-2000t}\ (\mathrm{mA})$$

（2）$t = 5\tau$ 时

$$u_C = 20(1 - \mathrm{e}^{-5}) = 20 \times (1 - 0.007) = 20 \times 0.993 = 19.86\ (\mathrm{V})$$

$$i = 20\mathrm{e}^{-5} = 20 \times 0.007 = 0.14\ (\mathrm{mA})$$

二、RC 串联电路的放电过程

1. 电容元件放电的物理过程

所讨论的电路如图 9-7（a）所示，换路前开关 S 合在位置 1 上，电路已处于稳态，在

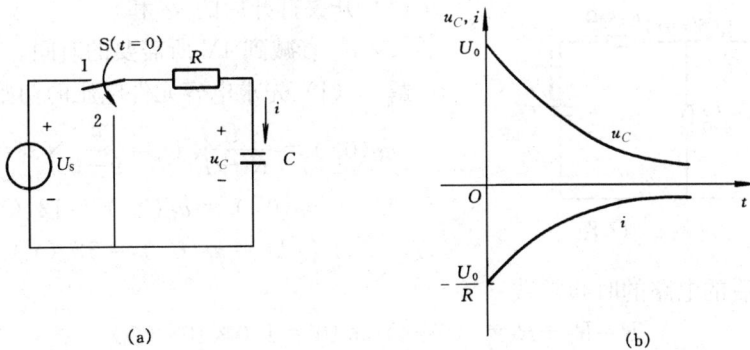

图 9-7　RC 电路的放电过程

(a) 电路图；(b) 电压和电流的变化曲线

$t=0$ 时，将开关从位置 1 合至位置 2。开关合在位置 1 时，电容元件已充电，其电压为 U_0 ($U_0=U_s$)。开关合至位置 2 的最初瞬间，由于电容元件的电压不能跃变，电容元件的电压 u_C 仍保持为 U_0。这时电容元件负极上的负电荷在电场力的作用下，脱离负极，经电阻 R 移至电容元件的正极，与正极上的正电荷中和。同时由于电荷的定向运动，电路中产生电流 i。随着时间的推移，电荷不停地运动，电容元件两极上的正负电荷不断的地中和，两极上储存的电荷不断减少，电场逐渐减弱，电容元件的电压逐渐下降，电路中的电流逐渐减小。直至电容元件两极上的电荷全部中和，电路中各量均为零时，放电过程告以结束，电路进入稳态。

　　电容元件的放电过程实质上就是电容元件两极上的电荷不断中和减少的过程，也就是电容元件中所储存的电场能量不断释放和耗散的过程。电容元件在换路最初瞬间储存的能量为 $\frac{1}{2}CU_0^2$。换路后，电路中的电阻以 i^2R 这样的速率不断吸收电场能量，并把它转换为热能而耗散掉。热能的不断耗散造成了电场能量的逐渐减小，最终导致电容元件中的储能完全消失。

　　2. 电压和电流的变化规律

　　放电过程中电容元件的电压、电流的变化规律同样可通过数学分析而获得。根据基尔霍夫电压定律、换路定律及元件的电压和电流的关系，可列出换路后的电路方程

$$\left. \begin{array}{l} RC\dfrac{\mathrm{d}u_C}{\mathrm{d}t}+u_C=0 \\[2mm] u_C(0_+)=U_0 \end{array} \right\} \tag{9-6}$$

解这一方程，可得

$$u_C=U_0\mathrm{e}^{-\frac{t}{\tau}} \qquad\qquad (t\geqslant 0) \tag{9-7}$$

$$i=C\dfrac{\mathrm{d}u_C}{\mathrm{d}t}=-\dfrac{U_0}{R}\mathrm{e}^{-\frac{t}{\tau}} \qquad\qquad (t\geqslant 0) \tag{9-8}$$

其中　　　　　　　　　　　　　　　　$\tau=RC$

　　根据式（9-7）和式（9-8），可画出 u_C 和 i 随时间变化的曲线。u_C 和 i 的曲线如图 9-7（b）所示。从 u_C 和 i 的表达式或它们的变化曲线可以看出，在放电过程中，电容元件的电压 u_C 从初始值 U_0 开始，按指数规律逐渐下降，最后趋于零。放电电流 i 的数值从初始值 U_0/R 开始，按相同的指数规律逐渐减小，最后也趋于零。

　　【例 9-4】　图 9-8 所示电路在开关 S 打开前已处于稳定状态，试求：

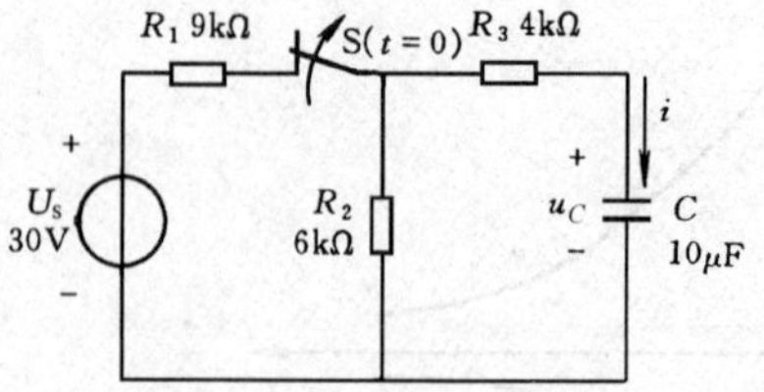

图9-8　[例9-4]图

（1）开关打开后的 u_C 和 i。

（2）u_C 衰减到 4V 所需要的时间。

解　（1）先求电容元件电压的初始值 $u_C(0_+)$。

$$u_C(0_-) = \frac{R_2}{R_1+R_2}U_s = \frac{6}{9+6} \times 30 = 12 \text{（V）}$$

$$u_C(0_+) = u_C(0_-) = 12 \text{（V）}$$

$$U_0 = u_C(0_+) = 12 \text{（V）}$$

再求换路后的电路的时间常数

$$R = R_2 + R_3 = (6+4) \times 10^3 = 1.0 \times 10^4 \text{（Ω）}$$

$$\tau = RC = 1.0 \times 10^4 \times 10 \times 10^{-6} = 0.1 \text{（s）}$$

根据式（9-7）和式（9-8），求得电容元件的电压和电流

$$u_C = U_0 e^{-\frac{t}{\tau}} = 12 e^{-10t} \text{（V）}$$

$$i = -\frac{U_0}{R} e^{-\frac{t}{\tau}} = -\frac{12}{1.0 \times 10^4} e^{-10t} = -1.2 \times 10^{-3} e^{-10t} \text{（A）} = -1.2 e^{-10t} \text{（mA）}$$

（2）将 $u_C = 4V$ 代入 u_C 的表达式，可得

$$u_C = 12 e^{-10t} = 4 \text{（V）}$$

由上式解得

$$t = \frac{1}{10}\ln 3 = 0.11 \text{（s）}$$

课题三　RL 串联电路的过渡过程

一、RL 串联电路与直流电压源接通

1. 电压和电流的变化规律

需要讨论的电路如图9-9（a）所示，电路中的开关 S 在 $t=0$ 时闭合，开关合上之前电感元件中的电流为零，即 $i(0_-) = 0$。

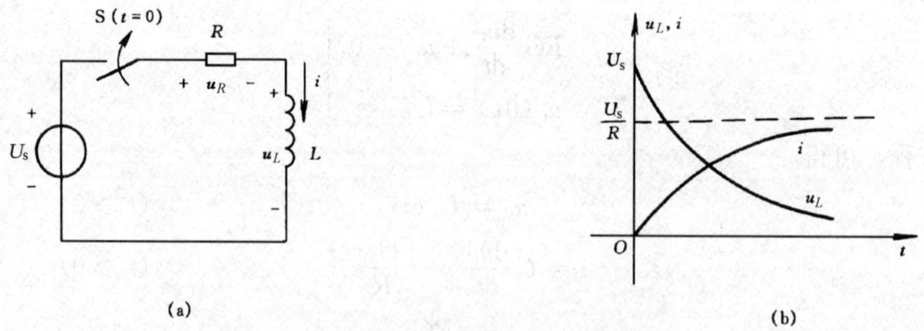

（a）　　　　　　　　　　（b）

图9-9　RL 串联电路接至直流电压源

(a) 电路图；(b) 电压和电流的变化曲线

由基尔霍夫电压定律得出

$$u_L + u_R = U_s$$

由元件的电压和电流的关系可得

$$u_L = L\frac{\mathrm{d}i}{\mathrm{d}t}, \quad u_R = Ri$$

由换路定律得出

$$i(0_+) = i(0_-) = 0$$

由上述式可以得到一个以 i 为未知变量的微分方程

$$\left.\begin{array}{l} L\dfrac{\mathrm{d}i}{\mathrm{d}t} + Ri = U_s \\[2mm] i(0_+) = 0 \end{array}\right\} \tag{9-9}$$

解方程可得

$$i = \frac{U_s}{R}(1 - \mathrm{e}^{-\frac{t}{\tau}}) \qquad (t \geqslant 0) \tag{9-10}$$

其中

$$\tau = \frac{L}{R} \tag{9-11}$$

由此可求得

$$u_L = L\frac{\mathrm{d}i}{\mathrm{d}t} = U_s \mathrm{e}^{-\frac{t}{\tau}} \qquad (t \geqslant 0) \tag{9-12}$$

i，u_L 都是随时间按指数规律变化的，它们的变化曲线如图 9-9（b）所示。

　　RL 串联电路的时间常数 τ 的意义与 RC 串联电路中的时间常数相同。当 L 的单位为亨利（H），R 的单位为欧姆（Ω）时，τ 的单位为秒（s）。由 $\tau = \dfrac{L}{R}$ 可知，RL 串联电路的时间常数 τ 与 L 成正比，与 R 成反比。由此可知，在过渡过程中，RL 串联电路中的电压和电流的变化的快慢取决于电路元件参数 R 和 L。若 L 越大，或 R 越小，则 τ 越大，电压和电流变化越慢；反之，若 L 越小，或 R 越大，则 τ 越小，电压和电流变化越快。

　　2. 物理过程

　　开关 S 合上后，电路构成闭合回路，电路中产生电流 i，电流从零开始增大。由于电流变化，导致电感元件中产生自感电动势，使得电感元件两端产生电压（自感电压）。开关刚合上瞬间，电流的变化率 $\dfrac{\mathrm{d}i}{\mathrm{d}t}$ 很大，电感元件的电压很高。但是根据基尔霍夫电压定律可知，开关闭合后，电感元件的电压不可能大于电源电压 U_s。因为电感元件的电压不可能为无穷大，因而电感元件的电流不会跃变，所以换路后初瞬电流仍保持为零（此瞬间电感元件相当于开路）。这时电阻两端的电压也为零，电源电压全加在电感元件上，因而电感元件电压的初始值为 U_s。随着时间的推移，电流的变化率不断减小，电感元件中的自感电动势及其端电压不断下降，电流不断增大。当电流趋近于 U_s/R 时，电流的变化率趋于零，电感元件的电压也趋于零，此时全部电源电压均加在电阻上，这时电路进入稳定状态。这种情况下电感元件相当于短路。

　　从能量观点来看，RL 串联电路接通直流电压源的过渡过程，就是电感元件中的磁场能量不断积累的过程。换路前电感元件中的储能为零，换路后电感元件不断地从电源吸取电能，并把它转变为磁场能量，储存于自身之中。过渡过程结束时，电感元件所储存的磁场能量为 $\dfrac{1}{2}L$ $(U_s/R)^2$。在整个过渡过程中，电源不断地向其外部电路提供能量，电源所提供的能量一部分转换为电感元件的磁场能量而储存于元件的磁场中，另一部分则被电阻转变为热能而耗散掉。

【例 9 - 5】　　一个具有 5Ω 电阻和 $0.2H$ 电感的线圈突然接到电压为 $20V$ 的直流电源上。试求：

（1）接通电源后线圈中的电流 i。

（2）进入稳态时线圈中储存的磁场能量。

解　　（1）电路的时间常数

$$\tau = \frac{L}{R} = \frac{0.2}{5} = 0.4 \ (s)$$

接通电源后，线圈中的电流为

$$i = \frac{U_s}{R}(1 - e^{-\frac{t}{\tau}}) = \frac{20}{5}(1 - e^{-\frac{t}{0.04}}) = 4(1 - e^{-25t}) \ (A)$$

（2）进入稳态后，线圈中储存的磁场能量为

$$W = \frac{1}{2}L\left(\frac{U_s}{R}\right)^2 = \frac{1}{2} \times 0.2 \times \left(\frac{20}{5}\right)^2 = 1.6J$$

二、RL 串联电路的短接

1. 电压和电流的变化规律

图 9 - 10（a）所示电路在开关 S 闭合前处于稳定状态，$t = 0$ 时，将开关 S 闭合。

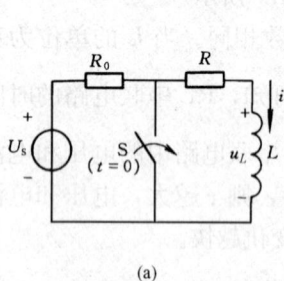

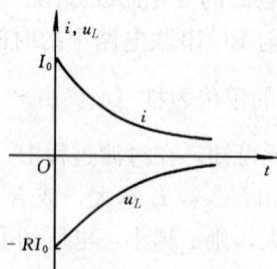

设开关闭合前瞬间电感元件中的电流等于 I_0，即

$$i(0_-) = \frac{U_s}{R_0 + R} = I_0$$

根据换路定律，可得

$$i(0_+) = i(0_-) = I_0$$

根据基尔霍夫电压定律及元件的电压与电流之间的关系，可列出换路后的电路方程

图 9 - 10　RL 串联电路的短接

(a) 电路图；(b) 电压和电流的变化曲线

$$\left.\begin{array}{c} L\dfrac{di}{dt} + Ri = 0 \\ i(0_+) = I_0 \end{array}\right\} \quad (9 - 13)$$

解上述方程可得

$$i = I_0 e^{-\frac{t}{\tau}} \qquad\qquad (t \geqslant 0) \qquad (9 - 14)$$

其中

$$\tau = \frac{L}{R}$$

由式（9 - 14）可求得

$$u_L = L\frac{di}{dt} = -RI_0 e^{-\frac{t}{\tau}} \qquad\qquad (t \geqslant 0) \qquad (9 - 15)$$

由式（9 - 14）和式（9 - 15）可见，u_L 和 i 都是随时间按指数规律衰减的。它们的变化曲线如图 9 - 10（b）所示。它们衰减的快慢取决于元件参数 R 和 L。L 越大或 R 越小，则 τ 越大，u_L 和 i 衰减越慢；L 越小或 R 越大，则 τ 越小，u_L 和 i 衰减越快。

2. 物理过程

开关 S 闭合后，RL 串联短接，构成独立回路。这时 RL 串联回路中没有维持恒稳电场

的电源，因此，回路中的电流必将减小。由于电流减小，电感元件中产生自感电动势，自感电动势的作用就是阻碍原电流的减小，趋向于维持电流继续依照原有的方向流动。因此，电流不会立刻消失，但自感电动势产生后，并不能使电路中的电流保持不变，因为电路中存在着耗能元件 R。所以，电流依然要减小。在开关 S 刚闭合瞬间，因电流不是无穷大，电感元件的电压不可能是无穷大，因而电感元件的电流不会跃变，所以电流的初始值 $i(0_+) = i(0_-) = I_0$。因为电感元件的电压在数值上等于电阻电压，故电感元件电压的初始值为 $-RI_0$（负号是因参考方向选择的原因造成的）。换路后电路中的电流从初始值 I_0 开始逐渐减小，电感元件的电压的绝对值从初始值 RI_0 开始按照同样的规律逐渐下降，最后趋于零，过渡过程结束。

从能量观点看，RL 串联电路短接的过渡过程就是电感元件中磁场能量不断释放的过程，即电感元件的灭磁过程。换路前电感元件中建立了稳定的磁场，储存的磁场能量为 $\frac{1}{2}LI_0^2$。由于能量不能跃变，换路后初始瞬间，电感元件储存的磁场能量仍为 $\frac{1}{2}LI_0^2$。换路后，电路失去了激励能源，仅靠电感元件的储能来维持电流。而电路中的电阻则以 i^2R 的速率不断地从电感元件中吸取能量，并将这些能量转变为热能，使之耗散于周围空间。因此，电感元件中所储存的磁场能量终将被消耗至尽。

【例 9-6】 图 9-11 所示电路是发电机励磁回路的原理图。图中 RL 串联组合是发电机励磁线圈的电路模型，R_f 是励磁回路的调节电阻。当励磁开关 S 断开时，为了不至于因励磁线圈所储存的磁能消失过快而烧坏开关触头，往往用一个泄放电阻 R_d 接于线圈两端。开关脱离电源的同时接通 R_d，经过一定时间后，再将开关打至 3 的位置，使励磁回路完全断开。

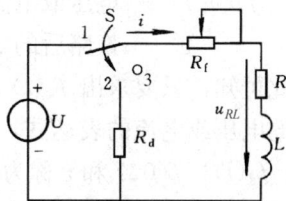

图 9-11 ［例 9-6］图

已知 $U=144\text{V}$，$L=0.4\text{H}$，$R=0.2\Omega$，$R_f=5.8\Omega$。如在电路达到稳定状态时，将开关与电源断开，而与 R_d 接通。试求：

（1）$R_d=1000\Omega$ 时，开关接通 R_d 的初瞬线圈两端的电压 u_{RL}。

（2）如果不使开关接通 R_d 的初瞬线圈两端的电压 u_{RL} 超过 485V，R_d 应选多少欧姆？

（3）根据（2）中所选取的电阻 R_d，写出 u_{RL} 随时间变化的表达式。

解 （1）换路前，线圈中的电流为

$$I_0 = \frac{U}{R_f + R} = \frac{144}{0.2 + 5.8} = 24(\text{A})$$

$t=0_+$ 时，线圈中的电流为

$$i(0_+) = i(0_-) = I_0 = 24 \ (\text{A})$$

$t=0_+$ 时，线圈两端的电压的绝对值为

$$u_{RL}(0_+) = (R_f + R_d)i(0_+) = (5.8 + 1000) \times 24 = 24\,139(\text{V})$$

（2）如果不使 $u_{RL}(0_+)$ 超过 485V，则

$$24\,(5.8 + R_d) \leqslant 485$$

即

$$R_d \leqslant 14.4 \ (\Omega)$$

（3）若取 $R_d=14.4\Omega$，则换路后电路的时间常数为

$$\tau = \frac{L}{R_d + R_f + R} = \frac{0.4}{14.4 + 5.8 + 0.2} = 0.02 \ (\text{s})$$

换路后线圈中电流的表达式为

$$i = I_0 e^{-\frac{t}{\tau}} = 24 e^{-50t} \ (\text{A})$$

线圈两端的电压的表达式为

$$u_{RL} = -(R_f + R_d) \ i = -(5.8 + 14.4) \times 24 e^{-50t} = -485 e^{-50t} \ (\text{V})$$

课题四　一阶电路的三要素法

只含有一个独立储能元件的电路称为一阶电路。通过对一阶电路的分析和总结，可以得出一阶电路暂态过程中电压或电流的一般表达式，表达式形式如下

$$f(t) = f_s(t) + [f(0_+) - f_s(0_+)] e^{-\frac{t}{\tau}} \quad (t \geqslant 0) \tag{9-16}$$

式中　　$f(t)$——电路中的电压或电流；

$f(0_+)$——电压或电流的初始值；

$f_s(t)$——电压或电流的稳态分量；

$f_s(0_+)$——电压或电流的稳态分量的初始值；

τ——换路后的电路的时间常数。

由此可知，只要求出 $f_s(t)$、$f(0_+)$ 和 τ 这三个特征量，就可以根据式（9-16）直接写出待求的电压或电流的表达式，而不必再建立电路方程并求解电路方程。这种方法称为三要素法。$f_s(t)$、$f(0_+)$ 和 τ 称为一阶电路的三要素。

三要素法可用于计算一阶电路过渡过程中的任意电压和电流。对电路的限制条件是：①电路应是一阶电路[❶]；②换路后，电路应能够建立起稳定状态，且电压或电流的稳态分量可用稳态电路的分析方法求得。如果电路不是一阶电路，则不能应用三要素法求解；如果电路不可能建立稳定状态或稳态分量不易求得，则三要素法也就失去了意义。对于直流电源或正弦交流电源作用下的一阶电路，一般都可以应用三要素法。

应用三要素法求解一阶电路的关键是要求出三个要素。关于初始值 $f(0_+)$ 的计算，已在前面讨论。下面分别介绍时间常数 τ 和稳态分量 $f_s(t)$ 的计算方法。

计算时间常数 τ 的方法如下：

（1）画出求 τ 的等效电路。将换路后的电路中的电压源用短路替代，电流源用开路替代，电阻和储能元件仍保留在原来位置上。经过这样处理后所得到的电路为求 τ 的等效电路。例如，图 9-12（a）所示电路的求 τ 的等效电路如图 9-12（b）所示。

（2）计算求 τ 的等效电路中从储能元件两端看出去的二端网络的等效电阻 R。例如，在图 9-12（b）所示的求 τ 的等效电路中，从电容元件两端看出去的二端网络如图 9-12（c）所示。其等效电阻为

$$R = \frac{R_1 R_2}{R_1 + R_2} = \frac{3 \times 6}{3 + 6} = 2(\text{k}\Omega)$$

---

❶　这里的一阶电路应是一阶线性定常电路，即只含一个独立储能元件，各元件都是线性的，各元件参数不随时间变化的电路。

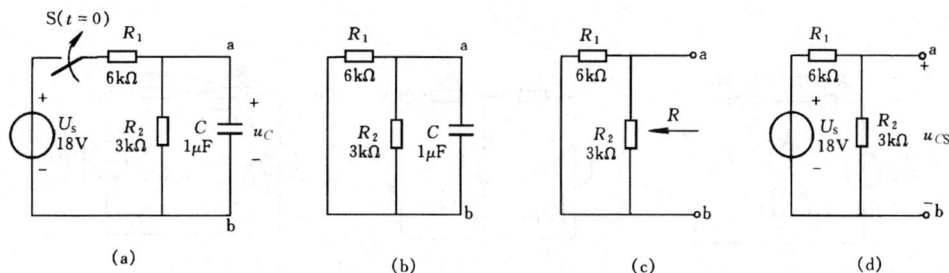

图 9-12 求 τ 的等效电路和换路后的稳态等效电路

(3) 应用 RC 串联电路或 RL 串联电路的时间常数的计算公式 $\tau = RC$ 或 $\tau = L/R$，计算出电路的时间常数 τ。例如，图 9-12 (a) 所示电路换路后的时间常数为

$$\tau = RC = 2 \times 10^3 \times 1 \times 10^{-6} = 2 \times 10^{-3} (\text{s})$$

计算稳态分量 $f_s(t)$ 及稳态分量的初始值 $f_s(0_+)$ 的方法如下：

(1) 画出换路后的电路稳定状态的等效电路。若换路后电路中的电源都是直流电源，则换路后的稳态等效电路是一个直流稳态电路。这种情况下，稳态等效电路中电容元件用开路替代，电感元件用短路替代。若换路后电路中的电源都是正弦交流电源，则换路后的稳态等效电路就是一个正弦稳态电路。例如，图 9-12 (a) 所示电路换路后的稳态等效电路是一个直流稳态电路，如图 9-12 (d) 所示。

(2) 应用稳态电路的计算方法，计算稳态等效电路，求出待求电压或电流的稳态分量 $f_s(t)$；将 $t = 0_+$ 代入 $f_s(t)$ 的表达式中，求出稳态分量的初始值 $f_s(0_+)$。例如，计算图 9-12 (d) 所示的稳态等效电路，可求得电容元件的电压的稳态分量 u_{CS} 和稳态分量的初始值 $u_{CS}(0_+)$

$$u_{CS} = \frac{R_2}{R_1 + R_2} U_s = \frac{3}{6+3} \times 18 = 6 (\text{V})$$

$$u_{CS}(0_+) = 6 (\text{V})$$

下面举例说明三要素法的应用。

【例 9-7】 在图 9-12 (a) 所示电路中，$u_C(0_-) = 0$，$t = 0$ 时，合上开关 S。试求开关闭合后的电压 u_C。

解 (1) 求初始值。根据换路定律，可得

$$u_C(0_+) = u_C(0_-) = 0$$

(2) 求稳态分量及稳态分量的初始值。按照上面所说的计算方法进行计算，可得

$$u_{CS} = 6 (\text{V})$$

$$u_{CS}(0_+) = 6 (\text{V})$$

(3) 求时间常数。按照上面所讲的求 τ 方法进行计算，可得

$$\tau = RC = 2 \times 10^{-3} (\text{s})$$

(4) 根据三要素公式，写出待求电压的表达式。u_C 的表达式为

$$u_C = u_{CS} + [u_C(0_+) - u_{CS}(0_+)] e^{-\frac{t}{\tau}}$$
$$= 6 + (0 - 6) e^{-500t}$$
$$= 6(1 - e^{-500t}) (\text{V})$$

【例 9-8】 图 9-13 (a) 所示电路在开关 S 断开之前处于稳定状态。试求开关断开后

的电压 u_L。

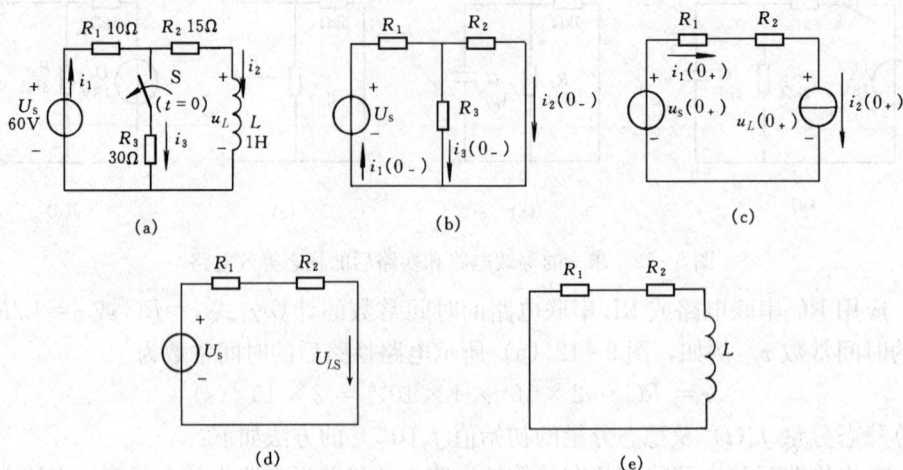

图 9-13　［例 9-8］图

解　（1）求 u_L 的初始值。根据换路前的稳态等效电路［见图 9-13（b）］，求出换路前瞬间电感元件中的电流

$$i_2(0_-) = \frac{U_s}{R_1 + \dfrac{R_2 R_3}{R_2 + R_3}} \frac{R_3}{R_2 + R_3} = \frac{60}{10 + \dfrac{15 \times 30}{15 + 30}} \times \frac{30}{15 + 30} = 2(\text{A})$$

根据换路定律，求出电感元件的电流的初始值

$$i_2(0_+) = i_2(0_-) = 2(\text{A})$$

根据换路后初始瞬间的等效电路［图 9-13（c）］，求出 u_L 的初始值

$$u_L(0_+) = U_s - (R_1 + R_2) i_2(0_+) = 60 - (10 + 15) \times 2 = 10(\text{V})$$

（2）求 u_L 的稳态分量的初始值。根据换路后的稳态等效电路［见图 9-13（d）］，求得 u_L 的稳态分量和稳态分量的初始值

$$u_{LS} = 0$$

$$u_{LS}(0_+) = 0$$

（3）求换路后的电路的时间常数 τ。根据求 τ 的等效电路［见图 9-13（e）］，求得

$$\tau = \frac{L}{R} = \frac{L}{R_1 + R_2} = \frac{1}{10 + 15} = \frac{1}{25}(\text{s})$$

（4）根据三要素公式，写出 u_L 的表达式

$$u_L = u_{LS} + [u_L(0_+) - u_{LS}(0_+)] e^{-\frac{t}{\tau}}$$
$$= 0 + (10 - 0) e^{-25t} = 10 e^{-25t}(\text{V})$$

实验十　一阶电路的研究

一、实验目的

（1）掌握测定 RC 电路的时间常数的方法。

（2）学会用示波器观察 RC 电路的电压和电流的波形，进一步理解 R、C 对过渡过程的影响。

二、实验仪器和设备

序号	设备名称	规格	数量	备注	序号	设备名称	规格	数量	备注
1	直流稳压电源		1台		5	双踪示波器		1台	长余辉
2	电阻箱		1只		6	方波发生器		1台	
3	电容箱		1只		7	直流电流表		1只	
4	秒表		1只		8	单刀双掷开关		1只	

三、实验方法和步骤

(1) 测定 RC 串联电路放电过程中的电流变化曲线及时间常数。按图 9-14 所示电路接线，先将开关 S 合至 "1"，电容器充电后，再将开关 S 合至 "2"；用秒表和微安表测出电容器放电过程中的不同时刻的电流值；作出电流变化曲线，求出时间常数。

(2) 用示波器观察 RC 串联电路充、放电过程中电容 C 上的电压 u_C 和 i 的波形。实验电路如图 9-15 所示。用手来回操作双掷开关，使电容 C 进行充电和放电。通过示波器观察电容 C 和电阻 R 上的电压的波形。

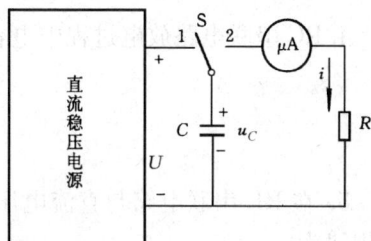

图 9-14 RC 电路放电电流的测定

(3) 用示波器观察，在方波信号作用下 RC 串联电路中的电压和电流的波形。实验电路如图 9-16 所示。实验中，改变 R 和 C 的数值，观察电压 u_C 和电流 i 波形的变化。

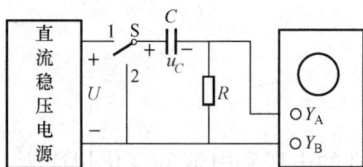

图 9-15 用示波器观察 RC 电路充、
放电电压和电流的波形

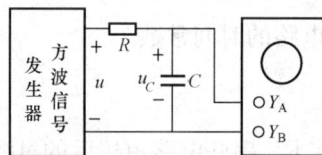

图 9-16 用示波器观察在方波信号作
用下 RC 电路中的电压和电流的波形

四、预习要求

(1) 阅读有关资料，熟悉示波器的使用方法。

(2) 思考实验中选择电路参数 R 和 C 需要考虑的问题。

单 元 小 结

1. 若通过电容元件的电流为有限值，则电容元件上的电压不能跃变；若电感元件上的电压为有限值，则通过电感元件的电流不能跃变。这一客观规律在电路换路瞬间的表现就是换路定律，即若在换路时电容元件的电流和电感元件的电压为有限值，则

$$u_C(0_+) = u_C(0_-)$$
$$i_L(0_+) = i_L(0_-)$$

2. 过渡过程中电路中的电压和电流的变化规律不仅与电路结构、元件参数及输入信号有关，还与电路中电容元件的电压和电感元件的电流的初始值有关。初始值是分析电路过渡过程所必需的条件。计算初始值的理论依据是换路定律。计算初始值的具体方法是：

(1) 根据换路前的稳态电路，计算出 $u_C(0_-)$ 和 $i_L(0_-)$。

(2) 根据换路定律，求得 $u_C(0_+)$ 和 $i_L(0_+)$。

(3) 画出 $t=0_+$ 时刻的等效电路。

(4) 根据 $t=0_+$ 时刻的等效电路，计算出待求电压或电流的初始值。

3. RC 串联电路充电过程中电容元件上的电压 u_C 和充电电流 i 的变化规律为

$$u_C = U_s(1 - \mathrm{e}^{-\frac{t}{\tau}}) \qquad (t \geqslant 0)$$

$$i = \frac{U_s}{R}\mathrm{e}^{-\frac{t}{\tau}} \qquad (t \geqslant 0)$$

RC 串联电路的时间常数为

$$\tau = RC$$

4. RC 串联电路放电过程中电容元件的电压和电流的变化规律为

$$u_C = U_0\mathrm{e}^{-\frac{t}{\tau}} \qquad (t \geqslant 0)$$

$$i = -\frac{U_0}{R}\mathrm{e}^{-\frac{t}{\tau}} \qquad (t \geqslant 0)$$

5. 在 RL 串联电路与直流电压源 U_s 接通后的过渡过程中，电感元件的电压和电流的变化规律为

$$i = \frac{U_s}{R}(1 - \mathrm{e}^{-\frac{t}{\tau}}) \qquad (t \geqslant 0)$$

$$u_L = U_s\mathrm{e}^{-\frac{t}{\tau}} \qquad (t \geqslant 0)$$

RL 串联电路的时间常数

$$\tau = \frac{L}{R}$$

6. 在 RL 串联电路短接后的过渡过程中，电感元件的电压和电流的变化规律为

$$i = I_0\mathrm{e}^{-\frac{t}{\tau}} \qquad (t \geqslant 0)$$

$$u_L = -RI_0\mathrm{e}^{-\frac{t}{\tau}} \qquad (t \geqslant 0)$$

7. 时间常数 τ 的大小反映一阶电路过渡过程的进展速度，τ 越小，过渡过程进展越快；反之，τ 越大，过渡过程进展越慢。τ 在数量上的意义是按指数函数 $\mathrm{e}^{-\frac{t}{\tau}}$ 规律衰减的电压或电流衰减到原值的 $1/\mathrm{e}$ 所需要的时间。

8. 三要素法是分析一阶电路的一种简易、方便的方法。三要素公式为

$$f(t) = f_s(t) + [f(0_+) - f_s(0_+)]\mathrm{e}^{-\frac{t}{\tau}} \qquad (t \geqslant 0)$$

计算 τ 的方法：

(1) 画出求 τ 的等效电路。

(2) 计算从储能元件两端看出去的二端网络的等效电阻 R。

(3) 应用公式 $\tau=RC$ 或 $\tau=\dfrac{L}{R}$，计算出 τ 值。

计算 $f_s(t)$ 和 $f_s(0_+)$ 的方法：

（1）画出换路后的稳态等效电路；

（2）应用稳态电路的计算方法计算稳态等效电路，求得待求的电压或电流的稳态分量 $f_s(t)$，将 $t=0_+$ 代入 $f_s(t)$ 的表达式，求得 $f_s(0_+)$。

习　　题

9-1　下列说法中错误的是（　　）。

    A. 只当电路结构或元件参数（包括电源数值）突然改变时，电路中才可能产生过渡过程；

    B. 对于含有储能元件的电路，当电路结构或元件参数突然改变时，电路中一定会产生过渡过程；

    C. 电路的过渡过程实质上就是电路中能量转移、转换和重新分布的过程；

    D. 能量不能跃变是电路产生过渡过程的根源。

9-2　若电路中所有元件都不可能提供无穷大功率，则下列关于电路中的物理量在换路瞬间的变化情况的说法中正确的是（　　）。

    A. 电容电流和电感电压是不能跃变的；

    B. 电阻上的电压和电流是能跃变的；

    C. 电压源的电流、电流源的电压是能跃变的；

    D. 各个元件的功率都是能跃变的，但是它们所吸收或发出的能量是不能跃变的。

9-3　如果一个电路中的所有元件的功率都不可能为无穷大，则换路瞬间该电路中的电感电流和电容电压（　　）。

    A. 一定不会跃变；

    B. 一定会跃变；

    C. 可能跃变，也可能不跃变。

9-4　下列关于一阶电路的时间常数的说法中正确的是（　　）。

    A. 时间常数 τ 的大小反映一阶电路的过渡过程进展的速度，τ 越大，过渡过程进展得越慢，τ 越小，过渡过程进展得越快；

    B. 在同一个一阶电路中，决定各个电压或电流的暂态分量（只在过渡过程中存在的分量）的衰减速率的时间常数是相同的；

    C. 对于 RC 和 RL 串联电路，R 越大，它们的时间常数 τ 越大；

    D. 对于 RC 和 RL 串联电路，若 C 和 L 增大，则它们的时间常数 τ 都将增大。

9-5　下列说法中正确的是（　　）。

    A. 含有储能元件的电路中各电压和电流的稳态分量只与电路结构、元件参数及输入信号有关，而与电容元件的电压和电感元件的电流的初始值无关；

    B. 过渡过程中电路中各电压和电流不仅与电路结构、元件参数及输入信号有关，还与电容元件的电压和电感元件的电流的初始值有关；

    C. 对于只含有一个储能元件的电路，决定其时间常数 τ 的电阻就是从储能元件两端看出去的二端网络的戴维南等效电阻；

    D. 对于任意只含有一个储能元件的电路，过渡过程中任一元件的电压和电流均可用三要素法求得。

9-6　图 9-17 所示各电路在 $t=0$ 时换路，试求各电路中所标示的电压、电流的初始值。

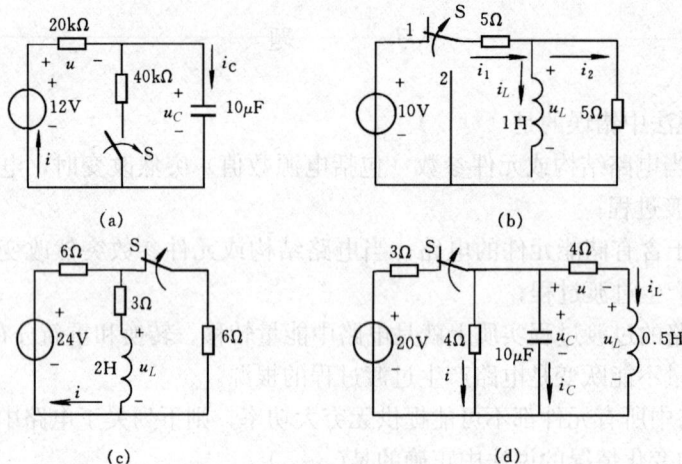

(a)

(b)

(c)

(d)

图 9-17　习题 9-6 图

9-7　图 9-18 所示电路中，$U_s=10V$，$R_1=3k\Omega$，$R_2=2k\Omega$，$C=10\mu F$，$t=0$ 时开关 S 闭合，$u_C(0_-)=0$。求开关 S 闭合后的 u_C 和 i_C，画出其波形。

9-8　图 9-19 所示电路 $t<0$ 时处于稳定状态，$t=0$ 时开关 S 合向位置 2。$U_s=5V$，$R_1=250\Omega$，$R_2=1000\Omega$，$R_3=1000\Omega$，$C=10\mu F$，试求：

(1) 换路后的 u_C 和 i_C，画出其波形。

(2) 电容元件的电压降至 2V 所需要的时间。

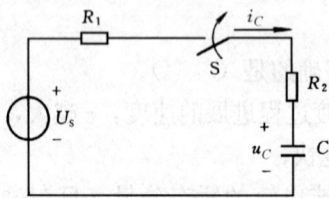

图 9-18　习题 9-7 图　　　　　　图 9-19　习题 9-8 图

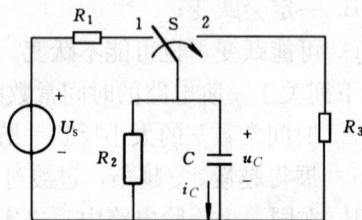

9-9　图 9-20 所示电路中，$U_s=24V$，$R_1=4\Omega$，$R_2=6\Omega$，$L=0.4H$，开关 S 在 $t=0$ 时闭合，$i_L(0_-)=0$。试求：

(1) 开关闭合后的 u_L 和 i_L，并画出其波形。

(2) i_L 升至 1A 所需要的时间。

9-10　图 9-21 所示电路中，电源电压 $U_s=220V$，R、L 分别为一电感线圈的电阻和电感，$R=4\Omega$，$L=2H$，放电电阻 $R_f=40\Omega$。V 是一理想二极管，正常工作时（开关 S 闭合时），二极管在反向电压作用下，处于截止状态；当开关 S 断开时，电感线圈放电，二极管导通。试求：

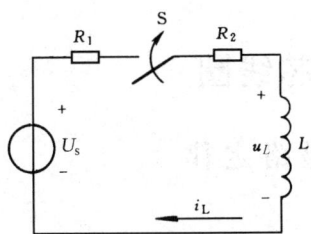

图 9-20 习题 9-9 图

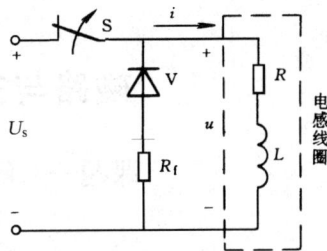

图 9-21 习题 9-10 图

（1）开关 S 断开后的 i 和 u，并画出其波形；

（2）若其他参数不变，仅改变放电电阻 R_f，使开关 S 断开后的最初瞬时线圈电压不超过正常工作电压的 5 倍，R_f 的取值范围如何？

9-11　图 9-22 所示电路原来处于稳态，$t=0$ 时开关 S 闭合。已知 $U_s=24\text{V}$，$R_1=10\text{k}\Omega$，$R_2=30\text{k}\Omega$，$C=2\mu\text{F}$，试求换路后 u_C 和 i_1。

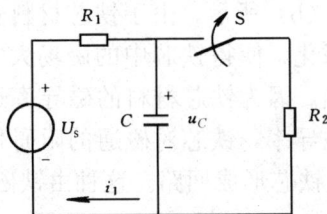

图 9-22 习题 9-11 图

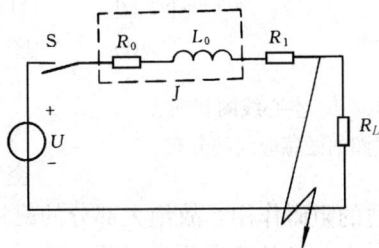

图 9-23 习题 9-12 图

9-12　图 9-23 所示电路中的 J 为电流继电器的铁芯线圈，当通过其中的电流达到 30A 时，它将动作，使开关 S 断开，让输电线脱离电源，从而起到保护作用。若负载电阻 $R_L=20\Omega$，输电线电阻 $R_1=1\Omega$，继电器线圈电阻 $R_0=3\Omega$，线圈电感 $L_0=0.2\text{H}$，电源的电压为 220V。试问当负载短路时，继电器经过多长时间才能动作？

9-13　图 9-24 所示电路为一变压器二次侧短路时的等效电路，r_k 和 L_k 为变压器的等效电阻（称为短路电阻）和等效电感（称为短路电感），$r_k=0.007\Omega$，$L_k=1.14\text{mH}$。设电源电

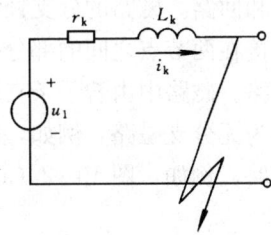

图 9-24 习题 9-13 图

压 $u_1=18\sqrt{2}\sin314t\text{kV}$，$t=0$ 时变压器二次侧发生短路，短路前变压器电流为零，即 $i_k(0_-)=0$。试求短路后电路中的电流的表达式。

磁路与交流铁芯线圈

课题一　磁路与磁路定律

一、磁路

在电机、变压器及其他各种电磁元件中，常用铁磁材料做成一定形状的铁芯。这样做的目的是：①使较小的励磁电流（用于产生磁化场的电流）能够产生足够大的磁通；②将磁通限定在一定的范围之内。例如，图 10 - 1 （a） 中，空心载流线圈产生的磁通弥散在整个空间。若把同样的线圈绕在一个闭合的铁芯上，让其通入同样大小的电流，则不仅磁通的数值大大增加，而且磁感应线几乎都是沿着铁芯形成闭合回路，如图 10 - 1 （b） 所示。由于铁芯材料在磁场的作用下发生磁化，使得铁芯中的磁场大大增强，磁通大大增加。因为铁芯材料的磁导率远远大于周围空气的磁导率，铁芯对磁通的阻碍作用远远地小

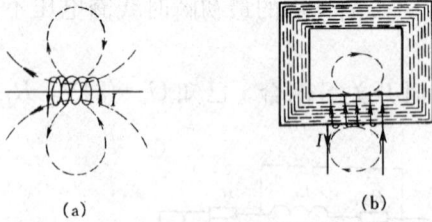

图 10 - 1　空心线圈和铁芯
线圈的磁感应线的分布

于空气对磁通的阻碍作用，故绝大部分的磁通经过铁芯形成回路。这种由铁磁材料构成的、让磁感应线集中通过的通道称为磁路。

图 10 - 2 示出几种常见的磁路，图 10 - 2 （a） 是四极直流电机的磁路，图 10 - 2 （b） 为三相变压器的磁路，图 10 - 2 （c） 为电磁型继电器的磁路。与电路相似，磁路也有节点、支路和回路。磁路的分支处称为磁路的节点，如图 10 - 2 （b） 中 a，b 两点处为磁路的节点。连接在两节点之间的部分磁路称为磁路的支路，如图 10 - 2 （b） 中 ab，adcb，afeb 为三条支路。磁路中由若干条支路所组成的闭合路径称为磁路中的回路。只有一个闭合回路的磁路称为无分支磁路，例如，图 10 - 2 （c） 所示磁路就是无分支磁路。具有分支的磁路称为分支磁路，例如，图 10 - 2 （a）、（b） 所示磁路为分支磁路。

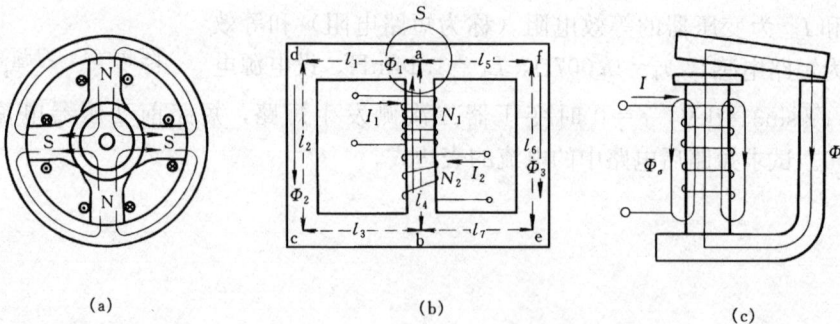

图 10 - 2　常用电工设备中的磁路

虽然利用铁磁性物质可以把磁通极大程度地约束在铁芯范围内，但仍可能有少量磁通穿出铁芯，经过铁芯外部的物质形成闭合回路。因此，磁路中的磁通可以分为两部分，绝大部

分磁通是沿磁路构成闭合回路，如图 10-2（c）中的磁通 Φ，这部分磁通称为主磁通；小部分磁通穿出铁芯，经过磁路周围的物质而闭合，如图 10-2（c）中的磁通 Φ_σ，这部分磁通称为漏磁通。

二、磁路的基尔霍夫定律

1. 磁路的基尔霍夫第一定律

因为磁感应线是无头无尾的闭合曲线，可以想象，从一个闭合曲面的某处穿进去的磁感应线必定要从另一处穿出来，所以穿入闭合曲面的磁感应线数必然等于穿出该闭合曲面的磁感应线数。也就是说，通过空间任意闭合曲面的磁通量的代数和必然为零。例如，在图 10-2（b）所示磁路的节点 a 处，任取一闭合面 S，穿入闭合面 S 的磁通 Φ_1 必然等于穿出闭合面 S 的磁通（$\Phi_2+\Phi_3$），即

$$\Phi_1 = \Phi_2 + \Phi_3 \text{ 或 } \Phi_2 + \Phi_3 - \Phi_1 = 0$$

由此可见，在磁路中，进入任一节点的磁通一定等于离开该节点的磁通。也就是说，磁路中任一节点所连接的各支路中的磁通的代数和恒等于零，即

$$\sum \Phi = 0 \tag{10-1}$$

式（10-1）称为磁路基尔霍夫第一定律。应用式（10-1）时，若将离开节点的磁通前面取正号，则进入节点的磁通前面取负号。

2. 磁路基尔霍夫第二定律

磁路的基尔霍夫第二定律表述如下：在磁路的任一回路中，各段磁位差的代数和等于各磁动势的代数和。其数学表达式为

$$\sum U_{\mathrm{m}} = \sum F \tag{10-2}$$

通电线圈所产生的磁场的强弱与线圈的电流和线圈的匝数有关。电流越大，磁场越强，磁通越大；线圈的匝数越多，磁场越强，磁通越大。也就是说，通电线圈所产生的磁通随着线圈电流与线圈匝数的乘积增大而增大。通常把线圈中的电流 I 与线圈的匝数 N 的乘积 NI 称为线圈的磁动势，用 F 表示，即 $F=NI$，磁动势的单位为安培（A）。若在某段磁路中，沿磁路的中心线（即平均长度线）各点的磁场强度 $\vec{H}$ 的大小相同，且 $\vec{H}$ 的方向（即 Φ 的方向）又处处与中心线的切线方向一致，则磁场强度 H 与该段磁路的平均长度 l 的乘积 Hl 称为该段磁路的磁位差，用 U_{m} 表示，即 $U_{\mathrm{m}}=Hl$。磁位差的单位也为安培（A）。这样，式（10-2）可写成

$$\sum Hl = \sum NI \tag{10-3}$$

确定式（10-2）和式（10-3）中各项前面的正负号的规则如下：任选一回路绕行方向，当某段磁路中的磁通参考方向与回路绕行方向一致时，该段磁路的磁位差前面取正号，反之取负号；当线圈电流的参考方向与回路绕行方向符合右手螺旋定则时，该磁动势前面取正号，反之取负号。

下面以图 10-2（b）中的磁路为例来说明磁路基尔霍夫第二定律的内容。设磁路为分段均匀磁路。将磁路中 adcba 回路分为四段，其中心线长度分别为 l_1、l_2、l_3、l_4。每段磁路中各处的横截面相等，材料相同。忽略漏磁通后，每段磁路中各个横截面的磁通相同。若磁感应线在横截面上均匀分布且磁感应线均与中心线平行，则每段磁路中的磁场为均匀磁场，每段磁路中 $\vec{H}$ 处处相同，且 $\vec{H}$ 的方向均与中心线平行。在这种情况下，每段磁路的磁位差 U_{m}

为该段磁路中的磁场强度 H 与磁路中心线长度 l 的乘积，即 $U_m = Hl$。设上述四段磁路中的磁场强度分别为 H_1、H_2、H_3、H_4，则它们的磁位差分别为 H_1l_1、H_2l_2、H_3l_3、H_4l_4。回路中线圈 1 的磁动势为 $F_1 = N_1I_1$，线圈 2 的磁动势为 $F_2 = N_2I_2$。若选择逆时针方向为回路绕行方向，则因 Φ_1 和 Φ_2 的参考方向均与回路绕行方向相同，故 H_1l_1、H_2l_2、H_3l_3、H_4l_4 前面应取正号；因电流 I_1 的参考方向与回路绕行方向之间符合右手螺旋定则，故 N_1I_1 前面取正号；因 I_2 的参考方向与回路绕行方向之间不符合右手螺旋定则，故 N_2I_2 前面应取负号。这样，对回路 adcba 应用磁路基尔霍夫第二定律，可得到下列方程

$$H_1l_1 + H_2l_2 + H_3l_3 + H_4l_4 = N_1I_1 - N_2I_2$$

对图 10-2（b）所示磁路中的回路 afeba 应用磁路基尔霍夫第二定律，可列出下列方程

$$H_4l_4 + H_5l_5 + H_6l_6 + H_7l_7 = N_1I_1 - N_2I_2$$

三、磁路的欧姆定律

设一段均匀磁路的横截面积为 S，长度为 l，材料的磁导率为 μ，通过横截面的磁通为 Φ。若磁感应线在横截面上均匀分布且磁场方向处处与横截面垂直，则磁路中各点的磁感应强度大小 $B = \Phi/S$。因为 $H = B/\mu$，所以

$$U_m = Hl = \frac{B}{\mu}l = \Phi \frac{l}{\mu S} = \Phi R_m \qquad (10-4)$$

$$R_m = \frac{l}{\mu S}$$

式中 R_m——该段磁路的磁阻，1/H。

式（10-4）表明，一段磁路的磁位差等于其磁阻与磁通的乘积。这就是磁路的欧姆定律。由于铁磁性物质的磁导率不是常数，因此，由铁磁性材料构成的磁路的磁阻也不是常数。所以，一般情况下不能利用式（10-4）来进行磁路计算，但可用来对磁路进行定性的分析。

课题二 铁磁性物质的磁化特性

以铁为代表的一类导磁性能很强的物质叫做铁磁性物质，简称铁磁质。铁磁性物质具有特殊的磁性能，因而被广泛地用于电工设备之中。掌握铁磁性物质的磁性能，对于研究电工技术问题来说是十分必要的。

一、铁磁性物质的磁化曲线

处于磁场中的实物物质称为磁介质。磁介质在外磁场的作用下显示出磁性的现象称为磁介质的磁化。使磁介质磁化的外加磁场称为磁化场。磁介质的磁化曲线通常是指磁介质中的磁感应强度 B 与磁场强度 H 的关系曲线。磁介质的磁化曲线可用实验来测定。测量铁磁性物质的磁化曲线的装置如图10-3所示。用待测铁磁材料制成截面均匀的环形铁芯，其截面积为 S，平均长度为 l，铁芯上绕有匝数为 N_1 的励磁线圈和匝数为 N_2 的测量

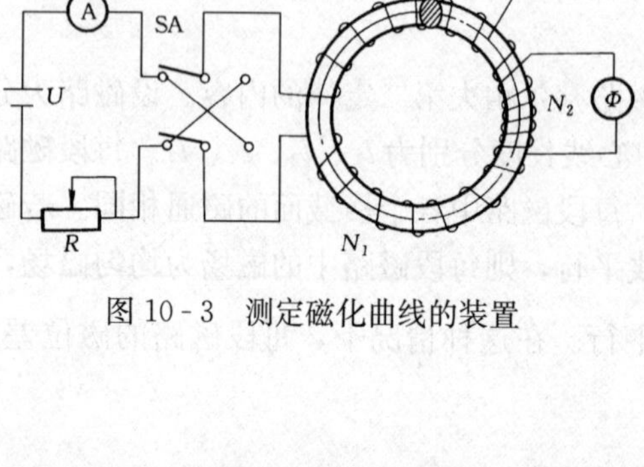

图 10-3 测定磁化曲线的装置

线圈。励磁线圈均匀地分布在铁芯上，励磁线圈通过双投开关 SA 接至直流电源上。测量线圈接于磁通计上。

由第五单元课题三可知，充满均匀介质的均匀密绕环形螺线管管内各点的磁感应强度的量值相等，其值可用下列式计算：$B=\Phi/S$。管内各点的磁场强度的量值也相等，其值为 $H=N_1I/l$。实验时，合上开关 SA，使励磁线圈中通入电流，以建立磁场。利用电流表和磁通计分别测出励磁线圈中的电流 I 和铁芯中的磁通 Φ，利用上述两公式计算出 B 和 H。调节可变电阻 R，改变励磁电流 I，可以测得不同的磁通 Φ，进而计算出一系列对应的 B 和 H 值。以 B 为纵坐标，H 为横坐标，描点作图，可绘出 $H\text{-}B$ 曲线。

1. 起始磁化曲线

若铁磁质处于未磁化状态（即 $B=0$），实验时调节励磁电流 I，使之由零开始逐次增大，直至铁磁质达到饱和状态。测出每次调节后的 I 和 Φ，计算出对应的 B 和 H，画出 $H\text{-}B$ 曲线，如图 10-4 所示。从未磁化到饱和磁化的这段磁化曲线 od 称为铁磁质的起始磁化曲线。在曲线的 oa 段，H 增大，B 随之增大，但 B 增加得较缓慢；进入 ab 段，H 增大，B 迅速增大；在 bc 段，H 增大，B 的增加又变得缓慢起来；到达 c 点之后，H 增大，B 几乎不再变化，这时介质的磁化达到了饱和状态。

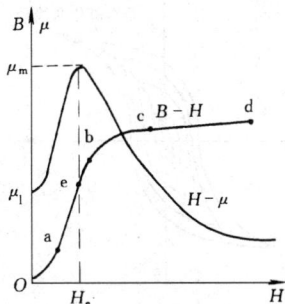

图 10-4　起始磁化曲线和磁导率曲线

2. 磁导率曲线

由实验获得的 B 和 H 值可以求得对应的磁导率 $\mu=B/H$，从而找到 μ 与 H 的对应关系，这样便可画出 $H\text{-}\mu$ 曲线，如图 10-4 中所示。$H\text{-}\mu$ 曲线称为磁导率曲线。

由式 $\mu=B/H$ 可知，磁化曲线上任一点与原点的连线的斜率等于该磁化状态下的磁导率。由于铁磁质的 B 和 H 的关系为非线性关系，所以铁磁质的磁导率是一个变量，它随磁场强度 H 变化而变化。当 H 的数值从 0 开始增大时，μ 从起始磁导率 μ_l 开始增大；当 $H=H_e$ 时，μ 达到最大值 μ_m；若 H 继续增大，则 μ 急剧减小，并逐渐趋近于真空磁导率 μ_0。

3. 磁滞回线

当铁磁质的磁化到达饱和点 a（$H=H_m$，$B=B_m$）之后，逐渐地减小励磁电流 I，使磁场强度 H 逐渐减小，直至 $I=0$，$H=0$。测得这一过程 B 与 H 的关系曲线如图 10-5 中曲线的 ab 段。这是一段去磁过程，这期间 H 减小，B 也减小，但并不沿原来的起始磁化曲线下降。当 $H=0$ 时，B 并不等于零，而保留一定的值 B_b。B_b 称为剩余磁感应强度。这就是铁磁质的剩磁现象。

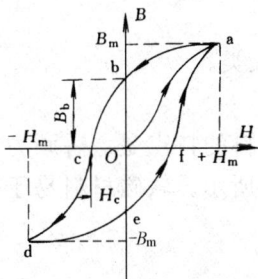

图 10-5　磁滞回线

要使 B 继续减小，必须使励磁线圈中通入反向电流，即加反向磁化场（$H<0$）。当反向电流 I 的数值增大时，H 的绝对值增大，B 随之减小。当 $H=-H_c$ 时，介质完全退磁，$B=0$。这段过程的 $H\text{-}B$ 曲线如图 10-5 中曲线的 bc 段。使磁介质完全退磁所需的反向的磁场强度值 H_c 称为铁磁质的矫顽力。

介质退磁后，若继续增大反向电流，使 H 的绝对值继续增大，则磁介质将发生反方向的磁化（$B<0$）。B 的绝对值随 H 的绝对值的增大而增大。当 $H=-H_m$ 时，磁化达到反向饱和，$B=-B_m$。这段过程的 H-B 曲线如图 10-5 中曲线的 cd 段。

此后若使 H 由 $-H_m$ 变化到零，则 B 由 $-B_m$ 变到 $-B_b$，这段过程的 H-B 曲线如图 10-5 中曲线的 de 段。若再使 H 沿正方向增加，使之由零增大至 H_m，则 B 将由 $-B_b$ 变化到零，再由零增大到 B_m，回到正向饱和磁化状态点 a（实际略低一些）。这一过程的 H-B 曲线如图 10-5 中 efa 段曲线。由此我们看到，当磁化场在正、负两个方向往复变化时，铁磁质在正、反两个方向上反复磁化。若磁化场完成一个循环的变化，则铁磁质的磁化也经历一个循环过程，对应的 H-B 曲线为一闭合曲线，这种闭合的磁化曲线称为磁滞回线。从图中可以看出，在交变磁化过程中，磁感应强度 B 的变化总是滞后于磁场强度 H 的变化，这种现象称为磁滞现象，简称磁滞。

4. 基本磁化曲线

实验时取不同的 H_m 值，可得到一系列磁滞回线。将各个不同数值的 H_m 下的磁滞回线的正顶点连接起来所形成的曲线称为基本磁化曲线，如图 10-6 所示。基本磁化曲线比较稳定，工程上常用它进行磁路计算。

考察铁磁质的磁化曲线可知，铁磁质具有下述磁性能：

（1）高导磁性。在一定的温度范围内，铁磁质的磁导率 μ 很大，其值为真空磁导率 μ_0 的数百、数千乃至数万倍。也就是说，在相同的磁化场的作用下，铁磁质中的磁感应强度 B 要比真空或空气中的磁感应强度 B_0 大得多。

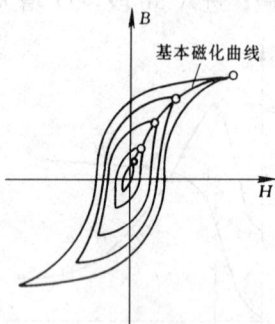

图 10-6 基本磁化曲线

（2）磁饱和性。铁磁质中的磁感应强度不会随外磁场的增强而无限地增大。当磁化场的磁场强度 H 增大到一定数值后，若 H 再增大，则磁感应强度几乎不再增大，磁化达到饱和状态。由于铁磁质具有磁饱和特性，因而铁磁质的 B 与 H 之间呈非线性关系，所以铁磁质的磁导率 μ 不是常数。

（3）磁滞性。在交变磁化过程中，从正向饱和磁化状态到反向饱和磁化状态的磁化曲线与从反向饱和磁化状态到正向饱和磁化状态的磁化曲线不重合，B 的变化总是滞后 H 的变化。因为铁磁质具有这种磁滞性，所以铁磁质的磁感应强度 B 与磁场强度 H 之间不是单值函数关系，且 $\vec{B}$ 和 $\vec{H}$ 的方向也并非总是相同；当外磁场停止作用（$H=0$）时，铁磁质中仍保留剩余磁感应强度（$B=B_b$）。

二、铁磁性物质的分类

按矫顽力的大小，可将铁磁性材料分为软磁材料和硬磁材料两大类。

1. 软磁材料

矫顽力 H_c 小于 $10^3 A/m$ 的铁磁性材料称作软磁材料。软磁材料的特点是：矫顽力很小，磁滞回线狭长，磁滞损耗小。软磁材料的磁滞回线如图 10-7 所示。软磁材料易于磁化，也易于退磁。软磁材料适用于交变磁场。

2. 硬磁材料

矫顽力大于 $10^4 A/m$ 的铁磁性材料称作硬磁材料，也称永磁材料。硬磁材料的特点是：矫顽力大，剩磁大，磁滞回线肥大，磁滞损耗大。硬磁材料的磁滞回线如图 10-8 所示。硬磁材料适合于制作永磁体。

矫顽力在 $10^3\,\mathrm{A/m}$ 与 $10^4\,\mathrm{A/m}$ 之间的铁磁性材料，称为半硬磁材料。

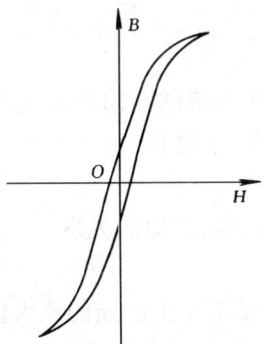

图 10-7　软磁材料的磁滞回线　　　　　　图 10-8　硬磁材料的磁滞回线

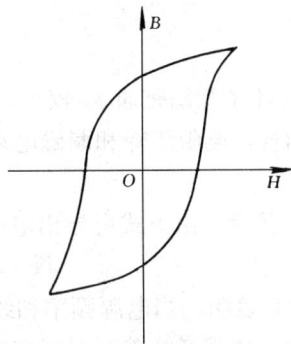

课题三　交 流 铁 芯 线 圈

一、交流铁芯线圈的电磁关系

图 10-9 所示的铁芯线圈的匝数为 N，线圈电阻为 R。当线圈接到电压为 u 的交流电源上时，线圈中便有电流 i 流过，于是产生变化的磁动势 Ni，建立交变的磁场。这一磁场的绝大部分磁通沿铁芯形成闭合回路，这部分磁通为主磁通 ϕ；另有一小部分磁通从铁芯中出来，经铁芯外部空间再回到铁芯中去，这部分磁通为漏磁通 ϕ_σ。主磁通在线圈中感应出主磁电动势 e，漏磁通在线圈中感应出漏磁电动势 e_σ。此外，电流 i 通过线圈电阻 R，将产生电阻压降 Ri。上述电磁关系可表示如下：

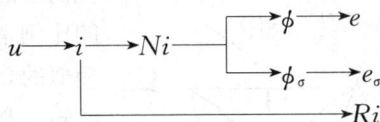

$$u \longrightarrow i \longrightarrow Ni \begin{cases} \longrightarrow \phi \longrightarrow e \\ \longrightarrow \phi_\sigma \longrightarrow e_\sigma \end{cases}$$
$$\longrightarrow Ri$$

在图 10-9 所示的参考方向下，设主磁通 $\phi = \Phi_\mathrm{m}\sin\omega t$，根据电磁感应定律可求得线圈感应电动势

$$e = -N\frac{\mathrm{d}\phi}{\mathrm{d}t} = -N\omega\Phi_\mathrm{m}\cos\omega t = E_\mathrm{m}\sin(\omega t - 90°)$$

(10-5)

$$E_\mathrm{m} = N\omega\Phi_\mathrm{m}$$

线圈感应电动势的有效值为

$$E = \frac{E_\mathrm{m}}{\sqrt{2}} = \frac{N\omega\Phi_\mathrm{m}}{\sqrt{2}} = \frac{2\pi fN\Phi_\mathrm{m}}{\sqrt{2}} = 4.44fN\Phi_\mathrm{m}$$

(10-6)

图 10-9　交流铁芯线圈

由电磁感应定律可知

$$e_\sigma = -N\frac{\mathrm{d}\phi_\sigma}{\mathrm{d}t} = -L_\sigma\frac{\mathrm{d}i}{\mathrm{d}t}$$

(10-7)

$$L_\sigma = \frac{N\phi_\sigma}{i}$$

式中　L_σ——线圈漏电感。

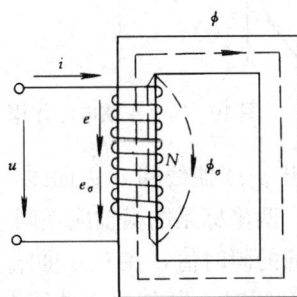

在图 10-9 所示的参考方向下，应用基尔霍夫电压定律可列出交流铁芯线圈的电动势平衡方程式

$$u = -e - e_\sigma + Ri \qquad (10-8)$$

由于线圈电阻 R 和漏磁通 ϕ_σ 较小，因而电阻压降 Ri 及漏磁电动势 e_σ 也较小，相对于主磁电动势 e 而言，电阻压降和漏磁电动势均可忽略不计，于是有

$$u \approx -e \qquad (10-9)$$

若主磁通 ϕ 为正弦量，由上式可导出电压的有效值与主磁通最大值的关系

$$U \approx E = 4.44 f N \Phi_m \qquad (10-10)$$

式（10-10）表明，当电源频率和线圈匝数一定时，铁芯中主磁通的最大值与线圈电压的有效值成正比。这就意味着，对于交流铁芯线圈，在电源频率和线圈匝数一定的情况下，铁芯中主磁通的大小取决于线圈电压的大小。

二、电压、电流及磁通的波形

1. 正弦电压作用下的磁通和电流的波形

若铁芯线圈两端外加的电压 u 为正弦量，忽略线圈电阻和漏磁通后，由式（10-9）可知，电动势 e 也是正弦量。由电磁感应定律可知，若感应电动势为正弦量，则产生感应电动势的磁通也一定是正弦量。因此，当线圈端电压为正弦量时，铁芯中的主磁通 ϕ 也将是正弦量。

在主磁通 ϕ 的波形已知的情况下，欲确定线圈电流 i 的波形，需要知道 ϕ 与 i 的函数关系。ϕ 与 i 的关系可通过 B 与 H 的关系来确定。为简化分析，忽略磁滞和涡流的影响。略去磁滞和涡流的影响时，铁芯材料的 H-B 曲线即为基本磁化曲线。由于铁芯中的磁场强度 H 与磁动势 Ni 成正比，磁感应强度 B 与主磁通 ϕ 成正比，所以把基本磁化曲线的纵坐标和横坐标各乘以相应的比例常数，就可得到与 H-B 曲线相似的 i-ϕ 曲线。若主磁通 ϕ 的波形已知，利用 i-ϕ 曲线，应用逐点描绘的作图方法，可求得线圈电流 i 的波形。具体作法见图 10-10，首先设主磁通为

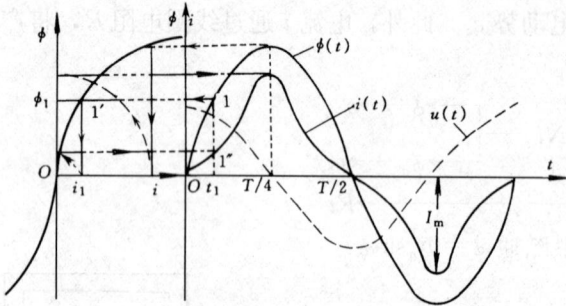

图 10-10　正弦电压作用下的磁通和电流的波形

$$\phi(t) = \Phi_m \sin \omega t$$

作出 $\phi(t)$ 曲线和 i-ϕ 曲线，应注意到，两坐标系中坐标轴上的 ϕ 和 i 应分别采用同一比例尺，两坐标系的横轴应在同一条直线上。然后从 $\phi(t)$ 曲线上找出各个瞬时的磁通值，根据磁通的瞬时值，在 i-ϕ 曲线上找出与该磁通瞬时值相对应的同一瞬时的电流值。例如，对于 t_1 瞬时，先在 $\phi(t)$ 曲线上找出此瞬间的磁通 ϕ_1（对应于点 1），再从 i-ϕ 曲线上找出对应于 ϕ_1 的电流值 i_1（对应于点 $1'$），i_1 就是 $t = t_1$ 瞬时线圈中的电流，这就得到了 $i(t)$ 曲线上的一个点（点 $1''$）。用同样的方法可得到不同的时刻 t 和电流 i。最后描点作图，便可画出 $i(t)$ 曲线。

由图 10-10 可知，当铁芯线圈的主磁通为正弦波时，由于磁路饱和的影响，线圈电流不是正弦波，而是一个尖顶波。铁芯饱和程度越高，电流波形就越尖。若铁芯未饱和，则主磁通与电流之间呈线性关系，当主磁通为正弦波时，线圈电流也将是正弦波。

　　若考虑磁滞的影响，磁通与电流的关系曲线则是磁滞回线。在主磁通 $\phi(t)$ 的波形已知的情况，仍可用上述作图法求作线圈电流 $i(t)$ 的波形。作图时应注意，在磁滞回线上对应于同一主磁通值有两个点，一个点在上升分支上，另一个点在下降分支上，当 ϕ 增加时，应通过磁滞回线的上升分支求取电流；而当 ϕ 减小时，则应通过下降分支求取电流。

　　考虑涡流影响时，线圈电流中将增加一个超前主磁通 $\phi(t)$ 90°的有功分量电流，以便抵消涡流所产生的附加磁动势的作用，使合成磁动势维持产生一定的主磁通 $\phi(t)$ 所需的值。

　　2. 正弦电流作用下的磁通和电压的波形

　　铁芯线圈一般是在外加正弦电压的情况下工作，但也有在线圈中通入正弦电流的情况下工作的，电流互感器就是其中一例。

　　设铁芯线圈的电流为 $i(t) = I_{m}\sin\omega t$ ，略去磁滞和涡流的影响，根据 i-ϕ 曲线，应用逐点描绘的作图法可作出主磁通 $\phi(t)$ 的波形。具体作法如图 10-11 所示。

　　作出 $\phi(t)$ 曲线后，求出 $\phi(t)$ 曲线上各点的磁通变化率，根据电磁感应定律计算出对应的感应电动势的瞬时值，便可作出感应电动势的波形。忽略线圈电阻和漏磁通，感应电动势

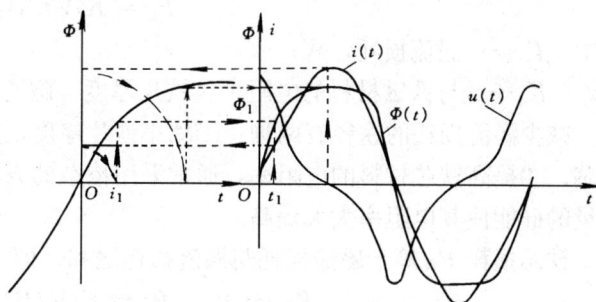

图 10-11　正弦电流作用下磁通和电压的波形

的波形就是线圈电压 $u(t)$ 的波形，电压 $u(t)$ 的波形如图 10-11 中所示。

　　从图 10-11 可见，当铁芯线圈的电流 $i(t)$ 的波形为正弦波时，由于磁饱和的影响，主磁通 $\phi(t)$ 的波形为平顶波，电压 $u(t)$ 的波形为尖顶波。

三、铁芯损耗

　　铁磁材料在交变磁场作用下要产生能量损耗，铁磁材料的能量损耗与磁化场的变化频率有关。在音频以下，铁磁材料能量损耗的主要表现形式有两种：磁滞损耗和涡流损耗。磁滞损耗和涡流损耗的总和称为铁芯损耗，简称铁损。

　　1. 磁滞损耗

　　理论和实践证明，当铁磁材料在交变磁场的作用下反复磁化时，由于磁滞效应，铁磁材料将从产生励磁电流的电源吸取能量，并将所吸取能量转变成热量而耗散掉，这部分因磁滞效应而消耗的能量称为磁滞损耗。理论证明，铁磁材料在交变磁化一个循环过程中所产生的磁滞损耗与静态磁滞回线所包围的面积成正比。磁滞损耗的大小取决于材料性质、材料体积、最大磁感应强度和磁化场的变化频率。正常所说的磁滞损耗的大小是指单位时间的磁滞损耗，可用下列经验公式计算

$$P_{h} = K_{h}VfB_{m}^{n} \tag{10-11}$$

式中　　P_{h}——磁滞损耗，W；

　　　　K_{h}——与铁磁材料性质有关的系数；

　　　　V——铁磁材料的体积，m^{3}；

　　　　f——交变磁场的频率，Hz；

　　　　B_{m}——磁感应强度的最大值，T；

n——指数，$B_m<1T$ 时，$n=1.6$；$B_m>1T$ 时，$n=2$。

欲减少磁滞损耗，必须减小磁滞回线的面积，如果铁磁材料的剩磁 B_b 和矫顽力 H_C 都很小，则磁滞回线的面积一定较小。因此，减小 B_b 和 H_C 可以减少磁滞损耗。由此可见，减少磁滞损耗有两条途径：①提高材料的起始磁导率 μ_i，以减小矫顽力 H_C；②减小剩磁 B_b。

2. 涡流损耗

涡流在铁芯内流动时，在所经回路的导体电阻上所产生的能量损耗，称为涡流损耗。涡流损耗的能量也转换为热能，使铁磁材料发热。涡流损耗与材料性质、材料体积、铁片厚度、磁通的波形、最大磁感应强度和磁化场的变化频率等因素有关。通常所说的涡流损耗的大小是指单位时间的涡流损耗，可用下列经验公式计算

$$P_e = K_e V f^2 B_m^2 \tag{10-12}$$

式中　P_e——涡流损耗，W；

　　　K_e——与铁磁材料的电阻率、铁片厚度、磁通波形有关的系数。

减少涡流损耗的途径有两种：①减小铁片厚度，通常采用表面涂有绝缘漆的薄钢片叠装铁芯；②提高铁芯材料的电阻率，通常采用掺杂的方法来提高材料的电阻率，如在铁中加入少量的硅能使其电阻率大大提高。

铁芯损耗 P_{Fe} 等于磁滞损耗与涡流损耗之和，即

$$P_{Fe} = P_h + P_e = K_h V f B_m^n + K_e V f^2 B_m^2 \tag{10-13}$$

实际计算时，往往不需要分别计算磁滞损耗和涡流损耗，而只需计算总的铁芯损耗。计算铁芯损耗的实用经验公式为

$$P_{Fe} = P_{1/50} B_m^2 \left(\frac{f}{50}\right)^{1.3} G$$

式中　$P_{1/50}$——频率为 50Hz、最大磁感应强度为 1T 时，每千克铁芯的铁芯损耗，W/kg；

　　　B_m——铁芯中最大磁感应强度，T；

　　　f——交变磁场的频率，Hz；

　　　G——铁芯的重量，kg。

四、交流铁芯线圈的等效电路和相量图

1. 等效电路

由前面分析可知，当铁芯线圈两端外加正弦电压时，由于磁饱和的影响，线圈中的电流不是正弦量，其波形为尖顶波。为了便于分析计算，工程上常常把非正弦量用相应的等效正弦量来代替。等效的条件如第八单元课题三中所述。用等效正弦量代替非正弦量之后，各量均可用相量表示，替代后的交流铁芯线圈的电路如图 10-12（a）所示。用等效正弦量代替非正弦量之后，式（10-8）可用相量表示，即

$$\dot{U} = -\dot{E} - \dot{E}_\sigma + R\dot{I} = \dot{U}_e + \dot{U}_\sigma + \dot{U}_R \tag{10-14}$$

式中　　　　　　　　　　　$\dot{E} = -j4.44 f N \dot{\Phi}_m \tag{10-15}$

分析交流铁芯线圈，通常应用模型的概念。用一个由理想的电路元件组成的电路来等效代替交流铁芯线圈。把分析实际的交流铁芯线圈的问题变成分析理想化的电路的问题。这种由理想电路元件组成的电路就是交流铁芯线圈的电路模型，通常称之为交流铁芯线圈的等效电路。两者等效的条件为：在同样的电压作用下，电流的大小及相位相同。电流的大小及电流与电压之间的相位关系保持不变，表明电路中的功率也保持不变。作为交流铁芯线圈的电

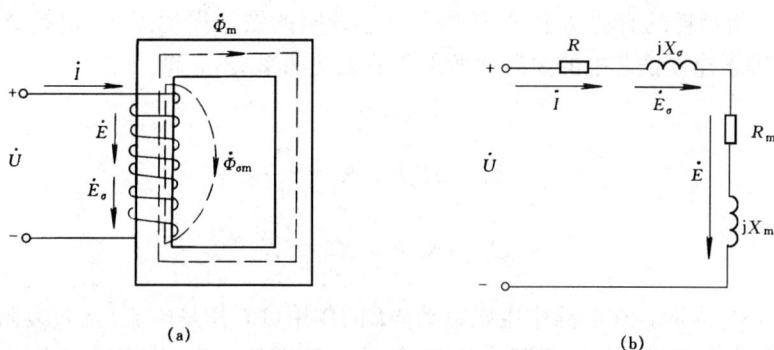

图 10-12　交流铁芯线圈的等效电路

路模型，它不仅能够反映交流铁芯线圈的端部特性，还应能够反映出交流铁芯线圈中所发生的物理过程。

式（10-14）表示出交流铁芯线圈的电压和电流的关系。由式（10-14）可知，交流铁芯线圈的电压$\dot{U}$可分为三个分量：$\dot{U}_R = R\dot{I}$ 是电流 $\dot{I}$ 通过线圈的导线电阻 R 所产生的电压降；$\dot{U}_\sigma = -\dot{E}_\sigma$ 是平衡漏磁电动势的电压分量；$\dot{U}_e = -\dot{E}$ 是与主磁电动势相平衡的电压分量。交流铁芯线圈的有功功率损耗主要包括两部分：①线圈电阻所引起的功率损耗 RI^2，常称为铜损耗；②磁滞效应和涡流所引起的功率损耗，即铁芯损耗 P_{Fe}。因此，交流铁芯线圈从电源吸收的有功功率为

$$P = RI^2 + P_{Fe}$$

交流铁芯线圈吸收的无功功率也包括两部分：①建立漏磁场，产生漏磁通$\dot{\Phi}_{\sigma m}$所需要的无功功率Q_σ；②建立主磁场，产生主磁通$\dot{\Phi}_m$所需要的无功功率Q_{Fe}。因此，交流铁芯线圈从电源吸收的无功功率为

$$Q = Q_\sigma + Q_{Fe}$$

根据等效条件可确定，等效电路可由三个部分串联组成：

（1）一个阻值为 R 的电阻元件，它的电压降等于线圈电阻上的电压降 $R\dot{I}$，它所引起的有功功率损耗等于铁芯线圈的铜损耗 RI^2。

（2）一个电抗为 $X_\sigma = \omega L_\sigma$（设电源的角频率为 ω）的电感元件，该电抗上的电压降 $-jX_\sigma\dot{I}$ 等于铁芯线圈的漏磁电动势 $\dot{E}_\sigma$，该电抗所吸收的无功功率 $X_\sigma I^2$ 等于建立漏磁场所需要的无功功率 Q_σ，即

$$\dot{E}_\sigma = -jX_\sigma\dot{I} \tag{10-16}$$
$$Q_\sigma = X_\sigma I^2 \tag{10-17}$$

式（10-16）也可由式（10-7）导出。式（10-16）表明，在电路中，漏磁电动势$\dot{E}_\sigma$的作用可用一个负电抗压降$-jX_\sigma\dot{I}$来代替。X_σ称为交流铁芯线圈的漏电抗，因为漏磁电动势$\dot{E}_\sigma$是由漏磁通$\dot{\Phi}_{\sigma m}$产生的，而漏磁通主要通过非铁磁材料，非铁磁材料的磁导率是常数，所以漏电感 L_σ 和漏电抗 X_σ 都是常数（在频率一定的情况下）。

（3）一个复阻抗 $Z_m = R_m + jX_m$，该复阻抗上的电压降 $-Z_m\dot{I}$ 等于铁芯线圈的主磁电动

势$\dot{E}$，电阻 R_m 所消耗的有功功率 $R_m I^2$ 等于铁芯线圈的铁芯损耗 P_{Fe}，电抗 X_m 所吸收的无功功率 $X_m I^2$ 等于建立铁芯中的主磁通所需要的无功功率 Q_{Fe}，即

$$\dot{E} = -Z_m \dot{I} \tag{10-18}$$

$$P_{Fe} = R_m I^2, \quad R_m = \frac{P_{Fe}}{I^2} \tag{10-19}$$

$$Q_{Fe} = X_m I^2, \quad X_m = \frac{Q_{Fe}}{I^2} \tag{10-20}$$

式（10-18）表明，在电路中主磁电动势$\dot{E}$的作用可看作是电流$\dot{I}$流过复阻抗 Z_m 所产生电压降，Z_m 称为铁芯线圈的励磁阻抗；X_m 称为励磁电抗；R_m 称为励磁电阻。因为主磁通$\dot{\Phi}_m$ 沿铁芯闭合，而铁芯材料的磁导率不是常数，因此，R_m 和 X_m 不是常数，它们随电源电压 U 的大小变化而变化。

以上分析表明，图 10-12（b）所示电路能够较准确地反映交流铁芯线圈的电磁关系和其中所发生的物理过程。这就是说，可用图 10-12（b）所示电路来模拟交流铁芯线圈。因此，图 10-12（b）所示电路即为图 10-9 所示交流铁芯线圈的等效电路。

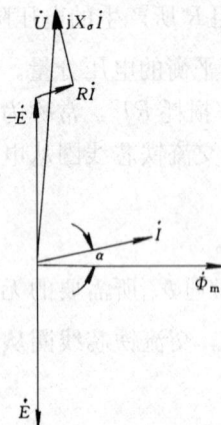

2. 相量图

设线圈电阻 R、漏抗 X_σ、线圈电流的有效值 I、主磁通最大值 Φ_m、线圈匝数 N、电源电压的频率 f 及 $\dot{I}$ 超前$\dot{\Phi}_m$ 的相位角 α 为已知（这些物理量可通过实验测定或通过计算求得），不难作出相量$\dot{\Phi}_m$、$\dot{I}$、$\dot{E}$、$\dot{U}$ 的相量图。作图步骤如下：

(1) 作参考相量$\dot{\Phi}_m$。

(2) 作滞后$\dot{\Phi}_m$ 90°的相量$\dot{E}$（因为$\dot{E} = -j4.44fN\dot{\Phi}_m$）。

(3) 作与$\dot{E}$反相的相量$-\dot{E}$。

(4) 作超前$\dot{\Phi}_m \alpha$ 角的相量$\dot{I}$。

图 10-13　交流铁芯线圈的相量图

(5) 以$-\dot{E}$的终点作为起点，作平行于$\dot{I}$的相量 $R\dot{I}$。

(6) 以 $R\dot{I}$ 的终点作为起点，作超前于$\dot{I}$ 90°的相量 $jX_\sigma\dot{I}$。

(7) 作从$-\dot{E}$的起点指向 $jX_\sigma\dot{I}$ 的终点的相量$\dot{U}$。

交流铁芯线圈的相量图如图 10-13 所示。

阅读材料

常 用 磁 性 材 料

一、软磁材料

常用的软磁材料有电工纯铁、硅钢片、导磁合金、软磁铁氧体等。

1. 电工纯铁

电工纯铁有原料纯铁、电子管纯铁和电磁纯铁三种。纯铁的特点是饱和磁感应强度和磁

导率高，矫顽力低；其基本缺点是电阻率低，涡流损耗大，存在磁老化现象。因此，铁不能用于高频交流，主要在直流或低频下使用，一般用作继电器铁芯、电磁铁磁轭和磁屏蔽器件。由于制造高纯度的铁工艺复杂、成本高，因此，在电气工业中广泛应用含有适量的铝或硅的电磁纯铁。电磁纯铁一般轧成厚度不超过 4mm 的板材。

2. 硅钢片

硅钢片又名电工钢片。硅钢片是在铁中加入适量的硅制成的，在铁内加入少量硅可以提高磁导率和电阻率，减小矫顽力和铁损耗，并使磁老化显著改善，但是材料脆性增大，导热系数降低，饱和磁感应强度降低，所以硅含量受到限制，其限度一般为 4.5%。硅钢片的厚度一般为 0.05～1mm，厚度愈小，涡流损耗愈低，可用于较高的频率。硅钢片是电力、电信工业的重要磁性材料，它的使用量占磁性材料的 90% 以上。按磁性材料晶粒的取向来分类，硅钢片分为无取向硅钢片和取向硅钢片两大类；按制造工艺分类，硅钢片可分为热轧硅钢片和冷轧硅钢片。

(1) 热轧硅钢片。热轧硅钢片是无取向硅钢片。热轧硅钢片可用以制作各种类型的交直流电机、变压器、调压器、电抗器、互感器、继电器、轭流圈、磁放大器等的铁芯。

(2) 无取向冷轧硅钢片。通过适当的冷轧和退火工艺，使硅钢片内晶粒按各向同性排列，可制造出无取向冷轧硅钢片。无取向硅钢片的磁性无方向性，即沿各方向的磁性相同。无取向冷轧硅钢片主要用以制作小型电动机、发电机及变压器的铁芯。

(3) 取向冷轧硅钢片。通过适当的冷轧和退火工艺，使多晶晶粒的相应的晶向按一定的方向取向，从而制成取向冷轧硅钢片。这类硅钢片磁导率高，铁损低，其磁性有明显的方向性。取向冷轧硅钢片主要用以制作电力变压器和大型发电机的铁芯。

3. 导磁合金

导磁合金主要包括铁镍合金和铁铝合金。

(1) 铁镍合金。铁镍合金又称坡莫合金，铁镍合金是在铁中加入一定量的镍，经真空冶炼而成的。作为软磁材料的铁镍合金含镍量为 30%～80%。为了提高电阻率及使热处理比较容易起见，有些铁镍合金中加有少量的铜、钼及锰等元素。铁镍合金的特点是磁导率非常高，矫顽力很小，在弱磁场下磁滞损耗相当小。铁镍合金常用于频率较高的场合。用于制作频率在 1MHz 以下低磁场下工作的器件，如用以制造中小功率变压器、脉冲变压器、微型电机、磁放大器、互感器、轭流圈、仪表铁芯、记忆元件等。

(2) 铁铝合金。铁铝合金是以铁和铝为主要元素组成的软磁材料。实用的铁铝合金含铝量约为 6%～16%。它具有较高的磁导率和较小的矫顽力，与铁镍合金相比具有很高的电阻率和较小的密度，硬度高，耐磨性好。含铝量增加时，硬度和脆性增大，塑性变差。铁铝合金可用以制造小功率变压器、脉冲变压器、高频变压器、微型电机、电感元件、继电器、互感器、电磁离合器、磁放大器、磁屏蔽器件、磁头和分频器等。

4. 铁氧体软磁材料

铁氧体是以 Fe_2O_3 为主要成分的铁磁性氧化物。与导磁合金相比，它的电阻率很高，密度和饱和磁感应强度较低。铁氧体是用陶瓷工艺制作的，它较硬脆，不耐冲击，不易加工。它的使用环境温度为 $-55～85℃$，当温度超过居里点后，磁导率迅速下降。软磁铁氧体适用于 100～500kHz 高频磁场，可用以制作中频和高频变压器、脉冲变压器、开关电源变压器、高频电焊变压器、高频轭流圈、低通滤波器、电感器、中长波及短波天线等磁芯。

二、硬磁材料

矫顽力较高的铁磁材料为硬磁材料。硬磁材料一般也具有较高的剩磁，在外加的磁化场去掉以后，它仍能保持较强的稳定的磁性，故又称之为永磁材料。标志硬磁材料性能好坏的指标是矫顽力 H_C、剩磁 B_b、最大磁能积 $(BH)_{max}$ 以及磁稳定性。硬磁材料按其制造工艺和应用上的特点可分为铸造铝镍钴系永磁材料、粉末烧结铝镍钴系永磁材料、铁氧体永磁材料、稀土钴永磁材料、塑性变形永磁材料、钕铁硼永磁材料等。

（1）铸造铝镍钴系永磁材料。此材料剩磁较大，磁感应温度系数很小，居里点高，矫顽力和最大磁能积在永磁材料中居中等水平，组织结构稳定，可用以制造磁电式仪表、永磁电机、磁分离器、微电机、里程表、速度计、流量计、传感器、扬声器、微波器件、磁性支座、地震检波器等。

（2）粉末烧结铝镍钴系永磁材料。其特性与铸造铝镍钴系永磁材料相似，磁性略低。可用以制造微电机、永磁电机、继电器、小型仪表等。

（3）铁氧体永磁材料。此材料矫顽力很高，剩磁较小，最大磁能积不高，磁感应温度系数较大，适宜作动态工作的永磁体，不宜用于测量仪表，可用以制造永磁点火电机、永磁电机、永磁选矿机、永磁吊头、磁推轴承、磁分离器、扬声器、微波器件、受话器、磁控管等。

（4）稀土钴永磁材料。这类材料具有优良的磁性能，其矫顽力、最大磁能积是现有永磁材料中最高的，与铝镍钴系永磁材料相比，其居里点较低，磁感应温度系数较大，可用以制造力矩电机、起动电动机、大型发电机、副励磁机、行波管、传感器、拾音器、磁推轴承、电子聚焦装置、医疗设备、精密磁电式仪表等。

（5）塑性变形永磁材料。这种材料具有良好的塑性及机械加工性，可用以制造里程表、罗盘仪、微电机、继电器等。

（6）钕铁硼永磁材料。这是近年来出现的一种新型的永磁材料，它的特点是最大磁能积高，机械强度高，韧性好，居里点低，磁感应温度系数大。这种材料有其广泛的发展前景。可用以制造永磁式发电机、汽车起动电机、核磁共振扫描装置、医疗设备、微电机、磁悬浮列车等。

单 元 小 结

1. 由铁磁性材料构成的、让磁通集中通过的通道称为磁路。

磁路的基尔霍夫第一定律：磁路中任一节点所连接的各支路中的磁通的代数和为零，即
$$\sum \phi = 0$$

磁路的基尔霍夫第二定律：磁路中任一回路的各段磁路的磁位差的代数和等于各磁动势的代数和，即
$$\sum Hl = \sum NI$$

磁路的欧姆定律：一段磁路的磁位差等于该段磁路的磁阻与磁通的乘积，即
$$U_m = \Phi R_m, \quad R_m = \frac{l}{\mu S}$$

应用磁路定律时应注意定律的条件。磁路基尔霍夫第一定律的条件是设磁通全部集中在磁路中，即不计漏磁通。磁路基尔霍夫第二定律的条件是每段磁路中沿磁路中心线各点的磁

场强度大小相同，且磁场强度的方向处处与磁路中心线的切线方向一致。书中所述的磁路欧姆定律是对一段磁路而言的，该段磁路中各处应具有相同的截面积，相同的磁介质，磁通在任一截面积上都是均匀分布的，磁场方向处处与磁路横截面垂直，且忽略漏磁通。

2. 本单元所讨论的铁磁性物质的磁化曲线有：起始磁化曲线、磁导率曲线、磁滞回线、基本磁化曲线。从铁磁性物质的磁化曲线可以看出，铁磁性物质具有下列磁性能：

(1) 高导磁性。铁磁性物质的磁导率 μ 很大，其值为真空磁导率 μ_0 的数百、数千乃至数万倍。

(2) 磁饱和性。当磁化场的磁场强度 H 增大到一定数值后，若 H 再增大，则磁感应强度 B 几乎不再增大，即磁化达到饱和状态。由于具有磁饱和特性，因而铁磁性物质的 B 与 H 之间呈非线性关系，磁导率 μ 不是常数。

(3) 磁滞性。在交变磁化过程中，铁磁性物质的磁感应强度 B 的变化总是滞后于磁场强度 H 的变化。由于具有这种磁滞性，因而铁磁性物质的 B 与 H 之间不是单值函数关系；当外磁场停止作用时（$H=0$ 时），铁磁性物质中仍保留剩余磁感应强度（$B=B_b$）。

3. 铁芯线圈是一个非线性元件。由于磁滞、涡流和磁饱和现象的存在，导致交流铁芯线圈的磁通和电流的波形发生畸变。忽略磁滞和涡流影响，当磁通的波形为正弦波时，由于磁饱和的影响，线圈电流的波形为尖顶波；当通过线圈的电流的波形为正弦波时，由于磁饱和的影响，铁芯中的磁通波形为平顶波，线圈电压的波形为尖顶波。

4. 由磁滞效应引起的功率损耗为磁滞损耗，磁滞损耗与铁芯材料的性质、材料的体积、最大磁感应强度和磁通的变化频率等因素有关；由涡流引起的功率损耗为涡流损耗，涡流损耗与铁芯材料的性质、材料的体积、叠片的厚度、磁通的波形、最大磁感应强度和磁通的变化频率等因素有关。计算磁滞损耗、涡流损耗和铁芯损耗的经验公式为

$$P_h=K_h V f B_m^n$$
$$P_e=K_e V f^2 B_m^2$$
$$P_{Fe}=P_{1/50}B_m^2\left(\frac{f}{50}\right)^{1.3}G$$

5. 用等效正弦量代替非正弦量之后，交流铁芯线圈中的电磁关系可用下列式表达

$$\dot{U}=-\dot{E}-\dot{E}_\sigma+R\dot{I}$$
$$\dot{E}=-j4.44fN\dot{\Phi}_m$$
$$\dot{E}=-Z_m\dot{I},\ Z_m=R_m+jX_m$$
$$\dot{E}_\sigma=-jX_\sigma\dot{I},\ X_\sigma=\omega L_\sigma$$

根据以上关系可作出交流铁芯线圈的等效电路（见图 10-12）和相量图（见图 10-13）。其中 R 和 X_σ 为线性参数，R_m 和 X_m 为非线性参数。

习　题

10-1 下列情况中能够导致磁路的磁阻增大的有（　　）。

A. 磁路的长度增加；

B. 磁路的截面积增大；

C. 磁路中的磁通增加；

D. 含气隙的铁芯磁路中的气隙增加。

10-2　适合于制作永久磁铁的材料是（　　　）。

A. 顺磁性材料；

B. 抗磁性材料；

C. 软磁性材料；

D. 硬磁性材料。

10-3　为减少交流铁芯线圈的磁滞损耗，制作铁芯时应选用（　　　）。

A. 磁滞回线所包围的面积较小的铁磁材料；

B. 电阻率较大的铁磁材料；

C. 剩磁和矫顽力都较小的铁磁材料；

D. 矫顽力较大的铁磁材料。

10-4　工程上常用很薄的硅钢片制作变压器和电机的铁芯，采用薄片制作铁芯的目的是（　　　）。

A. 减少磁滞损耗；

B. 减少涡流损耗；

C. 减少铜损耗；

D. 提高机械强度，便于制造和安装。

10-5　下列关于交流铁芯线圈的电流和磁通的波形的说法中正确的是（　　　）。

A. 忽略交流铁芯线圈的线圈电阻和漏磁通，当外加电压的波形为正弦波时，主磁通的波形一定是正弦波；

B. 忽略磁滞和涡流的影响，当流入线圈的电流的波形为正弦波时，铁芯中的主磁通的波形一定是平顶波；

C. 引起交流铁芯线圈的电流和磁通的波形畸变的原因是铁芯材料的 B 与 H 的关系的非线性；

D. 外加电压越高，交流铁芯线圈电流的波形畸变的程度越大。

10-6　环形螺线管的中心线周长为 20cm，截面积为 1cm^2，环上均匀密绕着 200 匝导线，线圈中通有电流 220mA。试求：

（1）螺线管为空心时，管内的磁感应强度 B_0、磁通量 Φ_0 和磁场强度 H_0。

（2）管内充满磁导率 $\mu = 3.6 \times 10^{-3}$ H/m 的硅钢时，管内的磁感应强度 B、磁通量 Φ 和磁场强度 H。

10-7　环形螺线管的中心线周长为 30cm，环上均匀密绕着 300 匝导线，线圈中通入电流 0.03A 时，管内磁感应强度为 2.0×10^{-2} T。试求：

（1）螺线管内的磁场强度。

（2）管内铁磁材料的磁导率和相对磁导率。

10-8　已知磁路如图 10-14（a）所示，图中尺寸单位为 mm，磁路用硅钢片叠成，线圈匝数为 200 匝，磁路中的磁通量为 16×10^{-4} Wb，硅钢片的基本磁化曲线如图 10-14（b）所示，不考虑气隙边缘磁通的扩散作用和硅钢片间的空隙的影响，试求：

（1）铁芯磁路和气隙的磁阻及磁位差。

（2）线圈中的电流。

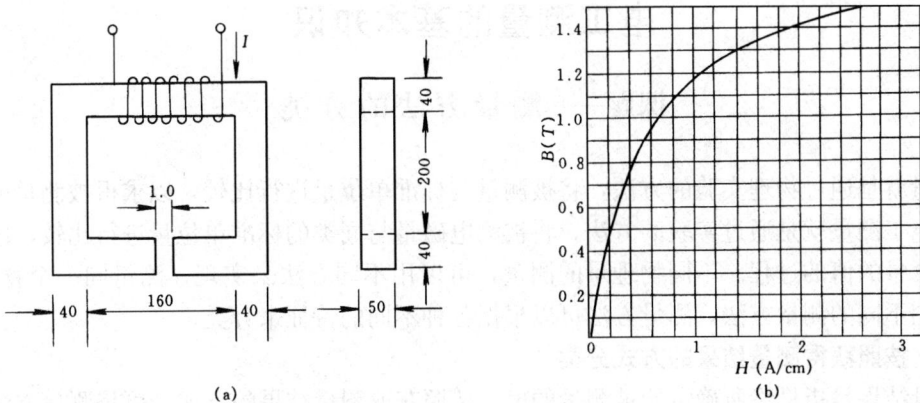

图 10-14 习题 10-8 图

10-9 一个 40W 的日光灯镇流器的铁芯截面为 4.5cm^2，它的工作电压为 165V，电源电压的频率为 50Hz，铁芯中的磁感应强度最大值为 1.18T，忽略线圈电阻和漏磁通，试求线圈的匝数。

10-10 将一个空心螺线管线圈先后接到直流电源和交流电源上，然后在这个线圈中插入铁芯，再接到上述直流电源和交流电源上。如果交流电源电压的有效值和直流电源电压相等，试比较上述四种情况下线圈电流的大小。

10-11 交流铁芯线圈在其他条件不变的情况下，仅改变以下物理量之一：电源电压有效值、电源频率、线圈匝数、铁芯截面，对铁芯中的磁通量、线圈中的电流、线圈漏抗、励磁电抗及铁芯损耗有何影响？

电工测量的基本知识

课题一 测量方法的分类

测量就是通过物理实验的方法，将被测量与标准单位量进行比较，以求得被测量的值的过程。电工测量就是通过实验的方法，将被测电磁量与同类的标准单位量进行比较，以确定被测电磁量的值的过程。不同物理量的测量，可以用不同方法来实现；测量同一个物理量，也可采用不同的测量方法。测量方法可以根据各种不同的特征来分类。

一、按照获得测量结果的方式分类

测量结果是指最终所确定的被测量的值。按照获取测量结果的方式，可将测量方法分为三类。

1. 直接测量

利用比较仪器，将被测量与度量器（标准单位量的实体）直接进行比较，或使用事先已刻有被测量单位的指示仪表进行测量，直接测出被测量的数值。这种测量方法称为直接测量。例如：用电压表和电流表测量电压和电流，用电桥测量电阻等都属于直接测量。

2. 间接测量

先测出与被测量有一定函数关系的中间量，然后利用被测量与中间量之间的函数关系计算出被测量的值，这种测量方法称为间接测量。例如，用伏安法测量电阻就属于间接测量，先测出电阻两端的电压和通过电阻的电流，再根据欧姆定律，计算出被测电阻的数值。

3. 组合测量

如果被测量与若干个中间量（指能够直接测量的量）和未知量（不能直接测量的量）之间具有一定的函数关系，可通过改变测量条件测出不同条件下的中间量的数值，列写出方程组，然后通过联立求解方程组求出被测量的数值。这种测量方法称为组合测量，例如：标准电阻的电阻值与温度之间具有下述关系

$$R_t = R_{20}[1 + \alpha(t - 20) + \beta(t - 20)^2]$$

要测量电阻温度系数 α 和 β，可在 20℃、t_1、t_2 三个不同温度下，分别测出三个电阻值 R_{20}、R_{t1}、R_{t2}，然后列写出下列方程式

$$R_{t1} = R_{20}[1 + \alpha(t_1 - 20) + \beta(t_1 - 20)^2]$$
$$R_{t2} = R_{20}[1 + \alpha(t_2 - 20) + \beta(t_2 - 20)^2]$$

联立求解上述方程，可求得 α 和 β。

二、按照获取测量数据的方法分类

按照获得测量对象的数值的方法，可将测量方法分为直读法和比较法两类。

（1）直读法。用直接指示被测量大小的指示仪表进行测量，直接从仪表标度盘上读取被测量数值，这种方法称为直读法。例如：用电压表和电流表测量电压和电流，用欧姆表测量电阻等都是直读法。

（2）比较法。将被测量与度量器置于比较仪器中进行比较，从而获得被测量数值，这种

方法称为比较法。例如：用交、直流电桥测量电感、电容、电阻，用电位差计测量电池的电动势等都是比较法。

课题二　测　量　误　差

一、测量误差的分类

测量误差是指测量结果与被测量的实际值（又称真值）之间存在的差异。测量误差按其性质可分为以下三类。

1. 系统误差

系统误差是指大小和符号均固定不变或按一定规律变化的误差。系统误差是由某个特定的原因引起的，而且这种原因总是持续存在而不是偶然发生的。引起系统误差的原因是：仪表本身结构上的不完善，仪表安置的方法及工作条件不符合规定，测量人员的听觉、视觉及习惯的偏差，测量方法选用不当等。

2. 偶然误差

偶然误差是由偶发原因引起的一种大小和符号均不确定的误差。偶然误差又称随机误差，这种误差没什么固定规律，也很难预计。引起偶然误差的是一些随机的因素，如：温度、电磁场、电源电压等的偶然变化，空气的扰动，地面的震动等。

3. 疏失误差

由于测量人员的粗心大意而造成的误差称为疏失误差。例如，由于测量人员操作不正确、读错、记错、算错等原因引起的误差。

二、测量误差的表示方法

测量误差的表示方法有以下三种。

1. 绝对误差

测量值 A_x 与被测量的真值 A_0 之差称为绝对误差，用 Δ 表示，即

$$\Delta = A_x - A_0 \tag{11-1}$$

由于被测量的真值 A_0 往往是很难确定的，通常把用标准表测得的值看作被测量的真值。

绝对误差的单位与被测量的单位相同。绝对误差有正、负之分，测量值大于真值时为正，测量值小于真值时为负。

【例 11-1】　某供电线路的电压为 220V，电流为 10A，用电压表和电流表测量时，读数分别为 222V 和 9.8A。试求测量结果的绝对误差。

　　解　　$\Delta_U = 222 - 220 = 2$（V）

　　　　　$\Delta_I = 9.8 - 10 = -0.2$（A）

2. 相对误差

绝对误差 Δ 与被测量真值 A_0 之比称为相对误差，用 γ 表示。相对误差通常用百分数来表示，即

$$\gamma = \frac{\Delta}{A_0} \times 100\% \tag{11-2}$$

【例 11-2】　用一电压表测量实际值为 400V 的电压，读数为 405V；用另一电压表测

量实际值为 220V 的电压，读数为 224.4V。试求两次测量的相对误差。

解 $\Delta_1 = A_{x1} - A_{01} = 405 - 400 = 5$ （V）

$\Delta_2 = A_{x2} - A_{02} = 224.4 - 220 = 4.4$ （V）

$$\gamma_1 = \frac{\Delta_1}{A_{01}} \times 100\% = \frac{5}{400} \times 100\% = 1.25\%$$

$$\gamma_2 = \frac{\Delta_2}{A_{02}} \times 100\% = \frac{4.4}{220} \times 100\% = 2\%$$

可见，前者的绝对误差大于后者，但从误差对测量结果的影响来看，后者却大于前者，也就是说，后者的测量结果的准确程度比前者低。这说明，测量不同大小的被测量时，不能直接根据绝对误差的大小来判断测量结果的准确程度。因此，工程上凡需计算测量结果的误差或评价测量结果的准确度时，一般都用相对误差。

3. 引用误差

对于单向标度尺的仪表而言，仪表指示值的绝对误差 Δ 与仪表的上量限（最大刻度值）A_m 之比的百分数称为引用误差，用 γ_n 表示，即

$$\gamma_n = \frac{\Delta}{A_m} \times 100\% \qquad (11 - 3)$$

由于仪表的不同刻度点的绝对误差略有不同，因此，对应于不同刻度点的引用误差也将是不同的。在仪表标度尺工作部分可能出现的最大绝对误差 Δ_m 与仪表的上量限 A_m 之比的百分数称为最大引用误差，用 γ_{nm} 表示，即

$$\gamma_{nm} = \frac{\Delta_m}{A_m} \times 100\% \qquad (11 - 4)$$

测量时的绝对误差在仪表标度尺的全长范围内虽有变化，但变化不大，而由于标度尺不同位置的读数变化很大，对应的被测量的真值变化很大。因此，相对误差在仪表的全量限上变化很大。可见，相对误差虽能说明测量结果的准确程度，却不能说明仪表本身的准确性能。最大引用误差是由仪表本身性能决定的，它与被测量的大小无关，因此，最大引用误差可以用来评价仪表的性能。

三、减小误差的方法

1. 减小系统误差的方法

（1）消除产生系统误差的根源。改善仪表的结构，改进仪表的制造工艺，加强各种屏蔽措施，消除各种外界因素的影响，正确地选择测量方法和测量仪器，使仪表在规定的技术条件下工作。

（2）采用比较法测量。利用比较仪器进行测量，可以减小或消除指示仪表所造成的系统误差。

（3）采用正负误差补偿法。这种方法是对同一被测量进行两次测量，并设法使其中一次的测量误差为正，使另一次测量误差为负，然后取它们的平均值作为测量结果。这样可使正负误差抵消，从而消除或减小系统误差。

（4）利用校正值进行修正。校正值就是被测量的真值与仪表实际读数的差。校正值在数值上等于绝对误差，符号与之相反。在测量之前，预先求出仪表各个刻度的校正值，制成校正曲线或校正表；测量时可根据仪表读数和对应的校正值求得被测量的真值。

2. 减小偶然误差的方法

对同一被测量进行多次反复测量，求出测量值的平均值，并把它作为被测量的真值，这样便可减小偶然误差。

3. 减小疏失误差的方法

疏失误差是人为原因造成的，因此，无法采用技术上的措施来消除或减小它。只能是在发现含有疏失误差的测量值之后，加以剔除。

课题三　电工仪表的分类

测量各种电磁量的仪器仪表称为电工仪表。电工仪表应用广泛，品种规格繁多，但归纳起来，基本上可以分为四大类。

一、指示仪表

指示仪表就是能够直接指示被测量的大小的仪表。它是一种直读式仪表，它的特点是把被测电磁量转换为指针、光点或计数机构的角位移，然后根据指针或光点在仪表标度尺上的位置，或根据计数机构显示的数字，直接读出被测量的数值。指示仪表又可以按不同的分类方法进行分类，例如：

1. 按工作原理分类

可分为：磁电系、电磁系、电动系、感应系、静电系、热电系、电子系、整流系等。

2. 按被测量的名称或单位分类

可分为：电压表、电流表、功率表、电能表、频率表、相位表、功率因数表、兆欧表、欧姆表及多种用途的万用表等。

3. 按读数装置的结构方式分类

可分为：指针式、光指示式、振簧式、数字转盘式等。

4. 按使用方式分类

可分为：安装式、可携式两类。

5. 按使用条件分类

根据温度、湿度、尘砂、霉菌等使用的环境条件的不同，国家专业标准把仪表分为P、S、A、B四组。

6. 按防御外界磁场或电场影响的能力分类

可分为：Ⅰ、Ⅱ、Ⅲ、Ⅳ四个等级。

7. 按准确度等级分类

可分为：0.1，0.2，0.5，1.0，1.5，2.5，5.0七个等级。

二、数字仪表

数字仪表也是一种直读式仪表，它的特点是把被测量转换为数字量，然后以数字形式直接显示被测量的数值。数字仪表与微处理器配合，可以在测量中实现自动选择量程、自动储存测量结果、自动进行数据处理及自动补偿。数字仪表加上选测控制系统可以构成巡回检测装置，能实现对多种对象的远距离测量。数字仪表在测量速度和精度方面都超过指示仪表。

三、比较仪器

比较仪器用于比较法测量。电工比较仪器通常分为直流和交流两类，直流电桥、电位差计以及标准电阻、标准电池等属于直流比较仪器，交流电桥、标准电感和标准电容等属于交流比较仪器。

比较法测量的准确度较高，所以比较仪器可用于较精确的测量场合。

四、记录仪表

记录被测量随时间变化情况的仪表称为记录仪表。变电站中常用的自动记录电压表、自动记录频率表和自动记录功率表都属于这类仪表。

课题四 仪表的误差和准确度

一、仪表的误差

仪表的指示值与被测量的真值之间的差异称为仪表的误差。根据产生误差的原因，可将仪表的误差分为两类。

1. 基本误差

基本误差是指仪表在规定的工作条件下，由于结构和制造工艺上的不完善而产生的误差。例如：转动部分与静止部分之间的摩擦，刻度不准，装配不好等原因引起的误差。

2. 附加误差

附加误差是指由于仪表的工作条件不符合规定而造成的误差。如温度、湿度、被测量的波形、被测量的频率、仪表放置的方式以及周围杂散电磁场等超出仪表允许的范围而引起的误差。

二、仪表的准确度

仪表的准确度是用来反映仪表的基本误差的。根据允许基本误差的大小，把仪表划分成不同的级别，从而形成了仪表的准确度等级。仪表的基本误差是用引用误差来表示的，因此，仪表的准确度等级表示仪表在规定的工作条件下，在标度尺工作部分，允许出现的最大引用误差。我国的电工指示仪表，按国家规定分为七个等级，各级仪表允许基本误差（指最大引用误差）为表 11-1 中所规定的数值。通常，0.1，0.2 级仪表用作标准表，0.5，1.0，1.5 级仪表用于实验，1.5，2.5，5.0 级仪表用于一般工程测量。

表 11-1　　　　各种准确度等级仪表的允许基本误差

仪表的准确度等级	0.1	0.2	0.5	1.0	1.5	2.5	5.0
允许基本误差（%）	±0.1	±0.2	±0.5	±1.0	±1.5	±2.5	±5.0

单 元 小 结

1. 测量方法的分类

按照获得测量结果的方式分类，可分为直接测量、间接测量、组合测量。

按照获取测量数据的方法分类，可分为直读法、比较法。

2. 测量误差

测量误差可分为系统误差、偶然误差、疏失误差。

测量误差的表示方法有：①绝对误差$\Delta = A_x - A_0$；②相对误差$\gamma = \dfrac{\Delta}{A_0} \times 100\%$；③引用

误差 $\gamma_n = \dfrac{\Delta}{A_m} \times 100\%$；④最大引用误差 $\gamma_{nm} = \dfrac{\Delta_m}{A_m} \times 100\%$

减小系统误差的方法：①消除产生系统误差的根源；②采用比较法测量；③采用正负误差补偿法；④利用校正值进行修正。

减小偶然误差的方法是：通过多次测量，求出测量值的平均值，以此平均值作为测量结果。

减小疏失误差的方法是废弃含有疏失误差的测量值。

3. 电工仪表的分类

电工仪表的主要类型有指示仪表、数字仪表、比较仪器和记录仪表。

4. 仪表的误差和准确度

仪表误差可分为基本误差和附加误差两类。

仪表的准确度等级表示仪表在规定的工作条件下使用，可能出现的最大引用误差。

习　　题

11-1　下述原因引起的误差中属于系统误差的有（　　）。

　　A. 由于电工仪表的内阻的存在而引起的误差；

　　B. 将规定为垂直放置的仪表置于水平位置进行测量造成的误差；

　　C. 测量电压、电流和功率等电量时，因电源频率产生微小的变化而引起的误差；

　　D. 因测量人员计算错误而造成的误差。

11-2　下列说法中正确的是（　　）。

　　A. 仪表的准确等级的数值越小，仪表的准确度越高；

　　B. 在相同的工作条件下，测量同一被测量时，用准确度等级数值小的仪表测量的结果，一定比用准确度等级数值大的仪表测量的结果准确度高；

　　C. 准确度等级为 1.0 级的仪表，其测量结果的相对误差的绝对值一定不大于 1.0%；

　　D. 准确度等级为 1.0 级的仪表的引用误差的绝对值一定不大于 1.0%。

11-3　用一只量限为 10A 的电流表测量实际值为 8A 的电流，指示为 7.75A，试求测量结果的绝对误差、相对误差、校正值及仪表的引用误差。

11-4　用量限为 250V、准确度等级为 1.5 级的电压表测量实际为 110V 和 220V 的电压，可能出现的最大相对误差各是多少？（只考虑仪表误差）

11-5　现有两只电压表：①量限 600V，1.0 级；②量限 250V，1.5 级。若测量 220V 的电压，为减小测量误差，试确定应选哪只表？

11-6　用量限为 5A 的电流表测量实际值为 2A 的电流，要求测量结果的相对误差不超过 ±2.5%，试问该电流表的准确度应为哪一级。

直流电流和电压的测量

课题一　磁电系测量机构

磁电系测量机构广泛应用于直流电流和直流电压的测量。

一、结构

磁电系测量机构可分为外磁式、内磁式。

1. 外磁式磁电系测量机构的结构

外磁式磁电系测量机构的结构如图 12-1 所示。磁电系测量机构由固定部分和可动部分组成。

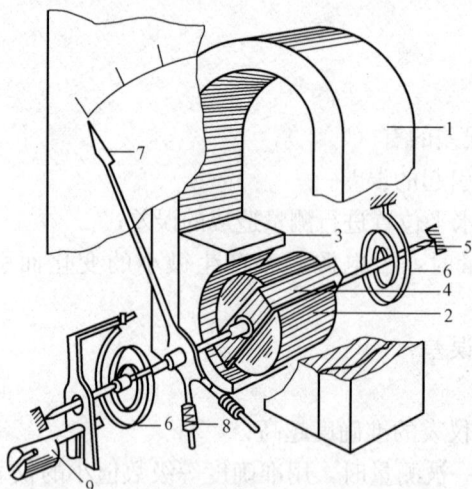

图 12-1　外磁式磁电系测量机构的结构

1—永久磁铁；2—圆柱形铁芯；3—极掌；4—动圈；5—转轴；
6—游丝；7—指针；8—平衡锤；9—调零螺丝

外磁式测量机构的固定部分主要由永久磁铁 1 和圆柱形铁芯 2 构成。永久磁铁的作用是建立磁场。圆柱形铁芯的作用是构成磁路，提供低磁阻的磁通通道。圆柱形铁芯固定在支架上，置于永久磁铁的两极掌 3 之间，与两极掌间形成一个均匀的环形气隙，从而使得气隙中磁场方向处处与铁芯圆柱面垂直，且 B 值处处相等。

外磁式测量机构的可动部分由可动线圈 4、转轴 5、两个游丝 6、指针 7、平衡锤 8、调零螺丝 9 等组成。可动线圈简称动圈，其作用是通过电流，产生转动力矩。线圈绕在铝框架上，两个端头分别与两个游丝的一端相连，通过游丝的另一端与仪表的接线端子相连。铝框架固定在转轴上，其作用是支撑、固定线圈，并产生阻尼力矩。转轴的作用是支撑转动部分，传递转矩。转轴是由位于铝框架两端的两个半轴构成，每个半轴的一端固定在铝框架上，另一端通过圆锥形的轴尖支承于轴承之中。游丝的作用是产生反作用力矩，除此之外，还作为将电流引入线圈的引线。两个游丝的螺旋方向相反，它们的一端固定在转轴上，且分别与两个线圈的端头相连，其中一个游丝的另一端固定在支架上，而另一个游丝的另一端与调零器相连。指针固定在转轴上，用以指示仪表的读数。平衡锤也装在转轴上，它用以平衡指针的重量，消除不平衡力矩，以消除不平衡力矩造成的测量误差。

2. 内磁式磁电系测量机构的结构

图 12-2 是内磁式磁电系测量机构的结构示意图。内磁式测量机构的永久磁铁 1 放在可动线圈 4 之内。它既是磁铁，又是线圈的铁芯。为了使磁路中只留下一个很小的均匀间隙，使磁路更多地通过磁性材料闭合，在磁铁外层加装两个由软磁性材料做成的扇形断面的磁极

2，并在线圈的外面加装一个由软磁材料制成的导磁环 3。这样做，使得气隙内的磁场方向处处与铁芯圆柱面垂直，且处处 B 值相等。

二、工作原理

1. 转动力矩的产生

当电流通过线圈时，线圈电流与永久磁铁的磁场相互作用，使线圈中的每根导线都要受到电磁力的作用，从而形成转动力矩，使得可动部分发生偏转。由于气隙内的磁场方向处处与铁芯圆柱面垂直，且处处磁感应强度相等，如图 12-3 所示。因此，线圈中的每根导线所受到的电磁力都是相同的，且都不随其位置变化而改变。设仪表工作时，线圈电流为 I，气隙内磁场的磁感应强度为 B，线圈的匝数为 N，线圈的有效边长为 l，则线圈每一边中的每一根导线受到的电磁力为 $F=BIl$。线圈每一边中所有导线受到的电磁力之和为 $F=BIlN$。线圈所受到的转动力矩为

$$M = 2Fr = 2BINlr = BINA \qquad (12-1)$$

式中　r——线圈边到转轴的距离；
　　　　A——线圈的面积。

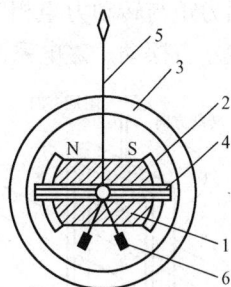

图 12-2　内磁式磁电系测量
机构的结构示意图
1—磁铁；2—磁极；3—导磁环；
4—线圈；5—指针；6—平衡锤

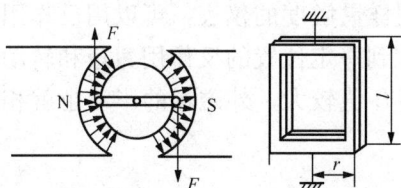

图 12-3　磁电系测量机构的转动力矩

2. 反作用力矩的产生

在转动力矩的作用下，仪表可动部分转动，引起游丝扭转而产生反作用力矩。在弹性限度内，游丝对转轴所产生的这种反作用力矩与游丝形变成正比。因此，游丝所产生的反作用力矩的大小与线圈的偏转角成正比，即

$$M_\alpha = K_\alpha \alpha \qquad\qquad (12-2)$$

式中　M_α——反作用力矩；
　　　　α——线圈的偏转角；
　　　　K_α——游丝的弹性系数。

3. 指针偏转角

随着偏转角 α 的增大，游丝所产生的反作用力矩 M_α 也将不断地增大。当反作用力矩 M_α 等于转动力矩 M 时，可动部分处于平衡状态。这时

$$M = M_\alpha$$

将式（12-1）和式（12-2）代入上式，可求得

$$\alpha = \frac{BNA}{K_\alpha} I = S_I I \qquad\qquad (12-3)$$

式中

$$S_I = \frac{BNA}{K_\alpha}$$

S_I 称为磁电系测量机构的电流灵敏度。S_I 的大小取决于仪表的结构参数，对于一个已制造出来的仪表来说，S_I 是一个常数。因此，磁电系测量机构的指针偏转角正比于通过动圈的电流。

4. 阻尼力矩的产生

对指针摆动起阻尼作用的力矩称为阻尼力矩。如果没有阻尼力矩作用于转动部分，则当

反作用力矩与转动力矩相等时，表计指针并不能立即停在平衡位置（读数位置），而将在平衡位置左右摆动。磁电系测量机构的阻尼力矩是利用铝框架来产生的。当可动部分在平衡位置左右摆动时，铝框架因相对磁场运动，切割磁力线，而产生感应电流 i_i。此感应电流与永久磁铁的磁场相互作用而产生电磁力 F_i（见图 12-4），形成电磁阻尼力矩 M_i。阻尼力矩的方向总是与铝框架摆动方向相反。因此，它阻止了可动部分的来回摆动，使指针很快停在读数位置。

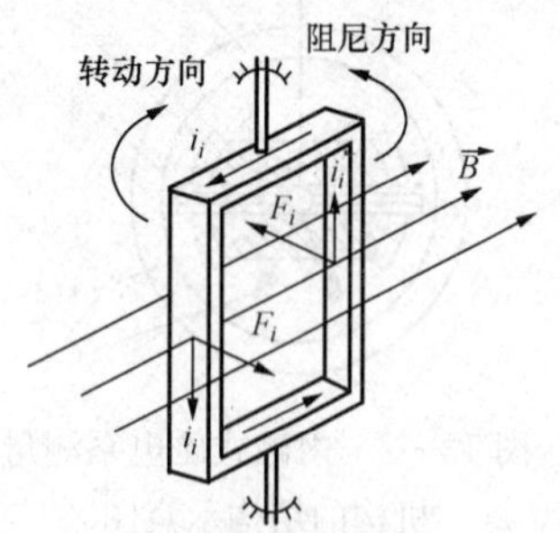

图 12-4　铝框架产生的阻尼力矩

三、磁电系仪表的技术特性

1. 灵敏度较高

磁电系仪表的永久磁铁与铁芯之间的气隙很小，因而气隙中的磁感应强度 B 比较大。由式（12-3）可知，灵敏度 S_I 与磁感应强度 B 成正比，B 越大，灵敏度 S_I 越高。

2. 准确度较高

由于磁电系仪表气隙中的磁感应强度 B 比较大，同样灵敏度的仪表，可以用反作用力矩系数 K_a 比较大的游丝。游丝的 K_a 值较大，指针偏转到一定位置的反作用力矩和转动力矩就比较大，摩擦力矩的影响就相对减小。气隙磁场的 B 值较大，外磁场的影响也就相对减弱。因此，磁电系仪表具有较高的准确度。

3. 消耗功率较小

因为磁电系仪表气隙中的磁场很强，动圈中只需要通过很小的电流，就能够产生足够大的转动力拒，所以仪表工作时通过其测量机构的电流很小，消耗的功率很小。

4. 刻度均匀

因为磁电系仪表的指针偏转角 α 与动圈电流 I 成正比，所以仪表标尺上的刻度是均匀等分的。

5. 过载能力小

因为磁电系测量机构动圈的导线很细，且被测电流又要通过游丝引入，所以磁电系测量机构的额定电流很小。若测量较大的电流，则容易引起游丝的弹性发生较大的变化及线圈过热烧毁。因此，磁电系仪表的过载能力较小。

6. 只能测量直流

由式（12-1）可知，磁电系仪表的转动力矩与动圈电流成正比。如果动圈通入交流电流，则所产生转动力矩将随时间而交变。如果电流变化的频率很低，则仪表指针将随电流方向变化而左右摆动；如果电流变化的频率较高，则仪表指针由于惯性来不及转动，而停留在零位。因此，磁电系仪表只能用于测量直流，不能用于测量交流。若将磁电系测量机构配上整流装置，组成整流系仪表，则可用于测量交流。

课题二　磁电系电流表

由于被测电流需要通过游丝和可动线圈，而它们又都是由截面很小的金属丝制成，所以直接用磁电系测量机构测电流，其最大量程也只能是微安或毫安级。若需要测量大电流，则应扩大磁电系测量机构的量程。扩大量程的方法是在测量机构两端并联电阻。并联电阻后，使大部分电流从并联电阻中分流，从而使通过测量机构的电流不超过其允许值。用以扩大电流量程的并联电阻称为分流电阻。用分流电阻扩大电流表量程的电路如图 12-5 所示。图中 R_i 为测量机构的内阻，R_P 为分流电阻，I 为被测电流，I_i 为通过测量机构的电流。根据分流公式，可得

$$I_i = \frac{R_P}{R_i + R_P} I \qquad (12-4)$$

由式 (12-4) 可知，通过测量机构的电流与被测电流成正比。因此，仪表标尺上的刻度值可直接按被测电流来标示。

图 12-5 电流表量程的扩大

若测量机构的满刻度电流 I_f、测量机构的内阻 R_i 及串联电阻后电流表的量程 I_n 已知，则可根据式 (12-4) 求得分流电阻，即

$$R_P = \frac{R_i}{n-1} \qquad (12-5)$$

式中　n——电流量程扩大倍数，$n = I_n / I_f$。

【例 12-1】　已知一磁电系测量机构满刻度电流为 $100\mu A$，内阻为 800Ω，若用此测量机构构成一个量程为 0.5A 的电流表，则应并多大分流电阻？

解
$$n = \frac{I_n}{I_f} = \frac{0.5}{100 \times 10^{-6}} = 5000$$

$$R_P = \frac{R_i}{n-1} = \frac{800}{5000-1} = 0.16(\Omega)$$

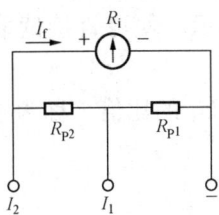

图 12-6 具有两个量程的电流表

并联不同电阻值的分流器，便可以得到不同的电流量程。据此，可制成多量程电流表，以扩大仪表的使用范围。图 12-6 所示的是具有两个量程的电流表电路。量程为 I_1 时，分流电阻为 R_{P1}，电阻 R_{P2} 与测量机构串联构成一条支路。这时有

$$I_f(R_i + R_{P2}) = (I_1 - I_f)R_{P1} \qquad (12-6)$$

量程为 I_2 时，分流电阻为 $R_{P1} + R_{P2}$，这时有

$$I_f R_i = (I_2 - I_f)(R_{P1} + R_{P2}) \qquad (12-7)$$

在电流量程 I_1 和 I_2，测量机构的满刻度电流 I_f 和内阻 R_i 均已知的情况下，由上述两个方程式可以求得 R_{P1} 和 R_{P2}。

【例 12-2】　有一磁电系测量机构，满刻度电流为 $200\mu A$，内阻为 260Ω，若用此测量机构构成一只量程为 20mA 和 50mA 的两量程电流表，则分流电阻 R_{P1} 和 R_{P2} 应为多大？

解　根据式 (12-6) 和式 (12-7)，得

$$0.2 \times 10^{-3}(260 + R_{P2}) = (50 \times 10^{-3} - 0.2 \times 10^{-3})R_{P1}$$

$$0.2 \times 10^{-3} \times 260 = (20 \times 10^{-3} - 0.2 \times 10^{-3})(R_{P1} + R_{P2})$$

化简得

$$49.8R_{P1} - 0.2R_{P2} = 52$$

$$R_{P1} + R_{P2} = 2.63$$

解上述方程组，得

$$R_{P1} = 1.05\Omega \qquad R_{P2} = 1.58\Omega$$

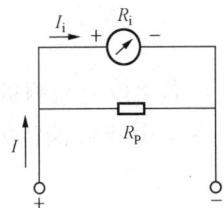

课题三　磁 电 系 电 压 表

若将磁电系测量机构的两引出端钮接于被测电压 U 上，则通过测量机构的电流为 $I=U/R_i$，其指针偏转角为

$$\alpha = S_I I = S_I \frac{U}{R_i} = S_U U \qquad (12\text{-}8)$$

式中　S_U——测量机构的电压灵敏度。

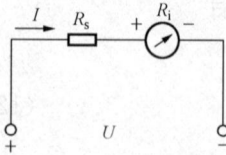

图 12-7　串联附加电阻
扩大电压表的量程

可见，测量机构指针的偏转角 α 与被测电压 U 成正比。因此，磁电系测量机构可直接用于测量电压。但因测量机构允许通过的电流很小，直接作为电压表使用，只能测量很小的电压。因此，若用磁电系测量机构测量较高的电压，则需要扩大量程。为扩大电压表的量程，通常将测量机构串上一个附加电阻。串联附加电阻的电压表的电路如图 12-7 所示。图中与测量机构串联的电阻 R_s 称为附加电阻，也称分压电阻。

串联附加电阻后，通过测量机构的电流为

$$I = \frac{U}{R_i + R_s}$$

可见，通过测量机构的电流 I 与被测电压 U 成正比。因此，仪表指针的偏转角 α 与被测电压 U 成正比。若将仪表标尺上的刻度值按扩大量程后的电压标示，便可直接读取被测电压值。

串联附加电阻后的电压表的量程 U_n 与测量机构的电压量程 U_f 的比值，称为电压表的电压量程扩大倍数，用 m 表示。于是，有

$$m = \frac{U_n}{U_f} = \frac{R_i + R_s}{R_i} \qquad (12\text{-}9)$$

由式（12-9）可得

$$R_s = (m-1)R_i \qquad (12\text{-}10)$$

若测量机构的内阻 R_i、电压量程 U_f 及串联附加电阻后的电压表量程 U_n 均已知，即可根据式（12-9）求得附加电阻 R_s。

【例 12-3】　有一磁电系测量机构，满刻度电流为 $300\mu A$，内阻为 95Ω，若用此测量机构构成一只量程为 100V 的电压表，则应串联多大的附加电阻？

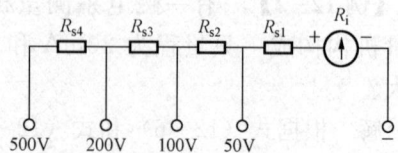

图 12-8　四量程电压表的电路

解　$U_f = I_f R_i = 300 \times 10^{-6} \times 95 = 0.0285$（V）

$$m = \frac{U_m}{U_f} = \frac{100}{0.0285} = 3508.77$$

$$R_s = (m-1)R_i = (3508.77-1) \times 95$$

$$= 333.24 \times 10^3 (\Omega) = 333.24 (\text{k}\Omega)$$

在磁电系测量机构上串联若干个附加电阻，便可构成多量程电压表。图 12-8 为四量程电压表的电路图。

单 元 小 结

1. 磁电系测量机构的转动转矩是利用载流线圈与永久磁铁的磁场相互作用而产生的。制动转矩是由游丝产生。阻尼转矩是由于铝框架在磁场中摆动，产生感应电流，感应电流与磁场相互作用而产生的转矩。磁电系测量机构的指针偏转角与通过动圈的电流成正比。

2. 磁电系测量机构可直接构成直流电压表和直流电流表。磁电系仪表只能用于测量直流，不能直接用于测量交流。扩大磁电系电流表量程的方法是在测量机构两端并联分流电阻。计算分流电阻的公式为

$$R_P = \frac{R_i}{n-1}$$

扩大磁电系电压表量程的方法是将测量机构串上一个附加电阻。附加电阻的计算公式为

$$R_s = (m-1)R_i$$

习 题

12-1　磁电系测量机构中的游丝的作用有（　　　　）
　　　A. 产生转动力拒；　　　　　　B. 产生反作用力矩；
　　　C. 产生阻尼力矩；　　　　　　D. 用作线圈电流的引入线。

12-2　磁电系测量机构中的转动力矩、反作用力矩及阻尼力矩是怎样产生的？

12-3　有一磁电系测量机构，满刻度电流为 $20\mu A$，内阻为 $4.5k\Omega$，若用此测量机构构成一只量程为 1000mA 的电流表，则应并多大分流电阻？

12-4　有一磁电系测量机构，满刻度电流为 $75\mu A$，内阻为 300Ω，若用此测量机构构成量程为 7.5A 和 15A 的两量程电流表，试求分流电阻 R_{P1} 和 R_{P2}。

12-5　有一磁电系测量机构，满刻度电流为 $50\mu A$，内阻为 650Ω，若用此测量机构构成一只量程为 50V 的电压表，则应串联多大的附加电阻？

12-6　有一磁电系测量机构，满刻度电流为 $100\mu A$，内阻为 800Ω，若用此测量机构构成一只量程为 200V 和 500V 的两量程电压表，试求附加电阻 R_{S1} 和 R_{S2}。

电 阻 的 测 量

课题一 电阻的伏安法测量

一、伏安法的测量原理

伏安法测量电阻是在直流下进行的，属于间接测量。也就是说，先读出电压表和电流表的示值，再通过计算才能得到被测电阻的值。因此其测量准确度不是很高。但这种测量电阻的方法很有实际意义，因为它是在通电的工作状态下进行的，对于非线性电阻和处于工作状态下的电机、变压器以及互感器等绕组电阻的测量都非常实用。

伏安法测电阻的范围是低中值电阻，即导体的电阻值和电阻器的阻值。导体电阻通常是指导线和线圈在直流状态下的电阻值。一般在 100Ω 以下，属于低、中值电阻范围。

电阻按阻值大小分为三类：①低值电阻（1Ω 以下），通常是指短导体自身电阻（如匝数少的粗绕组或连接线）和导体间接触电阻；②中值电阻（1～1MΩ），是指电阻器和长导体自身电阻（如匝数较多的细绕组或远程输电线路）；③高值电阻（1MΩ 以上），是指电气设备的绝缘电阻。

无论何种电阻的测量，都要在被测电阻两端加电压测出通过电阻的电流，用电压与电流的比值，获得被测电阻值。伏安法，即电压表—电流表法的简称。其测量的工作原理是用电压表测得 U_x、电流表测得 I_x，得被测 $R_x = \dfrac{U_x}{I_x}$。

为能准确实用地测量电阻值，对不同的电阻采用的测量方法和使用的测量仪表是不同的，从而各自的特点也就不同，见表 13 - 1。

表 13 - 1 　　　　　　　　　　　　电阻的各种测量方法及其比较

被测电阻范围	测量方法	优 点	缺 点	注意事项
低值电阻 （10^{-5}～1Ω）	双臂电桥	测量准确度高，灵敏度高	操作麻烦	注意电流端钮和电位端钮正确连线以排除接线电阻、接触电阻的影响
中值电阻 （1Ω～1MΩ）	万用表欧姆档	直接读数，使用方便	测量误差较大	零欧姆调整，选择量限使读数接近欧姆中心值
	伏安法	能测工作状态的电阻（尤其是非线性电阻）	测量结果需要计算，且准确度不高	注意排除方法误差及选择准确度、灵敏度、量限合适的仪表
	单臂电桥	准确度高	操作不太方便	
高值电阻 （大于 1MΩ）	兆欧表	直接读数，使用方便	测量误差大	排除表面泄漏电流的影响

二、伏安法测量中电压表接线方式的选择

伏安法测电阻有电压表前接和电压表后接两种，根据被测电阻值的不同进行合理选择，从而减小测量误差，提高测量准确度。

图 13-1（a）为电压表前接的电路，在此电路中，电流表的读数为 I_x，但电压表的读数 U 为 U_x 和电流表内阻压降 $I_x r_A$ 之和，即 $U = U_x + I_x r_A$。以两表读数来计算电阻时为

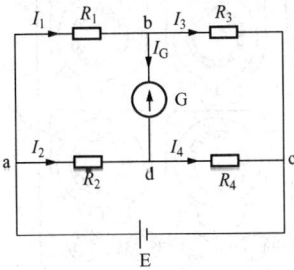

$$R = \frac{U}{I_x} = \frac{U_x + I_x r_A}{I_x} = R_x + r_A \quad (13-1)$$

所得电阻 R 中多包含了电流表的内阻 r_A。

图 13-1（b）为电压表后接电路，电压表的读数为 U_x，但电流表的读数 I 中多包含了电压表中的电流 I_v，即 $I = I_x + I_v$。用两表读数来计算电阻时，为

图 13-1　伏安法
(a) 电压表前接；(b) 电压表后接

$$R = \frac{U}{I} = \frac{U_x}{I_x + I_v} = \frac{1}{\dfrac{I_x}{U_x} + \dfrac{I_v}{U_x}} = \frac{1}{\dfrac{1}{R_x} + \dfrac{1}{r_v}} = \frac{R_x r_v}{R_x + r_v} \quad (13-2)$$

所得电阻为被测电阻 R_x 和电压表内阻 r_v 并联的等效电阻。

可见，电压表前接的方式适用于 $R_x \gg r_A$ 的情形，电压表后接的方式适用于 $R_x \ll r_v$ 的情形。

伏安法测电阻虽属于间接测量法，但只要所选电压表和电流表的准确度等级高，方法得当，测量结果仍然较为准确。伏安法的一个突出特点是适用于测量大电感线圈（如大容量变压器绕组）的直流电阻，测量时稳定较快，便于读数

课题二　直流电桥

直流电桥是一种比较式测量仪器。根据工作原理的不同，直流电桥分为单臂电桥（又称惠斯登电桥）和双臂电桥（又称开尔文电桥）。

一、电桥工作原理

1. 单臂电桥

图 13-2 是直流单臂电桥的原理电路。图中 R_1、R_2、R_3、R_4 称为电桥的四个桥臂。在 b、d 两点之间连接检流计 G，在 a、c 两点之间连接直流电源 E。若桥臂上的电阻符合一定的比例关系，使得 b、d 两点之间等电位，检流计中无电流，即 $I_G = 0$，此时称为电桥达到平衡。电桥平衡时，有

$$I_1 = I_3, I_2 = I_4, V_{ab} = V_{ad}, V_{bc} = V_{dc}$$

即
$$I_1 R_1 = I_2 R_2, \quad I_3 R_3 = I_4 R_4$$

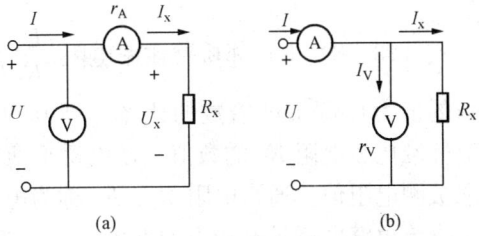

图 13-2　单臂电桥

可得单臂电桥平衡时，桥臂电阻的关系为

$$\frac{R_1}{R_3} = \frac{R_2}{R_4} \quad 或 \quad R_1 R_4 = R_2 R_3$$

以上两式是电桥平衡的条件，电桥平衡时与所加电压无关，而仅决定于四个电阻的相互关系。如果 d、c 两点之间连接的是被测电阻 R_x，即 $R_x = R_4$，那么其余三个桥臂电阻 R_1、R_2、R_3 为可变的标准电阻。R_x 与其余三个桥臂电阻的关系式为

$$R_x = \left(\frac{R_2}{R_1}\right)R_3 \qquad\qquad (13 - 3)$$

式（13 - 3）中相邻桥臂比率电阻 $\left(\dfrac{R_2}{R_1}\right)$ 必须保持为一定的比例常数，制造时，应使比例常数的值为可调十进倍数的比率，即 0.001、0.01、0.1、1、、10、100、1000 等。这样，调节标准比较电阻 R_3 的数值，使电桥平衡后，R_x 就是已知比较电阻 R_3 的十进倍数，以便读取被测电阻值。通常电阻 R_2、R_1 称为电桥的比率臂，电阻 R_3 称为比较臂。

直流单臂电桥具有较高的准确度，因为标准电阻 R_1、R_2 和 R_3 的准确度通常可以做到 10^{-3} 及以上数量级，且检流计的灵敏度很高，可以保证电桥处于精确的平衡状态。比较臂 R_3 的位数就是被测电阻 R_x 的有效数字的位数，常用于实验室的四位单臂电桥，就是指比较臂 R_3 的位数为 ×1000、×100、×10、×1 四位，因此所测得的中值 R_x 有且只有四位有效数字。

虽然电桥的平衡条件不受电源电压的影响，但是为了保证电桥有足够的灵敏度，电源电压不能过低或不稳，应用电池或直流稳压电源按使用说明书中规定的电压等级。

2. 双臂电桥

双臂电桥是从单臂电桥演变成的一种专门测量小电阻的比较式仪器。由式（13 - 3）可以看出，当被测电阻 R_x 很小时，R_2 或 R_3 中也必须有一个是小电阻。例如，将 R_3 做成小电阻，对于小电阻 R_x 和 R_3 都必须避免接头处的接触电阻和连接导线的电阻所造成的误差。消除此误差的方法是采用双对接头，即一对电流接头和一对电位接头，这是双臂电桥之所以能测量小电阻的基本原理。图 13 - 3 是双臂电桥的测量接线图。R_x 是被测的小电阻，有两对测量接线端钮，P1 和 P2 是电位接端，它们之间的电阻数值为待测量的电阻。C1 和 C2 是它的电流接端。

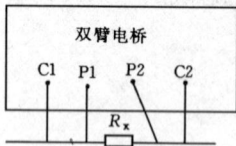

图 13 - 3　双桥接线图

二、QJ23 型直流单臂电桥

1. 结构

各种直流单臂电桥的原理电路都相同。图13 - 4是准确度等级为 0.2 级的国产 QJ23 型直流单臂电桥的面板图。比例臂 $\dfrac{R_2}{R_1}$ 由 8 个电阻组成，分成 10^{-3}、10^{-2}、10^{-1}、1、10、10^2 和 10^3 七个档，由转换开关换接。比例臂 $\dfrac{R_2}{R_1}$ 的值（称为倍率）示于面板左上方的读数盘 1 所示。比较臂 R_3 用四个可调电阻箱串联组成，这四个电阻箱分别由 9 个 1Ω、9 个 10Ω、9 个 100Ω 和 9 个 1000Ω 电阻组成，可得到在 0～9999Ω 范围内变动的电阻值。比较臂 R_3 的值由面板上四个形状相同的读数盘 2 所示的电阻值相加而得。

面板的右下方有一对接线柱，标有"R_x"，用以连接被测电阻，作为一个桥臂。

图 13 - 4　单桥面板图

示于面板左下方的 3 为电桥内附检流计，检流计支路上装有按钮开关 G。也可外接检流计。在面板检流计左侧有三个接线柱，使用内接检流计时，用接线柱上的金属片将下面两个

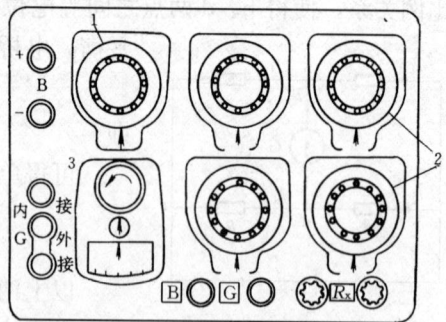

接线柱短接。检流计上装有锁扣，能将可动部分锁住，以免搬动时损坏悬丝。需要外接检流计时，用金属片将上面两个接线柱短接（即将内附检流计短接），并将外接检流计接在下面两个接线柱上。

电桥内接电源，需装入1号电池三节。需要时（如测量大电阻时），也可外接电源，面板左上方有一对接线柱，标有"+"、"－"符号，供外接电源用。

面板中下方有两个按钮开关，其中"G"为检流计支路的开关，"B"为电源支路的开关。

2. 使用步骤

(1) 先打开检流计锁扣，再调节调零器使指针位于零点。

(2) 被测电阻 R_x 接到标有"R_x"的两个接线柱之间，根据被测电阻 R_x 的近似值（可先用万用表来测量）。选择合适的比率臂倍率，是以比较臂的四个电阻全部用上为准，以提高读数的精度。例如 R_x 约等于 5Ω，则可选择倍率为 0.001，若电桥平衡时比较臂读数为 5123Ω，则被测电阻

$$R_x = 倍率 \times 比较臂的读数 = 0.001 \times 5123 = 5.123\Omega$$

可读得四位有效数字。如选择倍率为1，则比较臂的前三个电阻都无法用上，只能测得 $R_x = 1 \times 5 = 5\Omega$，只有一位有效数值。

(3) 测量时，应先按电源按钮"B"，再按检流计按钮"G"。若检流计指针向"+"偏转，表示应加大比较臂电阻；若指针向"－"偏转，则应减小比较臂电阻。反复调节比较臂电阻，使指针趋于零位，电桥即达到平衡。调节开始时，电桥离平衡状态较远，流过检流计的电流可能很大，使指针剧烈偏转，故先不要将"G"按钮按下，只能调节一次比较臂电阻，然后按一下"G"，至指针偏转较小时，才可锁住"G"按钮。

(4) 测量结束，应先松开"G"按钮，再松开"B"按钮。否则，在测量具有较大电感的电阻时，会因断开电源而产生自感电动势使检流计损坏。电桥不用时，应将检流计用锁扣锁住，以免搬动时震坏悬丝。

三、QJ103型直流双臂电桥

图13-5是国产 QJ103 型直流双臂电桥的面板图。图中：1—比（倍）率旋钮，分成 0.01、0.1、1、10 和 100 五个档。2—标准电阻读数盘，由一个标准的滑线电阻器构成，可在 0.01～0.11 之间变动。3—检流计。面板中下方有两个按钮开关，其中"G"为检流计的开关，"B"为电源的开关。面板右上角的"B"是一对接线柱，标有"+"、"－"符号，供外接电源连接。面板左边是被测电阻"R_x"的电流接线端 C1、C2 和电位接线端 P1、P2。

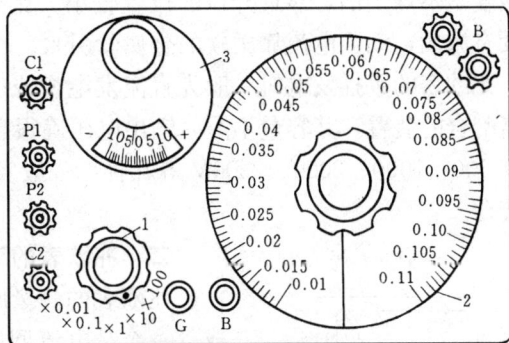

图13-5 双桥面板图

测量时，调节比（倍）率旋钮和标准电阻，使检流计指零，电桥平衡。被测电阻

$$R_x = 比（倍）率读数 \times 标准电阻读数$$

国产 QJ103 型直流双臂电桥测量电阻值的范围为 $0.0001 \sim 11\Omega$，且测量误差仅有 $\pm 0.2\%$。准确度较高。

直流双臂电桥与直流单臂电桥的使用步骤基本相同。但是，由于双桥比单桥工作电流大，测量时动作应尽量迅速。另外被测电阻 R_x 的电流接线端 C1、C2 和电位接线端 P1、P2 必须按图 13-3 所示要求连接，否则会造成难以避免的测量误差。

课题三　兆　欧　表

兆欧表（原称摇表），它是专用于检查和测量电气设备、供电电路等的绝缘电阻的一种便携式仪表。其外形如图 13-6 所示。

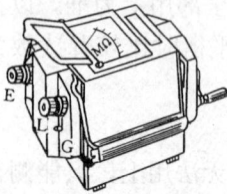

图 13-6　兆欧表

正常情况下，各种电气设备及供电线路等的绝缘电阻都有具体的要求，一般来说，绝缘电阻越大，绝缘性能越好。但由于绝缘材料常因发热、受潮、污染、老化等原因使其电阻值降低，泄露电流增大，甚至绝缘损坏，从而造成漏电和短路事故，因此必须对设备的绝缘电阻进行定期检查。但绝缘电阻不能用欧姆表或万用表测量，因为万用表测量电阻时所用的电源电压比较低（9V 以下），在低压下呈现的绝缘电阻值不能反映在高电压作用下的绝缘电阻的真正数值。因此绝缘电阻必须用备有高压电源的兆欧表进行测量，兆欧表的刻度以兆欧为单位，可以较准确地测出绝缘电阻的数值。

一、兆欧表的基本结构

常用的兆欧表主要由比率型磁电系测量机构、手摇发电机和测量线路三部分组成。比率型磁电系测量机构的基本结构如图 13-7 所示，固定部分由永久磁铁 3、极掌 4 及开口环形铁芯 5 组成。极掌与铁芯的形状比较特殊，目的是使铁芯与磁极间的气隙能形成不均匀磁场。可动部分由两个绕向相反、在同平面内成一字形的线圈 1 和 2 组成，线圈和指针 6 都固定在一个转轴上。铁芯为楔形，其截面是开口的圆环，所以空气隙中的磁感应强度是不均匀的，靠近开口的位置较小。比率型磁电系测量机构没有游丝，动圈电流靠柔软的金属丝引入。

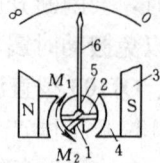

图 13-7　比率型磁电系
测量机构

兆欧表的手摇发电机一般为直流发电机或交流发电机与整流电路配合的装置，其容量不大，输出电压确很高。兆欧表以发电机的额定电压来分类，其电压有 500、1000、2000、2500V 等几种。一般发电机都设有离心调速装置，以保证转子能恒速转动。

二、兆欧表的工作原理

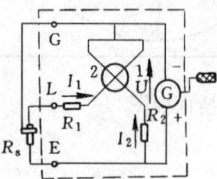

图 13-8　测量原理连接图

兆欧表的测量原理接线图如图 13-8 所示，它由两个回路组成，一个是电流回路，另一个是电压回路。电流回路从电源正端经被测绝缘电阻 R_x、限流电阻 R_1、动圈 1 回到电源负端，电压回路从电源正端经附加电阻 R_2、动圈 2 回到电源负端。若手摇发电机输出一定的直流电压 U，则在线圈 1 和线圈 2 中产生的电流分别为

$$I_1 = \frac{U}{r_1 + R_1 + R_x}, I_2 = \frac{U}{r_2 + R_2}$$

式中：r_1 和 r_2 分别为动圈 1 和动圈 2 的内阻。若发电机 G 的电压 U 维持不变，那么，I_1 将随被测电阻 R_x 的增大而减小。而 I_2 则是一个与被测电阻 R_x 无关的常量。载有电流 I_1 和 I_2 的两个线圈导体在气隙磁场中受力，产生相互作用的力矩 M_1 和 M_2，且 M_1 和 M_2 运动方向相反，当力矩平衡时，固定在两线圈的同一转轴上的指针偏转角 α 为

$$\alpha = f\left(\frac{I_1}{I_2}\right) = f\left(\frac{r_2 + R_2}{r_1 + R_1 + R_x}\right) = f(R_x)$$

由于 r_1、r_2、R_1 和 R_2 均为定值，从上式中不难看出指针的偏转角 α 只与被测电阻 R_x 有关。

当被测电阻 $R_x = 0$ 时，相当于"线"（L）与"地"（E）两端子短接，电流回路的电流 I_1 最大，指针偏转角 α 也最大，使指针位于标尺最右端"0"处。

当被测电阻 $R = \infty$ 时，相当于"线"与"地"两端子开路，电流回路的电流 $I_1 = 0$，可动部分在 I_2 的作用下，指针将转到标尺最左端 ∞ 处。

如果发电机 G 的电压 U 发生变化，显然电流 I_1 和 I_2 将会发生同样的变化，但电流 I_1 和 I_2 的比值仍保持不变，因此指针的偏转角 α 不变。可见，兆欧表的测量读值与手摇发电机的转速无关。手摇发电机的转速与其额定电压 U 有关，转速高额定电压 U 高，转速低额定电压 U 低，为保证额定电压，转速应保持 120r/min 左右。

兆欧表的标尺刻度是不均匀的反向刻度，测量范围为 $0 \sim \infty$，但可以选择合适的参数，而使标尺上对 $0 \sim 50$、$0 \sim 100$、$0 \sim 1000$ MΩ 的刻度能得到较准确的读数。所以技术要求中一般要标明兆欧表的准确度范围。

三、兆欧表的使用

（1）兆欧表的选择。选用兆欧表，主要是选择它的额定电压和测量范围。兆欧表的额定电压即手摇发电机的开路电压，要与被测设备的工作电压相对应。例如，当被测设备的额定电压在 500V 以下时，选用 500V 或 1000V 的兆欧表。额定电压在 500V 以上的被测设备，用 1000V 或 2500V 的兆欧表。测量绝缘子的绝缘应选用 2500V 的兆欧表。选用兆欧表的电压过低，测量结果不能正确反映被测设备在工作电压下的绝缘电阻；选用电压过高，容易在测量时损坏设备的绝缘。

各种型号的兆欧表，除了有不同的额定电压外，还有不同的测量范围，兆欧表的测量范围也要与被测绝缘电阻的范围相吻合，如 ZC11E 型兆欧表，为多量限的兆欧表，额定电压为 1000V 时，测量范围为 $0 \sim 1000$ MΩ，额定电压为 500V 时，测量范围为 $0 \sim 500$ MΩ，额定电压为 250V 时，测量范围为 $0 \sim 250$ MΩ。选用兆欧表的测量范围，不应过多的超出被测绝缘电阻值，以免读数误差大。

（2）被测设备必须与电源切断后才能进行测量，对具有大电容的设备，如输电线路、高压电容器等必需进行放电。用兆欧表测量过的设备，也可能带有残余电压，测量后应及时放电。

（3）测量前兆欧表的检查。当兆欧表接线端开路时，摇动摇柄至额定转速（120r/min），指针应指在"∞"；接线端短路时，缓慢摇动摇柄，指针应指在"0"。

（4）接线方法。兆欧表一般有三个接线柱，分别标有"线"（L）、"地"（E）和"屏"

（G）。测量时，将被测绝缘电阻接在 L 和 E 之间，例如测量电机绕组的绝缘电阻时，将绕组的接线端接在 L 上，机壳接到 E 上。G 端钮是用来屏蔽表面电流的，当被测设备的表面不干净或空气太潮湿时，绝缘体表面有泄漏电流 I_s，它与通过绝缘体的电流 I_2 一起通过线圈 1

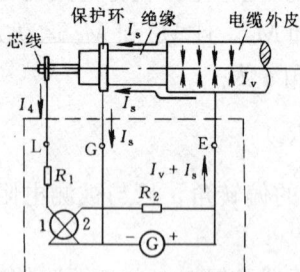

图 13 - 9　测电缆接线图

时，会使指针偏转角增大，从而使兆欧表的示值低于真实绝缘电阻值。为了排除表面电流的影响，应使用 G 端钮，例如测量电缆的绝缘电阻时，可按图 13 - 9 所示接线，方法是在绝缘表面加一保护环，并接至 G 端钮，这样，表面电流 I_s，便不流过动圈 1，而经 G 端钮回到发电机负极，从而消除了表面电流的影响。当表面电流的影响很小时，G 也可以不接。

（5）摇速。手摇发电机要保持匀速，不可忽快忽慢而使指针不停地摆动，应尽量保持 120r/min 的额定转速。

（6）读数。要得到准确的测量数据，应该在摇速达到额定转速后并一直持续到指针稳定停止不动时，才能读写数据。

（7）拆线。一定要防止触电事故发生，读数完毕，必须先将 L 与 E 短接，即对地充分放电，然后才能拆线。

课题四　万　用　表

万用表是一种多用途、多量程的综合性电工测量仪表。一般的万用表可以测量直流电流、直流电压、交流电压和电阻等。有的万用表还能测量交流电流、电容、电感以及晶体管参数等。万用表的每一种测量项目都有几个不同的量程，且携带使用方便，所以在工程和实验中应用非常广泛。

一、万用表结构简介

万用表主要由表头（指针式或数显式两种测量机构）、测量电路和转换开关组成。外形做成便携式。标度盘、转换开关、调零旋钮和接线柱均装在面板上。图 13 - 10 是 500 型万用表的外形图。

指针式万用表的表头多采用高灵敏度的磁电系测量机构（在十二单元已介绍），配以二极管整流电路便可实现交流电压的测量。表头的灵敏度通常有两种表示方式，一是用表头的满刻度偏转电流 I_0，二是 I_0 的倒数表头内阻（Ω/V），满偏电流 I_0 越小，表头内阻（Ω/V）越大，表头的灵敏度越高。

万用表的测量电路有两种，一是指针式万用表的测量电路，把测量电阻和测量电压转换成使表头指针偏转电流 I_0；二是数字万用表的测量电路，把测量电阻和测量电流转换成数字基本表的电压。

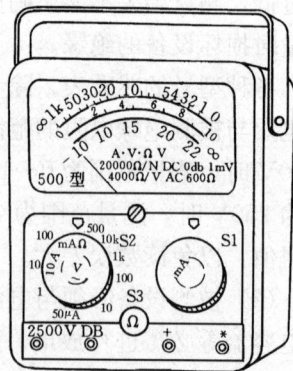

图 13 - 10　万用表外形图

转换开关是一种具有多个分接头的旋转式开关。当转动旋钮，使滑动触头与不同分接头连接时，就接通了不同的测量电路，从而实现了测量不同电量和不同量程的转换作用。

二、万用表的使用方法

现以 500 型万用表为例来说明万用表的使用方法。

1. 接线柱选择

将红表笔插入"+"插孔，黑表笔插入" * "插孔，可以进行电阻、直流电压、直流电流、交流电压和交流电流的测量。

将表笔分别插入"2500V"和" * "两插孔，可以测量 2500V 的交流电压。

2. 测量种类的选择

（1）旋钮 S1 旋至 V 位置上，S2 旋至交流（或直流）电压相应的量程位置上可进行交流（或直流）电压的测量。如果不能估计被测交流（或直流）电压大约的数值时，可将 S2 旋至最大量程位置上，然后再根据指针实际指示的位置选调适当的量程。如发现指针反向偏转，只需将两表笔对调即可。

（2）S2 旋至 A 位置，S1 旋至直流电流值相应的量程位置上，可进行直流电流的测量。

（3）S2 旋至 Ω 位置上，S1 旋至相应的倍率档（即读数乘的倍数）即可进行电阻值的测量。

3. 欧姆档的正确使用

（1）正确选择倍率。为了测量不同大小的电阻，欧姆档的倍率有几档。分别为 R×1；R×10；R×100；R×1K；R×10K。电阻的测量值是指针读数与倍率档数值的乘积。一般应根据被测电阻所标注的阻值的大小来选择倍率档，使指针尽可能指在刻度线的中间位置，以提高读数的准确性。

（2）调零。在测量电阻前，除将 S2 旋至 Ω 位置，S1 旋至适当的倍率档外，还应将两支表笔短路，检查指针是否在 Ω 刻度线的零位上，如有偏移可旋动调零旋钮 Ω 即 S3 进行调整。请注意每换一次倍率，如 R×1 档换至 R×10 或其他档，都必须重新"调零"后再使用。

（3）严禁带电测量电阻值。

课题五 交 流 电 桥

交流电桥是一种以交流电做电源，测量电阻、电容和电感元件参数的比较式仪器。按照测量功能可分为电容电桥、电感电桥和万用电桥（阻抗电桥）三大类。在电容电桥中又有高压电容电桥、低损耗因数电桥和高损耗因数电桥。电感电桥又分为高 Q 值电桥和低 Q 值电桥。各种单功能的电容电桥和电感电桥统称为专用电桥。万用电桥是一种测量参数范围广，能测量电阻、电容和电感元件各参数的多功能、多量程的交流电桥。

交流电桥的基本原理电路如图 13 - 11。它由四个复阻抗桥臂 Z_1、Z_2、Z_3、Z_4 和交流电源 $\dot{U}$、平衡指示器 G 组成。与直流电桥的平衡原理相同，当交流电桥平衡时，四个桥臂的复阻抗关系为

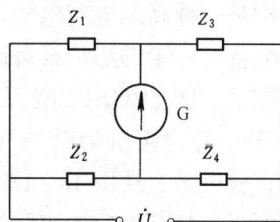

图 13 - 11 交流电桥原理图

$$\frac{Z_1}{Z_2} = \frac{Z_2}{Z_4}$$

上式也可写成　　　　　　　　　　　　　　　$Z_1 Z_4 = Z_2 Z_3$

　　基于上述原理，在交流电桥的四个桥臂上配备不同性质的元件，可以达到测量不同元件参数的目的。

一、交流电桥的结构简介

　　从上述交流电桥的基本原理可知，交流电桥的种类较多，因此成品电桥的具体结构形式多种多样，现仅就其基本结构的组成及特点分以下几部分介绍。

　　1. 主体桥臂

　　在成品电桥的技术文件中，都说明了构成交流电桥的四个桥臂，有的还给出具体的电路图。使用者可根据电桥的工作原理，搞清面板上各接线端钮、各转换开关及刻度盘的功能。

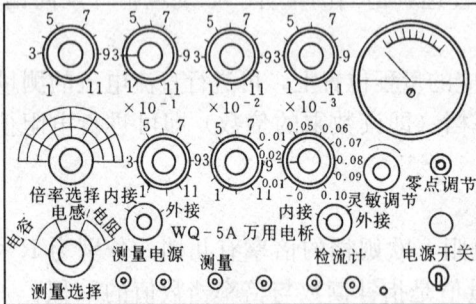

图 13-12　交流电桥面板图

在多数电桥的面板上都装有被测元件的接线端钮。"测量选择"转换开关，"测量范围"（"倍率"）转换开关和多位读数臂转换开关。大多数交流电桥的标准器件都装在仪器内部，有些电桥如需外接标准电容或标准电感（如 QS1 型交流电桥需外接标准电容），则在面板上必然有相应的端钮。特别是一些万用电桥，与主体桥臂相关的接线端钮和转换开关较多。图 13-12 给出了国产 WQ-5A 型万用电桥的面板图。从图 13-12 中可以看出，此电桥共有 9 个与主体桥臂相关的转换开关。因为它是多功能、多量程的万用电桥，其主体桥臂可构成惠斯登电桥（测量 R）、串联电容电桥（测量电容量 C 和损耗因数 D）、麦克斯维电桥（测量电感量 L 和品质因数 Q，$Q < 10$）和海氏电桥（测量 L、Q，$Q > 10$）。由电桥的"倍率选择"转换开关可以看出，当测量电容和电感时各有 5 档量程，测量电阻时有 6 档量程。

　　2. 电源

　　交流电桥的电源有两个含义。一个是仪器整体所需的外接电源，通常通过电源插头接到 220V 的电源上，在面板上有相应的电源开关和指示灯；另一个是接到主体桥臂上的工作电源，也称测量电源。此电源是将外接电源经过仪器内部的变压器和振荡器，产生主体桥路工作时所需的一定频率的正弦电源。多数万用电桥工作电源的频率为 1000Hz，工作电压为 8～10V。也有的交流电桥直接用工频电源经过变压后接到主体桥路上。例如，QS1 型交流电桥是一种高压电容电桥，测量高压电容时的电源是 5～10kV 的工频电源。这种高压电桥都配备有一定的防护设备以保证测量安全。有的电桥需外接工作电源，在面板上有相应的外接端钮。例如 QS14 型万用电桥，测量电容和电感时需外接频率为 1000Hz、功率大于 0.5W、输出阻抗为 50～5000Ω 和电压为 8～10V 的音频振荡器。测量电阻时需外接 6～10V 的直流电源。从图 13-12 中还可看出，WQ-5A 型万用电桥的测量电源可以内接也可外接，在面板上装有相应的接线端钮和转换开关。

　　3. 平衡指示器

　　交流电桥的平衡指示器种类较多，可适用于不同的频率范围。较为常见的是工作电源频率在音频或音频以上时，用电子伏特计作为平衡指示器。它将不平衡信号利用电子放大器放大后，接到面板上的磁电系表头上，可以从指针的位置判断电桥是否平衡。这种平衡指示器多配有相应的灵敏度旋钮和零点调节电位器，以保证初始的零位调节和测量过程中逐步调节电桥的平衡。WQ-5A 型万用电桥中就有此装置（见图 13-12）。在低频情况下（40～200Hz）电桥中使用的是谐振式检流计。在音频情况下也可使用耳机作为平衡指示器，如 QS14 型万用电桥就是用交流阻抗为 300Ω 的耳机，靠测量者的听觉判断电桥是否平衡。

除上述基本结构外，有些成品电桥根据设计需要还有其他附加装置和特殊要求。例如 QS3 型高压电容电桥除主体桥臂、电源和平衡指示器外，还有外附电压互感器。又如 QS16 型电容电桥是一种变压器电桥，仪器内部装有两个采用高磁导率的坡莫合金为铁芯的环形变压器。

二、交流电桥的使用和维护

1. 电桥的选择

在选用电桥时，要根据实际测量要求合理选用各种交流电桥。当需反复多次测量同一元件时，一般选用单功能的专用电桥。在教学或科研中常遇到多种元件的测试情况，一般配备一台万用电桥。在电信和电力工业中，常根据具体的测试要求选用特种功能交流电桥。总之，选择电桥的原则是使仪器既能满足测量要求，又能使整台设备充分发挥作用。

2. 电桥的使用

在开始使用电桥之前，应检查电源电压、频率和波形是否符合要求。接通电源后，应使仪器预热 5～15min。根据被测元件的种类和预估值的大小，将电桥的"测量选择"和"测量范围"转换开关放到相应的位置上。先将平衡指示器的灵敏度放在较低的位置上，接上被测元件后，调节读数臂使电桥平衡。此时应注意，当测量电容（电感）时，有的电桥必须反复调节电容（电感）的读数和 D（Q）的读数才能使电桥达到平衡。还应注意，有些电桥为使测试者容易观察平衡，制成指针偏转角度最大时为电桥平衡，而不是指针在零位时电桥平衡。粗调平衡后，逐步提高平衡指示器的灵敏度，直到当灵敏度处于最高情况下，调整读数臂使电桥平衡后再读记测量结果。值得注意的是，在每次改变电桥接线或更换被测元件之前，都必须断开电桥的电源。

交流电桥在使用时，特别是在较高的频率情况下必须及时发现是否存在干扰，如有应及时消除，否则会产生测量误差。交流电桥内部，由于元件的耦合所产生的干扰，生产厂家在设计制造时已有所防范。在使用电桥时主要应防止被测元件及仪器外部所产生的干扰。检查有无干扰的方法是，当电桥调整到接近平衡处时，用手接近或离开被测元件和平衡指示器等处，看平衡指示器的指示是否有变化；也可用改变被测元件的位置、方向或将被测元件的接头对调的方式，看平衡指示器的指示是否有变化；有变化则说明有干扰。

消除干扰影响的方法，较常用的是零位平衡法。此方法是用一个已知小电阻（电容或电感也行），接到被测端钮上使电桥平衡，此时电桥的读数与已知小电阻的实际数值之差就是干扰所引起的误差。如果有条件也可采用替代法，此方法是先对被测元件进行测量，当电桥平衡后，保持电桥的读数不变，用一个可调的标准元件替代被测元件，调节标准元件的数值使电桥重新达到平衡，这时被测元件的实际数值就是标准元件调整到的数值而不是电桥上的读数。这种方法只有在具有连续可调的标准元件的条件下采用。

3. 交流电桥的维护

交流电桥、特别是一些万用电桥，内部都由一些电子线路构成。对这种仪器不管是否使用，都应定期通电检查，一般以 4～6 个月通电一次为宜。应检查电桥本机和所有附件是否有自然损坏现象，仪器是否能正常工作。最好用标准器件进行测量和校核。每次通电时间在4～8h以上，以便去掉仪器内部的潮气，防止长期受潮造成仪器损坏。必要时可对仪器内部进行清尘，用无水酒精清洗各转换开关的触点，从而保证交流电桥完好无损。

实验十一　电阻的测量

一、实验目的
(1) 学习直流单臂、双臂电桥的使用方法。
(2) 学习兆欧表的使用方法。

二、实验仪器和设备
(1) 直流单臂电桥　　　　　　　一台
(2) 直流双臂电桥　　　　　　　一台
(3) 兆欧表　　　　　　　　　　一只
(4) 万用表　　　　　　　　　　一只
(5) 中、低值电阻　各一只（可用电阻箱替代）
(6) 电力电缆头　一根（可用调压器替代）

三、实验内容
(1) 用万用表的欧姆档粗测中值（几百至几千欧）电阻的阻值，并核定标称值，记于表13-2。
(2) 根据所使用直流单臂电桥说明书的要求，进行电阻的测量，并记于表13-2中。

表13-2　　　　　　　　　　　　　电 阻 测 量 数 据 (1)

电阻的标称值	万用表测量			直流单臂电桥测量			测量的误差γ
	倍率	表盘读数	测量值	倍率	比较臂读数	测量值	

(3) 根据所使用直流双臂电桥说明书的要求，进行电阻的测量，并记于表13-3中。

表13-3　　　　　　　　　　　　　电 阻 测 量 数 据 (2)

电阻的标称值	倍率	标准电阻读数盘读数	测量值	测量的误差γ

(4) 根据所使用兆欧表说明书的要求，进行绝缘电阻的测量，并记于表13-4中。

表13-4　　　　　　　　　　　　　电 阻 测 量 数 据 (3)

被测绝缘设备名称	设备额定电压	兆欧表额定电压	测 量 值

四、预习要求
(1) 详细阅读直流单、双臂电桥和兆欧表的使用说明书（或书中相关内容）。
(2) 画出直流单、双臂电桥和兆欧表的测量接线图。

单 元 小 结

1. 伏安法测电阻有电压表前接和电压表后接两种测量方法，根据被测电阻值的不同进行合理选择，测大电阻采用电压表前接，测小电阻采用电压表后接，从而减小测量误差，提高测量准确度。在带电状态下进行，对于非线性电阻和处于工作状态下的电机、变压器以及互感器等绕组电阻的测量都非常实用。

2. 直流单臂电桥用于中值电阻（常用电阻器）的精确测量。倍率的选择直接影响有效读数中的有效位数。测量中应遵守"先按 B 再按 G，先松 G 再松 B"的原则。

3. 直流双臂电桥用于低值电阻的精确测量。测量时应正确地将两个电位接线端接在被测电阻的内侧，两个电流接线端接在被测电阻的外侧，这样就消除了接线电阻和接触电阻的影响。测量时要尽量迅速。

4. 兆欧表用于测量电器设备的绝缘电阻。选择兆欧表，应选择大于且接近于被测设备的额定电压。测量前后都应对地充分放电，方可接线和拆线。

5. 万用表是一种多功能、使用广泛的仪表。测量时应注意换档开关和量限的选择。万用表的基本结构是由磁电系表头，测量电路，整流电路，多接头开关和干电池等组成。

6. 交流电桥是用来测量电感量和电容量的仪表。它使用的是交流电源，直流电桥使用的是直流电源。万能电桥是直流电桥和交流电桥的组合。

习　　题

13-1　为什么说伏安法测电阻很有实际意义？

13-2　现有标称值为 100Ω 和 $10k\Omega$ 的两只电阻，若用伏安法测量（电压表 $1\sim10V$ 量程的内阻为 $20k\Omega$），问应采用哪种接线方式进行测量？为什么？

13-3　直流单臂电桥用于什么场合？测量中应遵守什么原则？

13-4　用 QJ23 型直流单臂电桥分别测量标称值为 8Ω，810Ω 和 $56k\Omega$ 的三只电阻，问如何选择倍率？

13-5　图 13-13 所示为直流双臂电桥测量电阻的接线，请纠正图中错误，并说明理由。

13-6　用国产 QJ103 型直流双臂电桥测量某电阻值时，比（倍）率旋钮为 0.1，标准电阻读数盘读数为 0.1052，此电阻值为多少？

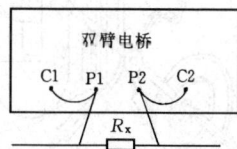

图 13-13　习题 13-5 图

13-7　兆欧表有哪几种？使用时如何选择？如何接线？

13-8　请说出兆欧表的使用注意事项。

13-9　万用表为什么既能测量直流电压、电流，又能测量交流电压、电流？

13-10　用万用表测电阻时不装电池行吗？测电流、电压时不装电池行吗？能否用欧姆档测量电气设备的绝缘电阻？

交流电压和电流的测量

课题一 电磁系测量机构

一、结构

电磁系测量机构的基本型式有吸引型和排斥型两种。

1. 吸引型

吸引型电磁系测量机构的结构如图14-1所示。它主要由固定线圈4、偏心可动铁芯片3、游丝5、阻尼翼片2、永久磁铁6和指针1等部件组成。固定线圈是一个中心有狭缝的扁形线圈,线圈两端通过引线接于仪表面板上的接线柱上。测量时,线圈通过接线柱与被测电路相连,线圈中通过被测电流。可动铁芯片采用软磁材料制成,偏心地安装在转轴上,用以产生转动力矩。电磁系测量机构利用磁感应阻尼器或空气阻尼器来产生阻尼力矩。磁感应阻尼器是由阻尼翼片和永久磁铁组成。游丝一端固定在支架上,另一端固定在转轴上,用以产生反作用力矩。

2. 排斥型

排斥型电磁系测量机构的结构如图14-2所示。它主要由固定线圈1、可动铁芯片2、固定铁芯片3、空气阻尼器4、指针5、游丝6及调零螺丝7等部件组成。固定线圈为圆筒式螺线管线圈,用以通入被测电流建立磁场。固定铁芯片固定于线圈内壁上,可动铁芯片装在转轴上,两铁芯片的作用是产生转动力矩。空气阻尼器是由一个密封的阻尼盒和一个固定于转轴上的阻尼片组成。

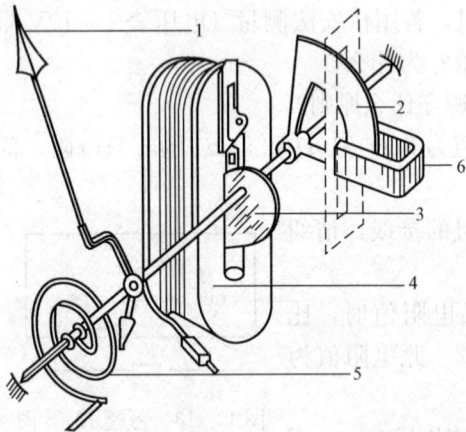

图14-1 吸引型电磁系测量机构的结构

1—指针;2—阻尼翼片;3—可动铁芯;
4—固定线圈;5—游丝;6—永久磁铁

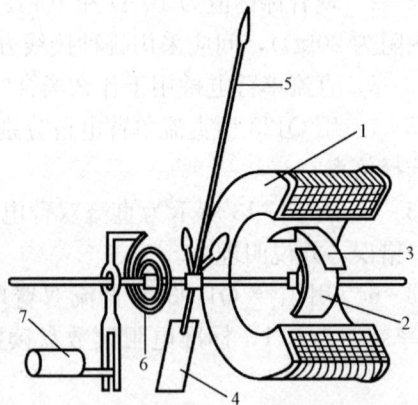

图14-2 排斥型电磁系测量机构的结构

1—固定线圈;2—可动铁芯片;3—固定铁芯片;
4—阻尼翼片;5—指针;6—游丝;7—调零螺丝

二、工作原理

当吸引型电磁系测量机构中的固定线圈通入电流时,产生磁场,线圈磁场使可动铁芯片磁化,对可动铁芯产生吸引力 F,形成转动力矩 M,使转轴转动,从而带动指针偏转,如图

14－3（a）所示。转轴转动，引起游丝扭转，产生反作用力矩 M_a。由于可动部分具有惯性，当转动力矩等于反作用力矩时，指针并不能立即停止在平衡位置上，而是在平衡位置左右摆动。当指针在平衡位置附近摆动时，阻尼翼片在永久磁铁的磁场中运动，切割磁力线，产生涡流，涡流与磁场相互作用，产生电磁力，形成力矩。这一力矩的方向始终与运动方向相反，对指针摆动起着阻尼作用，故称阻尼力矩。在阻尼力矩的作用下，指针很快地停止在平衡位置（读数位置）上，指示着通过线圈的电流的大小。

若通过线圈的电流方向改变，则线圈磁场方向发生改变（磁极极性改变），可动铁芯片磁化极性也随之而改变，可动铁芯片仍然受到线圈磁场的吸引力，吸引力和吸引力所形成的转动力矩的方向不会发生变化，如图14－3（b）所示。因此，这种测量机构既可以测量直流，也可以测量交流。

当排斥型电磁系测量机构的固定线圈通入电流时，线圈内产生磁场，固定铁芯片和可动铁芯片同时被磁化。由于两铁芯片的对

图 14－3 吸引型电磁系测量机构的工作原理

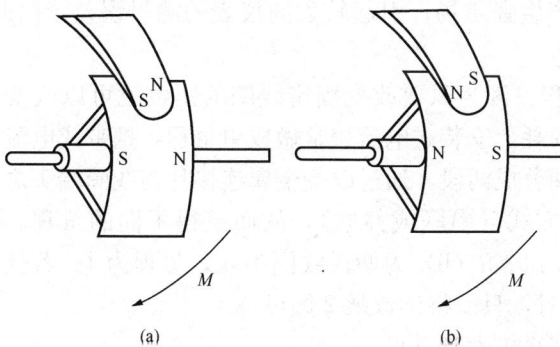

应位置的磁极极性相同，因而两者之间产生相互排斥力 F，形成转动力矩 M，使转轴转动，从而带动指针偏转，如图14－4（a）所示。转轴转动，引起游丝扭转，产生反作用力矩 M_a。当转动力矩与反作用力矩相等时，在阻尼力矩的作用下，指针很快地停止在平衡位置上，指示线圈电流的大小。

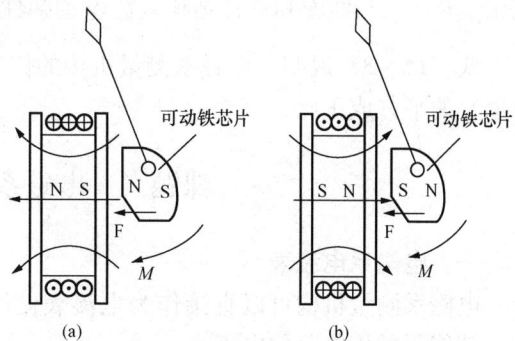

图 14－4 排斥型电磁系测量机构的工作原理

排斥型电磁系测量机构常采用空气阻尼器来产生阻尼力矩。当指针和转轴来回摆动时，固定于转轴上的阻尼片在密封的阻尼盒中运动，使盒中阻尼片两侧的空气压力不同，出现压力差，形成阻尼力矩。

若通过线圈的电流方向改变，则线圈电流所产生的磁场方向改变，固定铁芯片和可动铁芯片磁化后形成的磁极极性同时随之而改变，因而它们之间仍然产生方向不变的相互排斥的作用力，故转动力矩的方向不会改变，如图14－4（b）所示。因此，排斥型电磁系测量机构同样可以测量直流和交流。

由数学分析可得电磁系测量机构所产生转动力矩的平均值，即

$$M = K_1 I^2 \tag{14-1}$$

式中 M——转动力矩的平均值；

I——通过线圈的直流电流或交流电流的有效值；

K_1——与线圈和铁片的结构有关的系数。

游丝产生的反作用力矩 M_a 与指针偏转角 α 成正比，即

$$M_\alpha = K_\alpha \alpha \tag{14-2}$$

当可动部分所受的平均转动力矩与反作用力矩相等时，处于平衡状态。这时有

$$M = M_\alpha$$

将式（14-1）和式（14-2）代入上式，可得

$$\alpha = \frac{K_1}{K_\alpha} I^2 = K I^2 \tag{14-3}$$

式中　K——与线圈和铁片结构及游丝的弹性系数有关的系数，$K = \frac{K_1}{K_\alpha}$。

式（14-3）说明，电磁系测量机构的偏转角 α 与被测电流（直流电流或交流电流的有效值）的平方成正比。

课题二　电磁系电流表和电压表

一、电磁系电流表

电磁系测量机构可以直接作为电流表使用。只要将测量机构的固定线圈与被测电路串联，就能测量该电路的电流。

电磁系测量机构的磁路主要是由空气构成，磁路的磁阻很大。因此，需要足够大的磁动势（安匝数），才能产生足够大的磁感应强度，产生足够大的转动力矩。对于低量限的电流表，由于通过固定线圈的电流小，所以需要较多的匝数。而匝数增多，又会增大线圈的电感和分布电容，引起测量误差增大。为此，电磁系低量限电流表只能做成毫安级。对于高量限的电流表，由于通过线圈的电流大，匝数可以减少，但线圈导线的线径需加大，以防过热，同时，因为大电流通过仪表附近的导线，产生强磁场，引起较大的仪表的测量误差。因此，电磁系电流表的最大量限不超过 200A。

电磁系电流表不采用分流器来扩大量程，因为只要改变固定线圈的匝数就可以改变量程，而采用分流器扩大量程则会增加功率损耗。安装式电流表常做成单量程，携带式电流表可制成多量程。双量程电流表是将固定线圈分成两段，通过改变金属连接片与线圈端头之间的连接方式，来改变两段线圈之间的连接方式（串联或并联），从而获得不同的量程。图 14-5（a）为两段线圈并联，量程为 $2I$；图 14-5（b）为两段线圈串联，量程为 I。若仪表标尺按量程 I 刻度，则当采用量程 $2I$ 测量时，只需将读数乘 2 即可。

对于交流电流表，可以采用电流互感器来扩大其量程。

二、电磁系电压表

电磁系测量机构可以直接作为电压表使用。将电磁系测量机构与被测电路并联，便可测量被测电路的电压。

扩大电磁系电压表的量程，可以和磁电系一样，采用串联附加电阻的办法。交流电压表也可采用电压互感器来扩大量程。

电磁系电压表的附加电阻不宜过大。这是因为电磁系测量机构中磁路的磁阻较大，需要足够大的磁动势，才能产生足够的转动力矩。若附加电阻过大，则通过固定线圈的电流就会很小，为保证具有一定的安

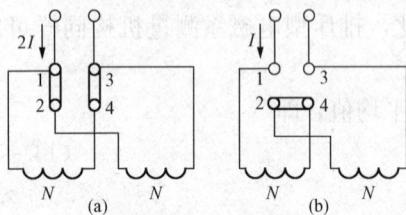

图 14-5　多量程电磁系电流表的量程转换原理电路
(a) 并联；(b) 串联

匝数，势必要增加固定线圈的匝数，而线圈匝数多了，会增大线圈的电感和分布电容，引起较大的测量误差。因此，电磁系电压表的内阻比较小，电流比较大。

安装式电压表常做成单量程，携带式电压表可做成多量程。电磁系多量程电压表是通过改变附加电阻或改变分段线圈的串并联的连接方式来实现变换量程的，改变附加电阻实现变换量程的原理电路如图 14 - 6 所示。

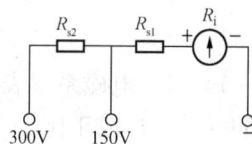

图 14 - 6 多量程电磁系电压表的量程转换电路

三、电磁系仪表的技术特性

（1）灵敏度较低，功率损耗较大。因为电磁系测量机构中磁路的磁阻较大，为了产生足够大的转动力矩，需要有足够大的安匝数，所以功率损耗较大。因为磁路的磁阻较大，在一定的电流下，磁感应强度较小，所以仪表灵敏度较低。

（2）电磁系仪表既可用于测量直流，也可以用于测量交流。因为电磁系测量机构所产生的转动力矩与线圈电流的平方成正比，所以转动力矩的方向与电流方向无关。因为电磁系仪表的指针偏转角与线圈电流的有效值的平方成正比，所以电磁系仪表既可用来测量正弦电流的有效值，也可用来测量非正弦交流电流的有效值。

（3）结构简单，制造成本低。

（4）标尺刻度不均匀。因为指针偏转角与被测电流的平方成正比，所以仪表标尺上的刻度具有平方律特性，前密后疏。

（5）过载能力强。因为被测电流通入固定线圈，而不通过可动部分，因而允许通过较大的被测电流。

（6）受外磁场影响大。由于电磁系测量机构中，磁路大部分是以空气为介质，因而磁阻较大，磁场较弱，因此易受外磁场的干扰。

（7）测量时，对被测电路的影响较大。电磁系测量机构中磁路的磁阻较大，为了产生足够大的转动力矩，需要有足够大的安匝数。用作电流表时，由于要保证一定的安匝数，线圈匝数不能太少，这样仪表内阻较大；用作电压表时，为保证一定的安匝数，线圈中的电流不能太小，因而串联的附加电阻不能太大，这样，仪表的内阻又显得过小。因此，电磁系仪表接入被测电路后，对被测电路产生的影响较大。

单 元 小 结

1. 电磁系测量机构有两种：吸引型和排斥型。在吸引型测量机构中，固定线圈的磁场使可动铁芯磁化，并对之产生吸引力，形成转动转矩，使指针偏转。在排斥型测量机构中，两可动铁芯片在固定线圈的磁场中同时被磁化，产生相互排斥力，形成转动转矩，使指针偏转。磁系测量机构的偏转角 α 与被测电流（直流电流或交流电流的有效值）的平方成正比。

电磁系仪表既可用于测量直流，也可以用于测量交流。

2. 扩大电磁系电流表量程的方法是改变固定线圈的匝数或改变固定线圈的连接方式（串联或并联）。扩大电磁系电压表量程的方法是串联附加电阻。

习　　题

14 - 1　电磁系仪表用以测量交流时，作用于转轴的平均转动力矩与通过固定线圈的电流的（　　）成正比。

A. 幅值；　　　　　B. 有效值；　　　　　C. 平均值的平方；　　　　　D. 有效值的平方。

14 - 2　说明为什么电磁系测量机构既可以测量直流又可以测量交流？

14 - 3　电磁系仪表的标尺刻度具有什么特性？为什么？

14 - 4　电磁系电流表和电压表扩大量程的方法是什么？

14 - 5　将电磁系电流表的固定线圈分成两段，通过改变线圈的连接方式，来改变仪表的量程。若当两段线圈串联时，电流表的量程为 I；则当两段线圈并联时，量程为多少？

功率的测量

课题一 电动系测量机构

为了能测量交流电量,在磁电系测量机构中不用永久磁铁,而用通电线圈。固定线圈产生的磁场与活动线圈中的电流同时改变,根据这种原理制成的测量机构称为电动系测量机构。

一、电动系测量机构的结构、原理

图 15-1 是带有铁芯的电动系测量机构的示意图。它的结构与磁电系测量机构相似,它用电磁铁 1 代替了永久磁铁,在用硅钢片制成的铁芯上绕有固定不动的线圈,称为定圈,定圈 3 中通过的电流与动圈 4 中的电流按同一规律变化时,产生的瞬时转矩虽然大小是变动的,但平均力矩不为零,这就达到了测量交流的目的。图中 2 为游丝,5 为指针。

这种结构的测量机构,由于有铁芯,磁场较强,因此保持了磁电系测量机构灵敏度高的特点。但当用于交流时,由于铁芯磁滞和涡流损耗和非线性的影响,大大降低了准确度,一般准确度只能做到 0.5 级。

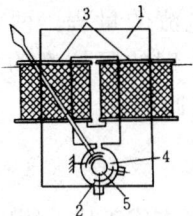

图 15-1 铁芯电动系测量机构

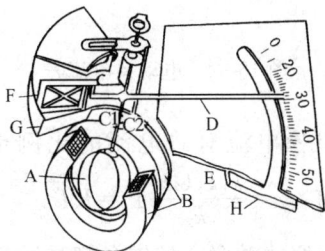

图 15-2 空芯电动系测量机构

有铁芯的电动系测量机构称为铁磁电动系,更为常用的是无铁芯的,它简称为电动系。

电动系测量机构的原理结构如图 15-2 所示。其中 A 为可动线圈,B 为固定线圈,C1,C2 是给可动圈导入电流并产生反作用力矩的游丝,F 为阻尼叶片,G 为阻尼盒。

当电流 I_1 通过定圈 B 时,产生磁场,动圈 A 中再通以电流 I_2,则载有电流 I_2 的线圈在磁场中受力,从而产生转动力矩,作用原理与铁磁电动系相同。因为不用铁芯,可具有较高的准确度,但其灵敏度较低。

电动系测量机构的作用原理与磁电系测量机构相同,都是利用载流导线在磁场中受力的作用原理。根据左手定则,每根导线在磁场中受到的作用力为

$$F = Bli \tag{15-1}$$

这里磁感应强度 B 不是常数,而与定圈中交流电流 i_1 成正比。电流 i 也不是恒定的,是动圈中的交变电流 i_2。可见动圈的转动力矩将与两电流的乘积成正比,即

$$M(t) = K_1 i_1 i_2 \tag{15-2}$$

因为 i_1、i_2 都是随时间变化的,所以转动力矩也是随时间变化的。由于测量机构活动部分的惯性,不能随瞬时转矩摆动,测量机构的偏转决定于平均转动力矩。数学可证明,平均转矩

$$M = K_1 I_1 I_2 \cos\varphi \qquad\qquad (15\text{-}3)$$

式中　I_1、I_2——电流 i_1、i_2 的有效值；

　　　　φ——i_1 与 i_2 之间的相位差角。

游丝的反作用力矩为 $M_a = K_2 a$，指针偏转稳定时，$M = M_a$。所以

$$a = \frac{K_1}{K_2} I_1 I_2 \cos\varphi \qquad\qquad (15\text{-}4)$$

二、电动系电流表和电压表

1. 电流表

将电动系测量机构的定圈和动圈串联起来。如图 15-3（a）所示，通入同一电流，则有 $I_1 = I_2 = I$，$\cos\varphi = 1$，这时偏转角的大小与电流有效值平方成正比，若按电流有效值来刻度，即成为电流表。为了产生足够的磁场，这种仪表的电流不能太小，一般至少几十毫安。因此表的灵敏度不高。

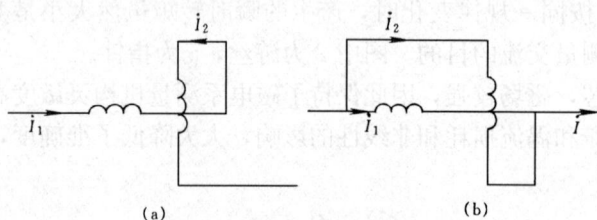

图 15-3　电动系电流表

若要测较大电流（5A 以上），受游丝载流量的限制，只能采取定圈与动圈并联的方法，如图 15-3（b）所示，定圈用粗线绕成，并联后大部分电流通过定圈，改变定圈匝数和导线粗细可改变电流的量程。两线圈并联时，因它们的阻抗都为定值，故分流比例不变，每个线圈电流对总电流的比例也不会改变，因此有 $I_1 = k_1 I$，$I_2 = k_2 I$，$\cos\varphi = k_3 =$ 常量，故有 $a = \dfrac{k_1 k_1 k_2 k_3}{k_2} I^2 = K I^2$。

可见不论串联或并联，偏转角都与被测电流有效值的平方成正比，所以电流表的刻度是不均匀的，适当选择线圈的尺寸和相对位置，使得比例系数 K_1 随 a 增加而减小，可以改善刻度的不均匀程度。

电动系电流表的最大量程为 10A，测量更大电流时，不能采取电阻分流器，需要用电流互感器配合使用。

2. 电压表

将电动系测量机构串以不同的附加电阻，就成为不同量程的电压表。图 15-4 所示电压表原理线路图，动圈与定圈串联后再与附加电阻串联，表中通过的电流为

$$I = \frac{U}{\sqrt{R^2 + (\omega L)^2}}$$

式中　R——电压表的总内阻；

　　　　L——总电感；

　　　　ω——电源角频率；

　　　　U——被测电压有效值。

由此得指针偏转与被测电压之间的关系为

$$a = K \frac{U^2}{R^2 + (\omega L)^2}$$

刻度的不均匀性可用与电流表同样的方法来改善。

对高量程电压表，串联电阻较大，$R \gg \omega L$，因此频率改变时造成误差较小，对于低量程电压表，当频率增高时，表的读数就会偏小。为减小频率误差，在低量程的附加电阻上并联一个电容 C（见图 15 - 4）使之与线圈的电感相补偿。有频率补偿的电压表，可用于频率为几百赫兹的电压的测量。

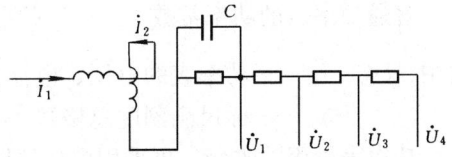

图 15 - 4　电动系电压表

课题二　电动系功率表

电动系测量机构除用来制造高准确度的电流表和电压表外，主要用来制造功率表，又称瓦特表。

一、工作原理

将电动系测量机构按图 15 - 5（a）所示电路连接，负载与定圈串联，则定圈电流即为负载电流　$\dot{I}_1 = \dot{I}$。

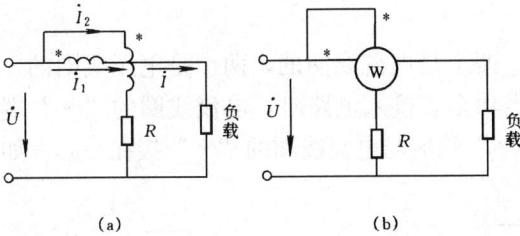

图 15 - 5　电动系功率表

可动线圈串联分压电阻 R 后并联在负载两端，在满足 $R \gg \omega L$ 的条件下，动圈电流为

$$\dot{I}_2 = \frac{\dot{U}}{R}$$

由式（15 - 4）得 $a = K\dfrac{U}{R}I\cos\varphi$。

式中的 $UI\cos\varphi$ 正是负载消耗的有功功率，故上式可写成

$$a = K_{\mathrm{p}}P \tag{15 - 5}$$

由此可见，指针偏转角与负载消耗有功功率成正比，说明既可测量直流功率，也可测量交流功率。若刻度盘按相应的功率值刻度即成功率表。选择适当形状的线圈，可使刻度近似均匀。

功率表的定圈亦称为申流线圈，动圈亦称为电压线圈，其测量原理电路可简画成如图 15 - 5（b）所示。两线圈电流均不能超过其最大允许值，此值即额定电流。电压线圈在串联电阻后，以额定电压表示。功率表一般设计为 $P = U_{\mathrm{N}}I_{\mathrm{N}}$ 时达到满刻度。这里 U_{N} 为电压线圈的额定电压（电压量限），I_{N} 为电流线圈的额定电流（电流量限）。例如，功率表的电压量限为 300V，申流量限为 5A，则此表的功率量限为 $300 \times 5 = 1500$W。功率表通常有两个电流量限和四个电压量限，应分别根据被测负载的电流和电压的最大值进行选择。实际上功率表的刻度盘只有一条刻有分格数的标尺。因此，被测功率须按下式换算

$$P = Ca \tag{15 - 6}$$

式中　P——被测功率，W；

　　　　C——功率表的功率常数，W/格；

　　　　a——功率表的偏转指示格数。

普通功率表的功率常数 $\qquad C = \dfrac{U_N I_N}{a_m}$ （W/格） $\qquad\qquad$ (15-7)

式中 $\quad U_N$、I_N——功率表的电压、电流量限；

$\qquad a_m$——标尺满刻度总格数。

功率表量程的改变，可采用电压线圈和电流线圈分别改变的方法。改变电压量程靠改变与动圈串联的附加电阻来完成，与一般电压表相似；改变电流量程，是利用两定圈串联或并联（连接四个电流端钮的两个连接片的串、并切换），可得到两种电流量程，与电磁系电流表介绍的方法相同。

二、使用方法

功率表如果使用不当，极易造成损坏，应特别注意以下两点。

（1）量程。除功率量程外，电压和电流都不允许超过功率表注明的额定值，在负载功率因数较低的情况下，虽然指针偏转不大，很可能电压或电流已超过额定值。由于从指针偏转（功率的数值）中看不出电压和电流的数值，因此，使用时一般与电流线圈串接一只同量程的电流表，与电压线圈并联一只同量程的电压表，作为监视之用，以防功率表的电流线圈或电压线圈因过载而损坏。在测量功率因数较低的负载（如铁芯线圈）功率时，应该用低功率因数功率表（下面将介绍），这不仅是安全问题，还因为一般功率表在负载功率因数很低时，表的误差也较大。

（2）"＊"端。功率表至少有四个接线端，两个是电流线圈的，两个是电压线圈的。两对端钮中都有一个端钮标有特殊符号"＊"。当功率表接入电路时，电流线圈的"＊"端应接在电源侧，另一端接负载侧；电压线圈的"＊"端应与电流线圈的"＊"接在一起。如图15-5（a）、（b）所示。

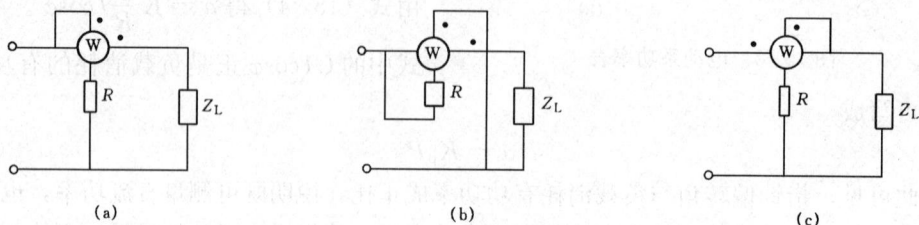

图15-6　功率表连接图

当把电流线圈反接成为如图15-6（a）所示连接时，因为通过电流线圈的电流反相 $180°$，这将造成指针反偏。如果这时把电压线圈也反接过来，如图15-6（b）所示那样，表针仍会正偏，但这时有下述问题：功率表的电压线圈串联有很大附加电阻，电阻两端的电压近似等于电源两根导线间的电压，如图15-5（b）和图15-6（a）所示，电流线圈和电压线圈同接在一根电源线上，所以两线圈是等电位的；而图15-6（b）中，电流线圈接在上面一根电源线上，而电压线圈接在下面一根电源线上，使两线圈之间的电压等于两根电源导线之间的电压。这会由于两线圈间异性电荷的吸引作用而引起误差，甚至可能使线圈之间绝缘被击穿而损坏功率表，所以应避免使用图15-6（b）的接法。对于图15-6（c）接法是正确的，称电压线圈后接，适用于测低阻抗负载，图15-5（b）称电压线圈前接，适用于测高阻抗负载。

课题三 低功率因数功率表简介

对于功率因数比较低的负载（如铁芯线圈），用普通功率表测量功率时，由于电压线圈和电流线圈额定值的限制，只能在偏转角很小的部位读数，这将造成较大的测量误差。为了有效地测量低功率因数负载的功率，专门制成一种低功率因数功率表，其功率因数的数据在仪表表盘上标明。这种功率表的功率量限等于 $U_N I_N \cos\varphi_N$。

例如，$U_N = 300V$，$I_N = 1A$，$\cos\varphi_N = 0.2$ 的低功率因数功率表，其功率量限为 $P = 300 \times 1 \times 0.2 = 60$（W）。

所以，当说明功率表的规格时，不能简单地说满量程是多少瓦，而应分别说明电压、电流和功率因数的数值。低功率因数功率表的功率分格常数为

$$C = \frac{U_N I_N \cos\varphi_N}{a_m} \text{（W/格）} \tag{15-8}$$

值得注意的是，$\cos\varphi_N$ 与负载的功率因数无关，它是通过降低游丝的张力，使指针的偏转角增大，从而减小功率的量限，$\cos\varphi_N$ 就是表明减小的倍数。通常 $\cos\varphi_N$ 为 0.1 或 0.2 两种。上例中 $U_N = 300V$，$I_N = 1A$，若是普通功率表，其功率量限则为 $P = 300 \times 1 = 300W$。可见 $\cos\varphi_N = 0.2$ 的低功率因数功率表的功率量限 60W 是相应的普通功率表功率量限的 0.2 倍。

使用低功率因数功率表时，应先根据表的额定电压、电流和功率因数值算出满刻度时的瓦数，然后根据表尺满刻度总格数 a_m 算出每分度代表的瓦数，即功率常数 C。测量时先读出指针偏转的格数 a，然后根据 $P = Ca$ 算出被测功率的数值。

课题四 三相有功功率的测量

一、两表法

在三相三线制电路中，用两只单相功率表来测量三相总有功功率，称为两表法。图 15-7 是两表法的接线图。现就为什么用两只单相功率表测得的功率读数之和等于三相总有功功率作如下讨论。

当负载为 Y 连接时，三相总瞬时功率

$p = p_A + p_B + p_C = u_A i_A + u_B i_B + u_C i_C$

因为 $i_A + i_B + i_C = 0$

则 $i_B = -(i_A + i_C)$ 代入上式，得

$p = u_A i_A - u_B i_A + u_C i_C - u_B i_C$

$\quad = (u_A - u_B)i_A + (u_C - u_B)i_C$

$\quad = u_{AB} i_A + u_{CB} i_C \tag{15-9}$

式（15-9）是在消去 i_B 后得到的，若消去 i_C 或 i_A，则得

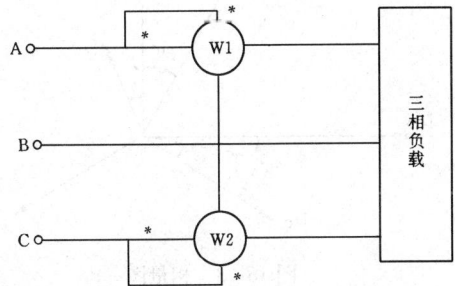

图 15-7 两表法

$$p = u_{AC} i_A + u_{BC} i_B \tag{15-10}$$

$$p = u_{BA} i_B + u_{CA} i_C \tag{15-11}$$

由式（15-9）～式（15-11）得知，三相总瞬时功率可以化为两项之和，每一项都为线电压和对应线电流的乘积。所以，用两只单相功率表来测量三相总有功功率，只要每一只功率表都连接对应的线电压，通过对应的线电流，两只单相功率表测得的功率读数之和等于三相总有功功率，即三相三线负载的总有功功率为

$$P = U_{AB}I_A\cos\varphi_1 + U_{CB}I_C\cos\varphi_2$$

式中　　φ_1——线电压 $\dot{U}_{AB}$ 与线电流 $\dot{I}_A$ 之间的相位差；

φ_2——线电压 $\dot{U}_{CB}$ 与线电流 $\dot{I}_C$ 之间的相位差。

在图 15-7 中，第一只功率表 W1 的动圈支路接线电压 U_{AB}，定圈通过线电流 I_A，故 W_1 测量的功率是

$$P_1 = U_{AB}I_A\cos\varphi_1$$

第二只功率表 W2 的动圈支路跨接线电压 U_{CB}，定圈通过线电流 I_C，故 W_2 测量的功率是

$$P_2 = U_{CB}I_C\cos\varphi_2$$

因而，两功率表读数 P_1 和 P_2 之和是三相三线负载的总有功功率 P，即

$$P = P_1 + P_2 = U_{AB}I_A\cos\varphi_1 + U_{CB}I_C\cos\varphi_2$$

上述结论对△连接的负载同样适用。

当负载为对称三相负载时，$U_{AB}=U_{CB}=U_1$，$I_A=I_C=I_1$，由图 15-8 所示的相量图可知，$\dot{U}_{AB}$ 与 $\dot{I}_A$ 的相位差 $\varphi_1=30°+\varphi$，$\dot{U}_{CB}$ 与 $\dot{I}_C$ 的相位差 $\varphi_2=30°-\varphi$，因此，两表的读数分别为

$$P_1 = U_1I_1\cos(30°+\varphi)$$
$$P_2 = U_1I_1\cos(30°-\varphi)$$

P_1 和 P_2 的读数将随负载的功率因数角 φ 而变化：

（1）负载为纯电阻，$\varphi=0$ 时，$P_1=P_2$，两表读数相等。

（2）负载的功率因数 $\cos\varphi=0.5$，$\varphi=±60°$ 时，则 P_1 或 P_2 之一为零。$P=P_1$ 或 P_2。

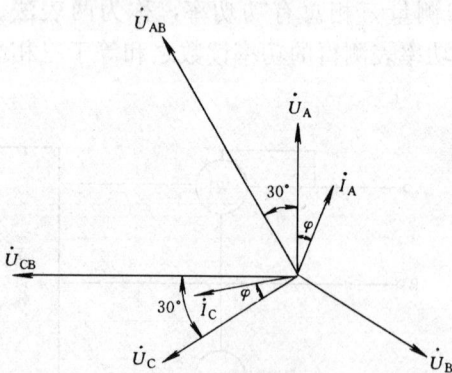

图 15-8　相量图

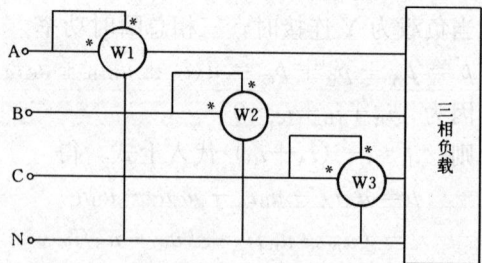

图 15-9　三表法

（3）负载的功率因数 $\cos\varphi<0.5$ 时，$|\varphi|>60°$时，则两表中的一只读数为负（指针反偏），为取得读数，可将该表的极性开关换向，所获读数记为负值，这时三相总有功功率为两表读数之差，即 $P=|P_1+P_2|$。

两表法只适用于三相三线制电路,在分析中,并没有要求电路对称,所以两表法不仅适用于对称的三相三线制电路,也适用于不对称的三相三线制电路。

二、三表法

三相四线制电路应采用三只单相功率表分别测出每相有功功率,然后取三表读数之和,称三表法。三相总有功功率

$$P = P_1 + P_2 + P_3$$

这种测量方法的接线图,如图15-9所示。不论图中三相负载是否对称,这种测量方法都可采用。

工程上,不是用两表法、三表法测三相有功功率,而是将两只单相功率表按两表法接线装在一个表壳内形成一只三相三线有功功率表;将三只单相功率表按三表法接线装在一个表壳内形成一只三相四线有功功率表。三相三线有功功率表只能测三相三线制有功功率。三相四线有功功率表只能测三相四线制有功功率。两者不可替换。

课题五 三相无功功率的测量

三相交流电路的无功功率的测量原理,是用单相有功功率表,通过改变接线,来达到测量三相无功功率的目的。因为无功功率

$$Q = UI\sin\varphi = UI\cos(90° - \varphi)$$

只要能使功率表的电压线圈支路的电压 $\dot{U}$ 与电流线圈的电流 $\dot{I}$ 之间的相位差为 $90° - \varphi$,有功功率表的读数就是无功功率。

一、一表跨相法

对称三相感性负载作 Y 连接的相量图,如图15-10所示。图中线电流 $\dot{I}_A$ 与线电压 $\dot{U}_{BC}$ 之间的相位差为 $90° - \varphi$。因而将单相功率表的电流线圈串接在 A 相线中,通过电流 $\dot{I}_A$,而将电压线圈支路跨接在 B、C 两相线之间,承受线电压 $\dot{U}_{BC}$,如图15-11所示。此时,功率表的读数为

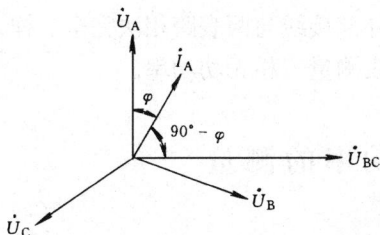

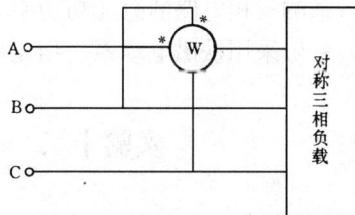

图 15-10 相量图   图 15-11 一表跨相法

$$P = U_{BC}I_A\cos(90° - \varphi) = U_1 I_1\sin\varphi$$

将此读数乘以 $\sqrt{3}$,即

$$Q = \sqrt{3}U_1 I_1\sin\varphi = \sqrt{3}P$$

得对称三相电路的总无功功率。但这种一表跨相法仅对对称三相电路适用。

二、两表跨相法

将两只单相功率表按一表跨相法一样，分别跨相接线，如图 15 - 12 所示，则每只表的读数均为 $U_1I_1\sin\varphi$，两表读数之和为

$$P_1 + P_2 = 2U_1I_1\sin\varphi$$

$$Q = \sqrt{3}U_1I_1\sin\varphi = \frac{\sqrt{3}}{2}(P_1 + P_2)$$

得两表跨相法测三相电路的总无功功率。

两表跨相法虽比一表跨相法多用一只功率表，但当三相电压不完全对称时，它比一表跨相法的测量误差小。

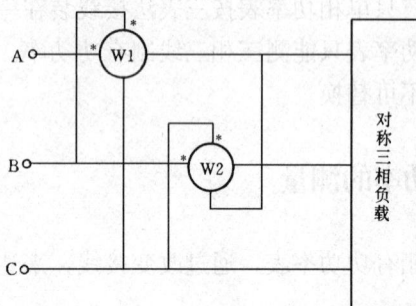

图 15 - 12　两表跨相法　　　　　　图 15 - 13　三表跨相法

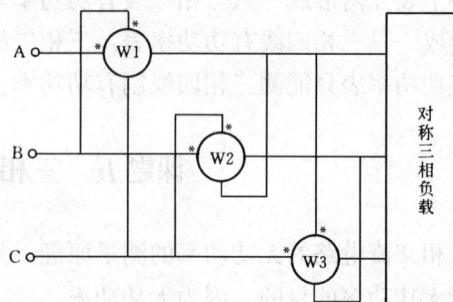

三、三表跨相法

将三只单相功率表按一表跨相法一样，分别跨相接线，如图 15 - 13 所示，则每只表的读数仍为 $U_1I_1\sin\varphi$，三表读数之和为

$$P_1 + P_2 + P_3 = 3U_1I_1\sin\varphi$$

$$Q = \sqrt{3}U_1I_1\sin\varphi = \frac{\sqrt{3}}{3}(P_1 + P_2 + P_3)$$

得三表跨相法测三相电路的总无功功率。

实际上，是由两套单相功率表的元件采用不同的接线方式安装在一个表壳内制作成三相无功功率表，来测三相电路的总无功功率，就其外部接线与两表跨相法完全一样。在发电厂和变电站中，一般采用铁磁电动系三相无功功率表测量三相无功功率。

实验十二　三相功率的测量

一、实验目的

（1）应用两表法测量三相电路的有功功率。

（2）进一步掌握单相功率表的使用。

二、实验仪器和设备

（1）三相调压器　　　　　　　　一台

（2）三相负载箱　　　　　　　　一台

（3）单相功率（瓦特）表　　　　两只

(4) 交流电压表　　　　　　　　一只

(5) 交流电流表　　　　　　　　一只

(6) 电流表插座　　　　　　　　两只

(7) 单刀开关　　　　　　　　　一只

(8) 电容箱　　　　　　　　　　一只

三、实验内容

(1) 用两表法测量对称三相电路的有功功率。

(2) 用两表法测量不对称三相电路的有功功率。

四、预习要求

(1) 画出用两表法测量对称三相电路的有功功率的实验电路。

(2) 画出用两表法测量不对称三相电路的有功功率的实验电路（A相为电容负载）。

(3) 画出测量数据记录表格。

(4) 熟悉两表法接线及一表出现反偏的处理方法。

单 元 小 结

1. 电动系测量机构中有两个线圈，两线圈通电后产生转动力矩。平均转矩正比于两线圈被测电流有效值和两线圈被测电流相位差的余弦，即 $M = KI_1I_2\cos\varphi$ 。

2. 将电动系测量机构的定圈串联接入电路测量负载的电流（称电流线圈），动圈串联分压电阻后并联接入电路测量负载的电压（称电压线圈）；并将两线圈的电流流入端应接在电源的同一侧，作上标记"＊"（称同名端），形成电动系单相功率表。既可测量直流功率，也可测量交流功率。将电流线圈做成完全相同的两组，通过外部的连接片的串、并联切换形成双量限；电压线圈通过串联多个分压电阻形成多个量限；功率量限就是通过选择电流量限和电压量限来实现的。

电动系单相功率表的正确接线有两种，高阻抗负载采用电压线圈前接，低阻抗负载采用电压线圈后接。正确读数为 $P = C\alpha, C = \dfrac{U_N I_N}{\alpha_m}$ 。

3. 测量低功率因数负载的功率应采用低功率因数功率表（低功率因数瓦特表）。接线与电动系单相功率表一样，读数仍为 $P = C\alpha$ ，但 $C = \dfrac{U_N I_N \cos\varphi_N}{\alpha_m}$ 。式中，$\cos\varphi_N$ 与负载的功率因数无关。

4. 三相有功功率的测量有两表法和三表法两种方法。两表法适合测量三相三线制电路有功功率，三表法适合测量三相四线制电路有功功率。将两表法做成一块表即三相三线制有功功率表；将三表法做成一块表即三相四线制有功功率表；两者不能互换测量。

5. 三相无功功率的测量有一表跨相法、两表跨相法和三表跨相法三种方法。常用两表跨相法测量三相无功功率，其读数为 $Q = \dfrac{\sqrt{3}}{2}(P_1 + P_2)$ 。在发电厂和变电站中，一般采用铁磁电动系三相无功功率表测量三相无功功率。

习　　题

15-1　什么是电动系测量机构？什么是铁磁电动系测量机构？其灵敏度和准确度有何不同？

15-2　电动系功率表中电流的一个端钮和电压的一个端钮都标有"＊"，是何含意？

15-3　为什么用电动系功率表测量负载功率，有时还要接入电压表和电流表？

15-4　有一负载已测得其工作电压 $U=220V$，工作电流 $I=0.90A$，用量限为 1/2A 及 150/300V，准确度为 0.5 级的 D19-Ⅳ型普通功率表去测量其功率，试选择量限。若功率表标尺分格数为 150 格，选择合适的量限进行测量时功率表指针指示 75.5 格，问负载功率多大？

15-5　一只电压量限为 300V，电流量限为 1A，额定功率因数为 0.1 的低功率因数功率表，能否用来测量 220V 电压、0.5A 电流、功率因数为 0.5 的负载功率。

15-6　低功率因数功率表中的 $\cos\varphi_N$ 与负载的功率因数有何关系？

15-7　试画出 A、B 两相串功率表的两表法测量三相有功功率的接线图。并说出功率的读数。

15-8　能否用三相四线制有功功率表去测量三相三线制电路的有功功率？

15-9　能否用单相有功功率表测量三相无功功率？为什么？

15-10　功率表在什么情况下会反偏？应如何处理？

电 能 的 测 量

测量电能的仪表称电能表。电能是功率对时间的累积。也就是说，发电厂发出电能的多少和用户消耗电能多少都是随时间在不断增加。因此测量电能的仪表要能记忆这种累加的关系。

电能表的种类较多，有直流电能表和交流电能表；就其结构原理有电动系、感应系和电子式三种电能表；按功能分，有单相电能表、三相三线有功电能表、三相四线有功电能表、三相无功电能表和特殊用途电能表；按准确度等级分为普通型电能表（1 级、2 级、3 级）和精密型电能表（0.05 级、0.1 级、0.2 级、0.5 级）。

国产电能表的型号由三部分构成，第一部分表示类别，用大写拼音字母 D 表示电能表；第二部分表示组别，用大写拼音字母表示；D—单相，S—三相三线，T—三相四线，X—三相无功；第三部分表示设计序号，用数字表示。如 DD286 型表示单相电能表 286 型，DT862 - 4 型表示三相四线有功电能表 862 - 4 型，DX863 型表示三相三线无功电能表863 型。

课题一 感应系单相电能表

一、感应系单相电能表的基本结构

感应系单相电能表的基本结构如图 16 - 1 所示。

（1）驱动元件：由电压电磁铁（电压铁芯线圈）和电流电磁铁（电流铁芯线圈）组成。

（2）转动元件：由铝质圆盘和转轴铸制而成。

（3）制动元件：由永久磁铁和磁轭组成。

（4）积算机构：由蜗轮、连同转轴上的蜗杆、齿轮和字轮组成一套计数装置。

二、感应系单相电能表的工作原理

1. 转动力矩

在旋转的铝质圆盘上作用着两个力矩，一个是电磁铁产生的转动力矩，一个是永久磁铁产生的制动力矩。

转动力矩由两个电磁铁产生，一个电磁铁线圈的匝数很多，使用时与被测负载并联，称为电压线圈；另一个电磁铁线圈的匝数较少，使用时与被测负载串联，称为电流线圈。电压线圈产生的磁通 Φ_U 和电流线圈产生的磁通 Φ_I 都穿过铝盘，它们的位置和正方向如图 16 - 2 所示。因为磁通随线圈中的电流交变，所以在铝盘中产生感应电动势 e_1 和 e_2。由于铝盘是导体，在此感应电动势作用下，将在铝盘中产生涡流 i_1 和 i_2，它们的正方向及等效路径如图 16 - 2 和图 16 - 3 所示。

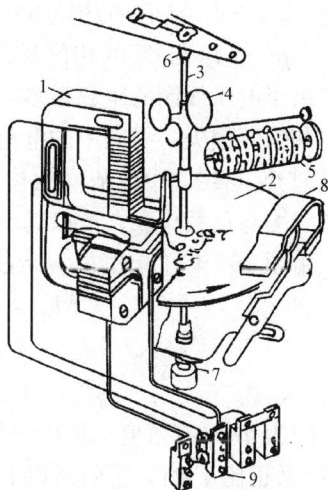

图 16 - 1 电能表结构

1—驱动元件；2、3—转动元件；

4、5—计数装置；6—固定上轴承；

7—可调下轴承；8—制动元件；

9—接线端钮

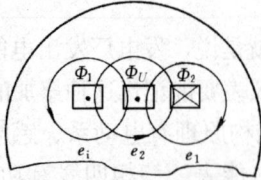

图 16 - 2　铝盘感应电动势　　图 16 - 3　铝盘涡流和转矩　　图 16 - 4　相量图

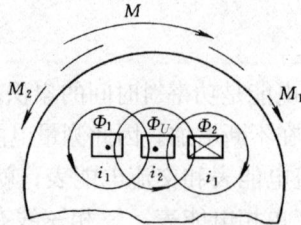

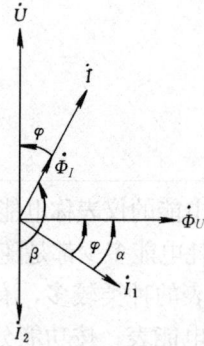

载有电流的导体在磁场中将受到力的作用，电流 i_1 与磁通 Φ_U 互相作用，产生转矩 M_1，其瞬时值与电流 i_1 与磁通 Φ_U 的瞬时值乘积成正比，即

$$M_1 = K_1 i_1 \Phi_U \qquad (16 - 1)$$

根据左手定则，转矩 M_1 的方向使铝盘按顺时针方向旋转。

同样地，电流 i_2 与磁通 Φ_I 互相作用，产生转矩 M_2，即

$$M_2 = K_2 i_2 \Phi_I \qquad (16 - 2)$$

根据左手定则，此转矩 M_2 方向使铝盘按反时针方向旋转。

总的瞬时转矩为

$$M = M_1 - M_2 = K_1 i_1 \Phi_U - K_2 i_2 \Phi_I \qquad (16 - 3)$$

因为 i_1、Φ_U、i_2、Φ_I 都随时间交变，所以总转矩 M 也随时间变动。由于铝盘的机械惯性较大，实际起作用的是平均转矩。

$$M_{av} = K_1 I_1 \Phi_U \cos\alpha - K_2 I_2 \Phi_I \cos\beta \qquad (16 - 4)$$

式中　α——I_1 与 Φ_U 的相位差；

　　　β——I_2 与 Φ_I 的相位差。

由于电压线圈的匝数很多，因而电感值很大，为了分析简单起见，可忽略线圈电阻、漏磁通和铁芯损失，线圈中的电流及磁通 Φ_U 在相位上近似滞后其端电压 $90°$。电流线圈产生的磁通 Φ_I 与线圈中电流同相位。电压线圈是与负载并联的，所以其端电压就是负载电压。电流线圈与负载串联，所以其电流就是负载电流。它们的相量图如图 16 - 4 所示。

由图 16 - 4 可以看出，$\alpha = \varphi$，$\beta = 180° - \varphi$，把此关系代入平均转矩公式，可得

$$M_{av} = K_1 I_1 \Phi_U \cos\varphi - K_2 I_2 \Phi_I \cos(180° - \varphi)$$
$$= K_1 I_1 \Phi_U \cos\varphi + K_2 I_2 \Phi_I \cos\varphi$$
$$= (K_1 I_1 \Phi_U + K_2 I_2 \Phi_I) \cos\varphi$$

因为 Φ_U（有效值）正比于负载电压 U，I_2 又正比于 Φ_U；Φ_I（有效值）正比于负载电流 I，I_1 又正比于 Φ_I，所以乘积 $I_1\Phi_U$ 和 $I_2\Phi_I$ 都正比于负载电压有效值 U 与负载电流有效值 I 的乘积 UI，故平均转矩可简化为

$$M_{av} = KUI\cos\varphi = KP \qquad (16 - 5)$$

由此可知，平均转矩与电路的平均功率成正比。

2. 制动力矩

如果在转轴上安装有产生反作用力矩的弹簧和指针，就可制成感应式（功率表）瓦特

表。当转动力矩被反作用力矩平衡时，指针偏转角度就表示出被测电路的平均功率，这种瓦特表的标尺刻度是均匀的。

为了测量电能，要求铝盘连续旋转。弹簧的反作用力矩与偏转角成正比。而这里需要的是与转速成正比的反作用力矩，因而需要旋转速度与功率成正比。

怎样产生与转速成正比的反作用力矩呢？感应式电能表采用同磁感应阻尼器一样的办法，使铝盘经过永久磁铁的空气隙。永久磁铁的磁通 Φ_c 穿过铝盘，其值是不变的。如果铝盘不动，磁通不起作用；当铝盘转动时，铝盘切割磁力线，将产生感应电动势及其涡流，其路径和感应电流的方向，可用右手定则来确定。感应电流的大小正比于永久磁铁的磁通 Φ_c 值和铝盘的旋转速度 n。所以感应电流与永久磁铁的磁通相互作用产生的转动力矩 M_c 正比于 Φ_c^2 和 n。根据左手定则，转矩 M_c 的方向恰与铝盘旋转的方向相反，起着制动作用，故称之为制动力矩。

因为 Φ_c 为常数，所以 M_c 与转速 n 成正比。

即
$$M_c = Kn \tag{16-6}$$

如果忽略转动部分的摩擦，当铝盘匀速旋转时，

有
$$M_{av} = M_c, \quad KP = Kn$$

即
$$n = CP \tag{16-7}$$

可见转速 n 与负载的（平均功率）有功功率 P 成正比。负载（用户）有功功率 $P=0$，$n=0$，电能表（习惯称电表）停转；P 越大，n 越大，"电表走得快"，说明用户用电多；P 越小，n 越小，"电表走得慢"，说明用户用电少。

3. 电能表的比例常数 C

式（16-7）中的 C 是电能表转速 n 与负载的有功功率 P 成正比的比例常数，称电能表的比例常数。若负载的有功功率 P 在时间 t 内为一恒定值，则式（16-7）可写成

$$nt = CPt, \text{令} nt = N, Pt = W$$

显然，N 为时间 t 内铝盘的转数；W 为时间 t 内负载消耗的电能。这样一来，就有

$$N = CW \tag{16-8}$$

说明铝盘的转数是与负载消耗的电能成正比的。由记数装置记录下来的转数反映了负载消耗的电能数值。因此电能表的比例常数 C 又可写成

$$C = \frac{N}{W} \tag{16-9}$$

C 表示电能表每记下 $1kW \cdot h$ 电能时铝盘走的转数，是电能表的一个重要参数。通常都在电能表的铭牌上标明，如 DD286 型电能表铭牌上标有 $2400r/(kW \cdot h)$。

课题二 单相电能表的校验与使用

一、单相电能表的校验

电能表在装用前必须经过校验，使用中的电能表也要定期校验和调整，以使其误差不超过规定的范围。电能表的校验和调整工作由电业部门指定专门机构进行。这里只简单介绍主要的调整内容。

1. 满载调整

当电压线圈加以额定电压，电流线圈通过额定电流时，若铝盘旋转得太快或太慢，可将

制动的永久磁铁沿着铝盘的半径向铝盘的边缘或向铝盘中心移动，以此来改变铝盘在磁极下切割磁力线的速度以及制动力矩的力臂，从而改变制动力矩。

2. 轻载调整

当铝盘转动时，由于它本身的重量，并带有计数机构，所以有相当大的摩擦。在轻载时，摩擦力矩与转动力矩相比占相当大的比重，因而造成较大误差，为了保证轻载时转速仍能与有功功率成正比，表中装有一个轻载调整器。轻载调整器是一种摩擦补偿器。这种装置通常是一个铜片制成的方框，放在电压磁铁与铝盘之间的缝隙中，可以左右移动；也有的在电压磁铁上，靠近铝盘横放一只可左右旋动的铁螺丝。经过铜框或铁螺丝穿过铝盘的磁通在铝盘中感应出涡流，与电压磁铁的磁通相互作用，产生足以克服摩擦的力矩，铜框或螺丝移向哪一边，补偿力矩的方向就向着哪一边。

补偿力矩在正常电压调好后，若电压升高，铝盘将会在无载（电流线圈无电流）情况下"潜行"。为了制止"潜行"，在电压磁铁上装一弯铁片，在转轴上装一弯成直角的短铁丝，当铁丝转到铁片附近时，被一个不大的力量所吸引，因而停止"潜行"。

3. 相位调整

前面分析转动力矩时，曾假定电压线圈的磁通在相位上滞后其端电压 $90°$，但由于线圈有电阻，铁芯有损耗，所以这个滞后角常小于 $90°$。由于铁芯、电流线圈的磁通也不能与其中电流恰好同相位，这就引起误差。特别是在被测负载的功率因数较低的情况下，误差更大。为减少此项误差，表中装有相位角调整装置，亦称为低功率因数调整装置。这种调整装置是，在电压磁铁的磁路中，设有一磁分路，磁分路的磁通不通过铝盘，磁分路的气隙中有一铜片，调整铜片的位置，可改变电压线圈磁通 Φ_U 与其端电压 U 之间的相位角。有的表中在电流磁铁上另绕有十匝左右的辅助线圈，并用一镍线制成的长环与线圈相接，在环上有一可短路环线的夹片，夹片位置不同，环线被短接长度不同，从而电阻不同，辅助线圈中电流也不同，这样可调整 Φ_I 与 I 之间的相角。只要调整到 Φ_U 与 Φ_I 之间的夹角等于 $90° - \varphi$，就可消除相角误差。相位调节正确时，在 $\cos\varphi = 0$ 的负载下，铝盘应停止不动。

二、单相电能表的使用

1. 选表

单相电能表的选择是选其额定电压与负载电压相符，并使负载的最大工作电流不应超过电能表的额定最大电流，而负载的最小工作电流又不低于电能表标定电流的 10%。电能表铭牌上都标有两个电流，如 2.5（5）A，2.5A 为标定电流，5A 为额定最大电流。

例如，家用电能表的准确度等级为 2.0 级。若选用 2.5（5）A 的电能表，只有当负载的电流工作在 $0.25 \sim 5A$ 范围内，才能保证测量的相对误差小于 $\pm 2\%$，符合电能表的准确度等级 2.0 级。一般说来，当负载电流是标定电流的 50% 时，出现正误差（读数大于实际值）；当负载电流为标定电流的 $2\% \sim 3\%$ 时，正误差达 10% 以上。所以，负载电流不宜低于标定电流的 10%。负载电流过大时，会使电流电磁铁的铁芯饱和而产生负误差（读数小于实际值）。所以选择合适的标定电流可以保证测量的准确度。

2. 接线

单相电能表的接线方式与单相功率表的接线方式相同，也就是电流线圈与负载串联，电压线圈与负载并联。对于电压为 220V、电流在 20A 以下的单相交流负载，电能表可以直接接入；对于电压为 220V、电流在 20A 以上的单相交流负载，需加接电流互感器。

    电能表的下部有接线盒，盖板背面画有接线图，安装时应按图接线。接线盒内有四个接线端钮，对外有四个进线孔与之对应，从左至右依此为 1 孔（端）、2 孔（端）、3 孔（端）、4 孔（端）。国产单相电能表的接线规则是：电源火（相）线接 1 端（1 孔进），负载火（相）线接 2 端（2 孔出）；电源零（中）线接 3 端（3 孔进），负载零（中）线接 4 端（4 孔出）。即"火线 1 进 2 出，零线 3 进 4 出；进端接电源，出端接负载"。如图 16-5 所示。

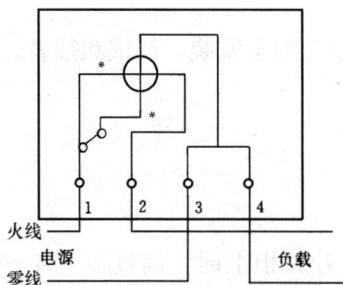

图 16-5 单相电能表的接线   图 16-6 进口单相电能表的接线

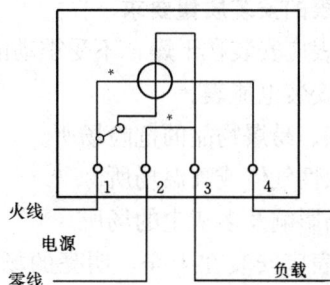

    电能表的生产厂家不一样，其接线方式也不尽相同。有的进口单相电能表的接线如图 16-6 所示，即电源火线接 1、零线接 2，负载（用户）火线接 3、零线接 4。接线时一定要看清盖板背面的接线图。若接线图不清，可用万用表来测量判别。其方法是先找出四个接线端子中有一个端子是通过小挂钩与一个小端子连接的，这个端子就是电源火线进入电表的端子，也是电压、电流线圈进入电能表的公用端子。然后将此端子轮流与另外三个端子用万用表导通，其中肯定有一个端子和第一个端子导通时电阻最小，则这个端子就是电流线圈的出线端。其余两个端子为零线的一进一出接线端子。

    图 16-5 所示为一进一出接法，这种接线方式也称为跳入式接法。图 16-6 所示为两进两出接法，也称为顺入式接法。这两种接法都是在实际工作中常用的方法。

    只要接线正确，不管负载是电感性的还是电容性的，电能表总是正转的。但在接线时必须注意，火线与零线不能对调，对调时俗称"相零接反"，如图 16-7 所示。这种接线，电能表仍然正转，且计量正确，但当电源和负载的零线同时接地，或用户将负载（电灯、冰箱、电热器等）接到火线与地线（如经自来水管）之间时，负载电流将从加接地线的地方经大地与电源构成回路，电流不经过电流线圈或经过电流线圈的电流减小，这就造成电能表不计电能或少计电能。还要注意，不能把两个线圈的同名端接反，虽然电压和电流端子的连接片在表内已连好，但如果接线时误接成"火线 2 进 1 出"如图 16-8 所示，这就是将同名端接反了，电能表就要反转，这是不允许的。

    另外，还要注意不要将电流线圈跨接到电源的两端（国产电能表端子 1、2 接电源），否则将烧断熔丝或将电流线圈烧坏。也不可将连接片解开，使电压线圈中无电流，造成用户用电而电表不计量的情况。

    经电流互感器接入的单相电能表，其电流互感器的端钮 L1、L2 和 K1、K2，分别为一、二次线圈的首端和尾端，应如图 16-9 所示连接。若接错，则电能表就会发生反转。

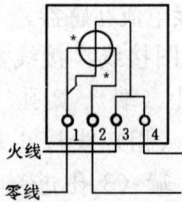

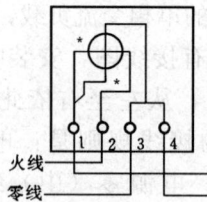

图 16-7　相零接反　　　图 16-8　同名端接反　　　图 16-9　经电流互感器接入

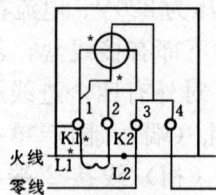

三、电能表的安装质量要求

（1）电能表应安装在干燥，不受震动的场所，且应便于安装、调试和抄表。因此，在下列场所不允许安装电能表。

1）有易燃、易爆物品的危险场所。

2）有腐蚀性气体或高温场所。

3）有磁场影响及多灰尘的场所。

（2）电能表应安装在干净、明亮的场所。装在开关柜上时，高度以 $1.4\sim1.7\text{m}$ 为宜，不允许低于 0.4m。

（3）装表地点的温度应在 $0\sim40℃$ 之间，对加热系统的距离不得少于 0.5m。

（4）电能表的安装应垂直，倾斜度不要超过 $1°$。

（5）当几只电能表装在一起时，表间距离不应小于 60mm。

（6）电能表如经电流互感器安装，则二次回路应与继电保护回路分开，电流互感器二次线应采用绝缘铜线，截面不小于 2.5mm^2。

课题三　三相有功电能表

测量三相电路的电能与测量三相电路的有功功率在原理上是相同的，但在实用中常采用的是三相有功电能表。三相有功电能表分三相四线和三相三线两种。

一、三相四线有功电能表

三相四线有功电能表相当于三个单相电能表装在一个外壳内，它由三组驱动元件及在同一轴上的三个铝盘组成，如 DT1 型。由于总转矩与三相有功功率成正比，故计度器直接反映三相电能。三铝盘的三相电能表由于体积大、成本高，现已不生产。目前采用最多的是三元件两铝盘的三相四线有功电能表，如 DT6、DT8、DT18 等型。其中两个驱动元件作用在同一铝盘上，另一个驱动元件和制动磁铁作用在第二个铝盘上。两个铝盘连接在同一转轴上，但两组元件之间的磁通和涡流有相互干扰的现象，故测量技术特性不如三铝盘的。

三相四线三元件有功电能表的接线如图 16-10 所示。

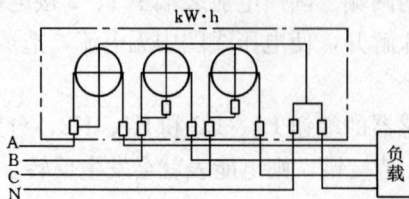

图 16-10　三相四线有功电能表接线图　　　图 16-11　三相三线有功电能表接线图

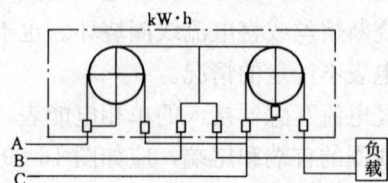

二、三相三线有功电能表

三相三线有功电能表相当于两个单相电能表组装在一个外壳内。它有上下两个铝盘，每个铝盘配置一组驱动元件和一组制动磁铁。也有采用单铝盘结构的，但其误差较两个铝盘的大。三相三线二元件有功电能表的接线与测量，和三相三线有功功率的两表法接线相同，如图 16 - 11 所示。

三、三相电能表的调整

在校验三相电能表时，都需要进行"平衡"检查和调整。在负载相同的情况下，每一个驱动元件使铝盘的旋转速度应相同，才能在不对称的三相电路中正确地记录三相电能。检查二元件电能表平衡的方法是将电压线圈并联，电流线圈通以大小相同的反向电流，这时铝盘应该不动。调整方法视电能表的结构而定，有的电能表的电压线圈备有抽头，以便调节它的匝数，有的电能表中电磁铁的气隙大小是可以调节的。

四、三相无功电能表和多费率电能表

除三相有功电能需测量，三相无功电能也需测量。测量三相无功电能的电能表，目前国产的主要有两种类型：一是具有附加电流线圈的三相无功电能表，该表内部基本结构和两元件有功电能表相似，不同的是在电流线圈铁芯上多了一个匝数相同的附加电流线圈，用于测量三相四线制电路的无功电能。二是具有 $60°$ 相位差的三相无功电能表，这种电能表也是由两元件组成，与前者不同的是在两组电压线圈中各串有附加电阻 R，用于测量三相三线制电路的无功电能。

另外现以大量使用的多费率电能表，是在电能记量中提出的一种测量手段，分别计量高峰、低谷时的电量。这种电能表目前较多采用的方式是利用感应系电能表作为脉冲电源，通过一系列电子电路分别推动峰、谷电磁计数器记录各自的电量，其框图如图16 - 12所示。

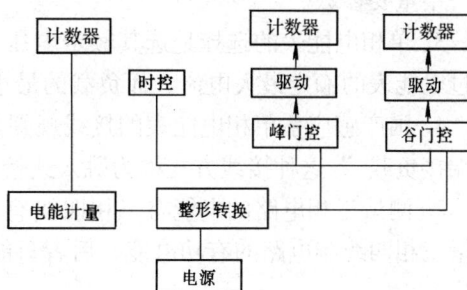

图 16 - 12 多费率电能表

实验十三 电 能 表 的 使 用

一、实验目的

(1) 掌握单相电能表的正确使用方法。

(2) 观察单相电能表不正确接线产生的现象。

(3) 熟悉功率表—秒表测量电能的方法。

二、实验仪器和设备

(1) 单相调压器	一台
(2) 感性负载箱	一台
(3) 单相功率（瓦特）表	一只
(4) 秒表	一只
(5) 单相电能表	一只

三、实验内容

（1）用单相电能表正确测量感性负载的电能。

（2）观察单相电能表"火线2进1出"、"相零反接"、"电压线圈的连接片松脱"等不正确接线产生的现象。

（3）用功率表测出负载功率，用秒表（计时器）测出1min时间内电能表的转数，经过计算，比较两种测量电能的方法。

四、预习要求

（1）画出测量电能的实验电路。

（2）分析用功率表—秒表测出负载电能与电能表测负载电能之间的关系。

单 元 小 结

1. 感应系单相电能表的基本结构由驱动元件（电压铁芯线圈和电流铁芯线圈），转动元件（铝盘），制动元件（永久磁铁）和积算机构组成。

2. 电能表的比例常数C表示电能表每记下$1kW \cdot h$电能时铝盘走的转数，它是电能表的一个重要参数。

3. 单相电能表的选择是选其额定电压与负载电压相符，并使负载的最大工作电流不应超过电能表的额定最大电流，而负载的最小工作电流又不低于电能表标定电流的10%。

4. 国产感应系单相电能表的接线规则是："火线1进2出，零线3进4出；进端接电源，出端接负载。"这种接线方式称为跳入式接法。

5. 测量三相电路的电能有三相四线有功电能表和三相三线有功电能表两种；前者只能测量三相四线制电路的有功电能，后者只能测量三相三线制电路的有功电能，二者不能替换测量。

6. 测量三相电路的无功电能具有附加电流线圈的三相无功电能表（测量三相四线制电路的无功电能）和具有60°相位差的三相无功电能表（测量三相三线制电路的无功电能）两种。

另外有一种多费率电能表，是一种将用户在高峰期用的电和在低谷时用的电分开计量，从而分时计费的电能表。

习 题

16-1 感应系单相电能表由哪几部分组成？各部分作用是什么？

16-2 怎样选择单相电能表？

16-3 有一只准确度为2级的单相电能表，常数$C=2400r/(kW \cdot h)$，所接负载用功率表测得的功率为1000W。求：

（1）铝盘走20r所需的计算时间t。

（2）如果铝盘走20r用秒表测得的时间是29.5s，问此表的误差是否在允许的范围内？

16-4 试画出国产单相电能表的接线图。

16-5 为什么三相四线有功电能表和三相三线有功电能表不能替换测量？

习 题 答 案

第一单元　电　　场

1-1　A。

1-2　A，B。

1-3　D，E。

1-4　2.30×10^2 N。

1-5　（1）减小到原来的 1/2。

（2）增大到原来的 4 倍。

（3）增大到原来的 4 倍。

1-6　7.19N，方向是指向 Q_2。

1-7　$\varepsilon = 3.54 \times 10^{-11}$ C^2/（N·m^2）

1-8　（1）A 点电场强度最大，C 点电场强度最小；

（2）电场力对它作正功；

（3）略。

1-9　1.48×10^3 （N/C）。

1-10　3.60×10^6 （N/C）；场强方向是与 A、B 连线平行，从正电荷指向负电荷的方向。

第二单元　电路的基本概念和基本定律

2-1　$U_{ab} = -3$V，$U_{ba} = 3$V。

2-2　$V_c = 7$V，$V_d = 4$V，该元件是负载。

2-3　（a）$P = 6$W，吸收功率；（b）$P = -6$W，发出功率；（c）$P = -6$W，发出功率；（d）$P = -6$W，发出功率。

2-4　（a）$P = -15$W，该元件是电源；（b）$P = 15$W，该元件是负载；（c）$P = 15$W，该元件是负载；（d）$P = 15$W，该元件是负载。

2-5　$R_{20℃} = 0.70\Omega$，$R_{75℃} = 0.86\Omega$。

2-6　$I_N = 0.032$A，$U_N = 15.8$V。

2-7　（a）-4A，（b）0.75A。

2-8　（a）$U_{AB} = 1$V，$U_{BC} = 8$V，$U_{AC} = 9$V；

（b）$U_{AB} = 1$V，$U_{BC} = 8$V，$U_{AC} = 9$V；

（c）$U_{AB} = 12$V，$U_{BC} = -3$V，$U_{AC} = 9$V。

2-9　（a）10V，极性为上正下负；（b）10V，极性为上正下负。

2-10　元件 B 吸收功率 40W。

2-11　　(a) 8V；　　　(b) 2A。

2-12　　(a) 8A；　　　(b) 2V。

2-13　$V_a=0V$，$V_b=6V$。

2-14　S打开时，$V_a=4V$；S闭合时，$V_a=4V$。

第三单元　直流电路

3-1　10Ω，200V。

3-2　18Ω。

3-3　0.045Ω。

3-4　$-0.25A$。

3-5　(a) 3Ω；(b) 2Ω。

3-6　(a) 3Ω；(b) 4Ω。

3-7　0.16A。

3-8　(a) $I_s=4A$，$R_s=2\Omega$；(b) $I_s=3A$，$R_s=2\Omega$。

3-9　(a) $U_s=4V$，$R_s=5\Omega$；(b) $U_s=9V$，$R_s=3\Omega$。

3-10　1.5A。

3-11　0A，2A，2A。

3-12　1A。

3-13　$I_1=1.75A$，$I_2=6.25A$，$I_3=3.75A$。

3-14　$I_1=0A$，$I_2=2A$，$I_3=2A$。

3-15　2.6A。

3-16　20V。

3-17　0.9A。

3-18　$U_{OC}=33V$，$R_o=3.6\Omega$；$I_{SC}=9.17A$，$R_o=3.6\Omega$（图略）

第四单元　电容器

4-1　A，B。

4-2　D。

4-3　$C=2\mu F$，$U_1=330V>300V$，电容元件 C_1 不能安全运行。

4-4　$C=5\mu F$，$q_1<q_2$。

4-5　(1) $C=3.6\mu F$。(2) $U_1=13.5V$，$U_2=U_3=22.5V$。(3) $q_1=81\times10^{-6}C$，$q_2=135\times10^{-6}C$，$q_3=62.5\times10^{-6}C$。

4-6　(1) $4.5\mu F$。(2) $4\mu F$。

4-7　(a) 30V，$3.6\times10^{-5}C$；(b) 220V，$4.40\times10^{-4}C$。

第五单元　磁场和电磁感应

5-1　A，B，D。

5 - 2　A，B。

5 - 3　D。

5 - 4　C，D。

5 - 5　B，C，D。

5 - 6　A，B，D。

5 - 7　B。

5 - 8　B，C。

5 - 9　A，B，C，D。

5 - 10　B，C，D。

5 - 11　A。

5 - 12　0.5T，5000Gs。

5 - 13　0.14Wb，1.4×10^7Mx。

5 - 14　1.59×10^3，2.00×10^{-3}H/m，1.0×10^3A/m。

5 - 15　3.06×10^{-3}T，2.44×10^3A/m；3.75×10^{-3}T，2.99×10^3A/m。

5 - 16　1.43T。

5 - 17　1.768N。

5 - 18　0。

5 - 19　6.67×10^{-3}N/m。

5 - 20　3.0×10^{-3}N·m。

5 - 21　导线 cd 向着使两导线电流方向相反的方向旋转，同时离开导线 ab。

5 - 22　(a) 感应电动势的方向为顺时针方向；(b) 不产生感应电动势；(c) 不产生感应电动势；(d) 不产生感应电动势。

5 - 23　(1) 流过电阻 R 的电流方向为从下向上。

(2) 无电流流过电阻 R。

(3) 流过电阻 R 的电流方向为从上向下。

5 - 24　(1) 2V。(2) 5A。(3) 0.5V。

5 - 25　$e=311.24\cos314t$V

5 - 26　a 和 y，b 和 z，a 和 z 为同名端。

5 - 27　(a) $u_1=L_1\dfrac{di_1}{dt}-M\dfrac{di_2}{dt}$，$u_2=M\dfrac{di_1}{dt}-L_2\dfrac{di_2}{dt}$；

(b) $u_1=-L_1\dfrac{di_1}{dt}-M\dfrac{di_2}{dt}$，$u_2=-M\dfrac{di_1}{dt}-L_2\dfrac{di_2}{dt}$；

(c) $u_1=L_1\dfrac{di_1}{dt}+M\dfrac{di_2}{dt}$，$u_2=-M\dfrac{di_1}{dt}-L_2\dfrac{di_2}{dt}$；

(d) $u_1=L_1\dfrac{di_1}{dt}+M\dfrac{di_2}{dt}$，$u_2=M\dfrac{di_1}{dt}+L_2\dfrac{di_2}{dt}$。

5 - 28　0ms$\leqslant t<$4ms，$u=0.2$V；4ms$\leqslant t<$8ms，$u=0$V；8ms$\leqslant t<$12ms，$u=-0.2$V。

第六单元　单相正弦交流电路

6 - 1　A，B，C。

6 - 2　A。

6 - 3　A，C。

6 - 4　B，D。

6 - 5　A，B。

6 - 6　(1) A。(2) B，C，D。

6 - 7　C。

6 - 8　B，D。

6 - 9　A，B，C，D。

6 - 10　A，B。

6 - 11　(1) 311V，220V，314rad/s，50Hz，0.02S，$-\pi/3$。

(2) 略。

(3) -155.5V。

(4) 8.33×10^{-3}S。

6 - 12　(1) $\varphi=7\pi/12$，i 超前 u。(2) $\varphi=5\pi/6$，u 超前 i。(3) $\varphi=5\pi/12$，u_1 超前 u_2。
(4) $\varphi=\pi/3$，i_1 超前 i_2。

6 - 13　(1) $\dot{U}=10\angle0°$V。(2) $\dot{I}=70.72\angle-\dfrac{\pi}{6}$A。(3) $\dot{U}=380\angle-\dfrac{\pi}{2}$V。

(4) $\dot{I}=10\angle\dfrac{2}{3}\pi$A。

6 - 14　(1) $i=4\sqrt{2}\sin(\omega t+30°)$A。(2) $i=5\sqrt{2}\sin(\omega t-53.1°)$A。

(3) $u=100\sqrt{2}\sin(\omega t+120°)$V。(4) $i=5\sqrt{2}\sin(\omega t-153.1°)$A。

(5) $u=380\sqrt{2}\sin\omega t$V。(6) $i=8\sqrt{2}\sin(\omega t+90°)$A。

(7) $u=220\sqrt{2}\sin(\omega t-90°)$V。(8) $u=-10\,000\sqrt{2}\sin\omega t$V。

6 - 15　(1) 正弦量不等于相量。(2) 相量不等于正弦量。(3) 相量的表示方法错误，U 应改为 $\dot{U}$。(4) 等式右边复数的表示方法错误，指数漏写 j。(5) 漏写单位 V。

6 - 16　$i_L=35.03\times\sqrt{2}\sin(100\pi t-105°)$ A　$Q_L=7706.6$var。

6 - 17　40A，5.5Ω，579μF。

6 - 18　$i=55\sin(100\pi t-30°)$A，$u_R=220\sin(100\pi t-30°)$V，$u_L=220\sin(100\pi t+60°)$V。

6 - 19　$i=0.83\sin(100\pi t+57.83°)$A，$u_R=166.85\sin(100\pi t+57.83°)$V，$u_C=313.40\sin(100\pi t-32.17°)$V。

6 - 20　4.4A，132V，528V，352V，0.6。

6 - 21　(1) 20Ω，500W，0var，500VA，1.0。(2) $20\sqrt{2}-$j$20\sqrt{2}$ Ω，707W，-707var，1000VA，0.707。(3) j38Ω，0W，3800var，3800VA，0。(4) $24+$j32Ω，540kW，720kvar，900kva，0.6。

6 - 22　(a) 141.4V；(b) 141.4V；(c) 100V。

6 - 23　20.44Ω，1.63H。

6 - 24　(1) 18.32A，0.97。(2) 3.89kW·h。

6-25　10A，10A，$10\sqrt{2}$A，1.0。

6-26　646.16μF，90.91A，56.82A。

6-27　199Hz，20，22A，4399V，4399V。

6-28　(1) 6.858×10^6rad/s，1.092×10^6Hz。　(2) 1.87×10^{-3}A，0.1283A，0.1282A。

第七单元　三相正弦交流电路

7-1　A。

7-2　B，C。

7-3　A，B，C，D。

7-4　B，C，D。

7-5　C，D。

7-6　A，B，C。

7-7　(1) $u_V=-220\sqrt{2}\sin100\pi t$V，$u_W=220\sqrt{2}\sin(100\pi t+60°)$V。

(2) $\dot U_U=220\angle-60°$V，$\dot U_V=-220$V，$\dot U_W=220\angle60°$V。

(3)、(4) 略。

(5) $t=T/4$ 时，$u_U=110\sqrt{2}$V，$u_V=-220\sqrt{2}$V，$u_W=110\sqrt{2}$V。

7-8　(1) $\dot I_V=10\angle150°$A，$\dot I_W=10\angle-90°$A。

(2) $i_U=10\sqrt{2}\sin(314t+30°)$A，$i_V=10\sqrt{2}\sin(314t+150°)$A，$i_W=10\sqrt{2}\sin(314t-90°)$A。

(3) 略。

(4) $\dot I_U+\dot I_V+\dot I_W=0$。

7-9　(1) 对称，正序。(2) 不对称。(3) 不对称。(4) 对称，负序。

7-10　先用万用表的欧姆档测出各相绕组的两个端头；将两相绕组的两个端头连接起来，使发电机空载运行，用万用表测得这两相绕组的另外两端的电压；若测得电压等于（或接近）线电压，则相连接的两端均为首端（或尾端）；若测得电压等于（或接近）相电压，则相连接的两端一个为首端，另一个为尾端。如此测量，便可确定三相绕组对应的首尾端。

7-11　$U_{U2V1}=6.3$kV，$U_{W1U2}=6.3$kV，$U_{V1W1}=\sqrt{3}6.3$kV。

7-12　$I_\triangle=26645.35$A，三角形回路中产生很大的电流，烧坏电源。

7-13　220V，8.78A。

7-14　15.2A，26.33A，$I_{p\triangle}/I_{pY}=\sqrt{3}$，$I_{l\triangle}/I_{lY}=3$。

7-15　$\dot U_{VW}=380\angle-90°$V，$\dot U_{WU}=380\angle150°$V，$\dot U_U=220\angle0°$V，$\dot U_V=220\angle-120°$V，$\dot U_W=220\angle120°$V，$\dot I_{UN}=10\angle-60°$A，$\dot I_{VN}=-10$A，$\dot I_{WN}=10\angle60°$A。

7-16　$\dot I_U=5\angle-60°$A，$\dot I_V=5\angle180°$A，$\dot I_W=5\angle60°$A；$\dot I_{UN}=2.89\angle-30°$A

$\dot I_{VN}=2.89\angle-150°$A，$\dot I_{WN}=2.89\angle90°$A，$Z=113.87+j65.75\Omega$。

7-17 212.79V，368.55V，10.55A。

7-18 设 $\dot{U}_U=220\angle0°$V (1) $\dot{I}_U=44\angle0°$A，$\dot{I}_V=44\angle-120°$A，$\dot{I}_W=22\angle120°$A，$\dot{I}_N=22\angle-60°$A。(2) $\dot{U}_U=201.63\angle10.89°$V，$\dot{U}_V=201.63\angle-130.89°$V，$\dot{U}_W=263.99\angle120°$V，$\dot{I}_U=40.33\angle10.89°$A，$\dot{I}_V=40.33\angle-130.89$A，$\dot{I}_W=26.40\angle120°$A。

7-19 $\dot{I}_{UV}=38\angle0°$A，$\dot{I}_{VW}=38\angle150°$A，$\dot{I}_{WU}=38\angle-150°$A，$\dot{I}_U=73.42\angle15°$A，$\dot{I}_V=73.42\angle165°$A，$\dot{I}_W=38\angle-90°$A。

7-20 11 320.93A，185.93Mvar，352.94MVA。

7-21 星形连接时，2904W，2178var，3630VA；
三角形连接时，8664W，6498var，10 830VA。

7-22 9196W，7744var，12 022VA。

7-23 14.44kW，0var，14.44kVA。

7-24 0.83，74.72kvar，132.95kVA。

第八单元 非正弦周期电流电路

8-1 B，D。

8-2 略。

8-3 $u=197.45+131.63\cos628t-26.33\cos1256t+11.28\cos1884t$V。

8-4 (a) 既是奇函数，又是奇谐波函数，不含余弦项，不含常数项和偶数项；
(b) 为偶函数，不含正弦项；
(c) 既是偶函数，又是奇谐波函数，不含正弦项，不含常数项和偶数项；
(d) 为奇谐波函数，不含常数项和偶数项。
[以上讨论是针对教材中式（8-1）而言的]

8-5 91.38V。

8-6 100V。

8-7 266W。

第九单元 电路的过渡过程

9-1 B。

9-2 B，C，D。

9-3 A。

9-4 A，B，D。

9-5 A，B，C。

9-6 (a) $u_C(0_+)=12$V，$i(0_+)=0$，$i_C(0_+)=-0.3$mA，$u(0_+)=0$；
(b) $u_L(0_+)=-5$V，$i_L(0_+)=2$A，$i_1(0_+)=1$A，$i_2(0_+)=-1$A；
(c) $u_L(0_+)=6$V，$i_L(0_+)=2$A，$i(0_+)=2$A；

(d) $u_C(0_+)=8V$, $i_L(0_+)=2A$, $i(0_+)=2A$, $i_C(0_+)=-4A$, $u(0_+)=8V$, $u_L(0_+)=0$。

9-7 $u_C=10(1-e^{-20t})$ V，$i_C=2e^{-20t}$ mA。

9-8 (1) $u_C=4e^{-200t}$V，$i_C=-8e^{-200t}$mA。

(2) 3.47ms。

9-9 (1) $i_L=2.4-2.4e^{-25t}$A，$u_C=24e^{-25t}$V。

(2) 22ms。

9-10 (1) $i=55e^{-22t}$A，$u=-2200e^{-22t}$V。

(2) $R_f<20\Omega$。

9-11 $u_C=18+6e^{-66.67t}$V，$i_1=0.6-0.6e^{-66.67t}$mA。

9-12 30ms。

9-13 $i_k=71.10\times10^3\sin(314t-88.88°)-71.10\times10^3e^{-6.13t}$A

第十单元 磁路与交流铁芯线圈

10-1 A。

10-2 D。

10-3 A，C。

10-4 B。

10-5 A，C，D。

10-6 (1) 220A/m，2.76×10^{-4}T，2.76×10^{-8}Wb。

(2) 220A/m，0.792T，7.92×10^{-5}Wb。

10-7 (1) 30A/m。

(2) 6.67×10^{-4}H/m，531。

10-8 (1) 2.53×10^4 (1/H)，40.43A，3.98×10^5 (1/H)，6.37×10^5A。

(2) 3.39A。

10-9 1400 匝。

10-10 空心线圈和插入铁芯的线圈接至直流电源时（指稳定后），通过线圈的电流相等；空心线圈接至交流电源时线圈电流的有效值比接至直流电源时线圈电流小；插入铁芯的线圈接至交流电源时线圈电流比空心线圈接至交流电源时线圈电流小；插入铁芯的线圈接至交流电源时线圈电流的有效值比接至直流电源时线圈电流小很多。

10-11 交流铁芯线圈电压的有效值增大时，磁通量增大，电流增大，漏抗不变，励磁电抗减小（设原来磁路已达饱和状态），铁损耗增大；

电源频率增大时，磁通量减小，电流减小，漏抗增大，励磁电抗增大，铁损耗减小；

线圈匝数增加时，磁通量减小，电流减小，漏抗增大，励磁电抗增大，铁损耗减小；

铁芯截面积增大时，磁通量不变，电流减小，漏抗不变，励磁电抗增大，铁损耗减小。

第十一单元 电工测量的基本知识

11-1 A，B。

11-2　A，D。

11-3　−0.25A，−3.125％，0.25A，−0.25％。

11-4　3.4％，1.7％。

11-5　选用量限为 250V，1.5 级的电压表。

11-6　电流表的准确度等级应小于 1 级。

第十二单元　直流电流和电压的测量

12-1　B，D。

12-3　0.09Ω。

12-4　0.0015Ω，0.0015Ω。

12-5　999.35kΩ

12-6　1.9992MΩ，3MΩ。

第十三单元　电　阻　的　测　量

13-4　测量标称值为 8Ω 的电阻时，选择倍率 0.001；测量标称值为 810Ω 的电阻时，选择倍率 0.1；测量标称值为 56kΩ 的电阻时，选择倍率 10。

13-6　0.010 52Ω。

第十四单元　交流电压和电流的测量

14-1　D。

14-2　量程为 $2I$。

第十五单元　功　率　的　测　量

15-4　应选电压量限为 300V，电流量限为 1A；151W。

15-5　负载功率为 55W，大于功率表量限（30W），故不能用以测量。

第十六单元　电　能　的　测　量

16-3　（1）$t=30s$。

（2）$\gamma=1.69\%<2\%$，在允许范围内。

参 考 文 献

[1]　邱关源. 电路. 4 版. 北京：高等教育出版社，1999.
[2]　林争辉. 电路理论（第一卷）. 北京：高等教育出版社，1988.
[3]　C. A 狄苏尔. 葛守仁. 电路基本理论. 林争辉，主译. 北京：高等教育出版社，1979.
[4]　江泽佳. 电路原理. 3 版. 北京：高等教育出版社，1992.
[5]　秦曾煌. 电工学. 5 版. 北京：高等教育出版社，1999.
[6]　裴留庆. 电路理论基础. 北京：北京师范大学出版社，1999.
[7]　赵凯华，陈熙谋. 电磁学. 2 版. 北京：高等教育出版社，1984.
[8]　程守珠，江之永. 普通物理学. 3 版. 北京：人民教育出版社，1978.
[9]　宛德福，罗世华. 磁性物理. 北京：电子工业出版社，1987.
[10]　陈立周. 电气测量. 2 版. 北京：电子工业出版社，1994.
[11]　钱巨玺，张荣华. 电工测量. 天津：天津大学出版社，1991.
[12]　李崇贺. 电工测试基础. 北京：中国电力出版社，2000.